\ ゼロからわかる！ /

品質管理検定®

QC検定®

2級

テキスト
&
問題集

最新レベル表対応

TAC出版開発グ

TAC出版

TAC PUBLISHING Group

QC検定 2級 本書の特長

QC検定®は品質管理に関する検定試験で、2級は品質に関わる問題解決が求められる社会人を中心に受験します。
本書はインプットからアウトプット、そして直前対策までカバーしているので、1冊で合格レベルの実力を養成することができます。

※QC検定®は、一般財団法人日本規格協会の登録商標です。

問われるレベル

試験で出題される難易度のレベルを3段階で評価しています。
★が多いほど深い理解が必要です。

> ★★★ 内容を深く理解しているレベル
> ★★ 定義と基本的な考え方を理解しているレベル
> ★ 言葉を知っているレベル

問われやすさがはっきりわかる！

毎回平均「何点分」出題されるかわかるので、重要度を意識して学習できます。試験直前は点数の高い範囲を選んで復習しましょう。

色のついているところを覚える

得点につながりやすい部分は色字にして目立つようにしています。

「この用語なんだっけ？」で迷わない

専門的な用語は一度では覚えられないもの。何度も説明を載せているので、ページを戻る必要がありません。

覚える！ は丸暗記必須

特に重要な内容をまとめています。

理解や学習の助けになる情報を補足

「参考」は試験で問われる頻度は少ないですが、理解の助けになる情報を載せています。

★★★

CHAPTER 5

8 PDPC法

毎回平均 **0.3**/100点

PDPC法とは

●PDPC法[1]は、事前に考えられる問題を予測し、想定されるリスクを回避して、結果を可能な限り良い方向に導くために用いる手法です。不測の事態が発生したときにとるべき行動や判断基準をあらかじめ決めておくことによって、確実に目的を達成するルートを見つけることができます。

※1 PDPC法は Process Decision Program Chart、過程決定計画図ともいいます。

覚える！

《 PDPC法 》

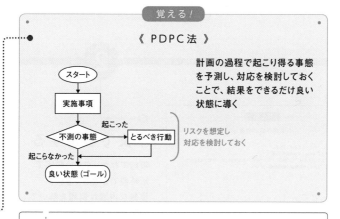

計画の過程で起こり得る事態を予測し、対応を検討しておくことで、結果をできるだけ良い状態に導く

リスクを想定し対応を検討しておく

参考 キーワードは「予測」「リスク」「できるだけ良い方向」です。アローダイアグラム法と似ていますが、PDPC法の特徴は「トラブルを事前に予測」する点です。

本書の構成と効果的な学習法

STEP 1

その章の内容をイメージする

その章の内容と、単元ごとの
出題実績を明示しています。

CHAPTER

6 相関分析

相関分析に関する問題はよく出題されます。
相関係数や無相関の検定を、手順に従って何度
も繰り返し解き、慣れるようにしましょう。

★★★ その内容を深く理解しているレベル
★★ 定義と基本的な考え方を理解しているレベル
★ 言葉として知っているレベル

6章の構成

1 相関係数 ★★★ P239

毎回平均 3.3/100点

第22回:0点 第23回:1点 第24回:2点 第25回:2点
第26回:7点 第27回:0点 第28回:6点 第30回:0点
第31回:2点 第32回:6点 第33回:8点 第34回:4点

相関分析の方法や、相関の有無を判断する無相関の検定
について学びます。

STEP 2

本文で学習する

端的でわかりやすい説明で、
短時間でも理解できます。
複雑な内容は例題を解いて
理解をしましょう。

覚える！

《 相関係数の特徴 》

● 単位がなく、常に $-1 \leq r \leq 1$ となる。
● $r > 0$ を正の相関、$r < 0$ を負の相関という。
● r が1に近い場合は強い正の相関、r が -1 に近い場合は強い負の相関があるという。
● $r = 0$ または $r \fallingdotseq 0$ を無相関（相関がない）という。

正の相関　　強い正の相関　　無相関

負の相関　　強い負の相関

例題 6-1-1

ある工程の要因 x と品質特性 y に関する対のあるデータを20組観測した結果、次の統計量の値を得た。

x の平均値：$\bar{x} = 8$、y の平均値：$\bar{y} = 6$、x の偏差平方和：$S_{xx} = 36$、
y の偏差平方和：$S_{yy} = 16$、x と y の偏差積和：$S_{xy} = 18$

この工程において、x と y の相関係数 r を求めると、

$$r = \frac{\boxed{(3)}}{\sqrt{\boxed{(1)} \times \boxed{(2)}}} = \boxed{(4)}$$

となる。

【選択肢】 6　8　16　18　36　0.25　0.5　0.75

【解答】 (1) 36　(2) 16　(3) 18　(4) 0.75

章末の「重要ポイントのまとめ」で
全体の内容を整理

重要事項をまとめているので、何が大事だったかがわかります。

CHAPTER

6
重要ポイントのまとめ

—— POINT ——

1 相関係数

❶ 相関分析とは、複数の要素が「どの程度同じような動きをするか」を明らかにし、要素間の関係性を理解する分析方法のこと。

❷ 相関係数 r は、x の偏差平方和を S_{xx}、y の偏差平方和を S_{yy}、x と y の偏差積和を S_{xy} とすると、次のようになる。

$$r = \frac{S_{xy}}{\sqrt{S_{xx}S_{yy}}}$$

STEP ③　STEP ④　STEP ⑤

章末の予想問題で
試験レベルをつかむ

過去問を分析して作成した予想問題を掲載。直前期は「重要ポイントのまとめ」→「予想問題」の繰り返しで総仕上げをしましょう。

CHAPTER

6
⊕ 予想問題 　問　題

問題1　相関分析

□内に入る最も適切なものを選択肢から選べ。
　ある製造ラインに関して、機械の稼働時間 x と停止回数 y との関係を調べるため、11台のデータを取った。それらのデータと、2乗の値、積の値を表1.1に示す。

表1.1

ライン番号	稼働時間 x	停止回数 y	x^2	y^2	xy
1	38	14	1444	196	532
2	35	12	1225	144	420

巻末の模擬試験に
挑戦する

巻末に1回分の模擬試験を掲載。これで実践力を養いましょう。

模擬試験 　問　題

【問1】　サンプリングに関する次の文章において、□内に入るもっとも適切なものを下欄のそれぞれの選択肢からひとつ選びなさい。ただし、各選択肢を複数回用いることはない。

① 　[1] とは、一つの場所から一度に取られるサンプルを構成するものであり、製品、材料、サービスのひとまとまりのことである。

② 　[2] またはサンプルの大きさとは、サンプルに含まれるサンプル単位の数をいう。

③ 　[3] とは、一つのサンプル単位を取り割定した後、次のサンプリング単位を取る前に母集団に戻すサンプリングをいう。

④ 　[4] とは、取り出したサンプル単位を母集団に戻すことなく次々とサンプリ

QC 検定 2級

3週間でバッチリ！ 学習計画

まずは1周、最後まで読んでみましょう。どうしてもわからないところは一旦飛ばしましょう。全体像がわかったあとの方が効率良く理解できます。

3週間でバッチリ！

4週間でミッチリ！

3週間プラン	4週間プラン	章	内容	チェック
1日目	1日目	**1章** データの取り方とまとめ方	データの種類	
			サンプリングと誤差	
	2日目		サンプリングの種類	
			基本統計量	
2日目	3日目	**2章** 統計的方法の基礎	期待値と分散	
			正規分布	
3日目	4日目		二項分布	
	5日目		ポアソン分布	
			統計量の分布	
4日目	6日目	**3章** 計量値データの検定と推定	検定と推定の考え方	
			1つの母集団の平均に関する検定と推定	
	7日目		1つの母集団の分散に関する検定と推定	
			2つの母集団の平均に関する検定と推定	
5日目	8日目		2つの母集団の分散に関する検定と推定	
			データに対応がある場合の検定と推定	
6日目	9日目	**4章** 計数値データの検定と推定	母不適合品率に関する検定と推定	
			2つの母不適合品率の違いに関する検定と推定	
			母不適合数に関する検定と推定	
7日目	10日目		2つの母不適合数に関する検定と推定	
			分割表による検定	
8日目	11日目	**5章** QC七つ道具と新QC七つ道具	層別	
			QC七つ道具	
			新QC七つ道具	

CONTENTS

QC検定® の概要

QC検定® とは

QC検定®（品質管理検定®）は、品質管理に関する知識を確認するための検定で、一般財団法人日本規格協会と一般財団法人日本科学技術連盟が主催しています。

2級試験について

試験日程	年2回（9月と3月）
試験時間	90分
出題形式	マークシート
合格基準	手法分野・実践分野に分類し、各分野の得点が約50％以上及び、総合得点が約70％以上
受検料	6,380円
試験日の持ち物	受検票、筆記用具、時計、電卓（関数電卓は不可）
受検資格	なし

2級で求められる知識・能力

品質管理の実践	品質管理の手法
◉QC的ものの見方・考え方 ◉品質の概念 ◉管理の方法 ◉品質保証：新製品開発／プロセス保証 ◉品質経営の要素：方針管理／機能別管理／日常管理／標準化／小集団活動／人材育成／診断・監査／品質マネジメントシステム ◉倫理・社会的責任 ◉品質管理周辺の実践活動	◉データの取り方・まとめ方 ◉新QC七つ道具 ◉統計的方法の基礎 ◉計量値データに基づく検定と推定／計数値データに基づく検定と推定 ◉管理図　　　　◉抜取検査 ◉実験計画法　　◉相関分析 ◉単回帰分析　　◉信頼性工学

※受検に関する最新情報および、本書が依拠する「品質管理検定レベル表（Ver.20150130.2）」については、試験実施団体のホームページで必ずご確認ください。

1

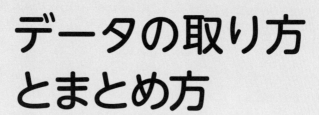

データの取り方とまとめ方

製品の品質を管理するために必要なデータの扱い方について学びます。本章で学習する内容は、次章以降の基礎になるので、ここでしっかり理解しましょう。

★★★　内容を深く理解しているレベル
★★　　定義と基本的な考え方を理解しているレベル
★　　　言葉を知っているレベル

1 データの種類 ★★★

P4

出題分析	毎回平均 0.0/100点	第22回:0点	第23回:0点	第24回:0点	第25回:0点
		第26回:0点	第27回:0点	第28回:0点	第30回:0点
		第31回:0点	第32回:0点	第33回:0点	第34回:0点

そのまま出題されることは少ないですが、他の範囲を学ぶための前提知識として必要です。

2 サンプリングと誤差 ★★★

P5

出題分析	毎回平均 0.4/100点	第22回:0点	第23回:0点	第24回:2点	第25回:0点
		第26回:0点	第27回:0点	第28回:0点	第30回:0点
		第31回:3点	第32回:0点	第33回:0点	第34回:0点

「母集団」「サンプル」「誤差」などの用語を学びます。今後もよく出てくる用語なので、意味を理解しておきましょう。

3 サンプリングの種類 ★★★
P8

出題分析	毎回平均 2.3/100点	第22回:0点	第23回:5点	第24回:7点	第25回:5点
		第26回:0点	第27回:4点	第28回:0点	第30回:0点
		第31回:5点	第32回:0点	第33回:0点	第34回:1点

さまざまなサンプリングの手法について学びます。違いを
しっかり理解しながら学習を進めましょう。

4 基本統計量 ★★★
P14

出題分析	毎回平均 2.0/100点	第22回:0点	第23回:1点	第24回:0点	第25回:0点
		第26回:4点	第27回:8点	第28回:0点	第30回:7点
		第31回:0点	第32回:4点	第33回:0点	第34回:0点

計算問題として出題される単元です。得点源にするため
に、全ての公式を必ず覚えましょう。

1 データの種類

毎回平均 **0.0**/100点

データの種類

　製品やサービスの品質を管理するためには、データを活用することが重要です。品質管理で扱うデータには、数値データと言語データがあります。

　数値データは数値で表現するデータのことで、計量値と計数値に分けることができます。計量値とは、長さや重さなどの計測機器を用いて計測した値のことで、アナログ時計のように連続して変化するイメージです。計数値とは、不適合品数などのような、1つ、2つと数を数え上げるもののことで、デジタル時計のように離れた値に変化するイメージです。

　言語データは言葉で表現するデータのことです。

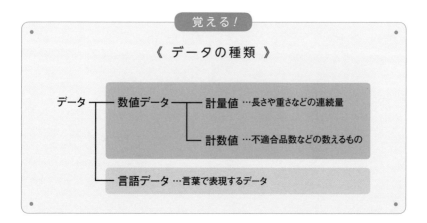

覚える！

《 データの種類 》

データ ─┬─ 数値データ ─┬─ 計量値 …長さや重さなどの連続量
　　　　 │　　　　　　　 └─ 計数値 …不適合品数などの数えるもの
　　　　 └─ 言語データ …言葉で表現するデータ

参考	データは60秒を1分に変換などすることで、いろいろな用途に活用できるようになります。

2 サンプリングと誤差

毎回平均 **0.4**/100点

サンプルから母集団の姿を捉える

サンプリングとは、調査対象全体（母集団）を直接調べるのではなく、その一部（サンプル）を抜き出して調査を行い、その結果から調査対象全体の姿を推定する方法です。これに対して、調査対象全体を直接調べることを全数調査といいます。

母集団とは、調べる対象の集団全体のことです。大きさが無限大である母集団を無限母集団といい、大きさが有限である母集団を有限母集団といいます。

> **参考** 将来にわたって工程から生み出され続ける製品などを母集団とした場合、その母集団は無限母集団になります。

サンプル（標本）とは、母集団から抜き出したデータのことです。母集団からサンプルを抜き出す（抽出する）ことがサンプリングであり、抜き出したサンプルの数をサンプルの大きさといいます。

サンプリングにおける注意点は、調査の対象は母集団であって、サンプル個々の測定値ではないということです。したがって、サンプルとして必要な条件は、調査対象となる母集団を、効率よく、偏りなく、高い精度で推定できることです。サンプルを測定し、得られたデータから母集団全体の姿を捉えることが重要です。

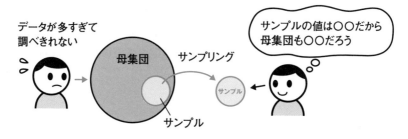

データが多すぎて調べきれない

母集団 サンプリング

サンプルの値は○○だから母集団も○○だろう

サンプル

サンプル

サンプリングと誤差

　母集団から抽出したサンプルを測定して、サンプルに関するデータを入手する際、測定データは測定機器の調子が悪かったなどの理由で、本当の値とは違う値になっている可能性があります。この「本当の値」を真の値といい、真の値と実際に得られた値との差を誤差といいます。

　誤差には、「かたより」と「ばらつき」があります。簡単に説明すると、かたよりとは平均値と真の値との差、ばらつきとは値の大きさがそろっていない度合いのことです。

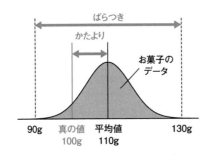

100g 入りのお菓子をつくった
↓
・平均すると 110g 入り
➡ かたより

・130g 入っているものもあれば
　90gしかないものもある
➡ ばらつき

　サンプルを測定したデータには、サンプリング誤差と測定誤差の両方が含まれます。

　サンプリング誤差とは、サンプルから母集団の姿を推定するときに生じる誤差のことです。母集団全体の特徴とは違う特徴のサンプルを抽出してしまったときに生じます。たとえば、日本人の平均身長を調べたいときに、バスケットボールの全国大会に参加した選手の身長をサンプルとして抽出してしまった場合です。

　測定誤差とは、測定値と真の値との間に生じる誤差のことです。同じものを何回か測定した結果が同じ値にならない場合は、測定誤差があると考えられます。たとえば、お菓子の重さの平均を秤を用いて調べる場合、秤の劣化によるばらつきや、測定する人の技量のばらつきなどが原因で生じます。

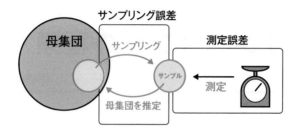

参考	サンプリング誤差と測定誤差にはどちらも「かたより」と「ばらつき」があります。また、サンプリング誤差と測定誤差の大きさは場合によって異なり、特に大小関係はありません。

③ サンプリングの種類

毎回平均 **2.3**/100点

サンプリングの種類

　母集団を構成する個々の単位をサンプリング単位といいます。たとえば、母集団がリンゴ15個で構成されていたら、各リンゴがサンプリング単位です。

　母集団に含まれるサンプリング単位の数を母集団の大きさといいます。また、サンプルに含まれるサンプリング単位の数をサンプルサイズまたはサンプルの大きさといいます。

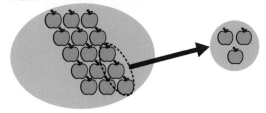

〈母集団〉
母集団の大きさ15（リンゴが全部で15個）

〈サンプル〉
サンプルサイズ3（リンゴを3個抽出）

1. 単純ランダムサンプリング

　単純ランダムサンプリングとは、母集団を構成する全ての要素が同じような確率でサンプルとして選ばれるようにサンプリングをする方法です。イメージとしては、母集団全体からくじ引きをする形です。
【メリット】サンプリング方法のうち最も基本的かつ単純な方法。
【デメリット】母集団の規模が膨大だったり、抽出するサンプルサイズが多い場合は、調査の手間がかかる。

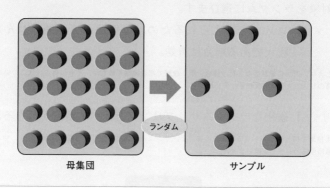

覚える！

《 単純ランダムサンプリング 》

母集団を構成する全要素が同じ確率で選ばれるようにサンプリングする。

ランダム

母集団　　　　　　　　　　　　サンプル

参考

でたらめにサンプリングしても、単純ランダムサンプリングになるとは限りません。たとえば、市民の意識調査を行う際、人が集まる駅前デパートへ行って、偶然会った利用客に話しかけ、聞き取りを行うとします。このとき、そのデパートの主要顧客が比較的高所得だった場合、低所得層の意見が抽出されず、偏ったサンプリングになってしまいます。したがって、無作為にするためには単に偶然に任せればよいというものではなく、無作為抽出となる方法を考える必要があります。

参考

一般的に、母集団全体の姿を正しく捉えるには、ランダムサンプリング（無作為抽出）を行います。これに対して、母集団の各要素が同じ確率で選ばれるとは限らないサンプリング方法を有意サンプリングといいます。たとえば、製品の耐久性をテストするために、意図的に平均的な品質の製品を選んだり、あるいは最も低品質の製品を選ぶことがあります。

2. 2段サンプリング

2段サンプリングとは、2段階に分けてランダムサンプリングを行う方法です。母集団が1次単位（グループ）に分かれているときに、

いくつかの1次単位（グループ）をランダムに選び、さらにその中から2次単位をランダムサンプリングします。

　たとえば、製品検査を行うときに、全ロットから対象となるロットをいくつかランダムに選び、さらにそれらのロットの中からそれぞれ検査対象をランダムに選びます。

【メリット】コストを抑えられるため、母集団が広範囲に及んだり、膨大である場合に有効。[1]

※1 たとえば、国民に電話調査を行う場合、第1段階で調査地域を絞れば、それ以外の地域については電話番号のリストを作る必要がありません。

【デメリット】厳密なランダムサンプリングと比べて精度が落ちる。[2]

※2 第1段階で偏ったグループを選んでしまうと、サンプルに偏りが生じる可能性が高くなり、サンプルは母集団全体の特性を反映しません。

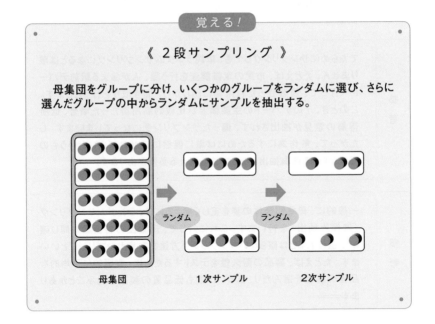

覚える！

《 2段サンプリング 》

　母集団をグループに分け、いくつかのグループをランダムに選び、さらに選んだグループの中からランダムにサンプルを抽出する。

ランダム　　　　ランダム

母集団　　　　1次サンプル　　　　2次サンプル

3. 層別サンプリング

　　層別サンプリングとは、母集団をいくつかの層に分類して、各層からランダムサンプリングする方法[3] です。母集団内に複数の属性が存在する場合、その構成割合を維持したままサンプリングできます。層別サンプリングでは、層内のばらつきが小さくなるように層を設定します。

[3] たとえば、アンケートの結果を 20 代、30 代、40 代と年代別に分類して、さらに各層からランダムサンプリングを行う方法があります。

> 参考
>
> 母集団を分けた各層のことや、次の集落サンプリングにおける集落のことを部分母集団といいます。

【メリット】母集団を各層に正しく分けられれば、単純ランダムサンプリングよりも精度が高い。

【デメリット】事前に母集団の構成を把握する必要がある。

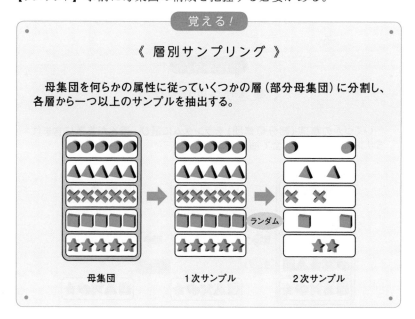

覚える！

《 層別サンプリング 》

母集団を何らかの属性に従っていくつかの層（部分母集団）に分割し、各層から一つ以上のサンプルを抽出する。

母集団　　　　　1次サンプル　　　　2次サンプル

ランダム

4．集落サンプリング

　集落サンプリングとは、母集団を複数の集落（クラスター）に分け、その中からランダムに集落を選び、その集落の中身全てをサンプルとする方法です。

　選ばれなかった集落は調査されないため、集落間の性質は均一に、集落内の性質は不均一になるように集落を設計する必要があります。

　たとえば、製品の生産ロットを集落として設定します。ロットとは製品の生産・出荷の最小単位のことで、「みかん 10 個で 1 山 500 円」の "1 山" がロットです。集落サンプリングによって、母集団の中からランダムに検査対象のロットを選び、2 次単位であるそのロットの全製品を検査します。

【メリット】ランダムに抽出した集落のみ調査すればよいため、労力を削減できる。

【デメリット】同一集落内の要素は類似した性質を持ちやすいため、集落を適切に設計しないと結果に偏りが生じる可能性がある。

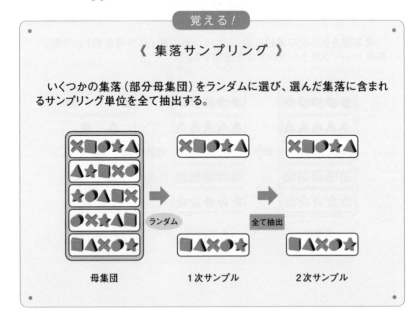

覚える！

《 集落サンプリング 》

　いくつかの集落（部分母集団）をランダムに選び、選んだ集落に含まれるサンプリング単位を全て抽出する。

ランダム　　全て抽出

母集団　　　1次サンプル　　2次サンプル

5．系統サンプリング

　系統サンプリングとは、母集団のサンプリング単位を何らかの順序で並べた後、最初の1つをランダムに抽出し、その後は一定間隔でサンプリングを行う方法です。たとえば、製造順に並べられた製品の中からランダムに1つ検査対象を決め、その位置から一定間隔ごとに配置された製品を検査します。

【メリット】手間がかからない(最初の1個を抽出すれば、あとは機械的に決まる)。

【デメリット】サンプリング単位の並びに周期がある場合、それがサンプリングの周期と重なると、サンプルに偏りが生じる。

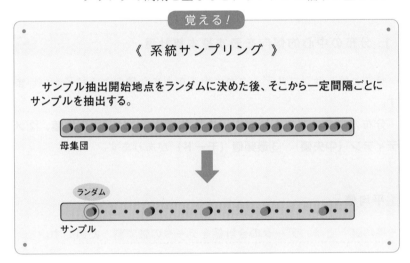

覚える！

《 系統サンプリング 》

サンプル抽出開始地点をランダムに決めた後、そこから一定間隔ごとにサンプルを抽出する。

母集団

ランダム

サンプル

復元サンプリングと非復元サンプリング

　母集団からあるサンプリング単位を抽出した後、次の抽出の前にそのサンプリング単位を母集団に戻すサンプリングを復元サンプリングといいます。

　一方、抽出したサンプリング単位を母集団に戻すことなく次々と抽出する（または、必要数を一度に抽出する）サンプリングを非復元サンプリングといいます。

4 基本統計量

毎回平均 **2.0**/100点

基本統計量とグラフ

　3級で学習した基本統計量は平均値、メディアン（中央値）、範囲、偏差平方和、不偏分散、標準偏差でした。2級でも、与えられたデータから基本統計量を計算する問題が出題されるため、求め方を覚えておきましょう。

1. 分布の中心的傾向を表す基本統計量

　分布とは、サンプルデータが大小さまざまな値をとる様子をいいます。

　分布の中心に関する傾向を示す基本統計量には、①**平均値**、②**メディアン（中央値）**、③**最頻値（モード）**があります。

① 平均値 $\bar{x}$

　平均値[1]とは、データの合計値をデータの数で割った値です。

※1 平均値は、単に平均ということもあります。

> 覚える！
>
> 《 平均値の計算方法 》
>
> エックス・バーと読む
> $$\bar{x} = \frac{1}{n}(x_1 + x_2 + \cdots + x_n)$$
> $$= \frac{1}{n}\sum_{i=1}^{n} x_i$$
> Σはシグマと読み、合計を意味する

ここで、

x_1 は 1 個目の観測値

x_2 は 2 個目の観測値

$\vdots$

x_n は n 個目の観測値

を表します。

② メディアン $\tilde{x}$（または Me と書く）

メディアン（中央値）とは、データを昇順または降順に並び替えたときに、中央に位置する値です[2]。データが偶数個の場合は、中央値が 1 つに決まらないので、中央の 2 つの値を足して 2 で割った値になります。

※ 2 $\tilde{x}$ は、エックス・チルダと読みます。

覚える！

《 メディアンの計算方法 》

奇数個のとき　130cm　157cm　163cm　171cm　176cm

メディアン＝中央の値

偶数個のとき　130cm　157cm　162cm　164cm　171cm　176cm

$$メディアン = \frac{中央の2つの値の合計}{2}$$

③ 最頻値 $\hat{x}$（または Mo と書く）

最頻値（モード）とは、最も出現する頻度の多い値です。

2．分布のばらつき（変動・広がり）を表す基本統計量

分布のばらつき（変動・広がり）を表す基本統計量として、[1]範囲、[2]偏差平方和（平方和）、[3]分散、[4]標準偏差、[5]変動係数などがあります。

[1] 範囲 R

範囲とは、データの最大値と最小値との差のことです。

覚える！

《 範囲の計算方法 》

$$R = 最大値 － 最小値$$

[2] 偏差平方和 S

平均からの乖離のことを偏差といいます。偏差平方和とは、各データの値と平均の差（偏差）を2乗した値の合計値です。偏差平方和はデータのばらつきを表す指標です。

データ $x_1, x_2, ..., x_n$ と平均値 $\bar{x}$ との乖離の合計は次の式で表せます。

$$(x_1 - \bar{x}) + (x_2 - \bar{x}) + \cdots + (x_n - \bar{x})$$

データのばらつきを考える場合、各データの値と平均値との差の合計を考えると一見良さそうです。

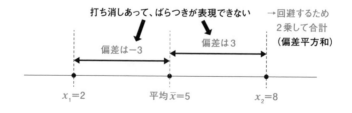

打ち消しあって、ばらつきが表現できない　→回避するため 2乗して合計（偏差平方和）

偏差は−3　偏差は3

$x_1 = 2$　平均 $\bar{x} = 5$　$x_2 = 8$

しかし、単純に偏差の合計を行うとプラスとマイナスが打ち消し

合ってしまい、データのばらつきが上手く表現できません。そこで、各データの値と平均の差を2乗して合計した値を偏差平方和とします。

$$S = (x_1 - \bar{x})^2 + (x_2 - \bar{x})^2 + \cdots + (x_n - \bar{x})^2$$
$$= \sum_{i=1}^{n} (x_i - \bar{x})^2$$

この式は次のように変形できます。

$$S = \sum_{i=1}^{n} x_i^2 - \frac{\left(\sum_{i=1}^{n} x_i\right)^2}{n}$$

なお、試験で偏差平方和を計算するときは、次の式を使うと素早く計算することができます。

覚える！

《 偏差平方和の計算方法 》

$$S = x^2 \text{の合計} - \frac{(x \text{の合計})^2}{n}$$

参考

偏差平方和の計算式は次のような数式で表されることもあります。

$$S = \sum_{i=1}^{n} x_i^2 - \frac{\left(\sum_{i=1}^{n} x_i\right)^2}{n}$$
$$= x_1^2 + x_2^2 + \cdots + x_n^2 - \frac{(x_1 + x_2 + \cdots + x_n)^2}{n}$$

なお、偏差平方和の公式は、次のように導き出します。

$$S = \underbrace{(x_1 - \bar{x})^2 + (x_2 - \bar{x})^2 + \cdots + (x_n - \bar{x})^2}_{\text{偏差の2乗}}$$

$$= \underbrace{(x_1{}^2 - 2\bar{x}x_1 + \bar{x}^2) + (x_2{}^2 - 2\bar{x}x_2 + \bar{x}^2) + \cdots + (x_n{}^2 - 2\bar{x}x_n + \bar{x}^2)}_{\text{展開した}}$$

$$= \underbrace{(x_1{}^2 + x_2{}^2 + \cdots + x_n{}^2)}_{\text{データの2乗の合計}} - 2\bar{x}\underbrace{(x_1 + x_2 + \cdots + x_n)}_{\text{データの合計}} + \underbrace{(\bar{x}^2 + \bar{x}^2 + \cdots + \bar{x}^2)}_{n \text{個}}$$

$$= \underbrace{\sum_{i=1}^{n} x_i{}^2}_{\substack{\text{データの} \\ \text{2乗の合計}}} - 2\bar{x}\underbrace{(x_1 + x_2 + \cdots + x_n)}_{n\bar{x}} + n\bar{x}^2$$

> $\bar{x}$ はデータの合計を n で割った値だから

$$= \sum_{i=1}^{n} x_i{}^2 - n\bar{x}^2 \quad \cdots ①$$

ここで、平均 $\bar{x}$ は、

$$\bar{x} = \frac{x_1 + x_2 + \cdots + x_n}{n}$$

これを式①に代入すると

$$S = \sum_{i=1}^{n} x_i{}^2 - n\left(\underbrace{\frac{x_1 + x_2 + \cdots + x_n}{n}}_{\bar{x}}\right)\left(\underbrace{\frac{x_1 + x_2 + \cdots + x_n}{n}}_{\bar{x}}\right)$$

$$= \sum_{i=1}^{n} x_i{}^2 - \frac{\overbrace{(x_1 + x_2 + \cdots + x_n)}^{\text{データの合計}}{}^2}{n}$$

$$= \underbrace{\sum_{i=1}^{n} x_i{}^2}_{\text{2乗の合計}} - \frac{\left(\sum_{i=1}^{n} x_i\right)^2}{n} \quad \text{合計した後で2乗}$$

③ 不偏分散 V

　偏差平方和は、データの数が増えると大きくなります。そこでデータの数の影響をなくした指標が**分散**[※3] です。

※3 分散は英語で Variance（ヴァリアンス） といいます。

　母集団から抽出したサンプルから計算できる分散には、

　　①**標本分散**…偏差平方和 $\div n$
　　②**不偏（標本）分散**…偏差平方和 $\div (n-1)$ ←こっちが試験に出る

があります。$n-1$ は自由度と呼ばれます。

覚える！

《 不偏分散の計算方法 》

$$V = \frac{\text{偏差平方和}\,S}{n - 1}$$

　母集団の分散を**母分散**といいます。サンプル（標本）から計算できる分散は、標本分散と不偏分散です。標本分散はサンプル内のデータの分散を表しますが、不偏分散はサンプル内のデータから母集団の分散である母分散を推定したものであるという特徴があります。

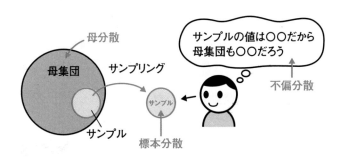

サンプルの値は〇〇だから
母集団も〇〇だろう

母分散

母集団

サンプリング

サンプル

標本分散

不偏分散

4 標準偏差 s

標準偏差とは、不偏分散の平方根をとった値です。標準偏差は分散と同じくデータのばらつきを表す指標です。

《 標準偏差の計算方法 》

$$s = \sqrt{V} = \sqrt{\frac{偏差平方和 S}{n-1}}$$

参考	サンプルのデータの単位がcmやkgである場合、分散は2乗していたので、単位がcm^2やkg^2になります。標準偏差では、平方根をとることで、cmやkgに戻ります。こうすることでばらつき度合いがデータの単位で表されてわかりやすくなります。

5 変動係数 CV

変動係数は、標準偏差を平均で割った値です。変動係数は相対的なばらつきを表します。

たとえば、平均7000kg ある象の体重と、平均70kg の人間の体重のばらつきを考える場合、象の体重の変動のほうが大きくなるのは当然です。そこで、それぞれの平均で割ることで調整を行います。

《 変動係数の計算方法 》

$$CV = \frac{s}{\bar{x}} \times 100$$

補論 Σの計算

Σはシグマと呼び、合計をするという意味の記号です。

QC検定では、Σを使った表記が出てきます。たとえば、$\sum_{i=1}^{5} X_i$ は、「X_i の i の部分に1から5を代入した値や変数をすべて合計する」という意味です。

$$\sum_{i=1}^{5} X_i = X_1 + X_2 + X_3 + X_4 + X_5$$

なお、i の代わりに j や k を使って、$\sum_{j=1}^{5} X_j$ や $\sum_{k=1}^{5} X_k$ と書くこともあります。

また、$\sum_{i=1}^{5} \bar{x}$ のように定数にΣ記号がついている場合は、「$\bar{x}$ という定数があって、5回繰り返して合計する」という意味です。

$$\sum_{i=1}^{5} \bar{x} = \bar{x} + \bar{x} + \bar{x} + \bar{x} + \bar{x}$$

慣れていない場合は、以下の例題を解きましょう。

📖 例題 1-5-1

次の式をΣ記号を用いて書きなさい。

(1) $X_1 + X_2 + X_3$　　　　(2) $Y_1 + Y_2 + Y_3 + Y_4 + Y_5$

(3) $X_1 + X_2 + \cdots + X_{99} + X_{100}$　　(4) $X_1 + X_2 + \cdots + X_n$

(5) $X_1 + X_2 + X_3 - (Y_1 + Y_2 + Y_3)$　(6) $X_1 + X_2 + \cdots + X_n + Y_1 + Y_2 + \cdots + Y_m$

(7) $X_1^2 + X_2^2 + X_3^2 + X_4^2$

【解答】

(1) $\sum_{i=1}^{3} X_i$　　　　(2) $\sum_{i=1}^{5} Y_i$

(3) $\sum_{i=1}^{100} X_i$　　　(4) $\sum_{i=1}^{n} X_i$

(5) $\sum_{i=1}^{3} X_i - \sum_{i=1}^{3} Y_i$　(6) $\sum_{i=1}^{n} X_i + \sum_{i=1}^{m} Y_i$

$(7) \displaystyle\sum_{i=1}^{4} X_i^{2}$

📖 例題 1-5-2

次の Σ 記号で表した式を、具体的な足し算の形で書きなさい。

$(1) \displaystyle\sum_{i=1}^{3} X_i$

$(2) \displaystyle\sum_{j=1}^{5} Y_j$　←（ヒント：i でも j でも同じ）

$(3) \dfrac{1}{4}\displaystyle\sum_{i=1}^{4} X_i^{2}$

$(4) \dfrac{1}{n}\displaystyle\sum_{i=1}^{n} x_i$

$(5) \displaystyle\sum_{i=1}^{n} 5$

$(6) \displaystyle\sum_{i=1}^{n} x_n$　←（ヒント：引っ掛け問題）

$(7) \displaystyle\sum_{i=1}^{n} x_i y_i$

【解答】 $(1)\ X_1 + X_2 + X_3$　　　$(2)\ Y_1 + Y_2 + Y_3 + Y_4 + Y_5$

$(3)\ \dfrac{1}{4}(X_1^{2} + X_2^{2} + X_3^{2} + X_4^{2})$　　$(4)\ \dfrac{1}{n}(x_1 + x_2 + \cdots + x_n)$

$(5)\ \underbrace{5 + 5 + \cdots + 5}_{n\,個}$（定数 5 を n 回足し算する）

$(6)\ \underbrace{x_n + x_n + \cdots + x_n}_{n\,個}$（定数 x_n を n 回足し算する）

$(7)\ x_1 y_1 + x_2 y_2 + \cdots + x_n y_n$

📖 例題 1-5-3

次の Σ 記号で表した式を、具体的な足し算の形で書きなさい。

$(1) \left(\displaystyle\sum_{i=1}^{3} X_i\right)^{2}$

$(2) \displaystyle\sum_{i=1}^{3} X_i^{2}$

【解答】 $(1)\ (X_1 + X_2 + X_3)^{2}$　　$(2)\ X_1^{2} + X_2^{2} + X_3^{2}$

重要ポイントのまとめ

—— POINT ——

1 データの種類

❶データには数値データと言語データがある。

❷数値データには連続した値をとる計量値と、「1 個、2 個、…」と離れた値をとる計数値がある。

2 サンプリングと誤差

❶母集団とは、調べる対象の集団全体のこと。サンプルとは、母集団から抜き取ったデータのこと。母集団からサンプルを抜き取ることをサンプリングという。

❷誤差には「かたより」と「ばらつき」がある。かたよりとは平均値と真の値との差、ばらつきとは値の大きさがそろっていない度合いのこと。

❸サンプリング誤差はサンプルから母集団の姿を推定するときに生じる誤差のこと。測定誤差は、測定値と真の値との間に生じる誤差のこと。

3 サンプリングの種類

❶単純ランダムサンプリングとは、母集団を構成する全ての要素が同じような確率でサンプルとして選ばれるようにサンプリングをする方法。

❷2 段サンプリングとは、2 段階に分けてランダムサンプリングを行う方法。

❸層別サンプリングとは、母集団をいくつかの層に分類して、各層からランダムサンプリングする方法。

❹集落サンプリングとは、母集団を複数の集落（クラスター）に分け、その中からランダムに集落を選び、その集落の中身全てをサンプルとする方法。

❺系統サンプリングとは、母集団のサンプリング単位を何らかの順序
で並べ、最初の1つをランダムに抽出し、その後は一定間隔でサ
ンプリングを行う方法。

❻復元サンプリングでは、サンプリング単位を抽出した後、次の抽出
の前に母集団に戻す。一方、非復元サンプリングでは、抽出したサ
ンプルを母集団に戻すことなく次々と抽出する（または、必要数を
一度に抽出する）。

4 基本統計量

❶平均値

$$\bar{x} = \frac{x \text{ の合計}}{n}$$

❷メディアン（中央値）

　データを大きさ順に並び替えたときに、中央に位置する値。中央に
位置する値がないときは、中央に近い2つの値を足して2で割った
値

❸範囲

$$R = \text{最大値} - \text{最小値}$$

❹偏差平方和

$$S = x^2 \text{ の合計} - \frac{(x \text{ の合計})^2}{n}$$

❺不偏分散

$$V = \frac{S}{n-1}$$

❻標準偏差

$$s = \sqrt{V} = \sqrt{\frac{S}{n-1}}$$

❼変動係数

$$CV = \frac{s}{\bar{x}} \times 100$$

予想問題 問題

問題1 サンプリングの用語

　サンプリングに関する次の文章において、□内に入るもっとも適切なものを選択肢から選べ。

　一つの場所から一度に取られるサンプルを構成する製品や材料等のひとまとまりを (1) といい、母集団からサンプルを取ることを (2) という。また、サンプルに含まれる (1) の数を (3) という。

【 (1) ～ (3) の選択肢】
ア．サンプリング単位　イ．サンプルサイズ　ウ．サンプリング

(1)	(2)	(3)

問題2 サンプリングの種類

　サンプリングに関する次の文章において、□内に入るもっとも適切なものを選択肢から選べ。

①支店10カ所にそれぞれ1～10の番号をつけて、無作為に3カ所の支店を選び、選ばれた支店の全従業員を調査対象とした。これは (1) である。

②支店10カ所それぞれの中から、支店ごとに従業員全員に番号を付け、乱数によってそれぞれ10名ずつ無作為に選び調査対象とした。これは (2) である。

③入社日順に全社員1000名に1番から1000番までの番号をつけて、乱数によって20名を無作為に選び調査対象とした。これは (3) である。

④入社日順に全社員1000名に1番から1000番までの番号をつけて、1～50の範囲の乱数1個を発生させてそれを x とする。x から一定間隔の番号の社員を調査対象とした。これは (4) である。

ア．系統サンプリング　イ．層別サンプリング　ウ．集落サンプリング
エ．2段サンプリング　オ．非復元サンプリング　カ．復元サンプリング
キ．単純ランダムサンプリング

(1)	(2)	(3)	(4)

問題 3　基本統計量

　基本統計量に関する次の文章において、□□□内に入るもっとも適切なものを選択肢から選べ。

　0 から 5 の整数値をデータとする確率変数について、大きさ $n = 20$ のサンプルを抽出し、その分布を調べるために、度数を▨を積み上げた数で表したグラフを作成した。

①図 3.1 が得られたとき、平均値は (1) 、中央値は (2) 、最頻値は (3) である。平均値、中央値、最頻値の大きさの関係は (4) ＞ (5) ＞ (6) である。

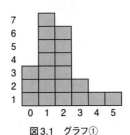

図3.1　グラフ①

②図3.2の各グラフ（A）～（C）の3つのグラフが得られた。分散の大きさの関係は、
[(7)] > [(8)] > [(9)] である。標準偏差の大きさの傾向は、分散の大きさの傾向と [(10)]。

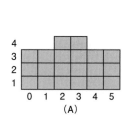 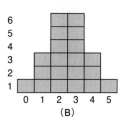 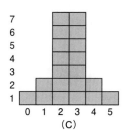

図3.2 グラフ②

【 [(1)] ～ [(10)] の選択肢 】

ア．平均値　　イ．中央値　　ウ．最頻値　　エ．1　　　　オ．1.5　　　カ．1.7

キ．（A）　　　ク．（B）　　　ケ．（C）　　　コ．異なる　　　サ．同じである

(1)	(2)	(3)	(4)	(5)

(6)	(7)	(8)	(9)	(10)

予想問題 解答解説

問題 1　サンプリングの用語

> 【解答】　(1) ア　(2) ウ　(3) イ

問題 2　サンプリングの種類

> 【解答】　(1) ウ　(2) イ　(3) キ　(4) ア

問題 3　基本統計量

> 【解答】　(1) カ　(2) オ　(3) エ　(4) ア　(5) イ
> 　　　　　(6) ウ　(7) キ　(8) ク　(9) ケ　(10) サ

POINT

①平均値＝$\dfrac{\overbrace{0+0+0}^{3個}+\overbrace{1+1+1+1+1+1+1}^{7個}+\overbrace{2+2+2+2+2+2}^{6個}+\overbrace{3+3}^{2個}+4+5}{20}$ ＝ 1.7 と求めま

す。20 個のデータの中央値は、小さい順に並べたときの 10 番目の値「1」と 11
番目の値「2」の合計を 2 で割って 1.5 と求まります。最頻値は最も度数が多い「1」
です。

②(A), (B), (C) は左右対称のグラフなので、平均値はいずれも 2.5 です。その付近
にデータが集中しているほど、ばらつきを表す指標である分散と標準偏差は小さく
なります。

　本問に出題されていない変動係数なども復習しておきましょう。

CHAPTER

2

2

統計的方法の基礎

統計的方法の基礎として、確率分布の各手法について学んでいきます。非常に重要な内容ですので、ここで確実に理解しましょう。

2章の構成

★★★ 内容を深く理解しているレベル
★★ 定義と基本的な考え方を理解しているレベル
★ 言葉を知っているレベル

1 期待値と分散

★★★
P32

出題分析	毎回平均 **1.3**/100点	第22回:**0点**	第23回:**4点**	第24回:**0点**	第25回:**0点**
		第26回:**7点**	第27回:**0点**	第28回:**0点**	第30回:**0点**
		第31回:**0点**	第32回:**4点**	第33回:**0点**	第34回:**0点**

確率と分布の基礎知識、および各分布を学ぶ上で重要な期待値と分散について解説します。

2 正規分布

★★★
P40

出題分析	毎回平均 **1.8**/100点	第22回:**4点**	第23回:**2点**	第24回:**2点**	第25回:**5点**
		第26回:**0点**	第27回:**0点**	第28回:**3点**	第30回:**0点**
		第31回:**0点**	第32回:**0点**	第33回:**0点**	第34回:**5点**

正規分布の特徴を答える問題や、確率を計算する問題がよく出題されます。確率の計算は手順に沿って計算すれば解ける問題がほとんどです。例題や予想問題を通してイメージを掴みましょう。

3 二項分布

★★★
P52

出題分析　毎回平均 **1.8**/100点　第22回:**0点**　第23回:**0点**　第24回:**2点**　第25回:**0点**　第26回:**0点**　第27回:**0点**　第28回:**4点**　第30回:**6点**　第31回:**4点**　第32回:**6点**　第33回:**0点**　第34回:**0点**

正規分布と比べると出題されることは少ないので、あまり悩まずに読みましょう。二項分布が計数値の分布であることと、本文の図の意味を理解できれば十分です。

4 ポアソン分布

★★
P61

出題分析　毎回平均 **1.1**/100点　第22回:**0点**　第23回:**0点**　第24回:**3点**　第25回:**0点**　第26回:**5点**　第27回:**0点**　第28回:**0点**　第30回:**0点**　第31回:**0点**　第32回:**0点**　第33回:**5点**　第34回:**0点**

二項分布と同じく計数値の分布を示すポアソン分布について解説します。

5 統計量の分布

★
P63

出題分析　毎回平均 **0.0**/100点　第22回:**0点**　第23回:**0点**　第24回:**0点**　第25回:**0点**　第26回:**0点**　第27回:**0点**　第28回:**0点**　第30回:**0点**　第31回:**0点**　第32回:**0点**　第33回:**0点**　第34回:**0点**

統計量の分布に関する知識をいくつか紹介します。くわしくは3章で説明するため、ここでは概要を知っておきましょう。

1 期待値と分散

毎回平均 1.3/100点

確率と分布

確率とは、ある事象が起こる確かさの程度（割合）のことです。た
とえば、サイコロを投げたとき「1」の目が出る確率は、1/6 です。

ある事象

確率変数とは、値と確率が対応している変数のことです。たとえ
ば、サイコロを投げたときに出る目の値と確率を考えます。

確率変数 X

サイコロの目	1	2	3	4	5	6
発生確率	$\frac{1}{6}$	$\frac{1}{6}$	$\frac{1}{6}$	$\frac{1}{6}$	$\frac{1}{6}$	$\frac{1}{6}$

上記のように目の値と確率が対応しています。したがって、サイコ
ロを投げたときに出る目の値は確率変数 X と考えることができます。
通常の変数と確率変数の違いは、各値と確率が対応しているかどうか
です。

また、確率変数がとる値とその値をとる確率の対応関係を確率分布
といいます。なお、確率分布において確率の合計は必ず 1 になりま
す。

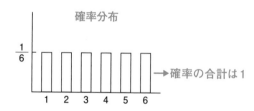

確率分布

確率の合計は 1

期待値と分散とは

確率分布の様子を表す値には、確率分布の中心を表す期待値（平均値）と、確率分布のばらつきを表す分散があります。

1．期待値（平均値）$E(X)$

期待値は、確率変数がとる値にその発生確率を掛けて全て足し合わせたものです。期待値は、確率分布の平均値を表します。確率変数 X の期待値は $E(X)$[1] と表します。

※1 期待値の E は Expectation（期待）の頭文字をとったものです。

 例題 2-1-1

データの平均値と確率変数の期待値（または平均値）は混同しやすい概念である。そこで両者を具体例で区別することを考える。より適切な語句や数式を選択せよ。ただし、同じ選択肢を複数回用いてもよい。

サイコロの目「1」から「6」までの平均値は、　(1)　という式で求められる。

サイコロを投げたときに出る目の期待値は、　(2)　という式で求められる。

データの平均値は、　(3)　となる。確率変数の期待値は、　(4)　となる。本問において、両者の値は一致　(5)　。

【選択肢】

$(1+2+3+4+5+6) \div 6$

$1 \times \dfrac{1}{6} + 2 \times \dfrac{1}{6} + 3 \times \dfrac{1}{6} + 4 \times \dfrac{1}{6} + 5 \times \dfrac{1}{6} + 6 \times \dfrac{1}{6}$

3.5　　35/12　　する　　しない

【解答】　(1) $(1+2+3+4+5+6) \div 6$

（個々のデータを全て足し合わせて、データの総数で割ったもの）

(2) $1 \times \dfrac{1}{6} + 2 \times \dfrac{1}{6} + 3 \times \dfrac{1}{6} + 4 \times \dfrac{1}{6} + 5 \times \dfrac{1}{6} + 6 \times \dfrac{1}{6}$

（確率変数がとる値にその発生確率を掛けて全て足し合わせたもの）

(3) 3.5

(4) 3.5

(5) する

期待値には次のような性質があります。下式においてaとbは定数、XとYは確率変数です。

覚える！

《 期待値の性質 》

$$E(aX) = aE(X)$$
$$E(X+b) = E(X)+b$$
$$E(X+Y) = E(X)+E(Y)$$
$$E(X-Y) = E(X)-E(Y)$$

また、XとYが互いに独立であるとき、次が成り立ちます。

覚える！

《 XとYが互いに独立であるときの期待値の性質 》

$$E(XY) = E(X) \cdot E(Y)$$

「互いに独立」とは、片方の結果がもう片方の結果に影響しないことをいいます。例えば、サイコロを2回振るとき、1回目の結果Xと2回目の結果Yはお互いに影響しないため、「XとYは互いに独立である」といいます。

「互いに独立」でない場合としては、たとえば、サイコロを振って出た目をX、裏側の目をYとするような場合が挙げられます。

📖 例題 2-1-2

次の式を$E(X)$、$E(Y)$を用いた式で表せ。ただし、X, Yは確率変数、a, b, nは定数とする。

(1) $E(aX+b)$　　　(2) $E\left(\dfrac{1}{n}X\right)$

(3) $E\left(\dfrac{X}{n} + \dfrac{Y}{n}\right)$　　　(4) $E\left(\dfrac{X}{n} - \dfrac{Y}{n}\right)$

【解 答】　(1) $E(aX+b)=aE(X)+b$

(2) $E\left(\dfrac{1}{n}X\right)=\dfrac{1}{n}E(X)$

(3) $E\left(\dfrac{X}{n}+\dfrac{Y}{n}\right)=\dfrac{1}{n}E(X)+\dfrac{1}{n}E(Y)=\dfrac{1}{n}\{E(X)+E(Y)\}$

(4) $E\left(\dfrac{X}{n}-\dfrac{Y}{n}\right)=\dfrac{1}{n}E(X)-\dfrac{1}{n}E(Y)=\dfrac{1}{n}\{E(X)-E(Y)\}$

📖 例題　2-1-3

次の計算をせよ。ただし、同一の分布に従う確率変数 $X_1, X_2, \cdots, X_n$ は、互いに独立しているとする。また、$E(X_1)=10$ とする。

$$E\left(\frac{X_1+X_2+\cdots+X_n}{n}\right)$$

【解 答】　$E\left(\dfrac{X_1+X_2+\cdots+X_n}{n}\right)$

$=\dfrac{1}{n}E(X_1+X_2+\cdots+X_n)$

$=\dfrac{1}{n}\{E(X_1)+E(X_2)+\cdots+E(X_n)\}$ ── 同一の分布に従うので、$E(X_1)$ に置き換えられます

$=\dfrac{1}{n}\{E(X_1)+E(X_1)+\cdots+E(X_1)\}$ ── 10が n 個あります

$=\dfrac{1}{n}\times 10n$

$=10$

参考　この例題の10を母平均 μ に置き換えると、標本平均の期待値を求めることになります。この計算ができると、後の章の理解度が上がります。

---

2. 分散 $V(X)$

分散は、確率変数がとる値と期待値（平均値）の差の2乗に確率を掛けて全て足し合わせたものです。確率変数 X の分散は $V(X)$[2] と表します。

※2　分散の V は Variance（分散）の頭文字をとったものです。

分散は次の式でも求めることができます。μ は X の平均です。

$$V(X) = E(X^2) - \{E(X)\}^2$$
$$= E(X^2) - \mu^2$$

分散には次のような性質があります。a と b は定数、X は確率変数です。

覚える!

《 分散の性質 》

$$V(aX) = a^2 V(X)$$
$$V(X + b) = V(X)$$

また、X と Y が互いに独立な場合には、分散の加法性が成り立ちます。

覚える!

《 分散の加法性 》

$$V(X + Y) = V(X) + V(Y)$$
$$V(X - Y) = V(X) + V(Y)$$

📖 例題 2-1-4

次の式を $E(X)$、$E(Y)$、$V(X)$、$V(Y)$ を用いた式で表せ。ただし、X と Y は互いに独立な確率変数とする。

(1) $E(3X + 6)$ (2) $V(3X + 6)$

(3) $E(2X + Y)$ (4) $V(2X + Y)$

(5) $E(2X - Y)$ (6) $V(2X - Y)$

(7) $E(2X - 3Y + 5)$ (8) $V(2X - 3Y + 5)$

(9) $E\left(\dfrac{X - 6}{3}\right)$ (10) $V\left(\dfrac{X - 6}{3}\right)$

【解 答】　(1)　$E(3X + 6) = 3E(X) + 6$

（2）　$V(3X + 6) = 9V(X)$

> 分散の計算では定数が消えることに注意

> 分散の計算では係数が2乗になることに注意

（3）　$E(2X + Y) = 2E(X) + E(Y)$

（4）　$V(2X + Y) = 4V(X) + V(Y)$

> XとYが互いに独立だから成り立つことに注意

（5）　$E(2X - Y) = 2E(X) - E(Y)$

（6）　$V(2X - Y) = 4V(X) + V(Y)$

> 分散の計算では、マイナスがプラスになることに注意

（7）　$E(2X - 3Y + 5) = 2E(X) - 3E(Y) + 5$

（8）　$V(2X - 3Y + 5) = 4V(X) + 9V(Y)$

（9）　$E\left(\dfrac{X - 6}{3}\right) = E\left(\dfrac{X}{3} - 2\right) = \dfrac{1}{3}E(X) - 2$

（10）　$V\left(\dfrac{X - 6}{3}\right) = V\left(\dfrac{X}{3} - 2\right) = \dfrac{1}{9}V(X)$

> 定数が消える

> 分散の計算では係数が2乗になることに注意

※（9）と（10）の計算は必ずできるようにしましょう。

📖 例 題　2-1-5

確率変数 X の期待値を $E(X)$、分散を $V(X)$ とし、a、b を定数とすると、

$$E(aX + b) = \boxed{(1)}$$
$$V(aX + b) = \boxed{(2)}$$

が成り立つ。

【選択肢】　$aE(X)$　$aE(X) + b$　$aE(X) + bE(X)$　$a^2E(X)$　$aV(X)$
$aV(X) + b$　$a^2V(X)$　$a^2V(X) + b$

【解 答】　(1)　$aE(X) + b$　(2)　$a^2V(X)$

期待値の性質より、$E(aX) = aE(X)$、$E(X + b) = E(X) + b$ なので、

$$E(aX + b) = aE(X) + b$$

分散の性質より、$V(aX) = a^2V(X)$、$V(X + b) = V(X)$ なので、

$$V(aX + b) = a^2V(X)$$

共分散とは

　共分散は、2つの確率変数 X と Y の関係の強さを表す量です。X と Y の平均値をそれぞれ μ_X、μ_Y とすると、共分散 $Cov(X,Y)$ [3] は次の式で表されます。

※3 共分散の *Cov* は Covariance（共分散）の文字からとったものです。

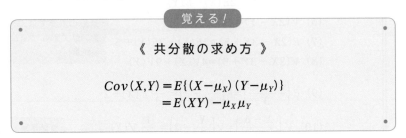

覚える！

《 共分散の求め方 》

$$Cov(X,Y) = E\{(X-\mu_X)(Y-\mu_Y)\}$$
$$= E(XY) - \mu_X \mu_Y$$

　X と Y が互いに独立である場合には、X と Y の間には関係性がないということなので、共分散は 0 になります。

離散型確率分布

　「サイコロを振って出る目（1,2,3,4,5,6）」や「コイン投げを行ってコインの裏表のどちらがでるか（裏を 0、表を 1 とする）」のようにとびとびの値しかとらない確率変数を離散型といいます。離散型の確率変数がとる分布を離散型確率分布といいます[4]。

※4 一定時間内にかかってくる電話の回数、年間の降雨日数などもその一例です。

　離散型確率分布には、二項分布、ポアソン分布などがあります。

連続型確率分布

　身長や体重のようにとりうる値が連続している確率変数を連続型といい、連続型の確率変数がとる分布を連続型確率分布といいます。連続型確率分布には、標準正規分布、正規分布、χ^2分布、t分布、F分布などがあります。

　連続型確率分布において、「身長170cmぴったりの確率は0.2」であるなどということはできません。細かく見ると「身長170.0012…cm」や「身長169.9978…cm」など無限にある値を取り得るので、各値に対応する確率は0になってしまうからです。

　そこで、確率密度という概念を導入し、「身長169.5cm以上170.5cm以下の確率は0.2」などと幅を持たせて確率を考えます。

　連続型の確率分布は曲線のグラフで表すことができ、確率分布を表す関数を確率密度関数といいます。x軸と確率密度関数のグラフで囲まれた部分の面積（積分した値）が確率になります[※5]。

※5 確率密度関数を積分すると確率が求まります。確率なので、全体の面積は1になります。

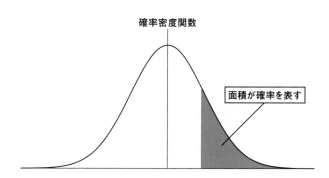

確率密度関数

面積が確率を表す

　QC検定の試験においては、積分をして確率を計算する必要はなく、対応した表から確率を求めることになります。

2 正規分布

毎回平均 **1.8**/100点

正規分布の特徴

正規分布の式は $N(\mu, \sigma^2)$ と表し、「確率変数 X は正規分布 $N(\mu, \sigma^2)$ に従う」といった書かれ方をします。

正規分布の形は、左右対称の釣鐘型（山のような形）ですが、山の高さや底辺の広さは平均 μ と分散 σ^2 によって変化します。平均＝中央値＝最頻値であり、平均 μ はグラフの中央に位置します。

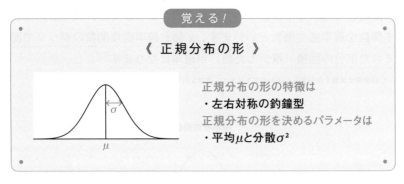

覚える！

《 正規分布の形 》

正規分布の形の特徴は
・左右対称の釣鐘型
正規分布の形を決めるパラメータは
・平均 μ と分散 σ^2

1. 正規分布 と 標準正規分布

確率変数 X が、正規分布 $N(\mu, \sigma^2)$ に従うことを次のように表現します。

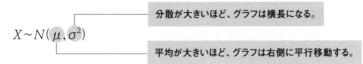

分散が大きいほど、グラフは横長になる。

$$X \sim N(\mu, \sigma^2)$$

平均が大きいほど、グラフは右側に平行移動する。

覚える！

《 正規分布における平均と分散 》

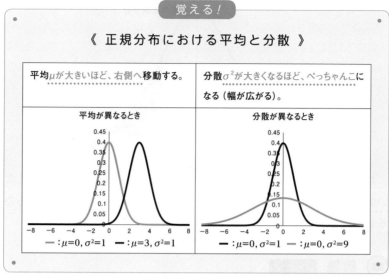

平均μが大きいほど、右側へ移動する。	分散σ^2が大きくなるほど、ぺっちゃんこになる（幅が広がる）。
平均が異なるとき	分散が異なるとき

— ：$\mu=0, \sigma^2=1$　　 — ：$\mu=3, \sigma^2=1$

— ：$\mu=0, \sigma^2=1$　　 — ：$\mu=0, \sigma^2=9$

なお、$\mu=0$, $\sigma^2=1$ である正規分布を、標準正規分布といいます。

📖 例題　2-2-1

（1）～（4）の空欄に適切な数値を記入せよ。

確率変数 X が平均 3、分散 25 の正規分布に従うことを以下のように表現する。

$X \sim N(\boxed{(1)}, \boxed{(2)}^2)$

標準正規分布は、平均 $\boxed{(3)}$、分散 $\boxed{(4)}$ の正規分布のことをいう。

【解答】　(1)3　(2)5　(3)0　(4)1

2. 正規分布表の読み方

正規分布を扱う問題では巻末資料①（p.544）のような正規分布表が付表として与えられることがあります。正規分布表は標準正規分布において、ある値 K_P 以上が生じる確率（面積 P）をまとめた表です。

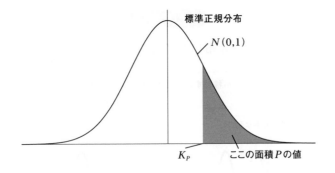

標準正規分布

$N(0,1)$

K_P　　ここの面積 P の値

　ただし、正規分布表が平均 0、分散 1 の標準正規分布でしか使えないので、平均が 0 ではない場合や分散が 1 でない場合は、K_P にあたる値を調整する必要があります。

📖 例題 2-2-2

　正規分布表から、（1）～（4）の空欄に適切な数値を記入せよ（3 級の復習）。

（1）$K_P = 0.11$ のとき、$P = \boxed{(1)}$ である。これは、平均 $\mu = 0$、分散 $\sigma^2 = 1$ に従うデータにおいて、データ値が 0.11 と以上なる確率を示している。

（2）$K_P = 0.22$ のとき、$P = \boxed{(2)}$ である。

（3）$K_P = 1.64$ のとき、$P = \boxed{(3)}$ である。

（4）$K_P = 1.65$ のとき、$P = \boxed{(4)}$ である。

【解答】　（1）0.4562　（2）0.4129　（3）0.0505　（4）0.0495

　　　　　（1）$K_P = \underset{①}{0.1}\ \underset{②}{1}$ だから、①「0.1」に対応する行、かつ②「1」に対応する列にある数値を読み取る。

付表1 【正規分布表】

(I) K_PからPを求める表

K_P	*=0	1	2	3	4	5	6	7	8	9
0.0*	.5000	.4960	.4920	.4880	.4840	.4801	.4761	.4721	.4681	.4641
0.1*	.4602	.4562	.4522	.4483	.4443	.4404	.4364	.4325	.4286	.4247
0.2*	.4207	.4168	.4129	.4090	.4052	.4013	.3974	.3936	.3897	.3859
0.3*	.3821	.3783	.3745	.3707	.3669	.3632	.3594	.3557	.3520	.3483
0.4*	.3446	.3409	.3372	.3336	.3300	.3264	.3228	.3192	.3156	.3121
0.5*	.3085	.3050	.3015	.2981	.2946	.2912	.2877	.2843	.2810	.2776
0.6*	.2743	.2709	.2676	.2643	.2611	.2578	.2546	.2514	.2483	.2451
0.7*	.2420	.2389	.2358	.2327	.2296	.2266	.2236	.2206	.2177	.2148
0.8*	.2119	.2090	.2061	.2033	.2005	.1977	.1949	.1922	.1894	.1867
0.9*	.1841	.1814	.1788	.1762	.1736	.1711	.1685	.1660	.1635	.1611
1.0*	.1587	.1562	.1539	.1515	.1492	.1469	.1446	.1423	.1401	.1379
1.1*	.1357	.1335	.1314	.1292	.1271	.1251	.1230	.1210	.1190	.1170
1.2*	.1151	.1131	.1112	.1093	.1075	.1056	.1038	.1020	.1003	.0985
1.3*	.0968	.0951	.0934	.0918	.0901	.0885	.0869	.0853	.0838	.0823
1.4*	.0808	.0793	.0778	.0764	.0749	.0735	.0721	.0708	.0694	.0681
1.5*	.0668	.0655	.0643	.0630	.0618	.0606	.0594	.0582	.0571	.0559
1.6*	.0548	.0537	.0526	.0516	.0505	.0495	.0485	.0475	.0465	.0455
1.7*	.0446	.0436	.0427	.0418	.0409	.0401	.0392	.0384	.0375	.0367
1.8*	.0359	.0351	.0344	.0336	.0329	.0322	.0314	.0307	.0301	.0294

対応する値は「.4562」と書いてあるが、これは「0.4562」の略である
よって、(1) は 0.4562 となる

同様に、(2) は 0.4129、(3) は 0.0505、(4) は 0.0495 となる。

標準正規分布 $N(0, 1^2)$ 以外の正規分布に従う場合は、標準化という操作を行って、正規分布表を適用します。

標準化では、正規分布に従うデータ x に対して母平均 μ を引いて、母集団の標準偏差 σ で割るという操作をします。標準化された値 $Z = \dfrac{x - \mu}{\sigma}$ は正規分布 $N(0, 1^2)$ に従います。

📖 例題 2-2-3

(1) ～ (4) の空欄に適切な数値を記入せよ（3級の復習）。

問1　x が $N(100, 10^2)$ に従うとき、$x=120$ を標準化すると、 (1) となる。x が 120 以上の値となる確率は (2) である。

問2　x が $N(15, 5^2)$ に従うとき、$x=16$ を標準化すると、 (3) となる。x が 16 以上の値となる確率は (4) である。

【解 答】　(1) 2　(2) 0.0228　(3) 0.2　(4) 0.4207

(1)　$Z = \dfrac{120 - 100}{10} = 2$

(2)　正規分布表より、$K_P = \underset{①}{2.0}\ \underset{②}{0}$ に対応する数値、すなわち①「2.0」に対応

する行、かつ、②「0」に対応する列にある数値を読み込む。

$\boxed{\text{付表1}}$ **【正規分布表】**

(I) K_P から P を求める表

K_P	② *=0	1	2	3	4	5	6	7
0.0*	.5000	.4960	.4920	.4880	.4840	.4801	.4761	.4721
0.1*	.4602	.4562	.4522	.4483	.4443	.4404	.4364	.4325
0.2*	.4207	.4168	.4129	.4090	.4052	.4013	.3974	.3936
0.3*	.3821	.3783	.3745	.3707	.3669	.3632	.3594	.3557
0.4*	.3446	.3409	.3372	.3336	.3300	.3264	.3228	.3192
1.7*	.0446	.0436	.0427	.0418	.0409	.0401	.0392	.0384
1.8*	.0359	.0351	.0344	.0336	.0329	.0322	.0314	.0307
1.9*	.0287	.0281	.0274	.0268	.0262	.0256	.0250	.0244
2.0*	.0228	.0222	.0217	.0212	.0207	.0202	.0197	.0192
2.1*	.0179	.0174	.0170	.0166	.0162	.0158	.0154	.0150
2.2*	.0139	.0136	.0132	.0129	.0125	.0122	.0119	.0116

よって、0.0228 となる。

(3)　$Z = \dfrac{16 - 15}{5} = 0.2$

(4)　標準正規分布表より、$K_P = \underset{①}{0.2}\ \underset{②}{0}$ に対応する数値、すなわち①「0.2」に

対応する行、かつ、②「0」に対応する列にある数値を読み取る。

したがって、0.4207 となる。

3. 標準化 $\dfrac{X - \mu}{\sigma}$ の意味

前項でも触れたとおり、確率変数 X が正規分布 $N(\mu, \sigma^2)$ に従う

とき、標準化された確率変数 $Z = \dfrac{X - \mu}{\sigma}$ は、標準正規分布 $N(0, 1^2)$

に従います。

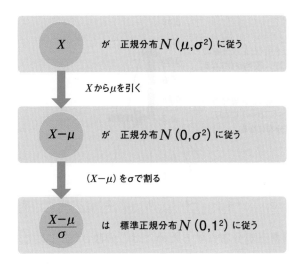

　上記のプロセスでの標準化では、正規分布を標準正規分布に変換しています。

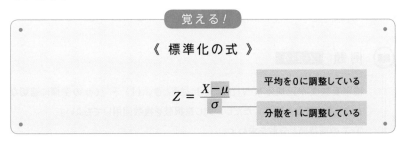

　Xの期待値はμですので、$X-\mu$の期待値は0になります。

　Xの分散はσ^2ですが、定数を足しても分散は変化しないことから、$X-\mu$の分散はσ^2のままです。したがって、$X-\mu$は、平均0、分散σ^2の正規分布に従います。図形的な意味は、次図の①のように正規分布の中心軸をμから0へ移動させていることになります。

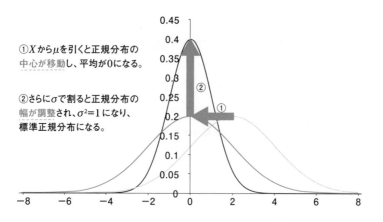

①Xからμを引くと正規分布の中心が移動し、平均が0になる。

②さらにσで割ると正規分布の幅が調整され、$\sigma^2 = 1$になり、標準正規分布になる。

　これを標準正規分布にするためには、分散σ^2を1にしないといけないので、$X - \mu$をさらにσで割った値の分布を考えます。すると、$\dfrac{X - \mu}{\sigma}$は、平均0、分散1の標準正規分布に従います。図形的な意味は、前図の②のように幅を調整していることになります。

📖 例題　2-2-4

確率変数Xが正規分布$N(\mu, \sigma^2)$に従うとき、(1)〜(6)の空欄に適切なものを選択肢から選べ。ただし、同じ選択肢を複数回用いてもよい。

① Xの期待値と分散を求めよ。

$$E(X) = \boxed{(1)} \qquad V(X) = \boxed{(2)}$$

② $X - \mu$の期待値と分散を求めよ。

$$E(X - \mu) = \boxed{(3)} \qquad V(X - \mu) = \boxed{(4)}$$

③ $\dfrac{X - \mu}{\sigma}$の期待値と分散を求めよ。

$$E\left(\frac{X - \mu}{\sigma}\right) = \boxed{(5)} \qquad V\left(\frac{X - \mu}{\sigma}\right) = \boxed{(6)}$$

【選択肢】0　1　μ　σ　σ^2

【解答】(1) μ　(2) σ^2　(3) 0　(4) σ^2　(5) 0　(6) 1

(1)(2) 確率変数Xが正規分布$N(\mu, \sigma^2)$に従うという条件から、

$$E(X) = \mu \quad \cdots\cdots (1)$$
$$V(X) = \sigma^2 \quad \cdots\cdots (2)$$

(3) (4)

$X - \mu$ の期待値は、

定数の期待値は定数のまま

$$E(X - \mu) = E(X) - E(\mu) = \mu - \mu = 0 \quad \cdots\cdots (3)$$

(1) 式より μ

$X - \mu$ の分散は、

分散の計算では定数が消える

$$V(X - \mu) = V(X) = \sigma^2 \quad \cdots\cdots (4)$$

(2) 式より σ^2

(5) (6)

$\dfrac{X - \mu}{\sigma}$ の期待値は、

(3) 式より 0

$$E\left(\frac{X - \mu}{\sigma}\right) = \frac{1}{\sigma} E(X - \mu) = 0 \quad \cdots\cdots (5)$$

$\dfrac{X - \mu}{\sigma}$ の分散は、

(4) 式より σ^2

$$V\left(\frac{X - \mu}{\sigma}\right) = V\left\{\frac{1}{\sigma}(X - \mu)\right\} = \frac{1}{\sigma^2} V(X - \mu) = \frac{1}{\sigma^2} \times \sigma^2 = 1 \quad \cdots\cdots (6)$$

分散の計算では係数が 2 乗になる

4. 正規分布表から K_P を求める方法

　標準正規分布表によって、確率 P から K_P を求める方法も説明しておきます。

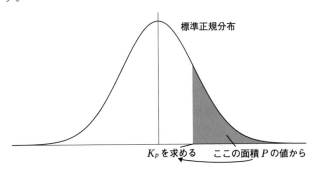

標準正規分布

K_P を求める　　ここの面積 P の値から

　たとえば、$P = 0.05$ と与えられているとします。

　(Ⅱ) の表から求める場合は、P 欄の「.05」に対応する K_P の値を

探します。

（Ⅲ）の表から求める場合は、①「0.0」の行、かつ、②「5」の列
の値を探します。

するとどちらからも、K_P=1.645 と求められます。

付表1 【正規分布表】

（Ⅱ）P から K_P を求める表

P	.001	.005	0.01	.025	.05	.1	.2	.3	.4
K_P	3.090	2.576	2.326	1.960	1.645	1.282	.842	.524	.253

（Ⅲ）P から K_P を求める表

②

P	*=0	1	2	3	4	5	6	7	8	9
0.00*	∞	3.090	2.878	2.748	2.652	2.576	2.512	2.457	2.409	2.366
0.0*	∞	2.326	2.054	1.881	1.751	1.645	1.555	1.476	1.405	1.341
0.1*	1.282	1.227	1.175	1.126	1.080	1.036	.994	.954	.915	.878
0.2*	.842	.806	.772	.739	.706	.674	.643	.613	.583	.533
0.3*	.524	.496	.468	.440	.412	.385	.358	.332	.305	.279
0.4*	.253	.228	.202	.176	.151	.126	.100	.075	.050	.025

5. 正規分布の性質①（正規分布の再生性）

正規分布 $N(\mu_1, \sigma_1^2)$ に従うあるデータ X と、そのデータとは独立
な正規分布 $N(\mu_2, \sigma_2^2)$ に従うデータ Y があるとき、それぞれのデー
タを足し合わせた $X + Y$ は、正規分布 $N(\mu_1 + \mu_2, \sigma_1^2 + \sigma_2^2)$ に従
います。これを正規分布の再生性といいます。

📖 例題 2-2-5

確率分布に関する次の文章において、□□内に入るもっとも適当なものを下
欄の選択肢からひとつ選べ。ただし、同じ選択肢を複数回用いてもよい。

①確率変数 x は正規分布 $N(3.0, 0.2^2)$ に従うものとする。変数変換によって
確率変数 z が標準正規分布に従うようにすると、$z=$ (1) $x-$ (2) となる。

②確率変数 y_1, y_2, y_3 が互いに独立に正規分布 $N(4.0, 0.2^2)$ に従うものとす
る。このとき、正規分布の再生性より、確率変数 $y_1 + y_2 + y_3$ は正規分布
$N($ (3) , (4) $)$ に従う。また、確率変数 $2y_1 + y_2$ は正規分布 $N($ (5) ,
(6) $)$ に従う。

【選択肢】

ア. 0.04 　イ. 0.12 　ウ. 0.20 　エ. 0.36 　オ. 0.6

カ. 1.0 　キ. 3.0 　ク. 5.0 　ケ. 12.0 　コ. 15.0

【解答】 (1) ク 　(2) コ 　(3) ケ 　(4) イ 　(5) ケ 　(6) ウ

(1)(2) 確率変数 x を標準化した確率変数 $z = \dfrac{x - 3.0}{0.2}$ は標準正規分布に従う。

　これを計算すると $z = 5x - 15$ となる。

(3)(4) 正規分布の再生性より、確率変数 $y_1 + y_2 + y_3$ は、$N(4.0 + 4.0 + 4.0, 0.2^2 + 0.2^2 + 0.2^2) \rightarrow N(12.0, 0.12)$ に従う。

(5) 正規分布の再生性と期待値の性質より、確率変数 $2y_1 + y_2$ の平均は、
$$E(2y_1 + y_2) = 2E(y_1) + E(y_2) = 2 \times 4.0 + 4.0 = 12.0$$

(6) 正規分布の再生性と分散の加法性より、確率変数 $2y_1 + y_2$ の分散は、
$$V(2y_1 + y_2) = 4V(y_1) + V(y_2) = 4 \times 0.2^2 + 0.2^2 = 0.20$$

6. 正規分布の性質②（中心極限定理）

　平均 μ、分散 σ^2 をもつあらゆる分布からの無作為標本 $(X_1, X_2, X_3, \cdots, X_n)$ の標本平均 $\overline{X}\left(= \dfrac{X_1 + X_2 + X_3 + \cdots + X_n}{n}\right)$ は、標本サイズ n が大きくなるにしたがって、平均 μ、標準偏差 $\dfrac{\sigma}{\sqrt{n}}$ の正規分布に近づきます。これを中心極限定理といいます。

　たとえば、サイコロ 1 個を振ったときに出る目 x は、1 から 6 まで 1/6 ずつの確率であり、平均 μ が 3.5、分散 σ^2 が 35/12 の一様分布になっています。

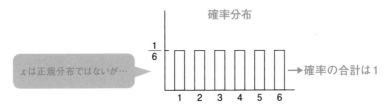

確率分布

x は正規分布ではないが…

→確率の合計は 1

ここでn個のサイコロを同時に振って、出た目の平均$\bar{x}$を考えてみます。サイコロを同時に2個振って出た目の平均$\dfrac{x_1 + x_2}{2}$、同時に5個振って出た目の平均$\dfrac{x_1 + x_2 + \cdots + x_5}{5}$、同時に50個振って出た目の平均$\dfrac{x_1 + x_2 + \cdots + x_{50}}{50}$と$n$を大きくすると、平均$\bar{x}$の分布は正規分布に近づいていきます。

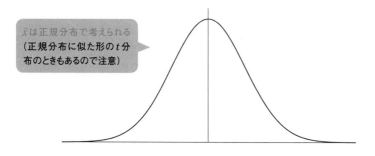

$\bar{x}$は正規分布で考えられる
（正規分布に似た形のt分布のときもあるので注意）

参考	なぜ正規分布になるのかという理屈は難しく、試験には必要ないため結果だけ知っておきましょう。

　「平均$\bar{x}$の平均$\mu_{\bar{x}}$」と「平均$\bar{x}$の分散$\sigma_{\bar{x}}$」を求める計算訓練の例題を見ておきましょう。

📖 例題　2-2-6

（1）～（5）に入る適切な語句を答えよ。

問1　母集団（平均μ，分散σ^2）から取り出したサンプルxの平均は　(1)　、分散は　(2)　である。

問2　母集団（平均μ，分散σ^2）から5個のサンプルx_1, x_2, x_3, x_4, x_5を取り出す。なお、x_1, x_2, x_3, x_4, x_5は互いに独立で同一の確率分布に従うものとすると、その平均は$\dfrac{x_1 + x_2 + x_3 + x_4 + x_5}{5}$で求められるが、試行毎に値は異なる。この平均の期待値は次のように求められる。

$$E\left(\frac{x_1 + x_2 + x_3 + x_4 + x_5}{5} \right) = \boxed{(3)}$$

また、標本分散は、

$$V\left(\frac{x_1 + x_2 + x_3 + x_4 + x_5}{5}\right) = \boxed{(4)}$$

したがって、標準偏差は $\boxed{(5)}$ となる。

【解答】

(1) μ (2) σ^2 (3) μ (4) $\dfrac{\sigma^2}{5}$ (5) $\dfrac{\sigma}{\sqrt{5}}$

平均 μ , 分散 σ^2 の母集団から標本（サンプル）を取り出しているので、(1) μ (2) σ^2 となる。

(3) $E\left(\dfrac{x_1 + x_2 + x_3 + x_4 + x_5}{5}\right)$

$\quad = \dfrac{1}{5}\{E(x_1) + E(x_2) + E(x_3) + E(x_4) + E(x_5)\}$

$\quad = \dfrac{1}{5}(\mu + \mu + \mu + \mu + \mu)$

$\quad = \mu$ ←平均の平均は、母集団の平均と同じ

(4) 分散の加法性より、

$V\left(\dfrac{x_1 + x_2 + x_3 + x_4 + x_5}{5}\right)$

$= \dfrac{1}{25}\{V(x_1) + V(x_2) + V(x_3) + V(x_4) + V(x_5)\}$

$= \dfrac{1}{25}(\sigma^2 + \sigma^2 + \sigma^2 + \sigma^2 + \sigma^2)$

$= \dfrac{\sigma^2}{5}$ ←平均の分散は、母集団の分散より小さい

(5) 標準偏差は分散から次のように求められる。

$\sqrt{\dfrac{\sigma^2}{5}} = \dfrac{\sigma}{\sqrt{5}}$

※サンプル数 n を大きくすると、平均 $\mu_{\bar{x}} = \mu$、標準偏差 $\sigma_{\bar{x}} = \dfrac{\sigma}{\sqrt{n}}$ の正規分布に近づきます。平均の平均、平均の分散は求められるようにしておきましょう。

3 二項分布

毎回平均 **1.8**/100点

二項分布とは

　正規分布が計量値（連続型）の分布の様子を表すのに対して、二項分布は計数値（離散型）の分布の様子を表します。2級からはこの二項分布もよく出題されます。

　二項分布とは、「成功（適合品）か失敗か（不適合品）」のように、2パターンの結果しかない試行を何回も行ったときの、成功（適合品）もしくは失敗（不適合品）の回数が従う確率分布です。試行とは、何度も繰り返しサイコロを振るような、結果が偶然で決まる実験と理解してください。

　たとえば、工程から n 個のサンプルを抜き取り、不適合品が x 個含まれる確率を P とすると、「不適合品の個数 x は二項分布 $B(n,P)$ に従う」といいます。

　二項分布のパラメータは、試行の回数 n と成功の確率 P です。n と P の値が変化すると、二項分布の分布の形状も変化します。

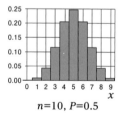

$n=10, P=0.5$

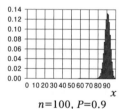

$n=100, P=0.5$

n が大きいほど
正規分布に近づく

$n=100, P=0.9$

P が大きいほど
中心（平均）が右側に移動する
平均は nP で計算できる

二項分布の確率分布

二項分布の確率分布は次の式で表します。

$$P_x = {}_nC_x P^x (1-P)^{n-x}$$

また、上の式は $P_x = \binom{n}{x} P^x (1-P)^{n-x}$ と表記されることもあります。

この式は、不適合品率 P の工程から n 個のサンプルを抜き取り、その中に x 個の不適合品が含まれる確率 P_x を求めるときなどに使います。

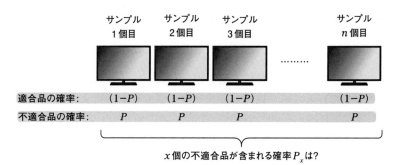

たとえば、$n=3$、$P=0.1$ の場合、$x=1$ になる確率 P_x は次のように計算します。

$$P_1 = {}_3C_1 \times 0.1^1 \times (1-0.1)^{3-1}$$

$= 3 \times 0.1 \times 0.9^2$

不適合品である確率は0.1でこれが1個

適合品である確率は0.9でこれが2個

$= 0.243$

一つ目が不適合品、二つ目と三つ目が適合品のパターン
二つ目が不適合品、一つ目と三つ目が適合品のパターン
三つ目が不適合品、一つ目と二つ目が適合品のパターン
の3通り（異なる3個のものから1個を選ぶ組み合わせ ${}_3C_1$）

C は Combination（組み合わせ）の頭文字をとった記号です。$_nC_x$ の計算は次のように行います。

x 個（n から 1 ずつ小さくして掛けていく）

$$_nC_x = \frac{n!}{(n-x)!x!} = \frac{n \times (n-1) \times ... \times (n-x+1)}{x \times (x-1) \times ... \times 1}$$

x 個（x から 1 まで掛けていく）

「!」は階乗を表す記号で、「$n!$」は「1 から n までのすべての自然数の積」を表します。$n=5$、$x=2$ の例では、次のように計算します。

$$_5C_2 = \frac{5!}{(5-2)!2!} = \frac{5 \times 4 \times 3 \times 2 \times 1}{3 \times 2 \times 1 \times 2 \times 1} = 10$$

　ここからは、確率の計算方法を説明します。計算式は基本的に問題文で与えられるため、例題を通して解き方を覚えましょう。

1. 確率分布の式から計算するパターン

　確率分布の式が与えられ、そこに値を代入して解くパターンです。

📖 例題 2-3-1

次の文章において空欄に入る適切な値を選択肢からひとつ選べ。

不適合品率 $P = 0.1$ の工程から、$n = 50$ 個のサンプルをとったとき、不適合品 $x = 0$ 個である確率は ___(1)___ 、$x = 1$ 個である確率は ___(2)___ となる。確率は次の式を用いて計算せよ。なお、$_{50}C_0 = 1$、$_{50}C_1 = 50$、$0.9^{50} = 0.0052$ である。

$$P_x = {}_nC_x P^x (1-P)^{n-x}$$

【選択肢】 0.0005　0.0052　0.026　0.029

【解答】 (1) 0.0052　(2) 0.029

(1) $x = 0$ の確率は、確率分布の式に代入すると、

$$P_0 = {}_{50}C_0 \times 0.1^0 \times (1-0.1)^{50-0} = 1 \times 1 \times 0.9^{50} = 0.0052$$

(2) 同じようにして、$x = 1$ の確率は、

$$P_1 = {}_{50}C_1 \times 0.1^1 \times (1-0.1)^{50-1} = 50 \times 0.1 \times 0.9^{49}$$

0.9^{49} は 0.9^{50-1} なので、$0.9^{50} \div 0.9$ で求めることができます。

$$0.9^{49} = \frac{0.9^{50}}{0.9} = \frac{0.0052}{0.9} \fallingdotseq 0.0058$$

よって、$x = 1$ の確率は、

$$P_1 = 50 \times 0.1 \times 0.9^{49} = 50 \times 0.1 \times 0.0058 = 0.029$$

> **参考**
>
> n^0 の計算結果は1です。5^0 も、100^0 も計算結果は全て1です。

2. 与えられた確率を用いて計算するパターン

x の値に対応する確率 P_x がいくつか与えられており、それを用いて確率を計算するパターンです。たとえば、$x = 2$ 以下の確率を求めたいときは、$(x = 0$ の確率$) + (x = 1$ の確率$) + (x = 2$ の確率$)$ で求めます。

📖 例題 2-3-2

次の文章において空欄に入る適切な値を選択肢からひとつ選べ。

不適合品率 $P = 0.1$ の工程から $n = 50$ 個のサンプルをとったとき、不適合品が $x = 2$ 個以下となる確率は (1) となる。なお、$n = 50$、$P = 0.1$ のときの確率関数 $P_x = {}_nC_x P^x (1-P)^{n-x}$ の計算値は次の表のとおりである。

x	P_x
0	0.0052
1	0.0286
2	0.0779
3	0.1386
4	0.1809

【選択肢】 0.0779　0.0905　0.1117

【解答】 (1) 0.1117

$x = 2$ 以下になる確率は $P_{x \leq 2}$、$x = 0$ の確率 P_0、$x = 1$ の確率 P_1、$x = 2$ の確率 P_2 を足し上げて求めます。

$$P_{x \leq 2} = P_0 + P_1 + P_2 = 0.0052 + 0.0286 + 0.0779 = 0.1117$$

これまで紹介したパターン以外の問題が出題されることもあります。その場合は、問題文の指示に従って解くことが基本になるため、問題文をしっかり読みましょう。

【アレンジされた問題の例】
不適合品率 $P = 0.1$ の工程から $n = 50$ 個のサンプルをとったとき、不適合品が $x = 2$ 個となる確率を漸化式を使って求めよ。ただし、$P_0 = 0.0052$ が与えられている。

$$\text{漸化式} \quad P_x = \frac{n - x + 1}{x} \times \frac{P}{1 - P} \times P_{(x-1)}$$

参考

【解き方】
$x = 2$ の確率 P_2 は、漸化式より、

$$P_2 = \frac{50 - 2 + 1}{2} \times \frac{0.1}{1 - 0.1} \times P_{(2-1)} \fallingdotseq 2.72 \times P_1$$

$x = 2$ の確率を求めるためには P_1 の値が必要であるため、$x = 1$ の確率 P_1 を求めます。

$$P_1 = \frac{50 - 1 + 1}{1} \times \frac{0.1}{1 - 0.1} \times P_{(1-1)} \fallingdotseq 5.56 \times P_0 = 5.56 \times 0.0052$$

$$\fallingdotseq 0.0289$$

よって、$x = 2$ の確率 P_2 は
$$P_2 \fallingdotseq 2.72 \times P_1 = 2.72 \times 0.0289 \fallingdotseq 0.0786$$
なお、$P_0 = 0.0052$ の値は四捨五入して丸めた値であるため、P_2 や P_1 の値が例題2-3-2の表の計算値とずれています。

二項分布の期待値と分散

二項分布 $B(n, P)$ に従う確率変数 X の期待値と分散は次の式で求めることができます。

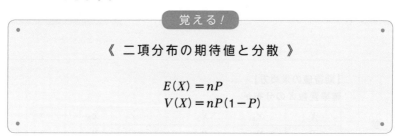

覚える！

《 二項分布の期待値と分散 》

$$E(X) = nP$$
$$V(X) = nP(1-P)$$

参考	分散は標準偏差の二乗なので、二項分布の標準偏差は $\sqrt{nP(1-P)}$ となります。

$E(X) = nP$ になる理由

二項分布では確率変数が 0 か 1 になる試行を n 回するので、1回目、2回目、…、n 回目に取り出したサンプルの確率変数を、それぞれ $X_1, X_2, \cdots, X_n$ とします（それぞれ適合品の場合 0、不適合品の場合 1 の値を取るとします）。

1つ目に取り出したサンプルの確率変数 X_1 が取る値について考えます。例えば、適合品である場合は $X_1 = 0$、不適合品である場合は $X_1 = 1$ とします。また、不適合品である確率 $P = 0.1$ とすると、適合品である確率は $(1 - P) = 0.9$ です。

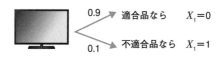

この場合、X_1 の期待値は $E(X_1) = 0 \times 0.9 + 1 \times 0.1 = 0.1$ です。

ここで不適合品である確率を P とすると、確率変数 X_1 の期待値 $E(X_1)$ は、

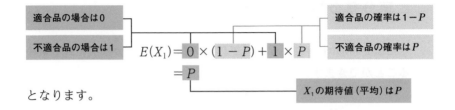

となります。

<table>
<tr><td rowspan="5">参 考</td><td colspan="5">【期待値の求め方】
確率変数 X の分布が</td></tr>
</table>

X	x_1	x_2	$\cdots$	x_n
P	p_1	p_2	$\cdots$	p_n

に従うとき、期待値は

$$E(X) = x_1 p_1 + x_2 p_2 + \cdots + x_n p_n$$

で計算できます。

二項分布は $\overset{\cdots}{n}$ 個のサンプルのうち不適合品数 X となる確率分布です。不適合品数 X の期待値は、

$$E(X) = E(X_1) + E(X_2) + \cdots + E(X_n) = nP$$

と導くことができます[1]。

※1 1回目のサンプルは、不適合品か適合品かのどちらかです。2回目以降も同様です。不適合品が出るごとに1を足す（適合品のときは0を足す、すなわちカウントしない）と、n 個のうち何個の不適合品があったかの数値となります。

$V(X)=nP(1-P)$ になる理由

1回目の試行における確率変数 X_1 の分散を求めます。

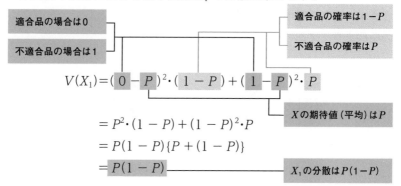

適合品の場合は0

不適合品の場合は1

適合品の確率は $1-P$

不適合品の確率は P

$$V(X_1)=(\,0-P\,)^2\cdot(\,1-P\,)+(\,1-P\,)^2\cdot P$$

X の期待値（平均）は P

$$= P^2\cdot(1-P)+(1-P)^2\cdot P$$
$$= P(1-P)\{P+(1-P)\}$$
$$= P(1-P)$$

X_1 の分散は $P(1-P)$

参 考

【分散の求め方】

確率変数 X の分布が

X	x_1	x_2	$\cdots$	x_n
P	p_1	p_2	$\cdots$	p_n

に従い、平均が μ であるとき

$$V(X)=(x_1-\mu)^2 p_1+(x_2-\mu)^2 p_2+\cdots+(x_n-\mu)^2 p_n$$

で計算できます。

$X_1, X_2, \cdots, X_n$ は互いに独立だから、不適合品数 X の分散は、

$$V(X)=V(X_1)+V(X_2)+\cdots+V(X_n)=nP(1-P)$$

と導くことができます。

正規分布近似法の条件

　二項分布は n が十分に大きいとき、正規分布に近似することができます。QC検定では、正規分布に近似できる条件として、次の2つの条件を覚えておきましょう。

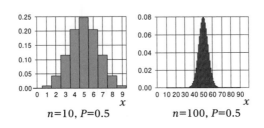

$n=10, P=0.5$　　　　$n=100, P=0.5$

覚える！

《 二項分布が正規分布に近似できる条件 》

$$nP \geq 5 かつ n(1-P) \geq 5$$

　この条件を満たすとき、二項分布 $B(n,P)$ は平均 nP、分散 $nP(1-P)$ の正規分布に近似できます。これを標準正規分布に直すことで、正規分布と同じように確率を計算することができます[※2]。

※2　$Z = \dfrac{X - \mu}{\sigma}$ の式と比較しましょう。二項分布の平均は nP、分散は $nP(1-P)$ なので、$\mu = nP$、$\sigma = \sqrt{nP(1-P)}$ としているだけです。

覚える！

《 正規分布に近似した二項分布の標準化 》

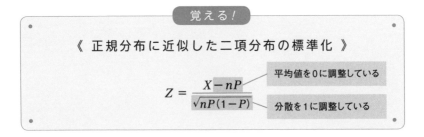

4 ポアソン分布

ポアソン分布とは

　ポアソン分布とは、単位時間あたり平均 λ 回起こることが、実際に単位時間あたりに x 回起こる確率 P を表す確率分布です。たとえば、「1 年間あたり平均 2 回起こる故障が、実際に 1 年間あたりに 3 回起こる確率 P」を表すのがポアソン分布です。

参考	ポアソン分布は、二項分布と同じく計数値の分布の様子を表します。故障の回数などが従う分布とイメージしてください。

参考	二項分布の期待値を $nP = \lambda$ と置き、λ を一定に保って n を無限大にすると、ポアソン分布になります。理由は、単位時間を n 分割して細かく切り刻んで、「その期間にある事象が起こるか起こらないか」の二項分布であるとも解釈できるからです。 単位時間（たとえば、1 カ月や 1 日など） 非常に大きい n で分割すると、「その期間にある事象が起こるか起こらないか」という 2 パターンの結果しか出ない試行の連続とも解釈できる。 ただし、二項分布の平均は nP なので、ポアソン分布の平均 λ が nP に等しいことを保ったまま n を大きくする（必然に P は小さくなる）。 したがって、ポアソン分布は「λ が一定で n が十分大きく、P が十分小さいときに x が従う分布」と書かれることもあります。

　ポアソン分布の確率分布は次の式で表されます。式を丸暗記する必要はありませんが、確率分布の式を見て、ポアソン分布だとわかる程度には覚えておきましょう。

$$P = e^{-\lambda}\frac{\lambda^x}{x!}$$

この式を用いて信頼度（不適合品が x 個である確率）を計算する問題などが出題されることがあります。

📖 **例題** 2-4-1

不適合品率 $P = 1\%$ の工程から $n = 100$ 個のサンプルをとる。不適合品数 x がポアソン分布に従うとき、不適合品数 $x = 1$ 個以下である確率は $\boxed{(1)}$ ％となる。なお、ポアソン分布の確率関数は次の式で表され、$e = 2.718$ とする。

$$P = e^{-\lambda}\frac{\lambda^x}{x!}$$

【選択肢】1　2.72　36.8　73.6

【解答】(1) 73.6

$P = 1\% = 0.01$ と $n = 100$ から、$\lambda = nP = 100 \times 0.01 = 1$ です。

条件を満たすパターンは、不適合品が 0 個のパターンと 1 個のパターンがあるので、それぞれ計算します。

①不適合品が 0 個のパターン

$$P_0(0) = e^{-\lambda}\frac{\lambda^x}{x!} = 2.718^{-1} \times \frac{1^0}{1} = \frac{1}{2.718} \fallingdotseq 0.368$$

②不適合品が 1 個のパターン

$$P_0(1) = e^{-\lambda}\frac{\lambda^x}{x!} = 2.718^{-1} \times \frac{1^1}{1} = \frac{1}{2.718} \fallingdotseq 0.368$$

①＋②より 0.736 → 73.6％と求めることができます。

なお、ポアソン分布の期待値と分散はどちらも λ です。

覚える！

《 ポアソン分布の期待値と分散 》

$$E(X) = \lambda$$
$$V(X) = \lambda$$

5 統計量の分布

毎回平均 **0.0**/100点

統計量の分布とは

母集団の性質を表す母平均や母分散、母標準偏差のことを母数といいます。これに対して、母集団から取り出した標本の平均値や分散、標準偏差のことを統計量といいます。

ここからは統計量の分布に関する知識をいくつか紹介します。くわしくは3章で説明するため、ここでは概要を押さえましょう。

母分散がわかっている場合、標本平均の分布は 正規分布に従う

同じ母集団（母平均 μ、母分散 σ^2）から標本 $(x_1, x_2, \cdots, x_n)$ を抽出したとき、標本の大きさ n[1] が大きい場合、標本平均 $\bar{x}$ の分布は近似的に正規分布 $N\left(\mu, \dfrac{\sigma^2}{n}\right)$ に従います。これを中心極限定理といいます。

※1 標本の大きさ n とは、標本の数のことです。

> | 参考 | 「近似的に正規分布に従う」とは、「ほぼ正規分布と考えることができる」という意味です。 |

標本平均 $\bar{x}$ の分布が正規分布 $N\left(\mu, \dfrac{\sigma^2}{n}\right)$ に従うときは、次の式を用いて標準化を行うことによって、正規分布表を使って確率を計算することができます。

$$Z = \frac{\bar{x} - \mu}{\sqrt{\sigma^2/n}}$$

母分散がわからない場合、標本平均の分布は t 分布に従う

前述のように母分散がわかっている場合は、標本平均の分布は正規分布に近似できます。しかし、実際には母分散がわからない場合が多く、この場合には正規分布表を使って確率を計算することができません。

その場合には、母分散 σ^2 の代わりに不偏分散 V を用います。次の式で求めた t は「自由度 $n-1$ の t 分布」に従います。

$$t = \frac{\bar{x} - \mu}{\sqrt{V/n}}$$

自由度とは、統計量から母数を推定するときによく出てくる考え方で、QC 検定 2 級では、「自由度 $n-1$ の t 分布」「自由度 $n-2$ の t 分布」などが出てきます。どういうときに自由度 $n-1$ や $n-2$ を用いるのかは、3 章以降で具体例を使って説明します。ここでは、「自由度は統計量から母数を推定するときに使うもの」とだけ覚えておきましょう。

参考

自由度についてもう少しくわしく説明します。
$n=3$ 個の標本の平均は、$(x_1 + x_2 + x_3) \div 3$ で求めることができます。標本平均 $\bar{x}$ があらかじめ決められていた場合は、2 つの標本の値は自由に決めることができますが、3 つ目の標本の値は自動的に決まります。このときの自由度は $n-1=3-1=2$ です。自由度は、自由に決めることのできる標本の値の数を表しています。

参考

一般的に、母集団に含まれるデータの数は膨大で、母数（母集団の分散や標準偏差など）を直接計算することは難しいため、母集団から取り出した標本のデータから母数を推定します。ただし、標本から計算した分散や標準偏差と、母集団の分散や標準偏差との間にはズレがあるため、標本のデータを使って推定した母集団の分散や標準偏差のことを不偏推定量と呼んで区別します。不偏推定量は、母数の記号の上に「^」を付けて表します。たとえば、母分散 σ^2 の不偏推定量を不偏分散と呼び、$\hat{\sigma}^2$ と表します。

χ^2 分布とは

χ^2 分布は、3章の検定と推定の部分で使います。ここでは名前だけ覚えておきましょう。正規分布 $N(\mu, \sigma^2)$ に従う母集団から抽出した n 個のサンプルの偏差平方和を S とすると、次の式で求めた値は χ^2 分布に従います。

$$\chi^2 = \frac{S}{\sigma^2}$$

大数の法則とは

標本の大きさ n を大きくするほど、標本平均 $\bar{x}$ は母平均 μ に近づきます。これを大数の法則といいます。たとえば、母集団から $n=3$ 個の標本（サンプル）を取る場合、たまたまその中に偏った値のものがあると、標本平均 $\bar{x}$ は母平均 μ とは全く違う値になってしまいますが、標本の数 n が増えれば、標本平均 $\bar{x}$ は母平均 μ に徐々に近づいていきます。

2

重要ポイントのまとめ

1 期待値と分散

❶確率変数とは、値と確率が対応している変数のこと。確率分布とは、確率変数がそれぞれの値を取る確率を表現したもの。

❷期待値 $E(X)$ とは、確率分布の中心（平均値）を表す値。

期待値の性質は次の通り。

$$E(aX) = aE(X)$$
$$E(X + b) = E(X) + b$$
$$E(X + Y) = E(X) + E(Y)$$
$$E(X - Y) = E(X) - E(Y)$$

❸分散 $V(X)$ とは、確率分布のばらつきを表す値。

分散の性質は次の通り。

$$V(aX) = a^2 V(X)$$
$$V(X + b) = V(X)$$

X と Y が互いに独立な場合には、分散の加法性が成り立つ。

$$V(X + Y) = V(X) + V(Y)$$
$$V(X - Y) = V(X) + V(Y)$$

❹共分散とは、2つの確率変数 X と Y の関係の強さを表す量。X と Y が互いに独立である場合には、共分散は 0 になる。

$$Cov(X, Y) = E\{(X - \mu_X)(Y - \mu_Y)\}$$
$$= E(XY) - \mu_X \mu_Y$$

2 正規分布

❶正規分布は計量値の分布。正規分布のパラメータは平均 μ と分散 σ^2 で、正規分布の式は $N(\mu, \sigma^2)$ と表す。

❷正規分布の形は、左右対称の釣鐘型。

❸平均 μ が 0、分散 σ^2 が 1 の正規分布 $N(0,1^2)$ を標準正規分布という。

❹標準化を行い、Z の値の絶対値を K_P として、正規分布表から確率 P を求める。標準化の式は次の通り。

$$Z = \frac{X - \mu}{\sigma}$$

3 二項分布

❶二項分布は計数値の分布。不適合品率 P の工程から n 個のサンプルを抜き取り、その中に x 個の不適合品が含まれる確率 P_x を表す確率分布。

$$P_x = {}_nC_x P^x (1 - P)^{n - x}$$

❷二項分布のパラメータは n と P で、二項分布は $B(n,P)$ と表す。

❸二項分布の期待値は nP、分散は $nP(1 - P)$。

$$E(X) = nP$$

$$V(X) = nP(1 - P)$$

❹二項分布は、n が十分に大きいとき、平均 nP、分散 $nP(1 - P)$ の正規分布に近似できる。これを標準正規分布に直すことで、正規分布と同じように確率を計算することができる。

・正規分布近似の条件

$$nP \geq 5 \ \text{かつ} \ n(1 - P) \geq 5$$

・標準化の式

$$Z = \frac{X - nP}{\sqrt{nP(1 - P)}}$$

4 ポアソン分布

❶ポアソン分布は計数値の分布で、単位時間あたり平均 λ 回起こることが、実際に単位時間あたりに x 回起こる確率 P を表す確率分布。

$$P = e^{-\lambda} \frac{\lambda^x}{x!}$$

❷ポアソン分布の期待値と分散はどちらも λ。

$$E(X) = \lambda$$

$$V(X) = \lambda$$

5 統計量の分布

❶同じ母集団から標本を抽出したとき、標本の大きさが大きい場合、標本平均の分布は近似的に正規分布に従うことを中心極限定理という。

❷母分散がわからない場合、その代わりに不偏分散 V を用いた「自由度 $n-1$ の t 分布」に従う。

$$t = \frac{\bar{x} - \mu}{\sqrt{V/n}}$$

❸次の式で求めた値は「自由度 $n-1$ の χ^2 分布」に従う。

$$\chi^2 = \frac{S}{\sigma^2}$$

❹標本の大きさを大きくするほど、標本平均は母平均に近づくことを大数の法則という。

問題 1　期待値と分散と共分散

　確率分布に関する次の文章において、[＿＿]内に入るもっとも適切なものを選択肢から選べ。

① X, Y を確率変数、a, b を定数とすると

$$E(aX - b) = \boxed{(1)} \qquad\qquad E(aX - bY) = \boxed{(2)}$$

が成立する。また、$E(X) = \mu$ とすると、

$$V(X) = E\{(X - \mu)^2\} = \boxed{(3)}$$

さらに、

$$V(aX - b) = \boxed{(4)}$$

が成立する。

【 $\boxed{(1)}$ ～ $\boxed{(4)}$ の選択肢】

ア．$aE(X)$ 　　　　　　イ．$a^2E(X) + b$ 　　　ウ．$aE(X) - b$

エ．$a^2E(X) + b^2E(Y)$ 　オ．$aE(X) - bE(Y)$ 　カ．$E(X^2)$

キ．$E(X^2) + \mu^2$ 　　　ク．$E(X^2) - \mu^2$ 　　ケ．$a^2V(X)$

コ．$aV(X)$ 　　　　　　サ．$aV(X) + b$

② X, Y の期待値をそれぞれ μ_X, μ_Y とすると、X, Y の共分散は、μ_X, μ_Y を使った次の式で定義できる。

$$Cov(X, Y) = \boxed{(5)}$$

X と Y が独立である場合、$Cov(X, Y) = \boxed{(6)}$ となる。

【 $\boxed{(5)}$ ～ $\boxed{(6)}$ の選択肢】

ア．-1 　　　イ．0 　　　ウ．1 　　　エ．$V(X) \cdot V(Y)$

オ．$E(XY) - \mu_X\mu_Y$ 　　　　　　カ．$E(XY) + \mu_X\mu_Y$

(1)	(2)	(3)	(4)	(5)	(6)

問題 2　正規分布の再生性

□□□内に入る最も適切なものを選択肢から選べ。

確率変数 X は正規分布 $N(30, 0.1^2)$ に従い、確率変数 Y は $N(10, 0.1^2)$ に従う。X と Y が互いに独立であるとき、確率変数 $X-2Y$ は正規分布 $N(\boxed{(1)}, \boxed{(2)})$ に従う。

【 $\boxed{(1)}$ ～ $\boxed{(2)}$ の選択肢】
ア．0.03　イ．0.05　ウ．0.3　エ．0.5　オ．10　カ．20　キ．40　ク．50

(1)	(2)

問題 3　正規分布　3級レベル

□□□内に入る最も適切なものを選択肢から選べ。

ある製品の寸法は正規分布 $N(200, 5^2)$ に従う。これを $u = \dfrac{x - \boxed{(1)}}{\boxed{(2)}}$ により標準化すると、u は $\boxed{(3)}$ 正規分布 $N(0, 1^2)$ に従う。

寸法が 196 以下になる確率を求めると $\boxed{(4)}$ ％となる。また、200 以上になる確率は $\boxed{(5)}$ ％となる。寸法が $\boxed{(6)}$ 以上になる確率は約 10％となる。

【 $\boxed{(1)}$ ～ $\boxed{(6)}$ の選択肢】
ア．5　イ．5^2　ウ．0.8　エ．21.19　オ．50　カ．193.59　キ．200
ク．206.41　ケ．標準　コ．基準

(1)	(2)	(3)	(4)	(5)	(6)

問題 4　正規分布　3級レベル

　　　　内に入る最も適切なものを選択肢から選べ。

　平均 μ と標準偏差 σ の正規分布において、$\mu \pm 3\sigma$ の範囲に入る確率は約 (1) ％である。たとえば、製造している製品の重さが正規分布に従うとき、$\mu \pm 3\sigma$ の範囲を超える重さの製品を不適合品とすると、1000 個製造した場合の不適合品は約 (2) 個発生すると考えられる。

【 (1) ～ (2) の選択肢】
ア．1　イ．2　ウ．3　エ．0.13　オ．0.26　カ．99.7　キ．99.9

(1)	(2)

問題 5　二項分布の確率計算

　　　　内に入る最も適切なものを選択肢から選べ。

　不適合品率 $P = 0.05$ の工程から $n = 100$ 個のサンプルをとったとき、不適合品 $x = 0$ 個である確率は (1) 、$x = 1$ 個である確率は (2) となる。確率は次の式を用いて計算せよ。なお、${}_nC_0 = 1$、${}_nC_1 = n$、$0.95^{100} = 0.0059$ である。

$$P_x = {}_nC_x P^x (1 - P)^{n-x}$$

【 (1) ～ (2) の選択肢】
ア．0.0059　イ．0.0062　ウ．0.0295　エ．0.031

(1)	(2)

問題6　漸化式を用いた二項分布の確率計算

　　　　内に入る最も適切なものを選択肢から選べ。

　不適合品率 $P = 0.05$ の工程から $n = 50$ 個のサンプルをとったとき、不適合品が $x = 2$ 個となる確率を漸化式を使って求めると、　(1)　となる。また、$x = 2$ 個以下となる確率は　(2)　となる。ただし、$P_0 = 0.0769$ が与えられている。

$$\text{漸化式}\quad P_x = \frac{n - x + 1}{x} \times \frac{P}{1 - P} \times P_{(x-1)}$$

【　(1)　～　(2)　の選択肢】

ア．0.0991　イ．0.2024　ウ．0.2609　エ．0.3784　オ．0.5402

(1)	(2)

問題7　ポアソン分布の確率計算

　　　　内に入る最も適切なものを選択肢から選べ。

　不適合品率 $P = 0.04$ の工程から $n = 50$ 個のサンプルをとる。不適合品 x がポアソン分布に従うとき、不適合品数 $x = 0$ 個である確率は　(1)　であり、不適合品数 $x = 1$ 個である確率は　(2)　となる。なお、ポアソン分布の確率関数は次の式で表される。

$$P = e^{-\lambda}\frac{\lambda^x}{x!}$$

【　(1)　～　(2)　の選択肢】

ア．0.1354　イ．0.2707　ウ．0.3679　エ．0.7358

(1)	(2)

⊕ 予想問題 解答解説

問題 1　期待値と分散と共分散

【解答】　(1)ウ　(2)オ　(3)ク　(4)ケ　(5)オ　(6)イ

【解き方】

①期待値の性質より、次のように計算することができます。

$$E(aX-b) = aE(X)-b、E(aX-bY) = aE(X)-bE(Y)$$

$$V(X) = E\{(X-\mu)^2\} = E(X^2-2\mu X+\mu^2)$$

$$= E(X^2)-2\mu\underbrace{E(X)}_{\mu}+\mu^2 = E(X^2)-2\mu^2+\mu^2 = E(X^2)-\mu^2$$

　また、分散の加法性より、$V(aX-b) = a^2V(X)$ と計算できます。

②共分散は次のように計算できます。

$$Cov(X,Y) = E\{(X-\mu_X)(Y-\mu_Y)\}$$

$$= E(XY-\mu_Y X-\mu_X Y+\mu_X\mu_Y)$$

$$= E(XY)-\mu_Y\underbrace{E(X)}_{\mu_X}-\mu_X\underbrace{E(Y)}_{\mu_Y}+\mu_X\mu_Y = E(XY)-\mu_X\mu_Y$$

　X,Y が互いに独立ならば、$E(XY) = E(X)\cdot E(Y)$ ですので、

$$Cov(X,Y) = E(XY)-\mu_X\mu_Y = \underbrace{E(X)}_{\mu_X}\cdot\underbrace{E(Y)}_{\mu_Y}-\mu_X\mu_Y = 0$$

となります。

POINT

　基本的な期待値、分散、共分散の計算問題です。本問では、特に分散の加法性と定数の扱いに注意しましょう。QC 検定 2 級では、このような基本的な計算力の有無が合否に直結します。

問題2　正規分布の再生性

【解き方】

　期待値を E とすると、X の期待値は $E(X) = 30$、Y の期待値は $E(Y) = 10$ です。

　期待値の性質より、$E(aX) = aE(X)$、$E(X - Y) = E(X) - E(Y)$ なので、

$$E(X - 2Y) = E(X) - 2E(Y) = 30 - 2 \times 10 = 10$$

　分散を V とすると、X の分散は $V(X) = 0.1^2$、Y の分散は $V(Y) = 0.1^2$ です。

　分散の性質より $V(aX) = a^2V(X)$、分散の加法性より $V(X - Y) = V(X) + V(Y)$ なので、

$$V(X - 2Y) = V(X) + 2^2V(Y) = 0.1^2 + 4 \times 0.1^2 = 0.05$$

　したがって、確率変数 $X - 2Y$ は正規分布 $N(10, 0.05)$ に従います。

> POINT
>
> 　分散の加法性を用いると、和の分散 $V(X + Y)$ も差の分散 $V(X - Y)$ も、どちらも $V(X) + V(Y)$ で計算します。間違えないように気をつけましょう。

問題3　正規分布

【解き方】

　まず、寸法が 196 以下になる確率を表す図を描きます。

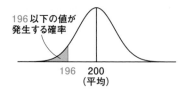

　寸法が 196 以下になる確率を求めるために、正規分布 $N(200, 5^2)$ を標準化すると、次のようになります。標準化の式は Z で書かれることが多いですが、u などが使われる場合もあります。式の内容は変わらないので、混乱しないようにしま

しょう。

$$u = \frac{x - 200}{5} = \frac{196 - 200}{5} = -0.8$$

$|u| = K_P = 0.8$ より、正規分布表を用いて K_P から P を読み取ると、「0.2119」と読み取れるので、x が 196 以下になる確率は 21.19% です。

(Ⅰ) K_P から P を求める表

K_P	*=0	1	2	3	4	5	6	7	8	9
0.0*	.5000	.4960	.4920	.4880	.4840	.4801	.4761	.4721	.4681	.4641
0.1*	.4602	.4562	.4522	.4483	.4443	.4404	.4364	.4325	.4286	.4247
0.2*	.4207	.4168	.4129	.4090	.4052	.4013	.3974	.3936	.3897	.3859
0.3*	.3821	.3783	.3745	.3707	.3669	.3632	.3594	.3557	.3520	.3483
0.4*	.3446	.3409	.3372	.3336	.3300	.3264	.3228	.3192	.3156	.3121
0.5*	.3085	.3050	.3015	.2981	.2946	.2912	.2877	.2843	.2810	.2776
0.6*	.2743	.2709	.2676	.2643	.2611	.2578	.2546	.2514	.2483	.2451
0.7*	.2420	.2389	.2358	.2327	.2296	.2266	.2236	.2206	.2177	.2148
0.8*	.2119	.2090	.2061	.2033	.2005	.1977	.1949	.1922	.1894	.1867

次に、寸法が 200 以上になる確率は計算しなくても 0.5（= 50%）と求めることができます。図で描くと、次のようになります。

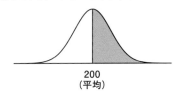

200
（平均）

さらに、確率が 10% となる寸法の値は、正規分布表から K_P を読み取り、標準化の式に代入することで求めます。

(Ⅱ) P から K_P を求める表

P	.001	.005	0.01	.025	.05	.1	.2	.3	.4
K_P	3.090	2.576	2.326	1.960	1.645	1.282	.842	.524	.253

$$1.282 = \frac{x \pm 200}{5}$$
$$x \pm 200 = 1.282 \times 5$$
$$x = 6.41 \pm 200$$
$$x = 206.41 \ または \ 193.59$$

確率が 10% となる寸法の値は 206.41 以上または 193.59 以下です。問題文より、「以上」となる値を求める必要があるので、答えは 206.41 となります。

POINT

確率を求めるときには、図を描くようにしましょう。

確率から寸法を求める計算については、x と μ の差が 6.41 となる値が 2 つあるので、問題文をよく読んで問われている値がどちらの値なのかを確認するようにしましょう。

問題4　正規分布

【解き方】

まず、次のような図を書きます。

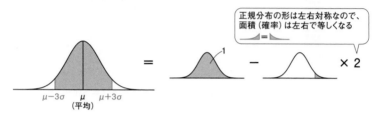

正規分布の形は左右対称なので、左右の確率は等しいとわかります。そのため、片方（$\mu + 3\sigma$以上）の確率を求めて2倍し、1から引くと、$\mu \pm 3\sigma$の範囲に入る確率を求めることができます。

片方（$\mu + 3\sigma$以上）の確率を求めるために、標準化を行います。

$$Z = \frac{(\mu + 3\sigma) - \mu}{\sigma} = 3$$

$|Z| = K_P = 3$より、正規分布表を用いてK_PからPを読み取ると、「0.0013」と読み取れるので、$\mu + 3\sigma$以上になる確率は0.13%です。最初に書いた図より、$\mu + 3\sigma$以上になる確率[%]を2倍して1から引くと、$\mu \pm 3\sigma$の範囲に入る確率は約99.7%と求めることができます。

$$1 - 2 \times 0.0013 = 0.9974$$

そして1000個製造したときの不適合品の個数は次の式で求めます。

$$1000 \times (1 - 0.9974) = 2.6$$

四捨五入して、答えは3個となります。

POINT

どんな問題でも、正規分布に従うデータから確率を求めるときには、図を描くようにしましょう。

この問題のように、数値が与えられずに文字だけで計算する問題が出題されることがあります。正規分布の確率の考え方が理解できているかを問う問題として、今後も出題の可能性は十分にあるので、一度解いておきましょう。

問題5　二項分布の確率計算

【解答】　（1）ア　（2）エ

【解き方】

$x = 0$ である確率は、確率分布の式に代入すると、

$$P_0 = {}_{100}C_0 \times 0.05^0 \times (1 - 0.05)^{100-0} = 1 \times 1 \times 0.95^{100} = 0.0059$$

同じようにして、$x = 1$ である確率は、

$$P_1 = {}_{100}C_1 \times 0.05^1 \times (1 - 0.05)^{100-1} = 100 \times 0.05 \times 0.95^{99}$$

0.95^{99} は 0.95^{100-1} なので、$0.95^{100} \div 0.95$ をすれば求めることができます。

$$0.95^{99} = \frac{0.95^{100}}{0.95} = \frac{0.0059}{0.95} \fallingdotseq 0.0062$$

よって、$x = 1$ である確率は、

$$P_1 = 100 \times 0.05 \times 0.95^{99} = 100 \times 0.05 \times 0.0062 = 0.031$$

POINT

二項分布は計数値（1個、2個と数え上げる値）の分布です。

問題6　漸化式を用いた二項分布の確率計算

【解答】　（1）ウ　（2）オ

【解き方】

$x = 2$ の確率 P_2 は、漸化式より、

$$P_2 = \frac{50 - 2 + 1}{2} \times \frac{0.05}{1 - 0.05} \times P_{(2-1)} \fallingdotseq 1.289 \times P_1$$

$x = 2$ の確率 P_2 を求めるためには P_1 の値が必要であるため、$x = 1$ の確率 P_1 を求めます。

$$P_1 = \frac{50 - 1 + 1}{1} \times \frac{0.05}{1 - 0.05} \times P_{(1-1)} \fallingdotseq 2.632 \times P_0 = 2.632 \times 0.0769 = 0.2024$$

よって、$x = 2$ の確率 P_2 は、

$$P_2 \fallingdotseq 1.289 \times P_1 = 1.289 \times 0.2024 \fallingdotseq 0.2609$$

$x = 2$ 以下となる確率 $P_{x \leq 2}$ は、$x = 0$ の確率 P_0 から $x = 2$ の確率 P_2 までを足し上げて求めます。

$$P_{x \leq 2} = P_0 + P_1 + P_2 = 0.0769 + 0.2024 + 0.2609 = 0.5402$$

POINT

　本問は不適合品の数 x の値に対応する確率 P_x を求める漸化式が与えられており、それを用いて確率を計算するパターンです。問題文では $x = 1$ 個となる確率 P_1 の値が与えられてないため、$x = 2$ 個となる確率 P_2 を求める前にまずは漸化式を用いて P_1 を求める必要があります。

　また、$x = 2$ 以下の確率 $P_{x \leq 2}$ を求めたいときは、($x = 0$ 個の確率 P_0) + ($x = 1$ 個の確率 P_1) + ($x = 2$ 個の確率 P_2) としなければならないことに注意しましょう。

問題 7　ポアソン分布の確率計算

【解答】　　(1) ア　(2) イ

【解き方】

　$P = 0.04$ と $n = 50$ から、λ を求めます。

　　$\lambda = nP = 50 \times 0.04 = 2$

　ポアソン分布の確率関数の式に代入すると、不適合品数 $x = 0$ 個である確率 P_0 は、

$$P_0 = e^{-\lambda} \frac{\lambda^x}{x!} = 2.718^{-2} \times \frac{2^0}{1} = \frac{1}{2.718^2} \fallingdotseq 0.1354$$

同じようにして、不適合品 $x = 1$ 個である確率 P_1 を求めます。

$$P_1 = e^{-\lambda} \frac{\lambda^x}{x!} = 2.718^{-2} \times \frac{2^1}{1} = \frac{2}{2.718^2} \fallingdotseq 0.2707$$

POINT

　この問題では $e \fallingdotseq 2.718$ であることを覚えておく必要があります。また、マイナスの累乗の計算の仕方も覚えておきましょう。

3

計量値データの
検定と推定

計量値データの検定と推定の考え方および各パターンにおける検定と推定の方法について学びます。それぞれのパターンの違いを意識して学習を進めましょう。

★★★ 内容を深く理解しているレベル
★★ 定義と基本的な考え方を理解しているレベル
★ 言葉を知っているレベル

1 検定と推定の考え方 ★★★
P82

出題分析	毎回平均 1.4/100点	第22回:0点	第23回:0点	第24回:0点	第25回:0点
		第26回:8点	第27回:0点	第28回:4点	第30回:0点
		第31回:0点	第32回:0点	第33回:0点	第34回:5点

検定と推定の考え方に関する基礎的な知識を学びます。この後の内容の土台となりますので、ここでしっかり基礎を固めましょう。

2 1つの母集団の平均に関する検定と推定 ★
P93

出題分析	毎回平均 0.9/100点	第22回:7点	第23回:0点	第24回:0点	第25回:0点
		第26回:0点	第27回:0点	第28回:4点	第30回:0点
		第31回:0点	第32回:0点	第33回:0点	第34回:0点

1つの母集団の平均に関する検定と推定について、母分散が既知の場合と未知の場合とで方法の違いを重点的に解説します。

3 1つの母集団の分散に関する検定と推定 ★ P107

出題分析	毎回平均 1.2/100点	第22回:0点	第23回:6点	第24回:0点	第25回:0点
		第26回:0点	第27回:0点	第28回:0点	第30回:0点
		第31回:0点	第32回:0点	第33回:8点	第34回:0点

1つの母集団の分散に関する検定と推定のパターンは1つしかないため、χ^2分布の基本とともにここでしっかり理解しましょう。

4 2つの母集団の平均に関する検定と推定 ★ P116

出題分析	毎回平均 0.0/100点	第22回:0点	第23回:0点	第24回:0点	第25回:0点
		第26回:0点	第27回:0点	第28回:0点	第30回:0点
		第31回:0点	第32回:0点	第33回:0点	第34回:0点

母分散が既知の場合、および未知の場合で2つの値が等しいかそうでないかで使用する分布が異なるので、それらの違いを意識することが重要です。

5 2つの母集団の分散に関する検定と推定 ★★ P132

出題分析	毎回平均 1.2/100点	第22回:0点	第23回:0点	第24回:0点	第25回:3点
		第26回:0点	第27回:0点	第28回:0点	第30回:0点
		第31回:8点	第32回:0点	第33回:0点	第34回:3点

ここで登場するF分布の扱い方が少し特殊であるため、考え方と問題の解法をしっかり理解しましょう。

6 データに対応がある場合の検定と推定 ★ P146

出題分析	毎回平均 0.4/100点	第22回:0点	第23回:0点	第24回:0点	第25回:5点
		第26回:0点	第27回:0点	第28回:0点	第30回:0点
		第31回:0点	第32回:0点	第33回:0点	第34回:0点

データに対応がある場合の検定と推定は、これまでの節の内容の延長線上で理解できます。

1 検定と推定の考え方

毎回平均 **1.4**/100点

検定とは

検定とは、ある仮説に対して、それが正しいか否かを統計的に検証することです。検定では、帰無仮説と対立仮説を立てて、帰無仮説が否定されると、対立仮説が正しいだろうと考えます。

帰無仮説には、通常、おかしいと疑われている仮説が設定されます。帰無仮説は H_0 で表し、対立仮説は H_1 で表します。

> **参考** 間違っていると判断したい（無に帰したい）仮説のことなので、帰無仮説といいます。

コイン投げの例を考えます。コインにゆがみがない場合、裏と表が出る確率は等しく $\frac{1}{2}$ になるとします。いま、手元にあるコインにはゆがみがなく、裏と表が出る確率は本当に $\frac{1}{2}$ ずつであるといえるか検証します。

実際に手元にあるコインでコイン投げを 100 回したら、裏が 62 回、表が 38 回出たとします。裏の方がたくさん出ており、確率が等しくないようにも思えます。しかし、偶然裏が出た回数が多いだけかもしれません。

そこで、仮に、裏表がそれぞれ $\frac{1}{2}$ ずつの確率で出るゆがみのないコインと仮定して、100 回コイン投げをして裏が 62 回以上出る確率を計算すると約 1% でした。確率的にめったにないことが起きているので、そもそも「裏が出る確率が $\frac{1}{2}$」という仮定には無理があり、

コインはゆがんでいたと考えるのが自然な発想になりそうです。

この場合、私たちは以下のように考えています。

「コインの裏と表が出る確率をそれぞれ $\frac{1}{2}$ とすると、62回も裏が
出るなんておかしい。このコインの裏と表が出る確率は $\frac{1}{2}$ ではない
気がする。」

帰無仮説、棄却、対立仮説

この考え方は検定の考え方を使っています。

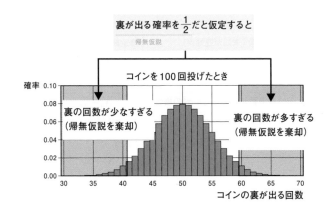

検定では、サンプルデータから計算した検定統計量がめったにとらない値をとった（値が大きすぎたり、小さすぎたりした）とき、帰無仮説を棄却（間違っていると判断）し、対立仮説を採択します。

サンプルデータから計算された検定統計量が、めったにとらない値であると考える領域、すなわち、帰無仮説を棄却する領域を棄却域といいます。めったに起きないと判断する基準となる確率には、一般的に 0.05（5%）や 0.01（1%）が設定されます。この帰無仮説を棄却する確率は有意水準と呼ばれます。

検定の種類と検定統計量

母集団から抽出したサンプルデータから、母数の何を検定したいかによって、検定統計量が異なります。一覧を載せますが、詳細は後述します。

〈母集団が1つのパターン〉

検定の対象	母分散（未知か既知か）	検定統計量	統計量の分布
母平均 μ	母分散 σ^2 が既知	$u_0 = \dfrac{\overline{X} - \mu_0}{\sqrt{\dfrac{\sigma^2}{n}}}$	標準正規分布
母平均 μ	母分散 σ^2 が未知	$t_0 = \dfrac{\overline{X} - \mu_0}{\sqrt{\dfrac{V}{n}}}$	t 分布
母分散 σ^2		$\chi_0^2 = \dfrac{S}{\sigma_0^{\,2}}$	χ^2 分布

〈母集団が2つのパターン〉

検定の対象	母分散（未知か既知か）		検定統計量	統計量の分布
母平均 μ_A と 母平均 μ_B の差	母分散が既知		$u_0 = \dfrac{\overline{X}_A - \overline{X}_B}{\sqrt{\dfrac{\sigma_A^2}{m} + \dfrac{\sigma_B^2}{n}}}$	標準正規分布
	母分散が未知	$\sigma_A^2 = \sigma_B^2$ の場合	$t_0 = \dfrac{\overline{X}_A - \overline{X}_B}{\sqrt{V\left(\dfrac{1}{m} + \dfrac{1}{n}\right)}}$ ただし $V = \dfrac{S_A + S_B}{m + n - 2}$	t 分布
		$\sigma_A^2 \neq \sigma_B^2$ の場合	$t_0 = \dfrac{\overline{X}_A - \overline{X}_B}{\sqrt{\dfrac{V_A}{m} + \dfrac{V_B}{n}}}$	t 分布（近似）
母分散 σ_A^2 と 母分散 σ_B^2 の比	母分散が未知		$F_0 = \dfrac{V_A}{V_B}$	F 分布

> **参考**
> 試験では、さまざまな種類の検定について手順の空欄補充問題が多いため、手順や式を正確に覚える必要があります。検定の分野に関しては、数式を書きながらテキストを読むと効果的に学習できます。

両側検定と片側検定

　検定には、両側検定と片側検定があります。片側検定には、上側検定（右側検定）と下側検定（左側検定）があります。

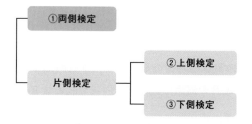

どの検定を行うかは、どのような対立仮説を立てたかによります。また、どの検定を行うかで、それぞれ棄却域が異なります。例を用いて説明します。

1. 両側検定

「ある工場の電球の寿命の母平均 μ は 3000 時間ではない」といいたい。この場合の帰無仮説と対立仮説を設定せよ。

上記の場合、「母平均 μ は 3000 時間『ではない』」と書かれているので、次のように帰無仮説と対立仮説を設定します。

帰無仮説 $H_0: \mu = 3000$ （意味「母平均は3000時間である」）

対立仮説 $H_1: \mu \neq 3000$ （意味「母平均は3000時間ではない」）

有意水準 $\alpha = 0.05$ とすると、棄却域は次のような両側の領域（片側あたり面積 $0.05 / 2 = 0.025$）になります。

両側検定の棄却域

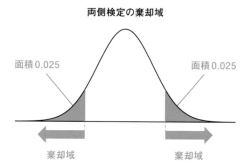

2. 上側検定（右側検定）

「ある工場の電球の寿命の母平均は3000時間より大きい」といいたい。この場合の帰無仮説と対立仮説を設定せよ。

上記の場合、「母平均μは3000時間『より大きい』」と書かれているので、次のように、帰無仮説と対立仮説を設定します。

帰無仮説　$H_0: \mu = 3000$　（意味「母平均は3000時間である」）
対立仮説　$H_1: \mu > 3000$　（意味「母平均は3000時間より大きい」）

有意水準$\alpha = 0.05$とすると、棄却域は次のような右側の領域（面積0.05）になります。

上側検定（右側検定）の棄却域

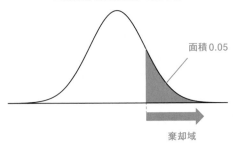

面積0.05

棄却域

3. 下側検定（左側検定）

「ある工場の電球の寿命の母平均は3000時間より小さい」といいたい。この場合の帰無仮説と対立仮説を設定せよ。

上記の場合、「母平均μは3000時間『より小さい』」と書かれているので、次のように、帰無仮説と対立仮説を設定します。

帰無仮説　$H_0: \mu = 3000$　（意味「母平均は3000時間である」）
対立仮説　$H_1: \mu < 3000$　（意味「母平均は3000時間より小さい」）

有意水準 $\alpha = 0.05$ とすると、棄却域は次のような左側の領域（面積 0.05）になります。

下側検定（左側検定）の棄却域

面積 0.05

棄却域

第 1 種の誤り（あわてものの誤り）と
第 2 種の誤り（ぼんやりものの誤り）

有意水準を大きい値に設定するほど、帰無仮説を棄却しやすく、求めたい結論が正しいとされる確率が上がります。一方で、判断を間違う確率も高くなります。

帰無仮説が正しいのに棄却してしまう誤りを第 1 種の誤り（過誤_{か ご}）またはあわてものの誤りといいます。

> **参考**
>
> 例えば、帰無仮説を「ある患者は病気ではない」という仮説に設定するとします。色々検査をして、「この検査結果からすると確率的に病気でないのはおかしい」と考えたとします。しかし、実際には病気ではなかった場合、「病気ではないのに、病気だと判断してしまう誤り」が生じており、これが第 1 種の誤りにあたります。

逆に、帰無仮説が誤っているのに正しいと判断することを第 2 種の誤り（過誤）またはぼんやりものの誤りといいます。

有意水準 α と検出力 $1 - \beta$

第 1 種の誤りが起こってしまう確率は α で表し、有意水準_{ゆう い すいじゅん}と呼ばれます。一般的には $\alpha = 0.05$ や $\alpha = 0.01$ に設定します。

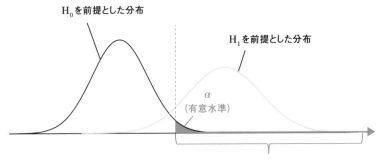

H₀を前提とした分布

H₁を前提とした分布

α
（有意水準）

H₀を前提とすると、この領域（棄却域）
に入るのは珍しいように思える

　第2種の誤りが起こってしまう確率は β で表します。$1-\beta$ を検出力といいます。検出力は、帰無仮説が誤っているときに正しく棄却できる確率を表します。H₁ が実際に正しいとすると、結果的には $1-\beta$ の確率で H₀ は棄却されることになります。

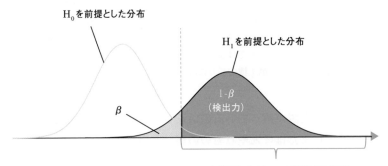

H₀を前提とした分布

H₁を前提とした分布

$1-\beta$
（検出力）

β

H₁を前提とすると、この領域（棄却域）
に入るのは、珍しいことではなかった。

覚える！

真実 ＼ 判断	不良品ではないと判断する	不良品と判断する
本当は不良品ではないのに…	正しい $1-\alpha$	第1種の誤り α（有意水準）
本当は不良品なのに…	第2種の誤り β	正しい $1-\beta$（検出力）

推定とは

推定とは、大きな母集団からとった標本（サンプル）からその母集団の平均や分散などの母数を予想することです。

例えば、「日本人の成人男性の平均身長」を知りたいとします。全ての日本人の身長を調べるのは大変です。しかし、日本人の成人男性をランダムに抽出して身長を測り、その標本平均から「日本人の成人男性」の平均身長を予想することはできます。これは推定にあたります。

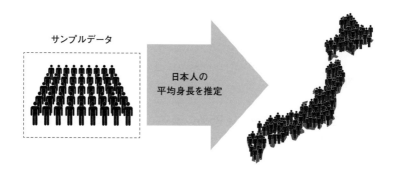

サンプルデータ

日本人の平均身長を推定

点推定

推定には、点推定と区間推定があります。

点推定は、「母平均 μ は、168cm である」、「母分散 σ^2 は、7.1 である」などと、母集団の値をピンポイントで予想することです。不偏推定量による推定を行う場合、母平均の推定には標本平均を使い、母分散の推定には不偏分散を使います。

参考	点推定には、主に①不偏推定量、②最尤推定量の2つがありますが、①を前提に説明します。不偏推定量は、標本から測定した推定量の期待値が、母数に一致するような推定量をいいます。

📖 例題　3-1-1

母集団からランダムサンプリングを行ったデータは以下のとおりである。

12, 13, 11, 15, 11, 19

不偏推定量を用いて母平均と母分散を点推定すると、母平均の推定値は ___(1)___ 、母分散の推定値は ___(2)___ となる。

【選択肢】7.9　9.5　13.5　16.2

【解答】　(1) 13.5　(2) 9.5

(1) 母平均の点推定では、標本平均 $\bar{X}$ を計算する。

$$\bar{X} = \frac{12 + 13 + 11 + 15 + 11 + 19}{6} = 13.5$$

(2) 母分散の点推定では、不偏分散 V を計算する。

$$V = \frac{(12-13.5)^2 + (13-13.5)^2 + (11-13.5)^2 + (15-13.5)^2 + (11-13.5)^2 + (19-13.5)^2}{6-1}$$
$$= 9.5$$

区間推定

区間推定は、「母平均 μ は、95%の確率で、167.5cm から 168.5cm の間にある」と、母集団の値について幅を持たせて予想することです。具体的に母集団の平均を区間推定します。

標本平均 $\bar{X}$ はサンプルサイズ n が大きくなるにしたがって、平均 μ、標準偏差 $\dfrac{\sigma}{\sqrt{n}}$ の正規分布に近づくことを 2 章で学習しました（中心極限定理）。$\bar{X}$ を標準化した $\dfrac{\bar{X}-\mu}{\frac{\sigma}{\sqrt{n}}}$ は、$N(0,1^2)$ の標準正規分布に従います。

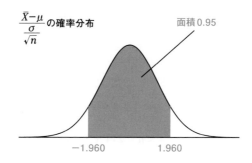

$\dfrac{\bar{X}-\mu}{\frac{\sigma}{\sqrt{n}}}$ の確率分布　　　　面積 0.95

-1.960　　　1.960

正規分布表より、$\dfrac{\bar{X}-\mu}{\frac{\sigma}{\sqrt{n}}}$ は次の式の範囲に 95%（$K_P = \pm\,1.960$）の確率でおさまることになります。

$$-1.960 \leq \dfrac{\bar{X}-\mu}{\frac{\sigma}{\sqrt{n}}} \leq 1.960$$

この式を μ について整理し、どのような範囲に μ が高い確率で存在するのか考えます。区間推定において、μ などの母数が高い確率で存在する範囲のことを信頼区間といいます。また、母数を区間推定するときに母数が信頼区間内に含まれる確率を信頼係数といいます。今回は信頼係数を 95% と設定しています。μ について整理すると、次のようになります。

$$\underbrace{\bar{X} - 1.960 \times \dfrac{\sigma}{\sqrt{n}}}_{\text{下側信頼限界}} \leq \mu \leq \underbrace{\bar{X} + 1.960 \times \dfrac{\sigma}{\sqrt{n}}}_{\text{上側信頼限界}}$$

信頼区間の上限を上側信頼限界といい、信頼区間の下限を下側信頼限界といいます。

例題 **3-1-2**

ある製品の重量は、母分散$\sigma^2 = 9$の正規分布に従う。サンプルサイズ$n = 10$の標本を抽出すると、標本平均$\bar{X} = 211$gであった。母平均μを信頼係数95%で区間推定すると、上側信頼限界は　(1)　、下側信頼限界は　(2)　となる。

【選択肢】 216.88　205.12　212.86　209.14

【解答】 (1) 212.86　(2) 209.14

(1)(2)信頼係数95%で母平均μの信頼区間は以下のように求められる。

$$\bar{X} - 1.960 \times \frac{\sigma}{\sqrt{n}} < \mu < \bar{X} + 1.960 \times \frac{\sigma}{\sqrt{n}}$$

$$211 - 1.960 \times \frac{\sqrt{9}}{\sqrt{10}} < \mu < 211 + 1.960 \times \frac{\sqrt{9}}{\sqrt{10}}$$

$$209.14 < \mu < 212.86$$

したがって、上側信頼限界：212.86　下側信頼限界：209.14となる。

参考	試験対策上は、推定は検定に比べて重要性が落ちるので、本書では検定を重点的に学習します。

計量値データに基づく検定と推定の種類

QC検定2級で出題される計量値データに基づく検定と推定は大きく5パターンあります。

① 1つの母集団の平均に関する検定と推定

② 1つの母集団の分散に関する検定と推定

③ 2つの母集団の平均の差に関する検定と推定

④ 2つの母集団の分散の比に関する検定と推定

⑤ データに対応のあるt検定

本書では、これらについて1つずつ具体的な例題を通して解き方を説明します。

2 1つの母集団の平均に関する検定と推定

毎回平均 **0.9**/100点

　1つの母集団の平均に関する検定と推定は、①母分散が既知のパターン、②母分散が未知のパターンがあります。それぞれ、具体的な例題を解きながら読んでいきましょう。

1つの母集団の平均に関する検定統計量（母分散が既知の場合）

　母分散を σ^2, 標本平均を $\bar{X}$, 標本平均の分散を $\sigma_{\bar{X}}^2$, 標本平均の平均を $\mu_{\bar{X}}$, 帰無仮説 $H_0 : \mu = \mu_0$ とします。中心極限定理から $\bar{X}$ は正規分布に従います。

> **参考**
>
> 前提として、抽出したサンプル $X_1, X_2 \cdots, X_n$ が確率変数ならば、その平均 $\bar{X}$ も確率変数になることに注意しましょう。例えば、サンプル数10個のりんごを取り出して重さの平均を求めるとき、大きいりんごばかり取り出してしまうこともあれば、小さいりんごばかり取り出してしまうこともあるので、標本平均 $\bar{X}$ はさまざまな値を確率的にとります。

　標本平均 $\bar{X}$ を標準正規分布に従うように標準化した量が検定統計量 u_0 です。$\bar{X}$ の期待値（平均）$\mu_{\bar{X}}$ は母平均 μ と同じです。また、$\bar{X}$ の標準偏差 $\sigma_{\bar{X}}$ は $\sqrt{\dfrac{\sigma^2}{n}}$ です。

$$u_0 = \frac{\bar{X} - \mu_0}{\sqrt{\dfrac{\sigma^2}{n}}}$$

　　　　平均を0に調整している

　　　　分散を1に調整している

検定統計量の式ではμ_0などと添え字の0がつくことがあります。これは、帰無仮説 $\mathrm{H}_0: \mu = \mu_0$ の下では、母平均μを具体的な数値であるμ_0として仮定しているからです。

母集団から抽出された$X_1, X_2 \cdots, X_n$の平均を$\bar{X}$とします。
$\bar{X}$の平均$\mu_{\bar{X}}$がμになる理由は2章の知識で導けます。

$$E(\bar{X}) = E\left(\frac{X_1 + X_2 + \cdots + X_n}{n}\right)$$

$$= \frac{1}{n}\{E(X_1) + E(X_2) + \cdots + E(X_n)\}$$

$$= \frac{1}{n}(\mu + \mu + \cdots \mu)$$

$$= \frac{1}{n} \times n\mu$$

$$= \mu$$

$\bar{X}$の標準偏差$\sigma_{\bar{X}}$が$\sqrt{\dfrac{\sigma^2}{n}}$になる理由も2章の知識で導けます。

$$V(\bar{X}) = V\left(\frac{X_1 + X_2 + \cdots + X_n}{n}\right)$$

$$= \frac{1}{n^2}\{V(X_1 + X_2 + \cdots X_n)\}$$

$$= \frac{1}{n^2}\{V(X_1) + V(X_2) + \cdots + V(X_n)\}$$

$X_1, X_2, \cdots, X_n$は、互いに独立だから

$$= \frac{1}{n^2}(\sigma^2 + \sigma^2 + \cdots \sigma^2)$$

$$= \frac{1}{n^2} \times n\sigma^2$$

$$= \frac{\sigma^2}{n}$$

$$\sigma_{\bar{X}} = \sqrt{V(\bar{X})} = \sqrt{\frac{\sigma^2}{n}}$$

1つの母集団の平均（母分散が既知の場合）に関する点推定と区間推定

母集団から抽出した実現値を $x_1, x_2, \cdots, x_n$ とすると、点推定における母平均の推定値 $\hat{\mu}$ と区間推定における信頼区間の上限値および下限値は次のように求められます。

点推定 $\hat{\mu} = \bar{x} = \dfrac{x_1 + x_2 + \cdots x_n}{n}$

区間推定 $\bar{x} \pm u\left(\dfrac{\alpha}{2}\right) \times \sqrt{\dfrac{\sigma^2}{n}}$

1つの母平均に関する検定と推定（母分散が既知の場合）の例題

【例題】ある工場で製造される電球の寿命の母平均は5040時間、母分散は300時間^{2}であった。新技術を使った電球の試作品10個の寿命を測定したところ、その平均値は5100時間であった。なお、母分散は変わらないものとする。

（1）電球の寿命は延びたと言えるか、5%の有意水準で検定せよ。

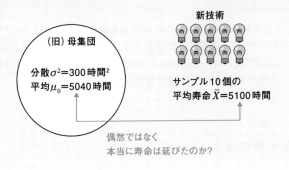

（2）新技術を使った電球を量産した場合、その電球の寿命の母平均 μ を点推定せよ。また、信頼係数 95％で区間推定をせよ。

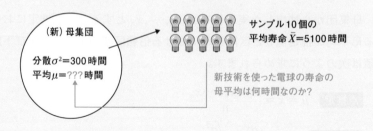

1. 仮説の設定

はじめに帰無仮説 H_0 と対立仮説 H_1 を次のように設定します。

$H_0 : \mu = \mu_0$ （$\mu_0 = 5040$時間） ←帰無仮説「電球の寿命は変わらない」

$H_1 : \mu > \mu_0$ ←対立仮説「電球の寿命は延びた」

参考	何を検定したいかによって、対立仮説は次のように変化します。

何を検定したいかによって、対立仮説は次のように変化します。

「電球の寿命は変化した（同じではない）」　$H_0 : \mu = \mu_0$　$H_1 : \mu \neq \mu_0$

「電球の寿命は短くなった」　$H_0 : \mu = \mu_0$　$H_1 : \mu < \mu_0$

「電球の寿命は延びた」　$H_0 : \mu = \mu_0$　$H_1 : \mu > \mu_0$

参考　なぜ帰無仮説が $H_0 : \mu \leq 5040$ ではないかというと、$H_1 : \mu > 5040$ 時間に対して一番厳しい仮説が $H_0 : \mu = 5040$ 時間だからです。これさえ否定できれば、$\mu \leq 5040$ である仮説全てが否定できます（$H_0 : \mu = 5030$ や $H_0 : \mu = 5020$ など全部否定できます）。

2. 有意水準の決定

5％の有意水準で検定するため、$\alpha = 0.05$ とします。

3．検定統計量 u_0 の計算

$\bar{X}$ を標準化して、H_0 の前提ならば標準正規分布に従うように調整します。

$$u_0 = \frac{\bar{X} - \mu_0}{\sqrt{\dfrac{\sigma^2}{n}}} = \frac{5100 - 5040}{\sqrt{\dfrac{300}{10}}} \fallingdotseq 10.954$$

4．判定

検定統計量 u_0 は、標準正規分布 $N(0, 1^2)$ に従います。ここで、有意水準 $\alpha = 0.05$ のもと上側検定を行います。棄却域は以下の範囲です。

$$u_0 \geqq u(\alpha) = u(0.05)$$

正規分布表より $u(0.05) = 1.645$、また $u_0 = 10.954$ であるから $u_0 > u(0.05)$ となって、H_0 は棄却され、H_1 が採択されます。よって、電球の寿命は延びたといえます。

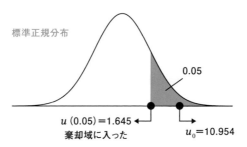

標準正規分布

0.05

$u(0.05) = 1.645$ ← 棄却域に入った

$u_0 = 10.954$

5．点推定

μ の推定値である $\hat{\mu}$（「μ ハット」と読みます）を設定します。
$$\hat{\mu} = \bar{X} = 5100 \text{時間}$$

6．区間推定

次に区間推定をします。上側信頼限界 μ_U、下側信頼限界 μ_L は、

$$\mu_U = \overline{X} + u\left(\frac{0.05}{2}\right) \times \sqrt{\frac{\sigma^2}{n}} = 5100 + 1.960 \times \sqrt{\frac{300}{10}} \fallingdotseq 5111時間$$

$$\mu_L = \overline{X} - u\left(\frac{0.05}{2}\right) \times \sqrt{\frac{\sigma^2}{n}} = 5100 - 1.960 \times \sqrt{\frac{300}{10}} \fallingdotseq 5089時間$$

参考

以上から、真の値 μ は95%の確率で以下の範囲にあるということです。

5089時間 $\leq \mu \leq$ 5111時間

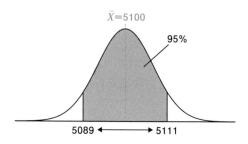

これで、商品のパンフレットに「新しい電球の平均寿命は〇〇時間～〇〇時間」と書けますね。

t 分布とは

母分散が未知の場合（母分散がわかっていない場合）には、t 分布を用います。t 分布は次のような分布です。

覚える！

《 t 分布 》

X, Y が互いに独立な確率変数であり、X は標準正規分布 $N(0, 1^2)$ に、Y は自由度 n の χ^2 分布に従うとき、

$$t = \frac{X}{\sqrt{\dfrac{Y}{n}}}$$

は自由度 n の t 分布に従う。

参考	母分散 σ^2 がわかっているときは、以下を計算できます。 $$\text{検定統計量 } u_0 = \frac{\overline{X} - \mu_0}{\sqrt{\dfrac{\sigma^2}{n}}} \qquad \boxed{\text{標準正規分布に従う}}$$ しかし、母分散 σ^2 がわからない場合は、代わりにサンプルから計算した不偏分散 V を使うことになります。 $$\text{検定統計量 } t_0 = \frac{\overline{X} - \mu_0}{\sqrt{\dfrac{V}{n}}} \qquad \boxed{\begin{array}{l}\text{分母が確率変数な}\\\text{ので、}t\text{分布になる}\end{array}}$$ 似た式ですが、u_0 の分母に含まれる σ^2 が既知であるだけです。一方、t_0 の分母に含まれる V は確率変数なので、正規分布ではなく別の分布（t 分布）に従います。
参考	自由度 n（ただし $n > 2$）の t 分布に従う確率変数 X の期待値は 0、分散は $\dfrac{n}{n-2}$ です。

t 分布の形

　t 分布は、自由度によって形が変化します。t 分布は、平均が 0、左右対称で、標準正規分布と形が似ており、t 分布の自由度が大きくなるにしたがって標準正規分布に近づきます。

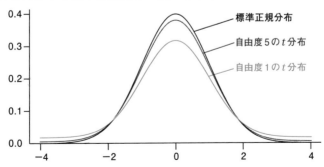

t 表の読み方

　t 表の読み方についていくつか具体例を用いて説明します。試験では t 表を「自由度 ϕ と両側確率 P から t を求める表」として与えられます。「両側の面積の合計が P」である点に注意が必要です。これを前提に説明します。

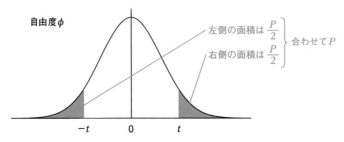

> | 参考 | 通常、試験で与えられる正規分布表の P は「右側確率（片側確率）」です。一方、t 表の P は「両側確率」です。両者は異なるので表を見るときは注意しましょう。 |

①上側確率から t を求めるパターン

　自由度 5 の t 分布において、上側確率 0.05 となる t を求めよ。

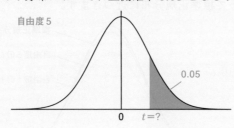

　t 分布は左右対称です。したがって、上側確率 0.05 となる t の値を知りたいとき、両側確率 P が $0.05 \times 2 = 0.10$ となる t の値を調べます。自由度 $\phi = 5$ の行、両側確率 $P = 0.10$ の列が交わる部分の値を見ると、$t = 2.015$ と求められます。

自由度φと両側確率Pとからtの値を求める表

φ \ P	0.50	0.40	0.30	0.20	0.10	0.05
1	1.000	1.376	1.963	3.078	6.314	12.706
2	0.816	1.061	1.386	1.886	2.920	4.303
3	0.765	0.978	1.250	1.638	2.353	3.182
4	0.741	0.941	1.190	1.533	2.132	2.776
5	0.727	0.920	1.156	1.476	2.015	2.571
6	0.718	0.906	1.134	1.440	1.943	2.447

なお、有意水準αを使った数式で表す場合は、次のように書くことがあります。

片側なので2倍する

$$t(\phi, 2\alpha) = t(5, 0.10) = 2.015$$

有意水準　　　自由度　　　両側確率

②下側確率から−tを求めるパターン

　自由度5のt分布において、下側確率0.05となる−tを求めよ。

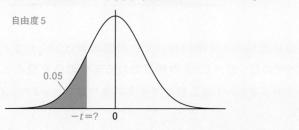

自由度5

0.05

−t=?　0

　今回のように下側確率0.05となるtの値を知りたいとき、両側確率Pが0.10となるtの値を調べて、マイナスをつければよいことになります。自由度φ=5の行、両側確率P=0.10の列が交わる部分の値を見ると、t=2.015なので、−t=−2.015となります。

自由度φと両側確率Pとからtの値を求める表

φ \ P	0.50	0.40	0.30	0.20	0.10
1	1.000	1.376	1.963	3.078	6.314
2	0.816	1.061	1.386	1.886	2.920
3	0.765	0.978	1.250	1.638	2.353
4	0.741	0.941	1.190	1.533	2.132
5	0.727	0.920	1.156	1.476	2.015
6	0.718	0.906	1.134	1.440	1.943

これにマイナスをつけて、
−t=−2.015

有意水準 α を使った数式で表す場合は、次のように書くことがあり
ます。

$$-t(\phi,2\alpha)=-t(5,0.10)=-2.015$$

下側なのでマイナスがつく

③両側確率から$-t,t$を求めるパターン

自由度9のt分布において、両側確率0.05となるように$-t,t$を
求めよ。

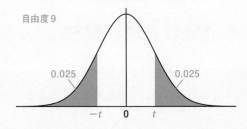

自由度9

0.025   0.025

$-t$ 0 t

自由度9のt分布において、両側確率$0.025 \times 2 = 0.05$なので、
$\phi = 9$の行、$P = 0.05$の列が交わる部分の値を見ると、$t = 2.262$と
わかります。$-t$はこれにマイナスをつけて、$-t = -2.262$となりま
す。

自由度ϕと両側確率Pとからtの値を求める表

ϕ \ P	0.50	0.40	0.30	0.20	0.10	0.05
1	1.000	1.376	1.963	3.078	6.314	12.706
2	0.816	1.061	1.386	1.886	2.920	4.303
3	0.765	0.978	1.250	1.638	2.353	3.182
4	0.741	0.941	1.190	1.533	2.132	2.776
5	0.727	0.920	1.156	1.476	2.015	2.571
6	0.718	0.906	1.134	1.440	1.943	2.447
7	0.711	0.896	1.119	1.415	1.895	2.365
8	0.706	0.889	1.108	1.397	1.860	2.306
9	0.703	0.883	1.100	1.383	1.833	2.262

ここを見て
$t = 2.262$
$-t = -2.262$

有意水準 α を使った数式で表す場合は、次のように書くことがあり
ます。

$$\pm t(\phi,\alpha)=\pm t(9,0.05)=\pm 2.262$$

１つの母集団の平均に関する検定統計量（母分散が未知の場合）

　標本平均を $\bar{X}$、サンプルから計算した不偏分散を V、サンプル数を n、帰無仮説 $H_0：\mu = \mu_0$ とすると、母分散が未知の場合、１つの母集団の平均に関する検定統計量は次のようになります。

$$t_0 = \frac{\bar{X} - \mu_0}{\sqrt{\dfrac{V}{n}}}$$ 母分散 σ^2 が分からないので代わりに不偏分散 V を使う

　この検定統計量は、自由度 $n-1$ の t 分布に従います。

１つの母集団の平均（母分散が未知の場合）に関する点推定と区間推定

　母集団から抽出した実現値を $x_1, x_2, \cdots, x_n$ とすると、点推定における母平均の推定値 $\hat{\mu}$ と区間推定における信頼区間の上限値および下限値は次のように求められます。

点推定 $\hat{\mu} = \bar{x} = \dfrac{x_1 + x_2 + \cdots x_n}{n}$

区間推定 $\bar{x} \pm t(\phi, \alpha) \times \sqrt{\dfrac{V}{n}}$

標準正規分布と t 分布の使い分け

　具体的な例題に入っていく前に、「１つの母平均に関する検定と推定」において、標準正規分布と t 分布の使い分けを示しておきます。

《 1つの母平均に関する検定と推定 》

	母分散 σ^2 が既知の場合	母分散 σ^2 が未知の場合
検定統計量	$u_0 = \dfrac{\bar{X} - \mu_0}{\sqrt{\dfrac{\sigma^2}{n}}}$	$t_0 = \dfrac{\bar{X} - \mu_0}{\sqrt{\dfrac{V}{n}}}$
分布	標準正規分布	自由度 $n-1$ の t 分布

1つの母平均に関する検定と
推定（母分散が未知の場合）の例題

【例題】袋入りお菓子の内容量の母平均は 100g であったが、「最近、内容量が少ないのではないか」と購入者からクレームがあった。そこで、購入者のクレームが妥当かを調べるために、次に示すような 10 個のサンプルデータをとった。

　99g、100g、98g、101g、93g、99g、100g、100g、97g、93g

　(1) 購入者の指摘は妥当といえるか、5％の有意水準で検定せよ。

　(2) 袋入りお菓子の内容量の母平均 μ を点推定せよ。また、信頼係数 95％ で区間推定をせよ。

　今回は母分散 σ^2 がわからないので、代わりに不偏分散 V を使います。この場合は、自由度が $n-1$ の t 分布を使います。

1. 仮説の設定

　はじめに、帰無仮説 H_0 と対立仮説 H_1 を次のように設定します。

　　$H_0: \mu = \mu_0$ 　（$\mu_0 = 100g$）　←帰無仮説「お菓子の内容量は変わらない」

　　$H_1: \mu < \mu_0$ 　　　　　　　　　　　←対立仮説「お菓子の内容量は減った」

２．有意水準の決定

5%の有意水準で検定するため、$\alpha = 0.05$ とします。

３．平均と分散の計算

$$平均\,\overline{X} = \frac{99+100+98+101+93+99+100+100+97+93}{10} = 98$$

$$不偏分散\,V = \frac{\Sigma\,(X_i - \overline{X})^2}{n-1} = \frac{74}{10-1} \fallingdotseq 8.22$$

４．検定統計量 t_0 の計算

手順3で求めた平均 $\overline{X}$ および不偏分散 V より検定統計量 t_0 は、

$$t_0 = \frac{\overline{X} - \mu_0}{\sqrt{\dfrac{V}{n}}} = \frac{98 - 100}{\sqrt{\dfrac{8.22}{10}}} \fallingdotseq -2.206$$

５．判定

検定統計量 t_0 は、自由度 $\phi = 10-1 = 9$ の t 分布に従います。ここで有意水準 $\alpha = 0.05$ のもと、下側検定を行います。このときの棄却域は以下の範囲となります。

$$t_0 \leq -t(\phi, 2\alpha) = -t(10-1,\ 2 \times 0.05) = -t(9,\ 0.10)$$

t 表より $-t(9,\ 0.10) = -1.833$、また、$t_0 = -2.206$ であるから $t_0 < -t(9,\ 0.10)$ となって、H_0 は棄却され、H_1 が採択されます。よって、「袋入りお菓子の内容量が少なくなった」と言えます。

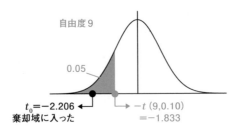

自由度9

0.05

$t_0 = -2.206$
棄却域に入った

$-t\,(9,0.10)$
$= -1.833$

6. 点推定

μ の推定値 $\hat{\mu}$ は、次のように求められます。

$$\hat{\mu} = \bar{X} = 98$$

7. 区間推定

区間推定をする上で、上側信頼限界 μ_U および下側信頼限界 μ_L を求めると、

$$\mu_U : \bar{X} + t(\phi, \alpha) \times \sqrt{\frac{V}{n}} = 98 + t(9, 0.05) \times \sqrt{\frac{8.22}{10}}$$
$$= 98 + 2.262 \times \sqrt{\frac{8.22}{10}} \fallingdotseq 100.051$$
$$\mu_L : \bar{X} - t(\phi, \alpha) \times \sqrt{\frac{V}{n}} = 98 - t(9, 0.05) \times \sqrt{\frac{8.22}{10}}$$
$$= 98 - 2.262 \times \sqrt{\frac{8.22}{10}} \fallingdotseq 95.949$$

信頼係数 95％で母平均 μ を区間推定すると信頼区間は、

$$95.949 \leq \mu \leq 100.051$$

となります。

3 1つの母集団の分散に 関する検定と推定

毎回平均 **1.2**/100点

χ^2分布とは

「1つの母分散に関する検定と推定」では、χ^2分布を用います。まずは、①χ^2分布とは何か、②χ^2表の読み方について説明します。

χ^2分布は「かいにじょうぶんぷ」と読み、次のような分布です。

覚える！

《 χ^2分布 》

確率変数 $Z_1, Z_2, \cdots Z_n$ が互いに独立な標準正規分布 $N(0, 1^2)$ に従うとき

$$\chi^2 = Z_1{}^2 + Z_2{}^2 + \cdots + Z_n{}^2$$

は自由度 n の χ^2分布に従う。

参考	試験に出題される可能性は低いですが、自由度 n の χ^2分布に従う確率変数 X の期待値は n、分散は $2n$ です。

ここで、確率変数 $X_1, X_2, \cdots, X_n$ が正規分布 $N(\mu, \sigma^2)$ に従うとすると、それぞれを標準化させて χ^2 の式を次のように書きなおせます。これは自由度 n の χ^2分布に従います。

$$\chi^2 = \underbrace{Z_1{}^2}_{} + \underbrace{Z_2{}^2}_{} + \cdots + \underbrace{Z_n{}^2}_{}$$

μのときは自由度 n

$$= \underbrace{\left(\frac{X_1 - \mu}{\sigma}\right)^2}_{標準正規分布の2乗} + \underbrace{\left(\frac{X_2 - \mu}{\sigma}\right)^2}_{標準正規分布の2乗} + \cdots + \underbrace{\left(\frac{X_n - \mu}{\sigma}\right)^2}_{標準正規分布の2乗}$$

なお、この式のμを$\bar{X}$に置き換えると、自由度$n-1$のχ^2分布に従います。

$$\chi_0{}^2 = \left(\frac{X_1-\bar{X}}{\sigma}\right)^2 + \left(\frac{X_2-\bar{X}}{\sigma}\right)^2 + \cdots + \left(\frac{X_n-\bar{X}}{\sigma}\right)^2$$

$\bar{X}$のときは自由度$n-1$になる（自由度が1下がる）

この式を整理すると、次のようになります。

$$\chi_0{}^2 = \frac{(X_1-\bar{X})^2 + (X_2-\bar{X})^2 + \cdots + (X_n-\bar{X})^2}{\sigma^2}$$

偏差平方和S

$$= \frac{S}{\sigma^2}$$

覚える！

$$\chi_0{}^2 = \frac{(X_1-\bar{X})^2 + (X_2-\bar{X})^2 + \cdots + (X_n-\bar{X})^2}{\sigma^2} = \frac{S}{\sigma^2}$$

は、自由度$n-1$のχ^2分布に従う。

参考　なぜ、μが$\bar{X}$になると自由度$n-1$になるのかの理由は、数学的に難しく試験に出ないため割愛します。μを$\bar{X}$に置き換えると自由度が1減るという結論だけおさえておきましょう。

χ^2分布の形

χ^2分布は、自由度によっては形が変化します。

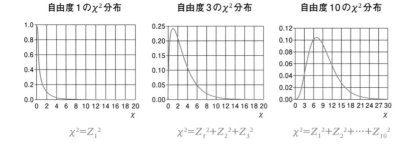

自由度1のχ^2分布

$\chi^2 = Z_1{}^2$

自由度3のχ^2分布

$\chi^2 = Z_1{}^2 + Z_2{}^2 + Z_3{}^2$

自由度10のχ^2分布

$\chi^2 = Z_1{}^2 + Z_2{}^2 + \cdots + Z_{10}{}^2$

なお、χ^2分布の定義から、確率変数 X が自由度 m の χ^2 分布に従い、確率変数 Y が自由度 n の χ^2 分布に従うとき、確率変数 $X+Y$ は自由度（$m+n$）の χ^2 分布に従います。これを χ^2 分布の再生性といいます。

参考	例えば、$X = Z_1{}^2 + Z_2{}^2$（自由度2）、$Y = Z_1{}^2 + Z_2{}^2 + Z_3{}^2$（自由度3）であるとき、$X+Y = Z_1{}^2 + Z_2{}^2 + Z_3{}^2 + Z_4{}^2 + Z_5{}^2$（自由度5）となります。

χ^2 表の読み方

χ^2 表の読み方をいくつか具体例を用いて説明します。

①上側確率から χ^2 を求めるパターン

自由度9の χ^2 分布において、上側確率 0.05 となる χ^2 を求めよ。

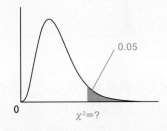

χ^2 表の自由度 $\phi = 9$ の行、上側確率 $P = 0.05$ の列が交わる部分の値を見ると、$\chi^2 = 16.92$ と求められます。

自由度 ϕ と上側確率 P とから χ^2 を求める表

ϕ ＼ P	.995	.99	.975	略	.10	.05	.025	.01	.005	P ＼ ϕ
1	0.0⁴393	0.0³157	0.0³982		2.71	3.84	5.02	6.63	7.88	1
2	0.0100	0.0201	0.0506		4.61	5.99	7.38	9.21	10.60	2
3	0.0717	0.115	0.216		6.25	7.81	9.35	11.34	12.84	3
4	0.207	0.297	0.484		7.78	9.49	11.14	13.28	14.86	4
5	0.412	0.544	0.831		9.24	11.07	12.83	15.09	16.75	5
6	0.676	0.872	1.237		10.64	12.59	14.45	16.81	18.55	6
7	0.989	1.239	1.690		12.02	14.07	16.01	18.48	20.3	7
8	1.344	1.646	2.18		13.36	15.51	17.53	20.1	22.0	8
9	1.735	2.09	2.70		14.68	16.92	19.02	21.7	23.6	9
10	2.16	2.56	3.25		15.99	18.31	20.5	23.2	25.2	10
11	2.60	3.05	3.82		17.28	19.68	21.9	24.7	26.8	11
12	3.07	3.57	4.40		18.55	21.0	23.3	26.2	28.3	12

なお、数式で表したい場合は、次のように書きます。

$$\chi^2(9, 0.05) = 16.92$$

自由度　　　　上側確率

> **参考**
>
> $\chi^2(\phi, \alpha)$ の表記は頻出ですので覚えておきましょう（$\alpha = P$）。

②下側確率から χ^2 を求めるパターン

　自由度 4 の χ^2 分布において、下側確率 0.05 となる χ^2 を求めよ。

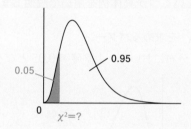

　χ^2 表は「自由度 ϕ と上側確率 P から χ^2 を求める表」です。下側確率 0.05 ということは、上側確率は $1-0.05 = 0.95$ です。したがって、自由度 4 の χ^2 分布において、上側確率 0.95 となる χ^2 を求めればよいことになります。χ^2 表より、$\chi^2 = 0.711$ とわかります。

　数式で表すと、$\chi^2(4, 1-0.05) = \chi^2(4, 0.95) = 0.711$ となります。

自由度 ϕ と上側確率 P とから χ^2 を求める表

ϕ ＼ P	.995	.99	.975	.95	.90		.01	.005	P ＼ ϕ
1	0.0⁴393	0.0³157	0.0³982	0.0²393	0.0158	略	6.63	7.88	1
2	0.0100	0.0201	0.0506	0.103	0.211		9.21	10.60	2
3	0.0717	0.115	0.216	0.352	0.584		11.34	12.84	3
4	0.207	0.297	0.484	0.711	1.064		13.28	14.86	4
5	0.412	0.544	0.831	1.145	1.610		15.09	16.75	5
6	0.676	0.872	1.237	1.635	2.20		16.81	18.55	6

③両側確率から χ^2 を求めるパターン

自由度7の χ^2 分布において、両側確率0.05となる p,q を求めよ。

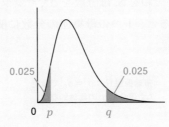

両側確率0.05なので、自由度7の χ^2 分布において、下側確率0.025（上側確率 $1-0.025=0.975$）となるように p、上側確率0.025となるように q を求めます。χ^2 表より、$p=1.690$、$q=16.01$ とわかります。数式で表すと、次の通りです。

$$p = \chi^2\left(7, 1-\frac{0.05}{2}\right) = \chi^2(7, 0.975) = 1.690$$

$$q = \chi^2\left(7, \frac{0.05}{2}\right) \quad = \chi^2(7, 0.025) = 16.01$$

自由度 ϕ と上側確率 P とから χ^2 を求める表

ϕ \ P	.995	.99	.975	0.95		.05	.025	.01	.005	P \ ϕ
1	0.0^4393	0.0^3157	0.0^3982	0.0^2393		3.84	5.02	6.63	7.88	1
2	0.0100	0.0201	0.0506	0.103		5.99	7.38	9.21	10.60	2
3	0.0717	0.115	0.216	0.352	略	7.81	9.35	11.34	12.84	3
4	0.207	0.297	0.484	0.711		9.49	11.14	13.28	14.86	4
5	0.412	0.544	0.831	1.145		11.07	12.83	15.09	16.75	5
6	0.676	0.872	1.237	1.635		12.59	14.45	16.81	18.55	6
7	0.989	1.239	1.690	2.17		14.07	16.01	18.48	20.3	7
8	1.344	1.646	2.18	2.73		15.51	17.53	20.1	22.0	8
9	1.735	2.09	2.70	3.33		16.92	19.02	21.7	23.6	9
10	2.16	2.56	3.25	3.94		18.31	20.5	23.2	25.2	10

具体的な例題を解く準備ができたので、1つの母分散に関する検定と推定の全体像を確認した後、例題を解きながら読み進めましょう。

参考	問題を解けるようになるのが重要なので、χ^2 分布の詳細が一読してわからなくても、いったん次に進み例題を解いた後に、必要と感じたらこの節に戻って来るようにしましょう。

１つの母集団の分散に関する検定統計量

サンプルの偏差平方和を S, 母分散を σ^2, サンプル数を n, 帰無仮説 $H_0 : \sigma^2 = \sigma_0^2$ とすると、１つの母集団の分散に関する検定統計量は次のようになります。

$$\chi_0{}^2 = \frac{S}{\sigma_0{}^2}$$

帰無仮説 $H_0 : \sigma^2 = \sigma_0{}^2$ で仮定した母分散 σ^2 の具体的な値

この検定統計量は、自由度 $n-1$ の χ^2 分布に従います。

１つの母集団の分散に関する点推定と区間推定

母集団から抽出したサンプルの偏差平方和を S, サンプル数を n とすると、点推定における母分散の推定値 $\hat{\sigma}^2$ と区間推定における信頼区間の上限値および下限値は次のように求められます。

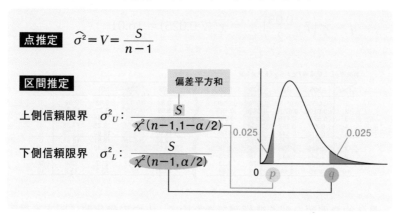

点推定　$\hat{\sigma}^2 = V = \dfrac{S}{n-1}$

区間推定

上側信頼限界　$\sigma^2{}_U : \dfrac{S}{\chi^2(n-1, 1-\alpha/2)}$

下側信頼限界　$\sigma^2{}_L : \dfrac{S}{\chi^2(n-1, \alpha/2)}$

偏差平方和

0.025　　　0.025

0　　p　　　q

【例題】ある工場では、1kg の鉄アレイを製造している。工場で作られていた鉄アレイの重さの母平均は 1000g、母分散は $80\mathrm{g}^2$ であった。ばらつきを小さくして品質を安定させるため、新しい製造方法で鉄アレイの試作品をつくり、その 12 個のデータから得た偏差平方和は 158 であった。

(1) 新しい製造法では、ばらつきが小さくなったといえるか、5%の有意水準で検定せよ。

(2) 鉄アレイの母分散 σ^2 を点推定せよ。また、信頼係数 95%で区間推定をせよ。

3

計量値データの検定と推定

1.仮説の設定

はじめに、帰無仮説 H_0 と対立仮説 H_1 を次のように設定します。

$H_0: \sigma^2 = \sigma_0^2$ （$\sigma_0^2 = 80\mathrm{g}^2$）　←帰無仮説「ばらつきは変わらない」

$H_1: \sigma^2 < \sigma_0^2$ 　　　　　←対立仮説「ばらつきが小さくなった」

2.有意水準の決定

5%の有意水準で検定するため、$\alpha = 0.05$ とします。

3.検定統計量 χ_0^2 の計算

偏差平方和 S および母分散 σ_0^2 より、検定統計量 χ_0^2 は、

$$\chi_0^2 = \frac{S}{\sigma_0^2} = \frac{158}{80} = 1.975$$

4.判定

検定統計量 χ_0^2 は自由度 $12 - 1 = 11$ の χ^2 分布に従います。ここ

で、有意水準 $\alpha = 0.05$ のもと下側検定を行います。下側確率 0.05 は上側確率 $1-0.05$ と同じ意味なので、棄却域は次の範囲となります。

$$\chi_0{}^2 \leq \chi^2(n-1, 1-\alpha) = \chi^2(12-1, 1-0.05) = \chi^2(11, 0.95)$$

χ^2 表より、$\chi^2(11, 0.95) = 4.57$ であり、かつ $\chi_0{}^2 = 1.975$ であるから、$\chi_0{}^2 < \chi^2(11, 0.95)$ となって、H_0 は棄却され、H_1 が採択されます。よって、「新しい製造法では、ばらつきが小さくなった」と言えます。

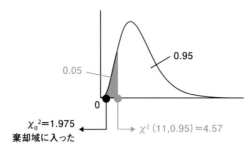

5. 点推定

σ^2 の推定値 $\hat{\sigma}^2$ は、次のように求められます。

$$\hat{\sigma}^2 = \frac{S}{n-1} = \frac{158}{12-1} \fallingdotseq 14.36$$

> **参考**　サンプルから母分散を推定する場合は、不偏分散を使うため、分母は $n-1$ とすることに注意しましょう。

6. 区間推定

区間推定をする上で、上側信頼限界 $\sigma_U{}^2$ および下側信頼限界 $\sigma_L{}^2$ を求めると、

$$\sigma_U{}^2 : \frac{S}{\chi^2\left(n-1, 1-\frac{\alpha}{2}\right)} = \frac{158}{\chi^2(11, 0.975)} = \frac{158}{3.82} \fallingdotseq 41.36$$

$$\sigma_L{}^2 : \frac{S}{\chi^2\left(n-1, \frac{\alpha}{2}\right)} = \frac{158}{\chi^2(11, 0.025)} = \frac{158}{21.9} \fallingdotseq 7.21$$

したがって、信頼係数95％で母分散σ^2を区間推定すると、信頼区間は、

$$7.21 \leq \sigma^2 \leq 41.36$$

となります。

参考	二乗されているため単位がg^2だと感覚的にわかりにくいですが、ルートをとると、 $$\sqrt{7.21} \leq \sqrt{\sigma^2} \leq \sqrt{41.36}$$ $$2.69g \leq \sigma \leq 6.43g$$ 単位がgとなって、推定されたばらつきがわかりやすくなります。

2つの母集団の平均に関する検定と推定

2つの母集団の平均に関する検定は、①母分散が既知のパターン、②母分散が未知で $\sigma_A{}^2 = \sigma_B{}^2$ のパターン、③母分散が未知で $\sigma_A{}^2 \neq \sigma_B{}^2$ のパターンがあります。

> **参考** 2つの母集団の平均に関する推定に関してはほとんど出題されません。

2つの母平均（母分散が既知の場合）の検定統計量

2つの母集団の平均の差（母分散が既知の場合）の仮説の設定

2つの正規分布に従う母集団 A,B の平均 μ_A, μ_B を比較する場合、以下のような帰無仮説 H_0 と対立仮説 H_1 を立てます。

両側検定のとき　　　　$H_0: \mu_A = \mu_B$　$H_1: \mu_A \neq \mu_B$

上側検定のとき　　　　$H_0: \mu_A = \mu_B$　$H_1: \mu_A > \mu_B$

下側検定のとき　　　　$H_0: \mu_A = \mu_B$　$H_1: \mu_A < \mu_B$

これらの帰無仮説や対立仮説において、$\mu_A - \mu_B$ の値を考えると、以下のようになります。

「2つの平均が等しい」	$\mu_A - \mu_B = 0$	←帰無仮説と同じ意味
「2つの平均が等しくない」	$\mu_A - \mu_B \neq 0$	←両側検定のときの対立仮説と同じ意味
「μ_Aのほうが大きい」	$\mu_A - \mu_B > 0$	←上側検定のときの対立仮説と同じ意味
「μ_Bのほうが大きい」	$\mu_A - \mu_B < 0$	←下側検定のときの対立仮説と同じ意味

上記の仮説が妥当かどうかを考えるためには、サンプル平均の差 $\bar{X}_A - \bar{X}_B$ が、確率的に考えると小さすぎる値をとったり、大きすぎる

値をとったりしていないかを検討すればよさそうだと考えられます。

２つの母集団の平均の差（母分散が既知の場合）の 検定統計量

母集団 A から取り出した m 個のサンプルを X_{A1}、X_{A2}、…、X_{Am} とし、標本平均を $\bar{X}_A$ とします。また、母集団 B から取り出した n 個のサンプルを X_{B1}、X_{B2}、…、X_{Bn} とし、標本平均を $\bar{X}_B$ とします。なお母分散 $\sigma_A{}^2$、$\sigma_B{}^2$ はわかっているものとします。

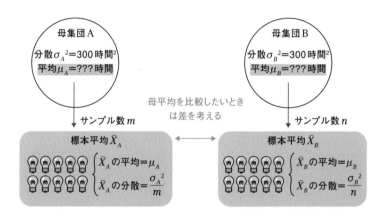

> **参考**
>
> $X_{A1}, X_{A2}, \cdots, X_{Am}$ は互いに独立に正規分布 $N(\mu_A, \sigma_A{}^2)$ に従うとします。同様に、$X_{B1}, X_{B2}, \cdots, X_{Bn}$ も互いに独立に正規分布 $N(\mu_B, \sigma_B{}^2)$ に従うとします。さらに、$\bar{X}_A$ と $\bar{X}_B$ も独立であるという前提で話を進めます。

$\bar{X}_A$ は平均 μ_A, 分散 $\dfrac{\sigma_A{}^2}{m}$ の正規分布、$\bar{X}_B$ は平均 μ_B, 分散 $\dfrac{\sigma_B{}^2}{n}$ の正規分布に従います。ここで、$\bar{X}_A - \bar{X}_B$ はどんな分布に従うかを考えます。まず、$\bar{X}_A$ と $\bar{X}_B$ が正規分布に従うならば、正規分布の再生性から $\bar{X}_A -\bar{X}_B$ も正規分布に従います。

次に、$\bar{X}_A - \bar{X}_B$ の平均と分散を計算します。

$$E(\bar{X}_A - \bar{X}_B) = E(\bar{X}_A + (-1)\bar{X}_B) = E(\bar{X}_A) + (-1)E(\bar{X}_B) = \mu_A - \mu_B$$

$$V(\bar{X}_A - \bar{X}_B) = V(\bar{X}_A + (-1)\bar{X}_B) = V(\bar{X}_A) + (-1)^2\, V(\bar{X}_B) = \frac{\sigma_A^2}{m} + \frac{\sigma_B^2}{n}$$

分散の加法性

よって、$\bar{X}_A - \bar{X}_B$ は正規分布 $N(\mu_A - \mu_B, \dfrac{\sigma_A^2}{m} + \dfrac{\sigma_B^2}{n})$ に従います。
これより、$\bar{X}_A - \bar{X}_B$ を標準化した値は、次のようになります。

$$u_0 = \frac{\bar{X}_A - \bar{X}_B - (\mu_A - \mu_B)}{\sqrt{\dfrac{\sigma_A^2}{m} + \dfrac{\sigma_B^2}{n}}}$$

平均を0に調整している

分散を1に調整している

さらに、帰無仮説として $H_0 : \mu_A = \mu_B$ を設定した場合は、検定に
おいて $\mu_A - \mu_B = 0$ となるので、検定統計量 u_0 は

$$u_0 = \frac{\bar{X}_A - \bar{X}_B - (\mu_A - \mu_B)}{\sqrt{\dfrac{\sigma_A^2}{m} + \dfrac{\sigma_B^2}{n}}}$$

$H_0 : \mu_A = \mu_B$ という仮定の
下では0なので省略可

$$= \frac{\bar{X}_A - \bar{X}_B}{\sqrt{\dfrac{\sigma_A^2}{m} + \dfrac{\sigma_B^2}{n}}}$$

となります。

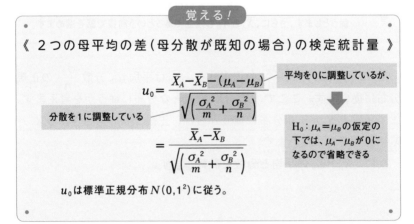

覚える！

《 2つの母平均の差（母分散が既知の場合）の検定統計量 》

$$u_0 = \frac{\bar{X}_A - \bar{X}_B - (\mu_A - \mu_B)}{\sqrt{\left(\dfrac{\sigma_A^2}{m} + \dfrac{\sigma_B^2}{n}\right)}}$$

平均を0に調整しているが、

分散を1に調整している

$H_0 : \mu_A = \mu_B$ の仮定の
下では、$\mu_A - \mu_B$ が0に
なるので省略できる

$$= \frac{\bar{X}_A - \bar{X}_B}{\sqrt{\left(\dfrac{\sigma_A^2}{m} + \dfrac{\sigma_B^2}{n}\right)}}$$

u_0 は標準正規分布 $N(0, 1^2)$ に従う。

これで 2 つの母集団の平均の差の検定（母分散が既知の場合）に関する例題を解く準備ができたので、具体的な問題を解いていきましょう。

> | | 点推定と区間推定は次のようにできます。 |
> |---|---|
> | 参考 | **点推定** 推定値：$\widehat{\mu_A - \mu_B} = \bar{x}_A - \bar{x}_B$

区間推定 上限値・下限値：$\bar{x}_A - \bar{x}_B \pm u\left(\dfrac{\alpha}{2}\right) \times \sqrt{\dfrac{\sigma_A^2}{m} + \dfrac{\sigma_B^2}{n}}$ |

2 つの母平均の差の検定と
推定（母分散が既知の場合）に関する例題

【例題】店舗 A と店舗 B では同じ商品であるピザを作っているが、「店舗 A のピザは店舗 B のピザよりも小さい」という風評が立っている。そこで、調査を行うことにした。

　店舗 A で 8 個の標本を取り出すと、標本平均 $\overline{X}_A = 120$g であった。この店舗では分散 10g^2、平均は不明である正規分布に従うことが経験的にわかっている。

　店舗 B で 10 個の標本を取り出すと、標本平均 $\overline{X}_B = 150$g であった。この店舗では分散 20g^2、平均は不明である正規分布に従うことが経験的にわかっている。

　風評は妥当といえるか、5% の有意水準で検定せよ。

1. 仮説の設定

はじめに、帰無仮説 H_0 と対立仮説 H_1 を次のように設定します。

　　　$H_0 : \mu_A = \mu_B$　　　←帰無仮説「ピザの大きさに差はない」

　　　$H_1 : \mu_A < \mu_B$　　　←対立仮説「店舗 A のピザの方が小さい」

2. 有意水準の決定

5%の有意水準で検定するため、$\alpha = 0.05$ とします。

3. 検定統計量 u_0 の計算

問題文で与えられた各値より、検定統計量 u_0 は、

$$u_0 = \frac{\bar{X}_A - \bar{X}_B - (\mu_A - \mu_B)}{\sqrt{\dfrac{\sigma_A^2}{m} + \dfrac{\sigma_B^2}{n}}} \quad \boxed{\text{H}_0 : \mu_A = \mu_B \text{のもとでは} \atop \text{ゼロなので省略可}}$$

$$= \frac{\bar{X}_A - \bar{X}_B}{\sqrt{\dfrac{\sigma_A^2}{m} + \dfrac{\sigma_B^2}{n}}}$$

$$= \frac{120 - 150}{\sqrt{\dfrac{10}{8} + \dfrac{20}{10}}} \fallingdotseq -16.641$$

4. 判定

検定統計量 u_0 は、標準正規分布 $N(0, 1^2)$ に従います。有意水準 $\alpha = 0.05$ のもと、下側検定を行う際、棄却域は次の範囲となります。

$$u_0 \leq -u(\alpha) = -u(0.05)$$

正規分布表より、$-u(0.05) = -1.645$、また $u_0 = -16.641$ であるから、$u_0 < -u(0.05)$ となって、H_0 は棄却され、H_1 が採択されます。よって、「店舗 A のピザは店舗 B のピザよりも小さい」と言えます。

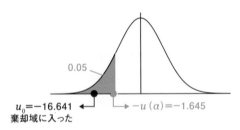

2つの母平均の差
（母分散が未知で$\sigma_A{}^2 = \sigma_B{}^2$の場合）の検定統計量

2つの母平均の差（母分散が未知で$\sigma_A{}^2 = \sigma_B{}^2$の場合）の仮説の設定

2つの正規分布に従う母集団 A,B の平均 μ_A, μ_B を比較する場合、母分散が既知の場合と同様に、以下のような帰無仮説 H_0 と対立仮説 H_1 を立てます。

両側検定のとき　　$H_0 : \mu_A = \mu_B$　$H_1 : \mu_A \neq \mu_B$

上片側検定のとき　$H_0 : \mu_A = \mu_B$　$H_1 : \mu_A > \mu_B$

下片側検定のとき　$H_0 : \mu_A = \mu_B$　$H_1 : \mu_A < \mu_B$

2つの母平均の差（母分散が未知で$\sigma_A{}^2 = \sigma_B{}^2$の場合）の検定統計量

2つの母平均の差（母分散が既知の場合）の検定統計量は次のように計算しました。

$$u_0 = \frac{\bar{X}_A - \bar{X}_B - (\mu_A - \mu_B)}{\sqrt{\dfrac{\sigma_A{}^2}{m} + \dfrac{\sigma_B{}^2}{n}}}$$

　　平均を0に調整している

　　分散を1に調整している

母分散が同じ場合は、$\sigma^2 = \sigma_A{}^2 = \sigma_B{}^2$ とおけるので、式を変形できます。

$$u_0 = \frac{\bar{X}_A - \bar{X}_B - (\mu_A - \mu_B)}{\sqrt{\dfrac{\sigma^2}{m} + \dfrac{\sigma^2}{n}}}$$

　　$\sigma_A{}^2$と$\sigma_B{}^2$の代わりにσ^2を使う

$$= \frac{\bar{X}_A - \bar{X}_B - (\mu_A - \mu_B)}{\sqrt{\sigma^2 \left(\dfrac{1}{m} + \dfrac{1}{n} \right)}} \cdots ①$$

　　σ^2でくくる

さらに、$\sigma_A{}^2 = \sigma_B{}^2$ で、母分散 $\sigma_A{}^2, \sigma_B{}^2$ が未知の場合は、①式に σ^2 の代わりに、併合分散 V を使います。

σ^2 の代わりに使う併合分散 V は次のように計算します。

母集団 A から m 個（A のサンプルの偏差平方和）　　母集団 B から n 個（B のサンプルの偏差平方和）

$$V = \frac{\overbrace{(X_{A1}-\bar{X}_A)^2 + \cdots + (X_{Am}-\bar{X}_A)^2}^{} + \overbrace{(X_{B1}-\bar{X}_B)^2 + \cdots + (X_{Bn}-\bar{X}_B)^2}^{}}{(m-1)+(n-1)}$$

$$= \frac{S_A + S_B}{m + n - 2}$$ ── マイナス2することに注意

したがって、検定統計量 t_0 は次のようになります。

$$t_0 = \frac{\bar{X}_A - \bar{X}_B - (\mu_A - \mu_B)}{\sqrt{V\left(\dfrac{1}{m} + \dfrac{1}{n}\right)}}$$

σ^2 の代わりに V を使う

併合分散 V は、母分散 A からのサンプルと母集団 B からのサンプルをひとまとめにして計算した不偏分散です。併合分散は、2つの母分散が等しいことから、①母集団 A からの m 個のサンプルと②母集団 B からの n 個のサンプルを合わせて考えて、共通する不偏分散を計算しています。

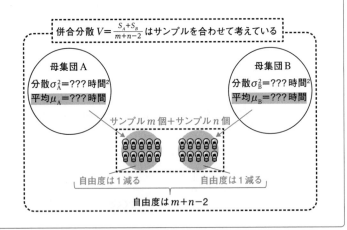

参考

併合分散 $V = \dfrac{S_A + S_B}{m + n - 2}$ はサンプルを合わせて考えている

母集団 A
分散 $\sigma_A^2 =$??? 時間²
平均 $\mu_A =$??? 時間

母集団 B
分散 $\sigma_B^2 =$??? 時間²
平均 $\mu_B =$??? 時間

サンプル m 個＋サンプル n 個

自由度は1減る　　　　自由度は1減る

自由度は $m + n - 2$

さらに、帰無仮説 $H_0 : \mu_A = \mu_B$ と設定している場合は、$\mu_A - \mu_B = 0$ となるので、検定統計量 t_0 は

$$t_0 = \frac{\bar{X}_A - \bar{X}_B - (\mu_A - \mu_B)}{\sqrt{V\left(\dfrac{1}{m} + \dfrac{1}{n}\right)}}$$

$H_0 : \mu_A = \mu_B$ という仮定の下では0なので省略可

$$= \frac{\bar{X}_A - \bar{X}_B}{\sqrt{V\left(\dfrac{1}{m} + \dfrac{1}{n}\right)}}$$

となります。t_0 は自由度 $(m + n - 2)$ の t 分布に従います。

覚える！

《 2つの母平均の差（母分散が未知で $\sigma_A{}^2 = \sigma_B{}^2$ の場合）の検定統計量 》

$$t_0 = \frac{\bar{X}_A - \bar{X}_B - (\mu_A - \mu_B)}{\sqrt{V\left(\dfrac{1}{m} + \dfrac{1}{n}\right)}}$$

平均を0に調整しているが、

分散を1に調整している

$H_0 : \mu_A = \mu_B$ の仮定の下では、が $\mu_A - \mu_B = 0$ になるので省略できる

$$= \frac{\bar{X}_A - \bar{X}_B}{\sqrt{V\left(\dfrac{1}{m} + \dfrac{1}{n}\right)}}$$

代わりに V を使ったので自由度 $m + n - 2$ の t 分布に従う。自由度は2減る（2つの母集団だからと覚える）

t_0 は自由度 $m + n - 2$ の t 分布に従う。

参考

点推定と区間推定は次のようにできます。

点推定 推定値：$\widehat{\mu_A - \mu_B} = \bar{x}_A - \bar{x}_B$

区間推定 上限値・下限値：$\bar{x}_A - \bar{x}_B \pm t(\phi, \alpha) \times \sqrt{V\left(\dfrac{1}{m} + \dfrac{1}{n}\right)}$

2つの母平均の差の検定
（母分散が未知で$\sigma_A{}^2 = \sigma_B{}^2$の場合）に関する例題

【例題】工場Aと工場Bでは同じ部品を作っている。工場Aで作られる部品の寸法と工場Bで作られる部品の寸法の母平均に違いがあるかどうかを調べたい。

　工場Aで10個の部品をランダムサンプリングし、寸法を測定すると、標本平均$\overline{X}_A = 6.94$cm、不偏分散$V_A = 0.10\ \mathrm{cm}^2$となった。

　工場Bで10個の部品をランダムサンプリングし、寸法を測定すると、標本平均$\overline{X}_B = 6.52$cm、不偏分散$V_B = 0.11\mathrm{cm}^2$となった。

　工場Aと工場Bの部品の寸法の母分散と母平均は不明であるが、母分散は等しく、部品の寸法は正規分布に従うことが経験的に分かっている。

　「工場Aと工場Bで作られる部品の大きさには差がある」といえるか、5%の有意水準で検定せよ。

今回は2つの母集団の分散$\sigma_A{}^2$、$\sigma_B{}^2$がわからない、かつ、$\sigma_A{}^2 = \sigma_B{}^2$の場合なので、$\sigma_A{}^2$、$\sigma_B{}^2$の代わりに併合分散$V$を使います。この場合は、自由度が$m + n - 2$の$t$分布を用います。

1. 仮説の設定

はじめに、帰無仮説H_0と対立仮説H_1を次のように設定します。

$H_0 : \mu_A = \mu_B$　　←帰無仮説「部品の大きさに差はない」

$H_1 : \mu_A \neq \mu_B$　　←対立仮説「部品の大きさに差がある」

2. 有意水準の決定

5%の有意水準で検定するため、$\alpha = 0.05$とします。

3. 併合分散 V の計算

工場 A の不偏分散 V_A は、工場 A の偏差平方和 S_A を工場 A のサンプル数 m から 1 減らした $(m-1)$ で割った値であるから、工場 A の偏差平方和 S_A は、

$$
\begin{aligned}
S_A &= (m-1)V_A \\
&= (10-1) \times 0.10 \\
&= 0.90
\end{aligned}
$$

同様に工場 B の不偏分散 V_B は、工場 B の偏差平方和 S_B を店舗 B のサンプル数 n から 1 減らした $(n-1)$ で割った値であるから、工場 B の偏差平方和 S_B は、

$$
\begin{aligned}
S_B &= (n-1)V_B \\
&= (10-1) \times 0.11 \\
&= 0.99
\end{aligned}
$$

したがって併合分散 V は、

$$
\begin{aligned}
V &= \frac{S_A + S_B}{m + n - 2} \\
&= \frac{0.90 + 0.99}{10 + 10 - 2} \\
&= 0.105
\end{aligned}
$$

4. 検定統計量 t_0 の計算

問題文で与えられた各値より、検定統計量 t_0 は、

$$
t_0 = \frac{\bar{X}_A - \bar{X}_B - (\mu_A - \mu_B)}{\sqrt{V\left(\dfrac{1}{m} + \dfrac{1}{n}\right)}}
$$

$H_0 : \mu_A = \mu_B$ のもとではゼロなので省略可

$$
= \frac{6.94 - 6.52}{\sqrt{0.105 \times \left(\dfrac{1}{10} + \dfrac{1}{10}\right)}} \fallingdotseq 2.898
$$

5. 判定

検定統計量 t_0 は、自由度 $m + n - 2 = 10 + 10 - 2 = 18$ の t 分布に従います。有意水準 $\alpha = 0.05$ のもと、両側検定を行います。

> **参考**　「部品の大きさには差がある」かを調べるので両側検定を行います。

棄却域は、$|t_0| \geq t(18, 0.05)$ の範囲となります。

$t_0 = 2.898$、t 表より $t(18, 0.05) = 2.101$ であるから、$|t_0| > t(18, 0.05)$ となって、H_0 は棄却され、H_1 が採択されます。よって、「工場 A と工場 B で作られる部品の大きさには差がある」と言えます。

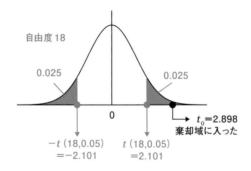

> **参考**　前提となっている $\sigma_A{}^2 = \sigma_B{}^2$ が妥当であるかを「2つの母分散の比の検定」で調べてから本問のような検定を行うことがあります（$H_0 : \sigma_A{}^2 = \sigma_B{}^2$，$H_1 : \sigma_A{}^2 \neq \sigma_B{}^2$ として、H_0 が棄却できなかったら、本問の検定を行う）。しかし、複数回の検定を重ねることで、想定していた有意水準よりも誤判定してしまう可能性が高まる「検定の多重性」の問題が生じます。

2つの母平均の差
（母分散が未知で $\sigma_A{}^2 \neq \sigma_B{}^2$ の場合）の検定統計量

2つの母集団の平均の差
（母分散が未知で $\sigma_A{}^2 \neq \sigma_B{}^2$ の場合）の検定統計量

2つの母平均の差（母分散が既知の場合）の検定統計量は次のように計算した値でした。

$$u_0 = \frac{\bar{X}_A - \bar{X}_B - (\mu_A - \mu_B)}{\sqrt{\dfrac{\sigma_A{}^2}{m} + \dfrac{\sigma_B{}^2}{n}}}$$

— 平均を0に調整している

— 分散を1に調整している

この式の $\sigma_A{}^2$、$\sigma_B{}^2$ をそれぞれ不偏推定量である V_A, V_B に置き換えると、近似的に等価自由度 ϕ^* の t 分布に従います。

$$t_0 = \frac{\bar{X}_A - \bar{X}_B - (\mu_A - \mu_B)}{\sqrt{\dfrac{V_A}{m} + \dfrac{V_B}{n}}}$$

— $\sigma_A{}^2$、$\sigma_B{}^2$ の代わりに V_A, V_B を使う

等価自由度 ϕ^* は、次の式で求めます。

$$等価自由度\ \phi^* = \frac{\left(\dfrac{V_A}{m} + \dfrac{V_B}{n}\right)^2}{\left\{\dfrac{\left(\dfrac{V_A}{m}\right)^2}{m-1} + \dfrac{\left(\dfrac{V_B}{n}\right)^2}{n-1}\right\}}$$

さらに、帰無仮説として $H_0 : \mu_A = \mu_B$ を設定した場合は、検定において $\mu_A - \mu_B = 0$ となるので、検定統計量 t_0 は、

$$t_0 = \frac{\bar{X}_A - \bar{X}_B - (\mu_A - \mu_B)}{\sqrt{\dfrac{V_A}{m} + \dfrac{V_B}{n}}}$$

— $H_0 : \mu_A = \mu_B$ という仮定の下では0なので省略可

$$= \frac{\bar{X}_A - \bar{X}_B}{\sqrt{\dfrac{V_A}{m} + \dfrac{V_B}{n}}}$$

《 2つの母平均の差（母分散が未知で $\sigma_A{}^2 \neq \sigma_B{}^2$ の場合）の検定統計量 》

$$t_0 = \frac{\overline{X}_A - \overline{X}_B - (\mu_A - \mu_B)}{\sqrt{\dfrac{V_A}{m} + \dfrac{V_B}{n}}}$$

平均を0に調整しているが、

分散を1に調整している

$\mathrm{H}_0 : \mu_A = \mu_B$ の仮定の下では、$\mu_A - \mu_B$ が0になるので省略できる

$$= \frac{\overline{X}_A - \overline{X}_B}{\sqrt{\dfrac{V_A}{m} + \dfrac{V_B}{n}}}$$

t_0 は近似的に等価自由度 ϕ^* の t 分布に従う。

$$等価自由度\ \phi^* = \frac{\left(\dfrac{V_A}{m} + \dfrac{V_B}{n}\right)^2}{\left\{\dfrac{\left(\dfrac{V_A}{m}\right)^2}{m-1} + \dfrac{\left(\dfrac{V_B}{n}\right)^2}{n-1}\right\}}$$

　母分散が未知で $\sigma_A{}^2 \neq \sigma_B{}^2$ の場合に行われる検定は、ウェルチの t 検定と呼ばれます。

参考	$\sigma_A{}^2 = \sigma_B{}^2$ の場合もウェルチの t 検定は使えます。

参考	点推定と区間推定は次のようにできます。

点推定　推定値：$\widehat{\mu_A - \mu_B} = \overline{x}_A - \overline{x}_B$

区間推定　上限値・下限値：$\overline{x}_A - \overline{x}_B \pm t(\phi^*, \alpha) \times \sqrt{\dfrac{V_A}{m} + \dfrac{V_B}{n}}$

2つの母平均の差の検定
（母分散が未知で $\sigma_A{}^2 \neq \sigma_B{}^2$ の場合）に関する例題

【例題】工場 A と工場 B では同じ部品を作っている。工場 A で作られる部品の寸法と工場 B で作られる部品の寸法の母平均に違いがあるかどうかを調べたい。

　工場 A で 10 個の部品をランダムサンプリングし、寸法を測定すると、標本平均 $\overline{X}_A = 7.11\text{cm}$、不偏分散 $V_A = 0.06\ \text{cm}^2$ となった。

　工場 B で 10 個の部品をランダムサンプリングし、寸法を測定すると、標本平均 $\overline{X}_B = 6.37\text{cm}$、不偏分散 $V_B = 0.77\text{cm}^2$ となった。

　工場 A と工場 B の部品の寸法の母分散と母平均は不明であり母分散は等しいと仮定できず、また部品の寸法は正規分布に従うことが経験的に分かっている。

　「工場 A と工場 B で作られる部品の大きさには差がある」といえるか 5% の有意水準で検定せよ。

1．仮説の設定

はじめに、帰無仮説 H_0 と対立仮説 H_1 を次のように設定します。

　　$H_0: \mu_A = \mu_B$　　←帰無仮説「部品の大きさに差はない」

　　$H_1: \mu_A \neq \mu_B$　　←対立仮説「部品の大きさに差がある」

2．有意水準の決定

5% の有意水準で検定するため、$\alpha = 0.05$ とします。

3．検定統計量 t_0 の計算

問題文で与えられた各値より、検定統計量 t_0 は、

$$t_0 = \frac{\bar{X}_A - \bar{X}_B - (\mu_A - \mu_B)}{\sqrt{\dfrac{V_A}{m} + \dfrac{V_B}{n}}}$$

（右側の注記）$H_0 : \mu_A = \mu_B$ のもとではゼロなので省略可

$$= \frac{7.11 - 6.37}{\sqrt{\dfrac{0.06}{10} + \dfrac{0.77}{10}}} \fallingdotseq 2.569$$

4. 等価自由度 ϕ^* の計算

次に、問題文で与えられた各値より、等価自由度 ϕ^* は、

$$\text{等価自由度 } \phi^* = \frac{\left(\dfrac{V_A}{m} + \dfrac{V_B}{n}\right)^2}{\left\{\dfrac{\left(\dfrac{V_A}{m}\right)^2}{m-1} + \dfrac{\left(\dfrac{V_B}{n}\right)^2}{n-1}\right\}}$$

$$= \frac{\left(\dfrac{0.06}{10} + \dfrac{0.77}{10}\right)^2}{\left\{\dfrac{\left(\dfrac{0.06}{10}\right)^2}{10-1} + \dfrac{\left(\dfrac{0.77}{10}\right)^2}{10-1}\right\}} \fallingdotseq 10.394$$

> 参考 ｜ 試験で等価自由度が問われることはほとんどありません。出題されるにしても式が与えられるだろうと予想されます。

5. 判定

検定統計量 t_0 は、自由度 10 の t 分布に近似的に従います。等価自由度が自然数にはならない場合、t 表を使うことはできないので、今回は、等価自由度 10.394 より厳しい棄却域となる自由度 11 の t 分布での棄却域を考えます。そして、有意水準 $\alpha = 0.05$ のもと、両側検定を行います。

> **参考**
>
> 「部品の大きさには差がある」かを調べるので両側検定を行います。

棄却域は、以下の範囲となります。

$$|t_0| \geq t(\phi, \alpha) = t(11, 0.05)$$

手順 3 より $t_0 = 2.569$、t 表より $t(11, 0.05) = 2.201$ であるから、$|t_0| > t(11, 0.05)$ となって、H_0 は棄却され、H_1 が採択されます。よって、「工場 A と工場 B で作られる部品の大きさには差がある」と言えます。

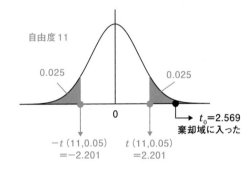

5 2つの母集団の分散に関する検定と推定

F分布とは

2つの母分散の比の検定や推定では、F分布を用います。まずは、①F分布とは何か、②F表の読み方について説明します。F分布は次のような分布です。

覚える！

《 F分布 》

X, Yは互いに独立な確率変数であり、Xは自由度mのχ^2分布、Yは自由度nのχ^2分布に従うとき、

$$F = \frac{\left(\dfrac{X}{m}\right)}{\left(\dfrac{Y}{n}\right)}$$

は自由度(m, n)のF分布に従う。

参考

試験に出題される可能性は低いですが、以下はF分布の性質です。

①自由度(m, n)のF分布の期待値は$\dfrac{n}{n-2}$（ただし$n>2$）、

分散は$\dfrac{2n^2(n+m-2)}{m(n-2)^2(n-4)}$（ただし$n>4$）

②確率変数Fが自由度(m, n)のF分布に従うとき、Fの逆数$\dfrac{1}{F}$は自由度(n, m)のF分布に従う。

F分布の形

F分布は、自由度によっては形が変化します。F分布はχ^2分布に

形が似ています。

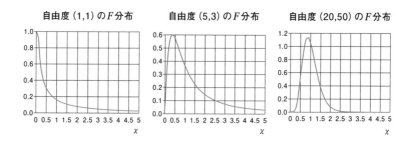

自由度 (1,1) の F 分布　　自由度 (5,3) の F 分布　　自由度 (20,50) の F 分布

F 表の読み方

　F 表の読み方をいくつか具体例を用いて説明します。試験では① F 表（5%,1%）と② F 表（2.5%）の二通りが与えられます。

① 「F 表（5％ ,1％）」

　自由度 (ϕ_1, ϕ_2) の F 分布において、有意水準である右側の面積が $\alpha = 0.05$ となる F の値は細字で、右側の面積が $\alpha = 0.01$ となる F の値は太字で示しています。試験では、主に片側検定のときに利用します。

F 表 (5%, 1%)

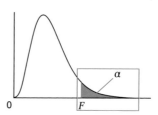

$F(\phi_1, \phi_2 ; \alpha)$　$\alpha=0.05$（細字）　$\alpha=0.01$（太字）
ϕ_1＝分子の自由度　ϕ_2＝分母の自由度

ϕ_2 \\ ϕ_1	1	2	3	4	5	6	7		120	∞	ϕ_1 \\ ϕ_2
1	161. **4052.**	200. **5000.**	216. **5403.**	225. **5625.**	230. **5764.**	234. **5859.**	237. **5928.**		253. **6339.**	254. **6366.**	1
2	18.5 **98.5**	19.0 **99.0**	19.2 **99.2**	19.2 **99.2**	19.3 **99.3**	19.3 **99.3**	19.4 **99.4**	略	19.5 **99.5**	19.5 **99.5**	2
3	10.1 **34.1**	9.55 **30.8**	9.28 **29.5**	9.12 **28.7**	9.01 **28.2**	8.94 **27.9**	8.89 **27.7**		8.55 **26.2**	8.53 **26.1**	3
4	7.71 **21.2**	6.94 **18.0**	6.59 **16.7**	6.39 **16.0**	6.26 **15.5**	6.16 **15.2**	6.09 **15.0**		5.66 **13.6**	5.63 **13.5**	4
5	6.61 **16.3**	5.79 **13.3**	5.41 **12.1**	5.19 **11.4**	5.05 **11.0**	4.95 **10.7**	4.88 **10.5**		4.40 **9.11**	4.36 **9.02**	5

② 「F 表（2.5％）」

自由度（ϕ_1, ϕ_2）の F 分布において、右側の面積が 0.025 となる F の値を示しています。試験では、主に両側検定のときに利用します。

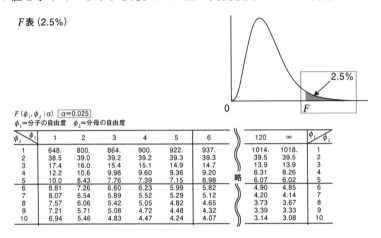

F 表（2.5％）

$F(\phi_1, \phi_2 ; \alpha)$ $\boxed{\alpha = 0.025}$
$\phi_1 =$分子の自由度　$\phi_2 =$分母の自由度

ϕ_2 \ ϕ_1	1	2	3	4	5	6		120	∞	ϕ_1 \ ϕ_2
1	648.	800.	864.	900.	922.	937.		1014.	1018.	1
2	38.5	39.0	39.2	39.2	39.3	39.3		39.5	39.5	2
3	17.4	16.0	15.4	15.1	14.9	14.7	略	13.9	13.9	3
4	12.2	10.6	9.98	9.60	9.36	9.20		8.31	8.26	4
5	10.0	8.43	7.76	7.39	7.15	6.98		6.07	6.02	5
6	8.81	7.26	6.60	6.23	5.99	5.82		4.90	4.85	6
7	8.07	6.54	5.89	5.52	5.29	5.12		4.20	4.14	7
8	7.57	6.06	5.42	5.05	4.82	4.65		3.73	3.67	8
9	7.21	5.71	5.08	4.72	4.48	4.32		3.39	3.33	9
10	6.94	5.46	4.83	4.47	4.24	4.07		3.14	3.08	10

①上側確率から F を求めるパターン

自由度(7,6)の F 分布において、上側確率 0.05 となる F を求めよ。

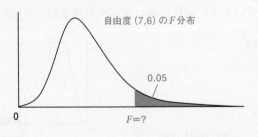

自由度 (7,6) の F 分布

0.05

$F = ?$

　F 分布は自由度が二つあります。また、$\alpha = 0.05$ なので F 表（5％,1％）の細字の数値を読むことになります。分子の自由度 $\phi_1 = 7$ の列、分母の自由度 $\phi_2 = 6$ の行が交わる部分の細字の値を見ると、$F = 4.21$ と求められます。

F表 (5%, 1%)

$F(\phi_1, \phi_2 ; \alpha)$　$\alpha=0.05$ (細字)　$\alpha=0.01$ (太字)
ϕ_1=分子の自由度　ϕ_2=分母の自由度

ϕ_2 ＼ ϕ_1	1	2	3	4	5	6	7	8	9
1	161. 4052.	200. 5000.	216. 5403.	225. 5625.	230. 5764.	234. 5859.	237. 5928.	239. 5981.	241. 6022.
2	18.5 98.5	19.0 99.0	19.2 99.2	19.2 99.2	19.3 99.3	19.3 99.3	19.4 99.4	19.4 99.4	19.4 99.4
3	10.1 34.1	9.55 30.8	9.28 29.5	9.12 28.7	9.01 28.2	8.94 27.9	8.89 27.7	8.85 27.5	8.81 27.3
4	7.71 21.2	6.94 18.0	6.59 16.7	6.39 16.0	6.26 15.5	6.16 15.2	6.09 15.0	6.04 14.8	6.00 14.7
5	6.61 16.3	5.79 13.3	5.41 12.1	5.19 11.4	5.05 11.0	4.95 10.7	4.88 10.5	4.82 10.3	4.77 10.2
6	5.99 13.7	5.14 10.9	4.76 9.78	4.53 9.15	4.39 8.75	4.28 8.47	4.21 8.26	4.15 8.10	4.10 7.98
7	5.59 12.2 5.32	4.74 9.55 4.46	4.35 8.45 4.07	4.12 7.85 3.84	3.97 7.46 3.69	3.87 7.19 3.58	3.79 6.99 3.50	3.73 6.84 3.44	3.68 6.72 3.39

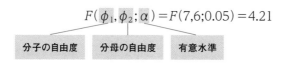

なお、数式で表したい場合は、次のように書くことがあります。

$$F(\phi_1, \phi_2 ; \alpha) = F(7,6;0.05) = 4.21$$

分子の自由度　　分母の自由度　　有意水準

②下側確率からFを求めるパターン
　自由度(7,6)のF分布において、下側確率0.05となるFを求めよ。

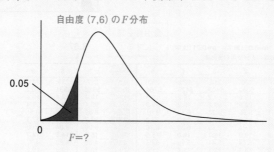

自由度 (7,6)のF分布

0.05

0　　$F=?$

　F表には下側確率に関する表が載っていません。自由度(7,6)のF
分布において、下側確率0.05となるFの値を知りたいとき、次の手
順で求めます。

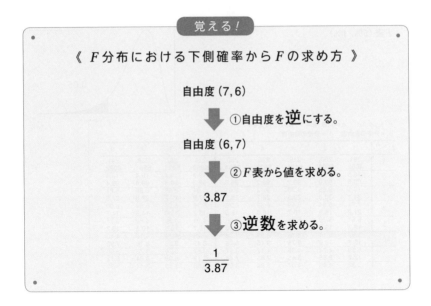

《 F 分布における下側確率から F の求め方 》

自由度 (7, 6)

① 自由度を**逆**にする。

自由度 (6, 7)

② F 表から値を求める。

3.87

③ **逆数**を求める。

$$\frac{1}{3.87}$$

手順を実際に F 表で確認すると次のようになります。なお、$\alpha =$ 0.05 なので細字の数値を確認します。

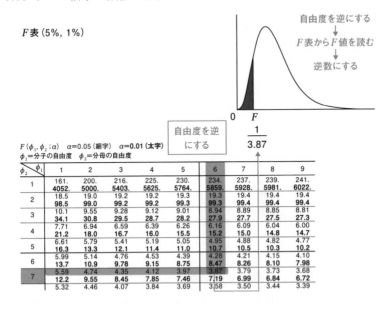

F 表 (5%, 1%)

自由度を逆にする
↓
F 表から F 値を読む
↓
逆数にする

0　F

$$\frac{1}{3.87}$$

自由度を逆にする

$F(\phi_1, \phi_2 : \alpha)$　$\alpha = 0.05$（細字）　$\alpha = 0.01$（太字）
$\phi_1 =$ 分子の自由度　$\phi_2 =$ 分母の自由度

ϕ_2 \ ϕ_1	1	2	3	4	5	6	7	8	9
1	161. **4052.**	200. **5000.**	216. **5403.**	225. **5625.**	230. **5764.**	234. **5859.**	237. **5928.**	239. **5981.**	241. **6022.**
2	18.5 **98.5**	19.0 **99.0**	19.2 **99.2**	19.2 **99.2**	19.3 **99.3**	19.3 **99.3**	19.4 **99.4**	19.4 **99.4**	19.4 **99.4**
3	10.1 **34.1**	9.55 **30.8**	9.28 **29.5**	9.12 **28.7**	9.01 **28.2**	8.94 **27.9**	8.89 **27.7**	8.85 **27.5**	8.81 **27.3**
4	7.71 **21.2**	6.94 **18.0**	6.59 **16.7**	6.39 **16.0**	6.26 **15.5**	6.16 **15.2**	6.09 **15.0**	6.04 **14.8**	6.00 **14.7**
5	6.61 **16.3**	5.79 **13.3**	5.41 **12.1**	5.19 **11.4**	5.05 **11.0**	4.95 **10.7**	4.88 **10.5**	4.82 **10.3**	4.77 **10.2**
6	5.99 **13.7**	5.14 **10.9**	4.76 **9.78**	4.53 **9.15**	4.39 **8.75**	4.28 **8.47**	4.21 **8.26**	4.15 **8.10**	4.10 **7.98**
7	5.59 **12.2**	4.74 **9.55**	4.35 **8.45**	4.12 **7.85**	3.97 **7.46**	3.87 **7.19**	3.79 **6.99**	3.73 **6.84**	3.68 **6.72**
	5.32	4.46	4.07	3.84	3.69	3.58	3.50	3.44	3.39

数式で表したい場合は、次のように書くことがあります。

$$\frac{1}{F(\phi_2,\phi_1;\alpha)} = \frac{1}{F(6,7;0.05)} = \frac{1}{3.87}$$

自由度を逆にする　　　下側確率　　　　　逆数

| 参考 | 逆数とは、ある数に、掛け合わせると1になる数であり、例えば、3の逆数は $\frac{1}{3}$、$\frac{3}{5}$ の逆数は分母と分子をひっくり返した $\frac{5}{3}$ になります。 |

③両側確率から p,q を求めるパターン

自由度(7,4)の F 分布において、両側確率 0.05 となるように p,q を求めよ。

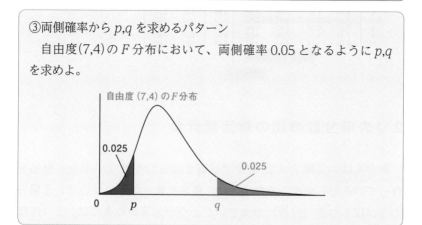

自由度 (7,4) の F 分布

0.025

0.025

0　　p　　　　　q

両側確率 $\alpha = 0.05$ となる p,q を求めるときは、F 表（2.5%）を使います。理由は、両側確率 $\alpha = 0.05$ の場合は、下側確率 0.025 となる p、上側確率 0.025 となる q を求めればよいためです。

自由度(7,4)の F 分布において、両側確率 0.05 となる p,q の値は、F 表（2.5%）より次のようになります。

$$p = \frac{1}{F(4,7;0.025)} = \frac{1}{5.52}$$

$$q = F(7,4;0.025) = 9.07$$

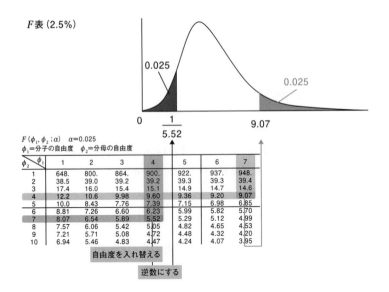

F表（2.5%）

$F(\phi_1, \phi_2 ; \alpha)$　$\alpha=0.025$
$\phi_1=$分子の自由度　$\phi_2=$分母の自由度

ϕ_2 \ ϕ_1	1	2	3	4	5	6	7
1	648.	800.	864.	900.	922.	937.	948.
2	38.5	39.0	39.2	39.2	39.3	39.3	39.4
3	17.4	16.0	15.4	15.1	14.9	14.7	14.6
4	12.2	10.6	9.98	9.60	9.36	9.20	9.07
5	10.0	8.43	7.76	7.39	7.15	6.98	6.85
6	8.81	7.26	6.60	6.23	5.99	5.82	5.70
7	8.07	6.54	5.89	5.52	5.29	5.12	4.99
8	7.57	6.06	5.42	5.05	4.82	4.65	4.53
9	7.21	5.71	5.08	4.72	4.48	4.32	4.20
10	6.94	5.46	4.83	4.47	4.24	4.07	3.95

自由度を入れ替える

逆数にする

２つの母分散の比の検定統計量

　たとえば、工場 A と工場 B で品質をばらつかせないように製品を作っているとします。その場合に、重さや長さなどについて、工場 A の方がばらつき（分散）が大きいかどうかを確かめるには、２つの母集団の分散の比の検定を行います。

　工場 A から取り出した m 個のサンプルを X_{A1}、X_{A2}、…、X_{Am} とし、標本平均を $\bar{X}_A$、不偏分散を V_A とします。また、工場 B から取り出した n 個のサンプルを X_{B1}、X_{B2}、…、X_{Bn} とし、標本平均を $\bar{X}_B$、不偏分散を V_B とします。

> | 参考 | X_{A1}、X_{A2}、…、X_{Am} は互いに独立に正規分布 $N(\mu_A, \sigma_A{}^2)$ に従うとします。同様に、X_{B1}、X_{B2}、…、X_{Bn} も互いに独立に正規分布 $N(\mu_B, \sigma_B{}^2)$ に従うとします。 |
> |---|---|

　２つの母集団の比の検定統計量 F_0 は、次のようになります。

$$F_0 = \frac{V_A}{V_B}$$

これは自由度$(m-1,n-1)$のF分布に従います。ここで、V_A, V_Bは、

$$V_A = \frac{\overbrace{(X_{A1}-\bar{X}_A)^2 + (X_{A2}-\bar{X}_A)^2 + \cdots + (X_{Am}-\bar{X}_A)^2}^{\text{サンプル } m \text{ 個}}}{m-1}$$

$$V_B = \frac{\overbrace{(X_{B1}-\bar{X}_B)^2 + (X_{B2}-\bar{X}_B)^2 + \cdots + (X_{Bn}-\bar{X}_B)^2}^{\text{サンプル } n \text{ 個}}}{n-1}$$

次に、帰無仮説 H_0：$\sigma_A{}^2 = \sigma_B{}^2$ のもとで、分散の比 $\dfrac{V_A}{V_B}$ は、自由度 $(m-1,n-1)$ の F 分布に従うか確かめます。そのためには、式変形をして、分子が自由度 $m-1$ の χ^2 分布に従い、分母が自由度 $n-1$ の χ^2 分布に従うように式変形できればよいことになります。

$\sigma_A{}^2 = \sigma_B{}^2 = \sigma^2$ とおくと、分母と分子に $\dfrac{1}{\sigma^2}$ にかけても等式は成り立つので、

$$\frac{V_A}{V_B} = \frac{\left\{ \dfrac{(X_{A1}-\bar{X}_A)^2 + (X_{A2}-\bar{X}_A)^2 + \cdots + (X_{Am}-\bar{X}_A)^2}{m-1} \right\}}{\left\{ \dfrac{(X_{B1}-\bar{X}_B)^2 + (X_{B2}-\bar{X}_B)^2 + \cdots + (X_{Bn}-\bar{X}_B)^2}{n-1} \right\}}$$

$$= \frac{\left\{ \dfrac{(X_{A1}-\bar{X}_A)^2 + (X_{A2}-\bar{X}_A)^2 + \cdots + (X_{Am}-\bar{X}_A)^2}{\sigma^2(m-1)} \right\}}{\left\{ \dfrac{(X_{B1}-\bar{X}_B)^2 + (X_{B2}-\bar{X}_B)^2 + \cdots + (X_{Bn}-\bar{X}_B)^2}{\sigma^2(n-1)} \right\}}$$

$$= \frac{\left\{ \dfrac{(X_{A1}-\bar{X}_A)^2 + (X_{A2}-\bar{X}_A)^2 + \cdots + (X_{Am}-\bar{X}_A)^2}{\sigma^2} \Big/ (m-1) \right\}}{\left\{ \dfrac{(X_{B1}-\bar{X}_B)^2 + (X_{B2}-\bar{X}_B)^2 + \cdots + (X_{Bn}-\bar{X}_B)^2}{\sigma^2} \Big/ (n-1) \right\}}$$

自由度 $m-1$ の χ^2 分布

自由度 $n-1$ の χ^2 分布

$$\chi_0^2 = \frac{(X_1-\overline{X})^2+(X_2-\overline{X})^2+\cdots+(X_n-\overline{X})^2}{\sigma^2} = \frac{S}{\sigma^2}$$

は、自由度 $n-1$ の χ^2 分布に従うという知識を利用しました。

したがって、帰無仮説 $\mathrm{H}_0 : \sigma_A{}^2 = \sigma_B{}^2$ のもとで、検定統計量 $\frac{V_A}{V_B}$ は自由度 $(m-1, n-1)$ の F 分布に従います。

覚える！

帰無仮説 $\mathrm{H}_0 : \sigma_A{}^2 = \sigma_B{}^2$ のもとで

$$検定統計量 F_0 = \frac{不偏分散\ V_A}{不偏分散\ V_B}$$

は、自由度 (ϕ_A, ϕ_B) の F 分布に従う。

$m-1$ $\quad$ $n-1$

参考 | 受験上は、不偏分散の場合、（サンプル数－1）が自由度になると覚えましょう。

なお、分母と分子をひっくり返した値である $\frac{V_B}{V_A}$ は、自由度も入れ替わり、自由度 $(n-1, m-1)$ の F 分布に従います。

参考 | F 分布の定義より、$F = \dfrac{\left(\frac{X}{m}\right)}{\left(\frac{Y}{n}\right)}$ は自由度 (m, n) の F 分布に従うことから、こちらの分母と分子をひっくり返した場合に相当します。

覚える！

帰無仮説 $\mathrm{H}_0 : \sigma_A{}^2 = \sigma_B{}^2$ のもとで

$$検定統計量 F_0 = \frac{不偏分散\ V_B}{不偏分散\ V_A}$$

は、自由度 (ϕ_B, ϕ_A) の F 分布に従う。

$n-1$ $\quad$ $m-1$

2つの母集団の分散の比の判断方法

2つの母集団の分散の比の基本的な発想

形式的にパターン分けを覚えるのは大変なので、まずは、基本的な発想を説明します。なお、以下は両側検定の場合です。

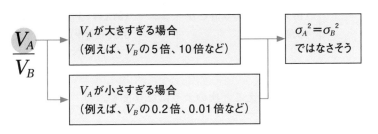

上側検定の場合は、V_B に対して V_A が大きすぎるときは、$\sigma_A{}^2 = \sigma_B{}^2$ ではなく、$\sigma_A{}^2 > \sigma_B{}^2$ だろうと考えます。

下側検定の場合は、V_B に対して V_A が小さすぎるときは、$\sigma_A{}^2 = \sigma_B{}^2$ ではなく、$\sigma_A{}^2 < \sigma_B{}^2$ だろうと考えます。

$\dfrac{V_A}{V_B}$ が従う自由度 (ϕ_A, ϕ_B) の F 分布のグラフでは、V_A が大きい場合は右側の領域に入り、V_A が小さい場合は左側の領域に入ります。

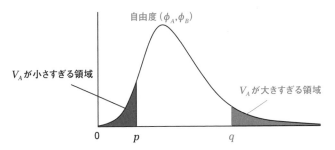

なお、F 表には、上側面積が 0.05 や 0.01 になる「V_A が大きすぎる領域」になる q の値しか載っていません。このため「V_A が小さすぎる領域」になる下側面積が 0.05 や 0.01 の p の値が分かりません。

そこで、発想を変えて、「V_A が V_B に比べて小さすぎる」のではなく「『V_B が』V_A に比べて『大きすぎる』」と言い換えます。そのために、分母と分子をひっくり返した検定統計量を考えます。

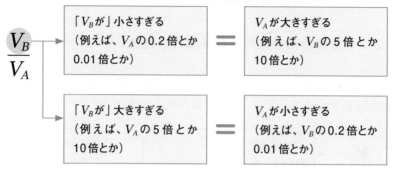

F 分布のグラフで考えると次のようになります。

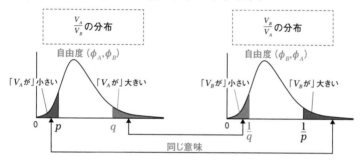

> **参考**
>
> $\dfrac{V_B}{V_A}$ の確率分布のグラフで、なぜ、「q や p でなく、$\dfrac{1}{q}$ や $\dfrac{1}{p}$ なのか」と疑問に思うかもしれませんが、そもそも確率分布のグラフの横軸の値は、左のグラフでは $\dfrac{V_A}{V_B}$ の値を示し、右のグラフでは $\dfrac{V_B}{V_A}$ の値であることを思い出しましょう。例えば、$V_A = 100, V_B = 20$ ならば、$\dfrac{V_A}{V_B} = \dfrac{100}{20} = 5$、$\dfrac{V_B}{V_A} = \dfrac{20}{100} = 0.2$ となり、互いに逆数の関係です。

$F = \dfrac{V_A}{V_B}$ の逆数である $\dfrac{1}{F} = \dfrac{V_B}{V_A}$ は、自由度が入れ替わった自由度 (ϕ_B, ϕ_A) の F 分布に従います。したがって、次のようなパターンに分けることができます。

| 分子の自由度 $m-1$ | 分母の自由度 $n-1$ | 有意水準 |

検定統計量と判定

パターン		検定統計量	判定
両側検定の場合	V_AとV_Bのうち大きいほうを分子にする	$F_0=\dfrac{V_A}{V_B}$	$F_0 \geq F(\phi_A, \phi_B; \frac{\alpha}{2})$ ならば有意であり、H_0は棄却され、H_1は採択される。
		$F_0=\dfrac{V_B}{V_A}$	$F_0 \geq F(\phi_B, \phi_A; \frac{\alpha}{2})$ ならば有意であり、H_0は棄却され、H_1は採択される。
上側検定の場合		$F_0=\dfrac{V_A}{V_B}$	$F_0 \geq F(\phi_A, \phi_B; \alpha)$ ならば有意であり、H_0は棄却され、H_1は採択される。
下側検定の場合		$F_0=\dfrac{V_B}{V_A}$	$F_0 \geq F(\phi_B, \phi_A; \alpha)$ ならば有意であり、H_0は棄却され、H_1は採択される。

3

計量値データの検定と推定

参考 検定統計量の分子が大きくなるように母集団を設定することで、検定統計量をF分布の右側に寄せることができます。F表は検定統計量が大きくなることを想定し、右側の棄却域が求めやすいように作られているので、検定統計量が棄却域に入ったか判断しやすくなります。

参考 点推定と区間推定は次のようにできます。

点推定 推定値：$\dfrac{\sigma_A^2}{\sigma_B^2} = \dfrac{V_A}{V_B}$

区間推定

上側信頼限界：$F\left(\phi_B, \phi_A; \dfrac{\alpha}{2}\right) \cdot \dfrac{V_A}{V_B}$

下側信頼限界：$\dfrac{1}{F\left(\phi_A, \phi_B; \dfrac{\alpha}{2}\right)} \cdot \dfrac{V_A}{V_B}$

2つの母分散の比に関する検定の例題

【例題】工場Aと工場Bで作っている製品の寸法にばらつきの差があるかを検討したい。工場Aから10個、工場Bから11個をランダムにサンプルを採取した。工場Aのサンプルから計算された偏差平方和 S_A は 990 mm^2、工場Bのサンプルから計算された偏差平方和 S_B は 4840 mm^2 であった。

「工場Aと工場Bで作られる部品の寸法にばらつきの差がある」といえるか、5%の有意水準で検定せよ。なお、部品の寸法は正規分布に従うことが経験的に分かっている。

1. 仮説の設定

はじめに、帰無仮説 H_0 と対立仮説 H_1 を次のように設定します。

H_0: $\sigma_A{}^2 = \sigma_B{}^2$　←帰無仮説「部品の寸法のばらつきは同じ」
H_1: $\sigma_A{}^2 \neq \sigma_B{}^2$　←対立仮説「部品の寸法のばらつきに差がある」

2. 有意水準の決定

5%の有意水準で検定するため、$\alpha = 0.05$ とします。

3. 不偏分散の計算

問題文で与えられた各値より、各工場の不偏分散 V_A、V_B は、

$$V_A = \frac{偏差平方和 S_A}{工場 A からのサンプル数 - 1}$$

$$= \frac{990}{10 - 1} = 110$$

$$V_B = \frac{\text{偏差平方和 } S_B}{\text{工場 B からのサンプル数}-1}$$

$$= \frac{4840}{11-1} = 484$$

4. 検定統計量 F_0 の計算

V_A, V_B のうち大きい方を分子にして、検定統計量 F_0 を計算します。

$$F_0 = \frac{V_B}{V_A} = \frac{484}{110} = 4.4$$

5. 判定

検定統計量 F は、自由度 $(11-1, 10-1) = (10,9)$ の F 分布に従います。有意水準 $\alpha = 0.05$ のもと、両側検定を行います。

棄却域は以下の範囲となります。

$$F_0 \geq F\left(\phi_B, \phi_A; \frac{\alpha}{2}\right) = F\left(11-1, 10-1; \frac{0.05}{2}\right) = F(10,9;0.025)$$

F 表（2.5%）より、$F(10,9,0.025) = 3.96$、また、$F_0 = 4.4$ であるから $F_0 > F(10,9;0.025)$ となって、H_0 は棄却され、H_1 が採択されます。よって、「工場 A と工場 B で作られる部品の寸法にばらつきの差がある」と言えます。

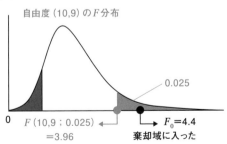

自由度 $(10,9)$ の F 分布

0.025

0　$F(10,9 ; 0.025)$　F_0=4.4
　　　=3.96　　　棄却域に入った

6 データに対応がある場合の検定と推定

毎回平均 **0.4**/100点

データに対応がある場合
(母分散が未知の場合)の検定統計量

対応のあるデータとは

データには、対応のあるデータと、対応のないデータがあります。

対応のあるデータとは、同一のサンプルから得られたデータのことです。例えば、性質の異なる汚れた液体A〜Eに同じ種類の浄化剤を一定量使用して、浄化能力に変化が生じるかを考えたとします。

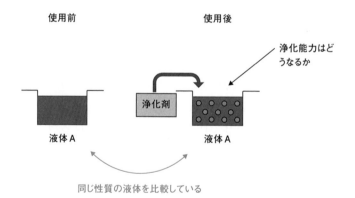

液体	A	B	C	D	E
使用前の汚れ濃度 [%]	10	7	8	13	11
使用後の汚れ濃度 [%]	7	8	6	9	13
(差)	3	−1	2	4	−2

使用前の液体の汚れ濃度と使用後の液体の汚れ濃度を、同じ液体で比較しています。このように、同一のサンプルを比較したデータは対応のあるデータとなります。

対応のないデータとは、異なるサンプルから得られたデータのこと
です。例えば、液体Ａから選んだ４つのサンプルの汚れ濃度と、液
体Ｂから選んだ４つのサンプルの汚れ濃度を比較するような場合を
考えたとします。

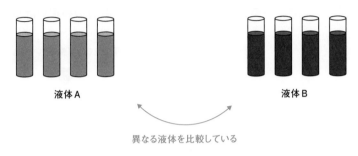

異なる液体を比較している

液体	1	2	3	4
液体Aの汚れ濃度 [%]	12	14	10	16
液体Bの汚れ濃度 [%]	10	17	13	15

　この場合は、どちらの液体が汚れているか(液体Ａと液体Ｂの汚れ
濃度に差はあるか)を調べています。このように、異なるサンプルを
比較したデータは対応のないデータとなります。

データに対応がある場合（母分散が未知の場合）の検定統計量

　データに対応がある場合の検定統計量 t_0 は、帰無仮説として H$_0$：
$\mu_A = \mu_B$ を設定した場合は、検定において $\mu_A - \mu_B = 0$ となるので、
次の式で求めることができます。

$$t_0 = \frac{\bar{X}_A - \bar{X}_B - (\mu_A - \mu_B)}{\sqrt{\dfrac{V}{n}}}$$

H$_0$：$\mu_A = \mu_B$という仮定の
下では0なので省略可

$$= \frac{\bar{X}_A - \bar{X}_B}{\sqrt{\dfrac{V}{n}}}$$

不偏分散 V は、次の式で求めます。

$$V = \frac{\text{データの差の偏差平方和 } S_d}{n-1}$$

覚える！

《 データに対応がある場合（母分散が未知の場合）の検定統計量 》

$$t_0 = \frac{\overline{X}_A - \overline{X}_B - (\mu_A - \mu_B)}{\sqrt{\dfrac{V}{n}}}$$

平均を0に調整しているが、

$H_0 : \mu_A = \mu_B$ の仮定の下では、$\mu_A - \mu_B$ が0になるので省略できる

$$= \frac{\overline{X}_A - \overline{X}_B}{\sqrt{\dfrac{V}{n}}}$$

t_0 は自由度 $n-1$ の t 分布に従う。

参考	点推定と区間推定は次のようにできます。

点推定と区間推定は次のようにできます。

点推定 推定値：$\widehat{\mu_A - \mu_B} = \overline{x}_A - \overline{x}_B$

区間推定 上限値・下限値：$\overline{x}_A - \overline{x}_B \pm t(\phi, \alpha) \times \sqrt{\dfrac{V}{n}}$

参考 データに対応がある場合の検定と推定（母分散が既知の場合）に関してはほとんど出題されません。

データに対応がある場合の検定
（母分散が未知の場合）に関する例題

【例題】ある工場で製造されている8種類の部品の強度の向上を図るため、部品に添加する化学薬品の導入を検討することになった。導入前の部品と導入後の部品について、8種類の部品のロットを二分し、強度を測定したところ、次のようなデータを得た。

部品	1	2	3	4	5	6	7	8	各行の平均	各行の2乗和	各行の平方和
導入後の部品	73	77	76	82	68	84	75	73	76	46392	184
導入前の部品	68	80	78	76	63	81	70	68	73	42938	306
（差）	5	−3	−2	6	5	3	5	5	3	158	86

「導入後の部品の強度は導入前の部品と比較して向上している」といえるか5%の有意水準で検定せよ。

1. 仮説の設定

はじめに、化学薬品の導入前と導入後の部品の強度の母平均をそれぞれ μ_A, μ_B とし、帰無仮説 H_0 と対立仮説 H_1 を次のように設定します。

$H_0 : \mu_A = \mu_B$ ←帰無仮説「導入前後で部品の強度は同じ」

$H_1 : \mu_A < \mu_B$ ←対立仮説「導入後は部品の強度が向上している」

2. 有意水準の決定

5%の有意水準で検定するため、$\alpha = 0.05$ とします。

3. 不偏分散の計算

問題文で与えられた各値より、データの差の不偏分散 V は、

$$V = \frac{\text{データの差の偏差平方和}\ S_d}{n-1} = \frac{86}{8-1} \fallingdotseq 12.29$$

4. 検定統計量 t_0 の計算

$$t_0 = \frac{\bar{X}_A - \bar{X}_B - (\mu_A - \mu_B)}{\sqrt{\dfrac{V}{n}}}$$

$H_0 : \mu_A = \mu_B$ のもとで はゼロなので省略可

$$= \frac{76 - 73}{\sqrt{\dfrac{12.29}{8}}} \fallingdotseq 2.420$$

5. 判定

検定統計量 t_0 は、自由度 $n-1 = 8-1 = 7$ の t 分布に従います。有意水準 $\alpha = 0.05$ のもと、上側検定を行います。

> **参考** 「部品の強度が向上している」かどうかを調べるので上側検定を行います。

棄却域は、以下の範囲となります。

$$t_0 \geq t(\phi, 2\alpha) = t(7, 0.10)$$

$t_0 = 2.420$、$t(7, 0.10) = 1.895$ であるから、$t_0 > t(7, 0.10)$ となって、H_0 は棄却され、H_1 が採択されます。よって、「導入後の部品の強度は導入前の部品と比較して向上している」と言えます。

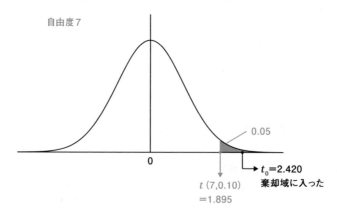

自由度7

0.05

0

$t(7, 0.10)$ = 1.895

$t_0 = 2.420$
棄却域に入った

重要ポイントのまとめ

----- POINT -----

1 検定と推定の考え方

❶検定とは、ある仮説に対して、それが正しいか否かを統計学的に検証すること。検定では、帰無仮説と対立仮説を立て、サンプルデータから計算した検定統計量がめったにとらない値をとったとき、帰無仮説を棄却し、対立仮説を採択する。

❷帰無仮説を棄却する領域を棄却域、帰無仮説を棄却する確率を有意水準という。有意水準には一般的に 0.05（5％）や 0.01（1％）が設定される。

❸検定には、両側検定と片側検定があり、さらに片側検定には上側検定と下側検定がある。

❹帰無仮説が正しいのに棄却してしまう誤りを第 1 種の誤り、帰無仮説が誤っているのに正しいと判断することを第 2 種の誤りという。第 1 種の誤りが起こる確率 α を有意水準、第 2 種の誤りが起こる確率を β として、$1 - \beta$ を検出力という。

❺推定とは、大きな母集団からとった標本からその母集団の平均や分散などの母数を予想することをいう。

❻母集団の値をピンポイントで予想する点推定では、不偏推定量による推定を行う場合、母平均の推定には標本平均を、母分散の推定には不偏分散を用いる。

❼母集団の値について幅を持たせて予想する区間推定において、母数が高い確率で存在する範囲のことを信頼区間といい、その上限を上側信頼区間、下限を下側信頼区間という。また、母数を区間推定するときに母数が信頼区間内に含まれる確率を信頼係数という。

2 1つの母集団の平均に関する検定と推定

❶標本平均を標準化して、標準正規分布に従うように標準化した量を検定統計量という。

❷ X, Y が互いに独立な確率変数であり、X は標準正規分布 $N(0, 1^2)$ に、Y は自由度 n の χ^2 分布に従うとき、次の式は自由度 n の t 分布に従う。

$$t = \frac{X}{\sqrt{\dfrac{Y}{n}}}$$

❸ 母分散 σ^2 が既知の場合、次の式で表される検定統計量 u_0 は標準正規分布に従う。

$$u_0 = \frac{\bar{X} - \mu_0}{\sqrt{\dfrac{\sigma^2}{n}}}$$

❹ 母分散 σ^2 が未知の場合、次の式で表される検定統計量 t_0 は自由度 $n - 1$ の t 分布に従う。

$$t_0 = \frac{\bar{X} - \mu_0}{\sqrt{\dfrac{Y}{n}}}$$

❸ 1つの母集団の分散に関する検定と推定

❶ 確率変数 $Z_1, Z_2, \cdots, Z_n$ が互いに独立な標準正規分布 $N(0, 1^2)$ に従うとき、

$$\chi^2 = Z_1^2 + Z_2^2 + \cdots + Z_n^2$$

は自由度 n の χ^2 分布に従う。

❷ 確率変数 X が自由度 m の χ^2 分布に従い、確率変数 Y が自由度 n の χ^2 分布に従うとき、確率変数 $X + Y$ は自由度 $m + n$ の χ^2 分布に従う。これを χ^2 分布の再生性という。

❸ 母分散 σ^2 が未知、母平均 μ が未知の場合、次の式で表される検定統計量 χ_0^2 は自由度 $n - 1$ の χ^2 分布に従う。

$$\chi_0^2 = \frac{S}{\sigma_0^2}$$

❹ 2つの母集団の平均に関する検定と推定

❶ 母分散が既知の場合、次の式で表される2つの母平均の差の検定

統計量 u_0 は標準正規分布に従う。

$$u_0 = \frac{\overline{X}_A - \overline{X}_B}{\sqrt{\dfrac{\sigma_A^2}{m} + \dfrac{\sigma_B^2}{n}}}$$

❷母分散が未知で $\sigma_A^2 = \sigma_B^2$ の場合、次の式で表される2つの母平均の差の検定統計量 t_0 は自由度 $m + n - 2$ の t 分布に従う。

$$t_0 = \frac{\overline{X}_A - \overline{X}_B}{\sqrt{V\left(\dfrac{1}{m} + \dfrac{1}{n}\right)}}$$

❸母分散が未知で $\sigma_A^2 \neq \sigma_B^2$ の場合、次の式で表される2つの母平均の差の検定統計量 t_0 は等価自由度 ϕ^* の t 分布に従う。

$$t_0 = \frac{\overline{X}_A - \overline{X}_B}{\sqrt{\dfrac{V_A}{m} + \dfrac{V_B}{n}}}$$

⑤ 2つの母集団の分散に関する検定と推定

❶ X, Y が互いに独立な確率変数であり、X は自由度 m の χ^2 分布に、Y は自由度 n の χ^2 分布に従うとき、次の式は自由度 (m, n) の F 分布に従う。

$$F = \frac{\left(\dfrac{X}{m}\right)}{\left(\dfrac{Y}{n}\right)}$$

❷帰無仮説 $\mathrm{H}_0 : \sigma_A^2 = \sigma_B^2$ のもとで、

$$検定統計量\ F_0 = \frac{不偏分散\ V_A}{不偏分散\ V_B}$$

は、自由度 (ϕ_A, ϕ_B) の F 分布に従う。逆に、帰無仮説 $\mathrm{H}_0 : \sigma_A^2 = \sigma_B^2$ のもとで、

$$検定統計量\ F_0 = \frac{不偏分散\ V_B}{不偏分散\ V_A}$$

は、自由度 (ϕ_B, ϕ_A) の F 分布に従う。

❸検定統計量と判定のパターンについては、次の表の通り。

検定統計量と判定

パターン		検定統計量	判定
両側検定の場合	V_AとV_Bのうち大きいほうを分子にする	$F_0 = \dfrac{V_A}{V_B}$	$F_0 \geq F(\phi_A, \phi_B; \frac{\alpha}{2})$ ならば有意であり、H_0は棄却され、H_1は採択される。
		$F_0 = \dfrac{V_B}{V_A}$	$F_0 \geq F(\phi_B, \phi_A; \frac{\alpha}{2})$ ならば有意であり、H_0は棄却され、H_1は採択される。
上側検定の場合		$F_0 = \dfrac{V_A}{V_B}$	$F_0 \geq F(\phi_A, \phi_B; \alpha)$ ならば有意であり、H_0は棄却され、H_1は採択される。
下側検定の場合		$F_0 = \dfrac{V_B}{V_A}$	$F_0 \geq F(\phi_B, \phi_A; \alpha)$ ならば有意であり、H_0は棄却され、H_1は採択される。

（表中の $F(\phi_A, \phi_B; \frac{\alpha}{2})$ について）
- 分子の自由度 $m-1$
- 分母の自由度 $n-1$
- 有意水準

6 データに対応がある場合の検定と推定

❶対応のあるデータとは、同一のサンプルから得られたデータのこと。対応のないデータとは、異なるサンプルから得られたデータのこと。

❷データに対応がある場合（母分散が未知の場合）の次の式で表される検定統計量 t_0 は、自由度 $n-1$ の t 分布に従う。

$$t_0 = \frac{\overline{X}_A - \overline{X}_B}{\sqrt{\dfrac{V}{n}}}$$

3

⊕ 予想問題　問　題

問題 1　検定の用語

　検定の手順に関する次の文章において、□内に入るもっとも適切なものを選択肢から選べ。

【手順 1】仮説を立てる。

　検定を行うとき 2 つの仮説を立てる。H_0 で表される仮説を (1) という。一般には、差がない、効果がないなどの意味を持ち、検定を行うときには (2) したい仮説である。もう一方の H_1 で表される仮説を (3) という。一般に、差がある、効果がある、相関があるなどの意味をもち、検定によって立証したい仮説である。

【手順 2】有意水準を決定する。

　有意水準を 5% や 1% などと決定する。検定では 2 種類の誤りをする可能性がある。H_0 が正しくないときにこれを正しいと判定する誤りを (4) という。逆に H_0 が正しいときにこれを正しくないと判定する誤りを (5) という。

【 (1) ～ (5) の選択肢】

ア．帰無仮説　　イ．対立仮説　　ウ．有意　　エ．検定　　オ．棄却

カ．採択　　キ．推定　　ク．第 1 種の誤り　　ケ．第 2 種の誤り

【手順 3】データから検定統計量を求める。

　検定統計量を求める計算式は、検定の種類によって異なり、正規分布、t 分布などの各分布に従う。次の表は 1 つの母集団の平均に関する検定、1 つの母集団の分散に関する検定について一覧にしたものである。ただし、μ_0、σ_0^2 はそれぞれ H_0 で仮定される母平均および母分散、V はサンプルデータから算出した不偏分散、X_i はサンプルデータ、$\bar{X}$ は標本平均、n はサンプル数とする。

母集団の数	検定の対象	未知か既知か	検定統計量	統計量の分布
1	母平均 μ	母分散 σ^2 が既知	$u_0 = \boxed{(7)}$	$\boxed{(10)}$ 分布
1	$\boxed{(6)}$	母分散 σ^2 が未知	$t_0 = \boxed{(8)}$	自由度 $n-1$ の t 分布
1	母分散 σ^2	母平均 μ が既知	$\chi_0{}^2 = \dfrac{1}{\sigma^2}\displaystyle\sum_{i=1}^{n}(X_i - \mu)^2$	自由度 n の $\boxed{(11)}$ 分布
1	母分散 σ^2	母平均 μ が未知	$\chi_0{}^2 = \boxed{(9)}$	自由度 $n-1$ の $\boxed{(11)}$ 分布

【 $\boxed{(6)}$ ～ $\boxed{(11)}$ の選択肢】

ア．母平均 μ　　イ．母分散 σ^2　　ウ．平方和 S　　エ．$\dfrac{\overline{X}-\mu_0}{\sigma^2}$　　オ．$\dfrac{\overline{X}-\mu_0}{\sqrt{\sigma^2/n}}$

カ．$\dfrac{\overline{X}-\mu_0}{\sqrt{V}}$　　キ．$\dfrac{\overline{X}-\mu_0}{\sqrt{V/n}}$　　ク．$\dfrac{\overline{X}-\mu_0}{\sqrt{V/n-1}}$　　ケ．$\dfrac{1}{\sigma_0{}^2}\displaystyle\sum_{i=1}^{n}(X_i - \overline{X})^2$

コ．χ^2　　サ．F　　シ．t　　ス．ポアソン　　セ．標準正規

【手順4】検定統計量の値と棄却限界値を比較して判定する。

　サンプルから求めた検定統計量の値が、確率分布表から求めた棄却域に含まれているときは、H_0 を $\boxed{(12)}$ し、H_1 が $\boxed{(13)}$ される。他方で、手順 3 で求めた検定統計量の値が、確率分布表から求めた棄却域に含まれていないときは、H_0 が $\boxed{(12)}$ されず、H_1 は $\boxed{(13)}$ されない。この場合は、「H_0 は正しい」という意味ではなく $\boxed{(14)}$ ということを意味する。

【 $\boxed{(12)}$ ～ $\boxed{(14)}$ の選択肢】

ア．棄却　イ．採択　ウ．検定　エ．推定
オ．「H_0 は正しい」　カ．「H_0 は誤っている」　キ．「H_0 は正しいとは言えない」
ク．「H_0 は誤っているとは言えない」　ケ．「H_1 は誤っている」　コ．「H_1 は正しい」

(1)	(2)	(3)	(4)	(5)	(6)	(7)	(8)	(9)

(10)	(11)	(12)	(13)	(14)

問題 2　検定の用語

検定に関する次の文章において、□□□内に入るもっとも適切なものを選択肢から選べ。

ある特性を測定する方法には、計測法 α と計測法 β がある。この 2 つの測定法の違いを検討する上で適切と思われる検定 A〜検定 D を行った。検定法、検定統計量の分布を一覧にすると次のようになる。

ただし、計測法 α と計測法 β による標本平均をそれぞれ $\bar{x}_\alpha, \bar{x}_\beta$ とし、分散をそれぞれ V_α, V_β とする。また、計測法 α と計測法 β の測定値の差の分散を V_d とし、計測法 α と計測法 β の測定値の平方和に基づく分散の同時推定量（平方和をプールして自由度の和で割った分散）を V とする。

検定	検定法	検定統計量	詳細
A	(1)	$t_0 =$ (5)	下記①参照
B	(2)	$t_0 =$ (6)	下記②参照
C	(3)	$t_0 =$ (7)	下記③参照
D	(4)	$F_0 =$ (8)	下記④参照

①検定 A「試験片を 10 個用意する。各試験片の特性を計測法 α と計測法 β によって測定して、それらの計測法によって特性の母平均に違いがあるかどうかを検定したい。」

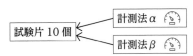

②検定 B「試験片を 20 個用意する。その試験片をランダムで 10 個ずつに分ける。計測法 α で一方の試験片 10 個の特性を計測し、計測法 β で他方の試験片 10 個の特性を計測し、それらの計測法によって特性の母平均に違いがあるかどうかを検定したい。ただし、計測法 α、計測法 β による測定値の母分散には違いがないと考えられる。」

③検定C「試験片を20個用意する。その試験片をランダムで15個と5個に分ける。計測法αで15個、計測法βで残りの5個の試験片の特性を計測し、2つの計測法によって特性の母平均に違いがあるかどうかを検定したい。ただし、計測法α、計測法βによる測定値の母分散は大きく異なる可能性がある。」

④検定D「試験片を20個用意する。その試験片をランダムで10個ずつに分ける。計測法αで一方の試験片10個の特性を計測し、計測法βで他方の試験片10個の特性を計測して、計測法によって特性の母分散に違いがあるかどうかを検定したい。」

| 試験片10個 | ← | 計測法α |
| 試験片10個 | ← | 計測法β |

【 (1) ～ (4) の選択肢】

ア．χ^2検定　　イ．F検定　　ウ．ウェルチの検定

エ．データに対応のある場合のt検定

オ．データに対応のない場合のt検定　　カ．適合度検定

【 (5) ～ (8) の選択肢】

ア．$\dfrac{\bar{x}_\alpha - \bar{x}_\beta}{\sqrt{\dfrac{V_d}{10}}}$　　イ．$\dfrac{\bar{x}_\alpha - \bar{x}_\beta}{\sqrt{\left(\dfrac{1}{10}+\dfrac{1}{10}\right)V}}$　　ウ．$\dfrac{\bar{x}_\alpha - \bar{x}_\beta}{\sqrt{\dfrac{V}{20}}}$　　エ．$\dfrac{\bar{x}_\alpha - \bar{x}_\beta}{\sqrt{\dfrac{V_\alpha}{10}+\dfrac{V_\beta}{10}}}$

オ．$\dfrac{\bar{x}_\alpha - \bar{x}_\beta}{\sqrt{\dfrac{V_\alpha}{10}-\dfrac{V_\beta}{10}}}$　　カ．$\dfrac{\bar{x}_\alpha - \bar{x}_\beta}{\sqrt{\dfrac{V_\alpha}{15}+\dfrac{V_\beta}{5}}}$　　キ．$\dfrac{\bar{x}_\alpha - \bar{x}_\beta}{\sqrt{\dfrac{V_\alpha}{15}-\dfrac{V_\beta}{5}}}$　　ク．$\dfrac{\bar{x}_\alpha - \bar{x}_\beta}{\sqrt{\left(\dfrac{1}{15}+\dfrac{1}{5}\right)V}}$

ケ．$\dfrac{V_\alpha}{V_\beta}$　　コ．$V_\alpha - V_\beta$

(1)	(2)	(3)	(4)	(5)	(6)	(7)	(8)

問題3　分散比の区間推定

分散比の区間推定に関する次の文章において、□□内に入るもっとも適切なものを選択肢から選べ。ただし、同じ選択肢を複数回用いてもよい。

①取引先 A,B から入手した部品の重要特性は、次の通りである。

取引先	データ（部品の重要特性）	平均	不偏分散
A	50,45,48,47,44	$\bar{x}_A =$ (1)	$V_A =$ (2)
B	45,45,46,46,45	$\bar{x}_B =$ (3)	$V_B =$ (4)

②母分散の比 $\dfrac{\sigma_A^2}{\sigma_B^2}$ に対する95%信頼区間を求めるために、$\dfrac{V_A/\sigma_A^2}{V_B/\sigma_B^2}$ が自由度 ((5) , (6)) の (7) 分布に従うことを用いる。V_A, V_B が与えられたとき、$\dfrac{\sigma_A^2}{\sigma_B^2}$ に対する95%信頼区間は、

$$\frac{1}{F(\phi_A, \phi_B; 0.025)} \frac{V_A}{V_B} \leq \frac{\sigma_A^2}{\sigma_B^2} \leq F(\phi_B, \phi_A; 0.025) \frac{V_A}{V_B}$$

として求める。ここで、$\dfrac{V_A}{V_B} =$ (8) ,$\dfrac{1}{F(\phi_A, \phi_B; 0.025)} = \dfrac{1}{(9)}$,$F(\phi_B, \phi_A; 0.025)$

$=$ (10) であるので、 (11) $\leq \dfrac{\sigma_A^2}{\sigma_B^2} \leq$ (12) となる。

【 (1) ～ (4) の選択肢】

ア. 46.8　　イ. 45.4　　ウ. 5.7　　エ. 0.3　　オ. 4.56　　カ. 0.24

キ. 58.50　　ク. 56.75

【 (5) ～ (7) の選択肢】

ア. 3　　イ. 4　　ウ. 5　　エ. 8　　オ. χ^2　　カ. F　　キ. t

ク. 二項

【 (8) ～ (12) の選択肢】

ア. 19.0　　イ. 9.60　　ウ. 1.979　　エ. 182.4　　オ. 7.15

カ. 0.1398　　キ. 135.9　　ク. 2.657

(1)	(2)	(3)	(4)	(5)	(6)	(7)	(8)	(9)

(10)	(11)	(12)

⊕ 予想問題 解答解説

問題1 検定の用語

【解答】　(1) ア　(2) オ　(3) イ　(4) ケ　(5) ク　(6) ア
　　　　　(7) オ　(8) キ　(9) ケ　(10) セ　(11) コ　(12) ア
　　　　　(13) イ　(14) ク

POINT

それぞれの用語の意味を正確に押さえておきましょう。

問題2 検定の用語

【解答】　(1) エ　(2) オ　(3) ウ　(4) イ　(5) ア　(6) イ
　　　　　(7) カ　(8) ケ

POINT

①同一のサンプル（試験片）から得られたデータのことを対応のあるデータといいます。したがって、検定Aはデータに対応のある場合の t 検定となります。サンプル数を n とすると、母分散が未知の場合、検定統計量 $t_0 = \dfrac{\bar{x}_\alpha - \bar{x}_\beta}{\sqrt{\dfrac{V_d}{n}}}$ であり、これは自由度 $n-1$ の t 分布に従います。

②検定Bは、2つの母平均の差の検定（母分散が未知で $\sigma_1^2 = \sigma_2^2$ の場合）です。異なるサンプル（試験片）から得られたデータのことを対応のないデータといいます。したがって、データに対応のない場合の t 検定となります。サンプル数を n_α, n_β とすると、検定統計量 $t_0 = \dfrac{\bar{x}_\alpha - \bar{x}_\beta}{\sqrt{\dfrac{V_a}{n_\alpha} + \dfrac{V_\beta}{n_\beta}}}$ となり、これは自由度 $n_\alpha + n_\beta - 2$ の t 分布に従います。

③検定Cは、2つの母平均の差の検定（母分散が未知で $\sigma_1{}^2 \neq \sigma_2{}^2$ の場合）です。したがって、ウェルチの t 検定を行います。サンプル数を n_α, n_β とすると、検定統計量 $t_0 = \dfrac{\bar{x}_\alpha - \bar{x}_\beta}{\sqrt{\dfrac{V_\alpha}{n_\alpha} + \dfrac{V_\beta}{n_\beta}}}$ となり、これは近似的に等価自由度 ϕ^* の t 分布に従います。

④検定Dは、2つの母分散の比の検定です。したがって、F 検定を行います。サンプル数を n_α, n_β とすると、検定統計量 $F_0 = \dfrac{V_\alpha}{V_\beta}$ となり、これは自由度 $(n_\alpha - 1, n_\beta - 1)$ の F 分布に従います。

問題3　分散比の区間推定

【解答】　(1) ア　(2) ウ　(3) イ　(4) エ　(5) イ　(6) イ
　　　　　(7) カ　(8) ア　(9) イ　(10) イ　(11) ウ　(12) エ

【解き方】

$$\bar{x}_A = \frac{50 + 45 + 48 + 47 + 44}{5} = 46.8$$

$$V_A = \frac{(50-46.8)^2 + (45-46.8)^2 + (48-46.8)^2 + (47-46.8)^2 + (44-46.8)^2}{5 - 1} = 5.7$$

$$\bar{x}_B = \frac{45 + 45 + 46 + 46 + 45}{5} = 45.4$$

$$V_B = \frac{(45-45.4)^2 + (45-45.4)^2 + (46-45.4)^2 + (46-45.4)^2 + (45-45.4)^2}{5 - 1} = 0.3$$

$V_A/\sigma_A{}^2$ は自由度 $5-1$ の χ^2 分布に従い、$V_B/\sigma_B{}^2$ は自由度 $5-1$ の χ^2 分布に従うので、$\dfrac{V_A/\sigma_A{}^2}{V_B/\sigma_B{}^2}$ は自由度 $(4,4)$ の F 分布に従う。$\dfrac{V_A}{V_B} = \dfrac{5.7}{0.3} = 19.0$ であり、

$\dfrac{1}{F(\phi_A, \phi_B; 0.025)} = \dfrac{1}{F(4,4; 0.025)} = \dfrac{1}{9.60}$, $F(\phi_B, \phi_A; 0.025) = F(4,4; 0.025)$

$= 9.60$ なので、$\dfrac{1}{F(\phi_A, \phi_B; 0.025)} \dfrac{V_A}{V_B} = \dfrac{1}{9.60} \times 19 \fallingdotseq 1.979$, $F(\phi_B, \phi_A; 0.025)$

$\dfrac{V_A}{V_B} = 9.60 \times 19 = 182.4$ となる。

4

計数値データの検定と推定

計数値データの検定と推定の考え方および各パターンにおける検定と推定の方法について学びます。CH3 の計量値の場合と同様、各パターンの違いを意識することが重要です。

4章の構成

★★★　内容を深く理解しているレベル
★★　　定義と基本的な考え方を理解しているレベル
★　　　言葉を知っているレベル

1 母不適合品率に関する検定と推定 ★★ P166

出題分析	毎回平均 1.3/100点	第22回:0点	第23回:0点	第24回:0点	第25回:7点
		第26回:0点	第27回:5点	第28回:0点	第30回:0点
		第31回:0点	第32回:3点	第33回:0点	第34回:0点

母不適合品率に関する検定では二項分布を使用します。前章までの流れも汲みつつ学習を始めましょう。

2 2つの母不適合品率の違いに関する検定と推定 ★ P172

出題分析	毎回平均 1.1/100点	第22回:0点	第23回:0点	第24回:0点	第25回:0点
		第26回:0点	第27回:0点	第28回:0点	第30回:6点
		第31回:0点	第32回:7点	第33回:0点	第34回:0点

2つの母不適合品率の違いに関する検定は、**1**の内容の延長線上で理解できます。

3 母不適合数に関する 検定と推定 ★
P180

出題分析　毎回平均 **0.0**/100点　第22回:**0点**　第23回:**0点**　第24回:**0点**　第25回:**0点**
第26回:**0点**　第27回:**0点**　第28回:**0点**　第30回:**0点**
第31回:**0点**　第32回:**0点**　第33回:**0点**　第34回:**0点**

母不適合数に関する検定ではポアソン分布を使用します。
母不適合品率の場合との違いを意識しましょう。

4 2つの母不適合数に 関する検定と推定 ★
P186

出題分析　毎回平均 **0.0**/100点　第22回:**0点**　第23回:**0点**　第24回:**0点**　第25回:**0点**
第26回:**0点**　第27回:**0点**　第28回:**0点**　第30回:**0点**
第31回:**0点**　第32回:**0点**　第33回:**0点**　第34回:**0点**

2つの母不適合数の違いに関する検定は、**3** **4** の流れを
理解していれば難しくはありません。

5 分割表による検定 ★
P193

出題分析　毎回平均 **0.5**/100点　第22回:**0点**　第23回:**6点**　第24回:**0点**　第25回:**0点**
第26回:**0点**　第27回:**0点**　第28回:**0点**　第30回:**0点**
第31回:**0点**　第32回:**0点**　第33回:**0点**　第34回:**0点**

分割表の性質と、期待度数と検定統計量の計算方法を確
実に理解するのが大切です。

1　母不適合品率に関する 検定と推定

母不適合品率に関する検定

母不適合品率の検定に関する仮説の設定

母不適合品率に関する検定においては、以下のような帰無仮説 H_0 と対立仮説 H_1 を立てます。母不適合品率とは、工程のなかで不良品ができてしまう割合のことです。

> 「母不適合品率 P は○○である」　$P=P_0$　←帰無仮説 H_0
> 「母不適合品率 P は○○ではない」　$P \neq P_0$　←両側検定のときの対立仮説 H_1
> 「母不適合品率 P は○○より大きい」　$P>P_0$　←上側検定のときの対立仮説 H_1
> 「母不適合品率 P は○○より小さい」　$P<P_0$　←下側検定のときの対立仮説 H_1

> | 参考 | P_0 は変数のように思えますが、0.3 や 0.5 などの具体的な値です。 |
> |---|---|

検定統計量

母不適合品率 P の母集団から n 個のサンプルを抽出したとき、x 個の不適合品が含まれる確率は二項分布に従います。二項分布の平均は nP、分散は $nP(1-P)$ で表されます。

> | 参考 | 二項分布は、「適合品か不適合品か」のように、2パターンの結果しかない試行を何回も行ったときの、不適合品の回数が従う確率分布です。 |
> |---|---|

また、実用上は、$nP \geq 5$ かつ $n(1-P) \geq 5$ であれば、n が十分に大きいといえ、二項分布 $B(n,P)$ は正規分布 $N(nP, nP(1-P))$ に

近似できます。そのとき、不適合品数 x は正規分布 $N(nP, nP(1-P))$ に従います。

　また、次のように不適合品数 x を標準化して、標準正規分布に従うようにした量が検定統計量 u_0 となります。

$$u_0 = \frac{x - nP_0}{\sqrt{nP_0(1-P_0)}}$$

平均を0に調整している

分散を1に調整している

　この式では x を標準化しており、標本の不適合品率 p に関しての式とは言い難いので、さらに変形します。標本の不適合品率は、不適合品数 x をサンプル数 n で割った値で求められるので、前式の分母および分子を n で割ります。

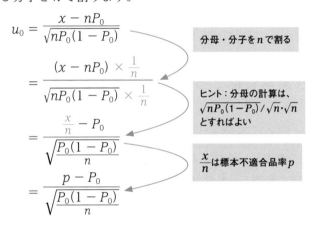

$$u_0 = \frac{x - nP_0}{\sqrt{nP_0(1-P_0)}}$$

分母・分子を n で割る

$$= \frac{(x - nP_0) \times \frac{1}{n}}{\sqrt{nP_0(1-P_0)} \times \frac{1}{n}}$$

ヒント：分母の計算は、
$\sqrt{nP_0(1-P_0)}/\sqrt{n}\cdot\sqrt{n}$
とすればよい

$$= \frac{\frac{x}{n} - P_0}{\sqrt{\frac{P_0(1-P_0)}{n}}}$$

$\dfrac{x}{n}$ は標本不適合品率 p

$$= \frac{p - P_0}{\sqrt{\frac{P_0(1-P_0)}{n}}}$$

　よって、不適合品率 p を標準化して、標準正規分布に従うようにした量が検定統計量 u_0 は次のようになります。

$$u_0 = \frac{p - P_0}{\sqrt{\frac{P_0(1-P_0)}{n}}}$$

平均を0に調整している

分散を1に調整している

正規分布近似の条件

　実用上は $nP \geq 5$ かつ $n(1-P) \geq 5$ であれば、n が十分に大きいといえ、二項分布 $B(n, P)$ は正規分布 $N(nP, nP(1-P))$ に近似できます。

これを言いかえると、<u>不適合品数と適合品数の期待個数が 5 個以上であれば正規分布への近似をしてもよい</u>ことになります。

母不適合品率に関する点推定と区間推定

母集団から抽出したサンプル数を n、そのうちの不適合品数を x、サンプルから計算した不適合品率を p、有意水準 $\alpha = 0.05$ とすると、点推定における母不適合品率の推定値 $\hat{P}$ と区間推定における信頼区間は次のように求められます。

点推定 $\hat{P} = p = \dfrac{x}{n}$

区間推定 $p \pm u(0.025) \times \sqrt{\dfrac{p(1-p)}{n}}$

母不適合品率に関する検定と推定の例題

【例題】ある工場で製造される部品の不適合品率は 8.0％であった。製造方法を変更し、サンプル数 $n = 300$ 個の部品を抽出し検査すると、不適合品数 $x = 9$ 個であった。

（1）「母不適合品率が下がった」と言えるか、5％の有意水準で検定せよ。

（2）母不適合品率を点推定せよ。また、信頼係数 95％で区間推定をせよ。

1 検定

1. 仮説の設定

はじめに、帰無仮説 H_0 と対立仮説 H_1 を次のように設定します。

$H_0 : P = P_0 \quad (P_0 = 0.08)$ ←帰無仮説「母不適合品率は変化していない」

$H_1 : P < P_0$ ←対立仮説「母不適合品率が下がった」

2. 有意水準の決定

5%の有意水準で検定するため、$\alpha = 0.05$ とします。

3. 正規分布への近似条件の検討

そして、母不適合品率 P の分布が正規分布に近似できるかを検討します。近似条件として、$nP \geq 5$ かつ $n(1-P) \geq 5$ であればよいため、$n = 300, P_0 = 0.08$ におけるこれらの値は、

$$nP_0 = 300 \times 0.08 = 24 > 5$$
$$n(1-P_0) = 300 \times (1-0.08) = 276 > 5$$

よって、正規分布への直接近似手法により検定と推定を行えます。

4. 検定統計量 u_0 の計算

さらに、検定統計量 u_0 を計算すると次のようになります。

$$u_0 = \frac{x - nP_0}{\sqrt{nP_0(1-P_0)}} = \frac{9 - 300 \times 0.08}{\sqrt{300 \times 0.08 \times (1-0.08)}} \fallingdotseq -3.192$$

5. 判定

4 で求めた検定統計量 u_0 は、標準正規分布 $N(0, 1^2)$ に従います。有意水準 $\alpha = 0.05$ のもと下側検定を行います。棄却域は以下の範囲となります。

$$u_0 \leq -u(\alpha) = -u(0.05)$$

正規分布表より$-u(0.05) = -1.645 > u_0 = -3.192$ となることから、H_0 は棄却され、H_1 が採択されます。以上より、製造方法を変更したことで「母不適合品率が下がった」と言えます。

(Ⅱ) P から K_P を求める表

P	.001	.005	0.01	.025	.05	.1	.2	.3	.4
K_P	3.090	2.576	2.326	1.960	1.645	1.282	.842	.524	.253

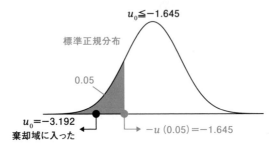

②推定

1.点推定

点推定を行うにあたり、不適合品率 P の推定値を計算すると、

$$\widehat{P} = p = \frac{x}{n} = \frac{9}{300} = 0.03$$

> **参考**
>
> $\widehat{P}$（P ハットと読みます）は、P の推定値を意味します。

2.区間推定

次に、区間推定を行うにあたり、信頼区間の上側信頼限界 p_U および下側信頼限界 P_L は、

$$P_U = p + u(0.025) \times \sqrt{\frac{p(1-p)}{n}}$$

$$=0.03+1.960\times\sqrt{\frac{0.03(1-0.03)}{300}}\fallingdotseq0.049$$

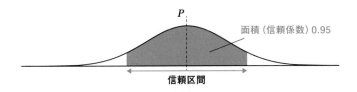

参考

$u(0.025)=1.960$ は標準正規分布表から求めます。

（Ⅱ）P から K_P を求める表

P	.001	.005	0.01	.025	.05	.1
K_P	3.090	2.576	2.326	1.960	1.645	1.282

$$P_L=p-u(0.025)\times\sqrt{\frac{p(1-p)}{n}}$$

$$=0.03-1.960\times\sqrt{\frac{0.03(1-0.03)}{300}}\fallingdotseq0.011$$

P

面積（信頼係数）0.95

信頼区間

参考

改善前の不適合品率は8.0%でしたが、改善後の不適合品率は1.1% $\leq P\leq$ 4.9%の範囲に95%の確率でおさまります。

2 2つの母不適合品率の違いに関する検定と推定

毎回平均 **1.1**/100点

2つの母不適合品率の差の検定と推定

2つの母不適合品率の差の検定の仮説設定

母集団 A,B の不適合品率 P_A, P_B を比較する場合、以下のような帰無仮説 H_0 と対立仮説 H_1 を立てます。

両側検定のとき	$H_0 : P_A = P_B$	$H_1 : P_A \neq P_B$
上側検定のとき	$H_0 : P_A = P_B$	$H_1 : P_A > P_B$
下側検定のとき	$H_0 : P_A = P_B$	$H_1 : P_A < P_B$

これらの、帰無仮説や対立仮説において $P_A - P_B$ の値を考えると、以下のようになります。

「2つの不適合品率が等しい」	$P_A - P_B = 0$	←帰無仮説と同じ意味
「2つの不適合品率が等しくない」	$P_A - P_B \neq 0$	←両側検定のときの対立仮説と同じ意味
「P_Aのほうが大きい」	$P_A - P_B > 0$	←上側検定のときの対立仮説と同じ意味
「P_Bのほうが大きい」	$P_A - P_B < 0$	←下側検定のときの対立仮説と同じ意味

上記の仮説が妥当かどうかを考えるためには、母集団 A,B からのサンプルの不適合品率の差 $p_A - p_B$ が、確率的に考えると小さすぎる値をとったり、大きすぎる値をとったりしていないかを検討すればよさそうだと考えられます。

２つの母不適合品率の差の検定統計量

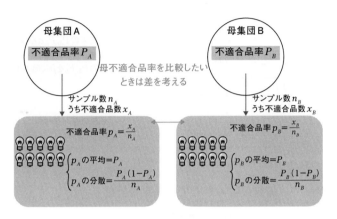

　母集団 A の母不適合品率を P_A、母集団 A から取り出したサンプル数を n_A、不適合品数を x_A としたとき、標本の不適合品率 $p_A = \dfrac{x_A}{n_A}$ は、二項分布 $B(n_A, P_A)$ に従います。これは、n_A が十分に大きければ正規分布 $N\left(P_A, \dfrac{P_A(1-P_A)}{n_A}\right)$ に近似できます。

　また、母集団 B の母不適合品率を P_B、母集団 B から取り出したサンプル数を n_B、不適合品数を x_B としたとき、標本の不適合品率 $p_B = \dfrac{x_B}{n_B}$ は、二項分布 $B(n_B, P_B)$ に従います。これは、n_B が十分に大きければ正規分布 $N\left(P_B, \dfrac{P_B(1-P_B)}{n_B}\right)$ に近似できます。

　正規分布の再生性から $p_A - p_B$ は $N\left(P_A - P_B, \dfrac{P_A(1-P_A)}{n_A} + \dfrac{P_B(1-P_B)}{n_B}\right)$ に従います。$p_A - p_B$ を標準化した検定統計量 u_0 は次のようになります。

$$u_0 = \frac{p_A - p_B - (P_A - P_B)}{\sqrt{\dfrac{P_A(1-P_A)}{n_A} + \dfrac{P_B(1-P_B)}{n_B}}}$$

　帰無仮説のもとでは $P_A = P_B$ であり、P_A、P_B を母集団 A、B からのサンプル全体で考えた標本不適合品率 $\bar{p} = P_A = P_B = \dfrac{x_A + x_B}{n_A + n_B}$ で

置き換えると u_0 は、

$$u_0 = \frac{p_A - p_B - (P_A - P_B)}{\sqrt{\dfrac{P_A(1 - P_A)}{n_A} + \dfrac{P_B(1 - P_B)}{n_B}}}$$

$$= \frac{p_A - p_B - (P_A - P_B)}{\sqrt{\dfrac{\bar{p}(1 - \bar{p})}{n_A} + \dfrac{\bar{p}(1 - \bar{p})}{n_B}}}$$

大文字の P_A, P_B と小文字の p_A, p_B の違いに注意して、分母の P_A, P_B を $\bar{p}$ に置き換える

$$= \frac{p_A - p_B - (P_A - P_B)}{\sqrt{\bar{p}(1 - \bar{p})\left(\dfrac{1}{n_A} + \dfrac{1}{n_B}\right)}}$$

分母の根号の中を $\bar{p}(1 - \bar{p})$ でくくる

したがって、帰無仮説のもとでの検定統計量 u_0 は、

$$u_0 = \frac{p_A - p_B - (P_A - P_B)}{\sqrt{\bar{p}(1 - \bar{p})\left(\dfrac{1}{n_A} + \dfrac{1}{n_B}\right)}}$$

$H_0 : P_A = P_B$ という仮定の下では 0 なので省略可

$$= \frac{p_A - p_B}{\sqrt{\bar{p}(1 - \bar{p})\left(\dfrac{1}{n_A} + \dfrac{1}{n_B}\right)}}$$

となり、標準正規分布 $N(0, 1^2)$ に従います。

> **参考** 二項分布を正規分布に近似しているので、分散は確定している（既知である）と考えます。

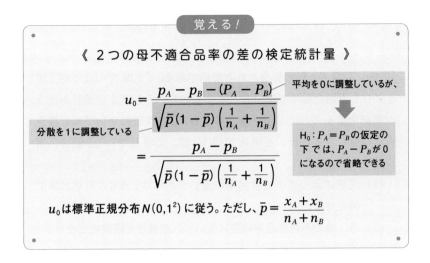

2つの母不適合品率に関する点推定と区間推定

　母集団 A,B から抽出したサンプル数を n_A、n_B、そのうちそれぞれ
の不適合品数を x_A、x_B、それぞれのサンプルから計算した不適合品
率を p_A、p_B とすると、点推定における母平均の差の推定値 $\widehat{P_A - P_B}$
と区間推定における信頼区間は次のように求められます。

点推定 　$\widehat{P_A - P_B} = p_A - p_B = \dfrac{x_A}{n_A} - \dfrac{x_B}{n_B}$

区間推定 　$(p_A - p_B) \pm u(0.025) \times \sqrt{\dfrac{p_A(1 - p_A)}{n_A} + \dfrac{p_B(1 - p_B)}{n_B}}$

1.960

　これで2つの母不適合品率の差の検定に関する例題を解く準備ができ
たので、具体的な問題を解いていきましょう。

2つの母不適合品率の差に関する例題

【例題】工場 A、B で製造される部品がある。「工場 A のほうが工場 B よりも不適合品率が低い」と考えており、その考えが妥当かどうか調査をすることにした。各工場から、1000 個のサンプルを抜き取り検査したところ、工場 A では 10 個、工場 B では 25 個の不適合品があった。

(1) 工場によって不適合品率に違いがあるか、5% の有意水準で検定せよ。

(2) 各工場の不適合品率の差について、点推定と区間推定をせよ。

1 検定

1．仮説の設定

はじめに、帰無仮説 H_0 と対立仮説 H_1 を次のように設定します。

$H_0 : P_A = P_B$　←帰無仮説「工場AとBで不適合品率は同じ」

$H_1 : P_A < P_B$　←対立仮説「工場Aの方がBより不適合品率が低い」

2．有意水準の決定

5% の有意水準で検定するため、$\alpha = 0.05$ とします。

3．正規分布への近似条件の検討

問題文より、工場 A、工場 B からの標本は、いずれも不適合品数と適合品数ともに 5 個以上です。

したがって、正規分布への直接近似手法により検定と推定を行うことができます。

4. $p_A, p_B, \bar{p}$ の計算

工場 A および B のサンプルにおける不適合品率 p_A、p_B は、

$$p_A = \frac{10}{1000} = 0.01$$

$$p_B = \frac{25}{1000} = 0.025$$

また、工場 A および B 両方のサンプルで考えたときの不適合品率 $\bar{p}$ は、

$$\bar{p} = \frac{10 + 25}{1000 + 1000} = 0.0175$$

5. 検定統計量 u_0 の計算

4で求めた各不適合品率および問題文で与えられたサンプル数 n_A、n_B より、検定統計量 u_0 は、

$$u_0 = \frac{p_A - p_B - (P_A - P_B)}{\sqrt{\bar{p}(1 - \bar{p})\left(\dfrac{1}{n_A} + \dfrac{1}{n_B}\right)}} \quad \text{H}_0 : P_A = P_B \text{ のもとではゼロなので省略可}$$

$$= \frac{p_A - p_B}{\sqrt{\bar{p}(1 - \bar{p})\left(\dfrac{1}{n_A} + \dfrac{1}{n_B}\right)}}$$

$$= \frac{0.01 - 0.025}{\sqrt{0.0175 \times 0.9825 \times \left(\dfrac{1}{1000} + \dfrac{1}{1000}\right)}} \fallingdotseq -2.558$$

6. 判定

検定統計量 u_0 は、標準正規分布 $N(0, 1^2)$ に従います。有意水準 $\alpha = 0.05$ のもと、下側検定を行います。棄却域は、以下の範囲となります。

$$u_0 \leq -u(\alpha) = -u(0.05)$$

正規分布表より、$-u(0.05) = -1.645$、また $u_0 = -2.558$ であるか

ら、$u_0 \leq -u(0.05)$ となって、H_0 は棄却され、H_1 が採択されます。よって、「工場Aのほうが工場Bよりも不適合品率が低い」と言えます。

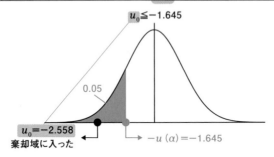

(Ⅱ) P から K_P を求める表

P	.001	.005	0.01	.025	.05	.1	.2	.3	.4
K_P	3.090	2.576	2.326	1.960	1.645	1.282	.842	.524	.253

$u_0 \leq -1.645$

0.05

$u_0 = -2.558$
棄却域に入った

$-u(\alpha) = -1.645$

② 推定

1. 点推定

2つの工場の不適合品率の差の推定値 $\widehat{P_A - P_B}$ は次のように求められます。

$$\widehat{P_A - P_B} = p_A - p_B = 0.01 - 0.025 = -0.015$$

2. 区間推定

区間推定をする上で、上側信頼限界および下側信頼限界を求めると、
上側信頼限界:

$$(p_A - p_B) + u(0.025) \sqrt{\frac{p_A(1 - p_A)}{n_A} + \frac{p_B(1 - p_B)}{n_B}}$$

$$= (0.01 - 0.025) + 1.960 \times \sqrt{\frac{0.01 \times (1 - 0.01)}{1000} + \frac{0.025 \times (1 - 0.025)}{1000}}$$

$$\fallingdotseq -0.003525$$

$u(0.025)=1.960$ は標準正規分布表から求めます。

(Ⅱ) P から K_P を求める表

P	.001	.005	0.01	.025	.05	.1
K_P	3.090	2.576	2.326	1.960	1.645	1.282

下側信頼限界：

$$(p_A-p_B)-u(0.025)\sqrt{\frac{p_A(1-p_A)}{n_A}+\frac{p_B(1-p_B)}{n_B}}$$

$$=(0.01-0.025)-1.960\times\sqrt{\frac{0.01\times(1-0.01)}{1000}+\frac{0.025\times(1-0.025)}{1000}}$$

$$\fallingdotseq -0.02647$$

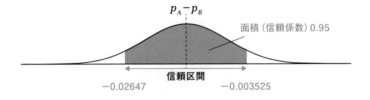

p_A-p_B

面積（信頼係数）0.95

信頼区間

-0.02647 -0.003525

3 母不適合数に関する検定と推定

毎回平均 **0.0**/100点

母不適合数に関する検定と推定

母不適合数に関する仮説の設定

不適合数とは、単位あたりの欠点数のことです。たとえば、単位時間あたりの事故数、製品 $1m^2$ あたりの傷の数などが当たります。

> **参考**
>
> 不適合数と不適合品数は違うので注意しましょう。たとえば、1つの製造部品に傷が3つあれば、不適合品数は1個、不適合数は3個となります。

母集団の不適合数に関する仮説は以下のように設定します。

「不適合数λは○○である」 $\lambda = \lambda_0$[1]	←帰無仮説 H_0
「不適合数λは○○ではない」 $\lambda \neq \lambda_0$	←両側検定のときの対立仮説 H_1
「不適合数λは○○より大きい」 $\lambda > \lambda_0$	←上側検定のときの対立仮説 H_1
「不適合数λは○○より小さい」 $\lambda < \lambda_0$	←下側検定のときの対立仮説 H_1

※ 1 λ_0 は変数のように思えますが、3個や5個などの具体的な量です。

検定統計量

1日あたりの事故件数や $1m^2$ 当たりの傷の数などの、1単位当たりの不適合数はポアソン分布に従います。

ポアソン分布とは、単位時間あたり平均λ回起こることが、実際に単位時間あたりにx回起こる確率Pを表す確率分布です。ポアソン分布は、平均と分散が等しくλであり、確率関数が$P = e^{-\lambda} \dfrac{\lambda^x}{x!}$で表される分布でした。

仮にコールセンターで、1時間にランダムで10回電話がかかってくるとすると、4時間に電話が100回かかってくる確率はいくらかなどの問題がわかります。この例では、4時間のコール回数の平均λは10回／時間×4時間＝40回と予想できるので、4時間のコール回数は$Po(40)$の分布に従うことがわかり、$x = 100$のときの確率$P(x) = e^{-40} \dfrac{40^x}{x!}$を求めればよいことになります。

> **参考**

ポアソン分布のパラメータλ（すなわち平均や分散）が大きくなると、正規分布で近似することができます。

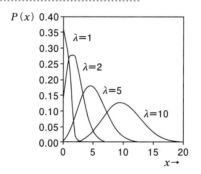

ポアソン分布$Po(\lambda)$は、パラメータλが5以上のポアソン分布$Po(5)$あたりから左右対称になり、正規分布に似てきます。

> **参考**

　サンプル単位数をn（例えば単位期間である1日間の観測を5回した場合は$n = 5$）、1単位当たりの母不適合数をλ_0（たとえば、従来1日あたり平均3件の事故がある場合は$\lambda_0 = 3$）、見つかった不適合数の合計をTとすると、$n\lambda_0 \geq 5$であれば、実用上はTが従う分布であるポアソン分布$Po(n\lambda_0)$を正規分布$N(n\lambda_0, \sqrt{n\lambda_0}^2)$に近似させることができます。この$T$を標準化すると検定統計量$u_0$になります。

$$u_0 = \frac{T - n\lambda_0}{\sqrt{n\lambda_0}}$$

ただし、上の式では T を標準化しており、単位あたりの不適合数 λ に関しての式とは言い難いので、さらに変形します。$\hat{\lambda} = \dfrac{T}{n}$ なので、$\hat{\lambda}$ の式にするために分母および分子を n で割ります。

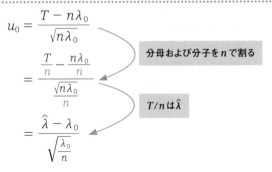

$$u_0 = \frac{T - n\lambda_0}{\sqrt{n\lambda_0}}$$

分母および分子を n で割る

$$= \frac{\dfrac{T}{n} - \dfrac{n\lambda_0}{n}}{\dfrac{\sqrt{n\lambda_0}}{n}}$$

T/n は $\hat{\lambda}$

$$= \frac{\hat{\lambda} - \lambda_0}{\sqrt{\dfrac{\lambda_0}{n}}}$$

よって、サンプル単位から計算された単位当たりの不適合数 $\hat{\lambda}$ を標準化して、標準正規分布に従うようにした量である検定統計量 u_0 は次のようになります。

$$u_0 = \frac{\hat{\lambda} - \lambda_0}{\sqrt{\dfrac{\lambda_0}{n}}}$$

平均を0に調整している

分散を1に調整している

正規分布近似の条件

実用上は $n\lambda_0 \geq 5$ であれば、ポアソン分布 $Po(n\lambda_0)$ は正規分布 $N(n\lambda_0, \sqrt{n\lambda_0}^2)$ に近似できます。

これは言いかえると、不適合数の合計の期待個数が5個以上であれば正規近似をしてもよいことになります。

母不適合数に関する点推定と区間推定

母集団から抽出したサンプル数を n、そのうちの不適合数を T とすると、点推定における母集団の単位当たりの不適合数の推定値 $\hat{\lambda}$ と区間推定における信頼区間は次のように求められます。

$$\boxed{\text{点推定}} \quad \hat{\lambda} = \frac{T}{n} \quad (T \text{は不適合数})$$

$$\boxed{\text{区間推定}} \quad \hat{\lambda} \pm u(0.025) \times \sqrt{\frac{\hat{\lambda}}{n}}$$

$$\underset{1.960}{}$$

母不適合数に関する検定と推定の例題

【例題】ある工場のラインでは、従来1カ月当たりの平均休止事故数が $\lambda = 3$ であった。これを踏まえ製造ラインの改善を行い、休止事故削減に取り組んだ後、12カ月間に休止事故が15件あった。

(1)「休止事故件数が減った」と言えるか、5%の有意水準で検定せよ。

(2) 改善後の母不適合数を点推定せよ。また、信頼係数95%で区間推定をせよ。

① 検定

1. 仮説の設定

はじめに、帰無仮説 H_0 と対立仮説 H_1 を次のように設定します。

$H_0 : \lambda = \lambda_0 \quad (\lambda_0 = 3)$ ←帰無仮説「改善前後で休止事故件数は変わらない」

$H_1 : \lambda < \lambda_0$ ←対立仮説「改善後に休止事故件数は減った」

> **参考**
>
> 「不適合数が『下がった』」と言えるか検定するので、下側検定になります。

2. 有意水準の決定

5%の有意水準で検定するため、$\alpha = 0.05$ とします。

3. 正規分布への近似条件の検討

サンプル単位数である $n = 12$ カ月と、改善前の 1 カ月当たりの事故件数 $\lambda_0 = 3$ の積である $n\lambda_0$ は、

$$n\lambda_0 = 12 \times 3 = 36 > 5$$

したがって、正規分布への直接近似手法により検定と推定を行えます。

4. 標本の単位当たりの不適合数 $\hat{\lambda}$ の計算

問題文で与えられた各値より、標本の単位当たりの不適合数 $\hat{\lambda}$ は、

$$\hat{\lambda} = \frac{\text{不適合数 } T}{\text{サンプル単位数 } n} = \frac{15}{12} = 1.25$$

5. 検定統計量 u_0 の計算

4 で求めた $\hat{\lambda}$ より検定統計量 u_0 は、

$$u_0 = \frac{\hat{\lambda} - \lambda_0}{\sqrt{\frac{\lambda_0}{n}}} = \frac{1.25 - 3}{\sqrt{\frac{3}{12}}} = -3.5$$

6. 判定

検定統計量 u_0 は、標準正規分布 $N(0, 1^2)$ に従います。ここで有意水準 $\alpha = 0.05$ のもと下側検定を行います。棄却域は以下の範囲となります。

$$u_0 \leq -u(\alpha) = -u(0.05)$$

正規分布表より $-u(0.05) = -1.645$，また $u_0 = -3.5$ であるから $u_0 \leq -1.645$ となって、H_0 は棄却され、H_1 が採択されます。よって、製造ラインの改善を行い、休止事故削減に取り組んだ結果、「母不適合数が減った」と言えます。

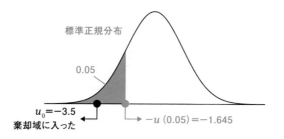

標準正規分布

0.05

$u_0 = -3.5$
棄却域に入った

$-u(0.05) = -1.645$

② 推 定

1 . 点推定

標本の単位当たりの不適合数の推定値 $\hat{\lambda}$ は、次のように求められます。

$$\hat{\lambda} = \frac{T}{n} = \frac{15}{12} = 1.25$$

2 . 区間推定

区間推定をする上で、上側信頼限界 λ_U および下側信頼限界 λ_L を求めると、

$$\lambda_U = \hat{\lambda} + u(0.025) \times \sqrt{\frac{\hat{\lambda}}{n}} = 1.25 + 1.960 \times \sqrt{\frac{1.25}{12}} \fallingdotseq 1.883$$

$$\lambda_L = \hat{\lambda} - u(0.025) \times \sqrt{\frac{\hat{\lambda}}{n}} = 1.25 - 1.960 \times \sqrt{\frac{1.25}{12}} \fallingdotseq 0.617$$

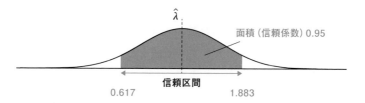

$\hat{\lambda}$

面積（信頼係数）0.95

信頼区間

0.617　　　1.883

4 2つの母不適合数に関する検定と推定

2つの母不適合数に関する検定と推定

2つの母不適合数の差の検定の仮説設定

母集団 A,B の単位あたりの不適合数 λ_A, λ_B を比較する場合、以下のような帰無仮説 H_0 と対立仮説 H_1 を立てます。

両側検定のとき　　　　$H_0 : \lambda_A = \lambda_B$　$H_1 : \lambda_A \neq \lambda_B$

上側検定のとき　　　　$H_0 : \lambda_A = \lambda_B$　$H_1 : \lambda_A > \lambda_B$

下側検定のとき　　　　$H_0 : \lambda_A = \lambda_B$　$H_1 : \lambda_A < \lambda_B$

これらの、帰無仮説や対立仮説において $\lambda_A - \lambda_B$ の値を考えると、以下のようになります。

「2つの単位あたりの不適合数が等しい」

　$\lambda_A - \lambda_B = 0$　←帰無仮説と同じ意味

「2つの単位あたりの不適合数が等しくない」

　$\lambda_A - \lambda_B \neq 0$　←両側検定のときの対立仮説と同じ意味

「母集団Aの単位あたりの不適合数 λ_A のほうが大きい」

　$\lambda_A - \lambda_B > 0$　←上側検定のときの対立仮説と同じ意味

「母集団Bの単位あたりの不適合数 λ_B のほうが大きい」

　$\lambda_A - \lambda_B < 0$　←下側検定のときの対立仮説と同じ意味

上記の仮説が妥当かどうかを考えるためには、母集団 A,B からのサンプルの単位当たりの不適合数の差 $\lambda_A - \lambda_B$ が、確率的に考えると小さすぎる値をとったり、大きすぎる値をとったりしていないかを検討すればよさそうだと考えられます。

2つの母不適合数の差の検定統計量

母集団 A の単位あたりの母不適合数を λ_A、母集団 A から取り出し

た単位数を n_A、不適合数を T_A としたとき、標本の単位当たりの不適合数 $\widehat{\lambda_A} = \dfrac{T_A}{n_A}$ は、ポアソン分布 $Po(\lambda_A)$ に従います。これは、$n_A \lambda_A \geq 5$ であれば正規分布 $N(\lambda_A, \dfrac{\lambda_A}{n_A})$ に近似できます。

同様に母集団Bの単位あたりの母不適合数を λ_B、母集団Bから取り出した単位数を n_B、不適合数を T_B としたとき、標本の単位当たりの不適合数 $\widehat{\lambda_B} = \dfrac{T_B}{n_B}$ は、ポアソン分布 $Po(\lambda_B)$ に従います。これは、$n_B \lambda_B \geq 5$ であれば正規分布 $N(\lambda_B, \dfrac{\lambda_B}{n_B})$ に近似できます。

そして、正規分布の再生性から、$\widehat{\lambda_A} - \widehat{\lambda_B}$ は $N\left(\lambda_A - \lambda_B, \dfrac{\lambda_A}{n_A} + \dfrac{\lambda_B}{n_B}\right)$ に従います。$\widehat{\lambda_A} - \widehat{\lambda_B}$ を標準化した式は

$$\frac{\widehat{\lambda_A} - \widehat{\lambda_B} - (\lambda_A - \lambda_B)}{\sqrt{\dfrac{\lambda_A}{n_A} + \dfrac{\lambda_B}{n_B}}}$$

$H_0 : \lambda_A = \lambda_B$ という仮定の下では0なので省略可

帰無仮説のもとでは $\lambda_A = \lambda_B$ のため、ここで、λ_A, λ_B を母集団A,Bからのサンプル全体で考えた標本不適合数 $\widehat{\lambda} = \lambda_A = \lambda_B = \dfrac{T_A + T_B}{n_A + n_B}$ に置き換えます。

$$
\begin{aligned}
u_0 &= \frac{\widehat{\lambda_A} - \widehat{\lambda_B} - (\lambda_A - \lambda_B)}{\sqrt{\dfrac{\lambda_A}{n_A} + \dfrac{\lambda_B}{n_B}}} \\[2ex]
&= \frac{\widehat{\lambda_A} - \widehat{\lambda_B} - (\lambda_A - \lambda_B)}{\sqrt{\dfrac{\widehat{\lambda}}{n_A} + \dfrac{\widehat{\lambda}}{n_B}}} \\[2ex]
&= \frac{\widehat{\lambda_A} - \widehat{\lambda_B}}{\sqrt{\widehat{\lambda}\left(\dfrac{1}{n_A} + \dfrac{1}{n_B}\right)}}
\end{aligned}
$$

分母の λ_A, λ_B を $\widehat{\lambda}$ で置き換える

分母の根号の中を $\widehat{\lambda}$ でくくる

したがって、帰無仮説のもとでの検定統計量 u_0 は

$$u_0 = \frac{\widehat{\lambda_A} - \widehat{\lambda_B} - (\lambda_A - \lambda_B)}{\sqrt{\hat{\lambda}\left(\frac{1}{n_A} + \frac{1}{n_B}\right)}}$$

H₀：$\lambda_A = \lambda_B$という仮定の下では0なので省略可

$$= \frac{\widehat{\lambda_A} - \widehat{\lambda_B}}{\sqrt{\hat{\lambda}\left(\frac{1}{n_A} + \frac{1}{n_B}\right)}}$$

となり、標準正規分布 $N(0, 1^2)$ に従います。

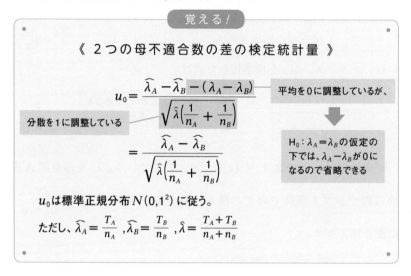

覚える！

《 2つの母不適合数の差の検定統計量 》

$$u_0 = \frac{\widehat{\lambda_A} - \widehat{\lambda_B} - (\lambda_A - \lambda_B)}{\sqrt{\hat{\lambda}\left(\frac{1}{n_A} + \frac{1}{n_B}\right)}}$$

分散を1に調整している

平均を0に調整しているが、

H₀：$\lambda_A = \lambda_B$の下では、$\lambda_A - \lambda_B$が0になるので省略できる

$$= \frac{\widehat{\lambda_A} - \widehat{\lambda_B}}{\sqrt{\hat{\lambda}\left(\frac{1}{n_A} + \frac{1}{n_B}\right)}}$$

u_0は標準正規分布 $N(0, 1^2)$ に従う。

ただし、$\widehat{\lambda_A} = \frac{T_A}{n_A}$,$\widehat{\lambda_B} = \frac{T_B}{n_B}$,$\hat{\lambda} = \frac{T_A + T_B}{n_A + n_B}$

2つの母不適合数に関する点推定と区間推定

母集団 A,B から抽出したサンプル数を n_A、n_B、そのうちそれぞれの不適合数を T_A、T_B とし、母集団 A,B の単位当たりの不適合数の推定値を $\widehat{\lambda_A} = \frac{T_A}{n_A}$、$\widehat{\lambda_B} = \frac{T_B}{n_B}$ とすると、点推定における2つの母集団の単位当たりの不適合数の差の推定値 $\widehat{\lambda_A - \lambda_B}$ と区間推定における信頼区間は次のように求められます。

$$\boxed{\text{点推定}} \quad \widehat{\lambda_A - \lambda_B} = \frac{T_A}{n_A} - \frac{T_B}{n_B}$$

$$\boxed{\text{区間推定}} \quad \widehat{\lambda_A - \lambda_B} \pm u(0.025) \times \sqrt{\frac{\widehat{\lambda_A}}{n_A} + \frac{\widehat{\lambda_B}}{n_B}}$$

$$1.960$$

　これで2つの母集団の単位あたりの母不適合数の差の検定に関する例題を解く準備ができたので、具体的な問題を解いていきましょう。

2つの母不適合数に関する検定と推定に関する例題

【例題】A社とB社から布を大量に安く購入している。布はときにシミがみられることがあり、その発生は経験からランダムである。今回、「B社の布のほうがA社の布よりも汚れが多い」と考えているので調査をすることにした。調査の結果、A社の布は$100m^2$にシミが9か所、B社の布は$50m^2$にシミが11か所あった。

(1) B社の布のほうがA社の布よりも汚れが多いか、5%の有意水準で検定せよ。

(2) 両社の不適合数の差について、点推定と区間推定をせよ。

① 検定

1. 仮説の設定

　$1m^2$を1単位として考え、A社とB社からの布$1m^2$あたりのシミの数をそれぞれλ_A, λ_Bとすると、帰無仮説H_0と対立仮説H_1は次のように設定できます。

　　$H_0: \lambda_A = \lambda_B$　　←帰無仮説「両社で汚れの数に差はない」

　　$H_1: \lambda_A < \lambda_B$　　←対立仮説「B社の方が汚れの数が多い」

2．有意水準の決定

5%の有意水準で検定するため、$\alpha = 0.05$ とします。

3．正規分布への近似条件の検討

A 社からの標本全体の不適合数は $T_A = 9$、B 社からの標本全体の不適合数は $T_B = 11$ であり、いずれも 5 個以上です。

したがって、ポアソン分布の正規分布への直接近似手法により検定と推定を行えます。

4．$\widehat{\lambda_A}, \widehat{\lambda_B}, \widehat{\lambda}$ の計算

A 社および B 社の布における不適合数 $\widehat{\lambda_A}$、$\widehat{\lambda_B}$ は、

$$\widehat{\lambda_A} = \frac{T_A}{n_A} = \frac{9}{100} = 0.09$$

$$\widehat{\lambda_B} = \frac{T_B}{n_B} = \frac{11}{50} = 0.22$$

また、A 社および B 社両方の布で考えたときの不適合数 $\widehat{\lambda}$ は、

$$\widehat{\lambda} = \frac{T_A + T_B}{n_A + n_B} = \frac{9 + 11}{100 + 50} \fallingdotseq 0.133$$

5．検定統計量 u_0 の計算

4 で求めた各不適合数および問題文で与えられたサンプル数 n_A、n_B より、検定統計量 u_0 は、

$$u_0 = \frac{\widehat{\lambda_A} - \widehat{\lambda_B} - (\lambda_A - \lambda_B)}{\sqrt{\widehat{\lambda}\left(\frac{1}{n_A} + \frac{1}{n_B}\right)}}$$

$H_0 : \lambda_A = \lambda_B$ のもとではゼロなので省略可

$$= \frac{0.09 - 0.22}{\sqrt{0.133\left(\frac{1}{100} + \frac{1}{50}\right)}} \fallingdotseq -2.058$$

6. 判定

　検定統計量 u_0 は、標準正規分布 $N(0,1^2)$ に従います。ここで有意水準 $\alpha = 0.05$ のもと、下側検定を行います。棄却域は、以下の範囲となります。

$$u_0 \leq -u(\alpha) = -u(0.05)$$

　正規分布表より、$-u(0.05) = -1.645$、また $u_0 = -2.058$ であるから、$u_0 \leq -1.645$ となって、H_0 は棄却され、H_1 が採択されます。よって、「B 社の布のほうが A 社の布よりも汚れが多い」と言えます。

(Ⅱ) P から K_P を求める表

P	.001	.005	0.01	.025	.05	.1	.2	.3	.4
K_P	3.090	2.576	2.326	1.960	1.645	1.282	.842	.524	.253

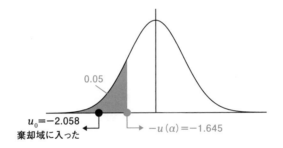

$u_0 = -2.058$
棄却域に入った

$-u(\alpha) = -1.645$

0.05

2 推定

1. 点推定

　両社の単位当たりの不適合数の差の推定値 $\widehat{\lambda_A - \lambda_B}$ は、次のように求められます。

$$\widehat{\lambda_A - \lambda_B} = \frac{T_A}{n_A} - \frac{T_B}{n_B} = \frac{9}{100} - \frac{11}{50} = -0.13$$

2. 区間推定

区間推定をする上で、上側信頼限界および下側信頼限界を求めると、

上側信頼限界：

$$\widehat{\lambda_A - \lambda_B} + u(0.025) \times \sqrt{\frac{\widehat{\lambda_A}}{n_A} + \frac{\widehat{\lambda_B}}{n_B}}$$

$$= (0.09 - 0.22) + 1.960 \times \sqrt{\frac{0.09}{100} + \frac{0.22}{50}} \fallingdotseq 0.01269$$

下側信頼限界：

$$\widehat{\lambda_A - \lambda_B} - u(0.025) \times \sqrt{\frac{\widehat{\lambda_A}}{n_A} + \frac{\widehat{\lambda_B}}{n_B}}$$

$$= (0.09 - 0.22) - 1.960 \times \sqrt{\frac{0.09}{100} + \frac{0.22}{50}} \fallingdotseq -0.2727$$

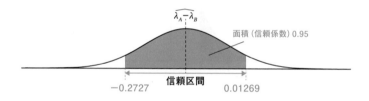

5 分割表による検定

毎回平均 **0.5**/100点

分割表とは

　計数値のデータを何らかの属性で分類し、二元表にまとめたものを**分割表**といいます。属性とは、その事物がもつ性質や特徴のことです。新しく登場した用語ですが、各母集団の製品において適合品と不適合品を分類したような以下の表も分割表です。ここで属性、母集団共に2つ存在する場合は、「2つの母不適合数に関する検定と推定」で学んだ通りなので、特に属性か母集団のいずれかが3つ以上の場合について分割表による検定が適用されます。

表1　データ表

	工場A	工場B	工場C	計
適合品数	650	450	275	1375
不適合品数	50	50	25	125
計	700	500	300	1500

　ここで例えば、表1において3つの工場における適合品・不適合品の出方に違いがみられるか調べるのが**分割表による検定**です。

　この分割表を m 個の属性に分類し、このとき母集団の数を n 個として一般化すると表2のようになります。

表2　$m \times n$ 分割表

属性＼母集団	1	2	$\cdots$	j	$\cdots$	n	計
1	x_{11}	x_{12}	$\cdots$	x_{1j}	$\cdots$	x_{1n}	$X_{1\cdot}$
2	x_{21}	x_{22}	$\cdots$	x_{2j}	$\cdots$	x_{2n}	$X_{2\cdot}$
$\vdots$	$\vdots$	$\vdots$		$\vdots$		$\vdots$	$\vdots$
i	x_{i1}	x_{i2}	$\cdots$	x_{ij}	$\cdots$	x_{in}	$X_{i\cdot}$
$\vdots$	$\vdots$	$\vdots$		$\vdots$		$\vdots$	$\vdots$
m	x_{m1}	x_{m2}	$\cdots$	x_{mj}	$\cdots$	x_{mn}	$X_{m\cdot}$
計	$X_{\cdot 1}$	$X_{\cdot 2}$	$\cdots$	$X_{\cdot j}$	$\cdots$	$X_{\cdot n}$	$X_{\cdot\cdot}$

期待度数 y_{ij} と検定統計量 $\chi_0{}^2$ の計算

表2において、属性 i におけるいずれの母集団 j でも各属性の出方に違いがないと仮定した場合、対象のデータ x_{ij} が本来こうなるであろうという期待度数 y_{ij} は、

$$y_{ij} = X_{\cdot j} \times \left(\frac{X_{i \cdot}}{X_{\cdot \cdot}} \right)$$

と求めることができます。x_{ij} の出現確率 P_{xij} が、$P_{xi1} = P_{xi2} = \cdots = P_{xij}$ であるならば、x_{ij} と期待度数 y_{ij} は一致しているはずなので、両者の差をとることで帰無仮説を調べることができるというわけです。

データ x_{ij} と期待度数 y_{ij} との差から検定統計量 $\chi_0{}^2$ を求めると、

$$\chi_0{}^2 = \sum_{i=1}^{m} \sum_{j=1}^{n} \frac{(x_{ij} - y_{ij})^2}{y_{ij}}$$

となるので、これが自由度 $\phi = (m-1)(n-1)$ の χ^2 分布に近似的に従うことを利用して、帰無仮説を検定していきます。

覚える！

$$\chi_0{}^2 = \sum_{i=1}^{m} \sum_{j=1}^{n} \frac{(x_{ij} - y_{ij})^2}{y_{ij}}$$

は、自由度 $(m-1)(n-1)$ の χ^2 分布に従う。

分割表による検定の例題

【例題】3つの工場 A、B、C では、すべて同じ自動車部品を生産している。それぞれの工場で生産された部品のうち、適合品と不適合品の数はそれぞれ下の表の通りである。ここですべての工場において不適合品の出方は等しいと言えるか、5%の有意水準で検定せよ。

	工場A	工場B	工場C	計
適合品数	650	450	275	1375
不適合品数	50	50	25	125
計	700	500	300	1500

1. 仮説の設定

はじめに、帰無仮説 H_0 と対立仮説 H_1 を次のように設定します。

H_0：不適合品の出方は全ての工場で等しい

H_1：不適合品の出方が等しくない工場がある

2. 有意水準の決定

5%の有意水準で検定するため、$\alpha = 0.05$ とします。

3. 期待度数 y_{ij} の計算

与えられた表のすべてのデータ x_{ij} に対して期待度数 y_{ij} を計算すると、

$$y_{ij} = X_{\cdot j} \times \left(\frac{X_{i\cdot}}{X_{\cdot\cdot}} \right)$$

より、以下のようになります。

	工場A	工場B	工場C	計
適合品	641.7	458.3	275	1375
不適合品	58.3	41.7	25	125
計	700	500	300	1500

4. 検定統計量 $\chi_0{}^2$ の計算

すべての x_{ij} に対して期待度数 y_{ij} との差を計算すると、以下のようになります。

	工場A	工場B	工場C	計
適合品	8.3	−8.3	0	0
不適合品	−8.3	8.3	0	0
計	0	0	0	0

ここから、検定統計量 $\chi_0{}^2$ は、

$$\chi_0{}^2 = \sum_{i=1}^{m}\sum_{j=1}^{n}\frac{(x_{ij} - y_{ij})^2}{y_{ij}}$$

$$= \frac{(8.3)^2}{641.7} + \frac{(-8.3)^2}{458.3} + \frac{(0.0)^2}{275} + \frac{(-8.3)^2}{58.3} + \frac{(8.3)^2}{41.7} + \frac{(0.0)^2}{25}$$

$$\fallingdotseq 3.091$$

5. 判定

検定統計量 $\chi_0{}^2$ は自由度 $(2-1)(3-1) = 2$ の χ^2 分布に従います。自由度 2 かつ上側確率 0.05 の χ^2 の値は、χ^2 表より、

$$\chi^2(2, 0.05) = 5.99$$

$$\therefore \chi_0{}^2 < \chi^2(2, 0.05)$$

となって、H_0 が採択されます。よって、「不適合品の出方は全ての工場で等しい」と言えます。

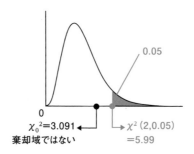

参考

分割表による検定は必ず上側検定になります。分割表による検定というのは実数値と期待度数の差によって出方の違いを検定するものであって、差が大きすぎるから出方が違うことはあっても、差が小さいとき、極端に言えば 0 のときに出方が違うはずがないからです。

4

重要ポイントのまとめ

1 母不適合品率に関する検定と推定

❶母不適合品率 P の母集団から n のサンプルを抽出したとき、x 個の不適合品が含まれる確率は二項分布に従う。

❷実用上、$nP \geq 5$ かつ $n(1 - P) \geq 5$ であれば、n が十分に大きいといえ、二項分布 $B(n, P)$ は正規分布 $N(nP, nP(1 - P))$ に近似できる。そのとき、不適合品数 x は正規分布 $N(nP, nP(1 - P))$ に従う。不適合品数と適合品数の期待個数が 5 個以上であれば、正規分布へ近似をしてもよい。

❸不適合品率 p を標準化し、標準正規分布に従うようにした検定統計量 u_0 は次のようになる。

$$u_0 = \frac{p - P_0}{\sqrt{\dfrac{P_0(1 - P_0)}{n}}}$$

2 2つの母不適合品率の違いに関する検定と推定

❶2つの母集団 A、B から取り出したサンプルの不適合品率 $p_A = \dfrac{x_A}{n_A}$

および $p_B = \dfrac{x_B}{n_B}$ の差に関する検定統計量 u_0 は標準正規分布 $N(0, 1^2)$ に従う。

$$u_0 = \frac{p_A - p_B}{\sqrt{\bar{p}(1 - \bar{p})\left(\dfrac{1}{n_A} + \dfrac{1}{n_B}\right)}}$$

ただし、$\bar{p} = \dfrac{x_A + x_B}{n_A + n_B}$

3 母不適合数に関する検定と推定

❶単位当たりの不適合数はポアソン分布に従う。

❷ポアソン分布のパラメータ λ （＝平均および分散）が大きくなると、正規分布で近似することができる。実用上は、サンプル単位数 n と単位当たりの母不適合数 λ_0 の積 $n\lambda_0 \geq 5$ であれば、見つかった不適合数の合計 T が従う分布であるポアソン分布 $P_O(n\lambda_0)$ を正規分布 $N(n\lambda_0, \sqrt{n\lambda_0}^2)$ に近似させることができる。T を標準化すると次の式で表される検定統計量 u_0 になる。

$$u_0 = \frac{\hat{\lambda} - \lambda_0}{\sqrt{\dfrac{\lambda_0}{n}}}$$

4 2つの母不適合数に関する検定と推定

❶2つの標本の単位当たりの不適合数 $\hat{\lambda}_A = \dfrac{T_A}{n_A}$ および $\hat{\lambda}_B = \dfrac{T_B}{n_B}$ の差に関する検定統計量 u_0 は標準正規分布 $N(0, 1^2)$ に従う。

$$u_0 = \frac{\hat{\lambda}_A - \hat{\lambda}_B}{\sqrt{\hat{\lambda}\left(\dfrac{1}{n_A} + \dfrac{1}{n_B}\right)}}$$

ただし、$\hat{\lambda} = \dfrac{T_A + T_B}{n_A + n_B}$

5 分割表による検定

❶計数値のデータを何らかの属性で分類し、二元表にまとめた表を分割表という。属性とは、その事物がもつ性質や特徴のことをいう。

❷属性 i におけるいずれの母集団 j でも各属性の出方に違いがないと仮定した場合、対象のデータ x_{ij} が本来こうなるであろうという期待度数 y_{ij} は、次の式で求めることができる。

$$y_{ij} = X_{\cdot j} \times \left(\frac{X_{i\cdot}}{X_{\cdot\cdot}}\right)$$

❸データ x_{ij} と期待度数 y_{ij} の差に関する次の式で表される検定統計量 χ_0^2 は、自由度 $\phi = (m-1)(n-1)$ の χ^2 分布に従う。

$$\chi_0^2 = \sum_{i=1}^{m} \sum_{j=1}^{n} \frac{(x_{ij} - y_{ij})^2}{y_{ij}}$$

⊕ 予想問題　[問　題]

問題1　母不適合品率に関する検定と推定

統計的検定と推定に関する次の文章において、□□内に入るもっとも適切なものを選択肢から選べ。ただし、各選択肢を複数回用いることはない。

ある工場で製造される製品について、従来からの不適合品率は $P_0 = 0.07$ であった。これを改善するため、新たに新材料の採用を検討することにした。新材料を用いて製造した製品の中からランダムに選んだ $n = 500$ 個の部品を抽出し検査したところ、不適合品の数は $x = 18$ 個であった。

材料変更後の不適合品率が変更前と比較して小さくなっているといえるか、有意水準 5% で検定したい。

本件のように、ある不適合品率 P の母集団から n 個のサンプルを抽出したとき、x 個の不適合品が含まれる確率は □(1)□ 分布に従う。また実用上、$nP \geq 5$ かつ $n(1 - P) \geq 5$ であれば n が十分に大きいと判断でき、この分布は □(2)□ 分布に近似できる。

まず、帰無仮説は「不適合品率は材料の変更前後で変わらない」として H_0：□(3)□、対立仮説は「不適合品率は材料の変更後の方が変更前よりも小さくなった」として H_1：□(4)□（片側検定）と設定する。また、有意水準は $\alpha = 0.05$ である。

そして、$nP_0 = 500 \times 0.07 = 35 > 5$ かつ $n(1 - P_0) = 500 \times (1 - 0.07) = 465 > 5$ であるから、先程の近似条件を満たし、検定統計量 u_0 は □(5)□ と計算できる。

ここで、正規分布表から有意水準 $\alpha = 0.05$ の棄却限界値を計算すると □(6)□ となる。これと □(5)□ とを比較すると、帰無仮説 H_0 は有意水準 5% で □(7)□ され、材料の変更前後で不適合品率 P は □(8)□ といえる。

さらに、材料変更後の不適合品率 P について、信頼係数 95% で区間推定を行うと、次のようになる。

$$\boxed{(9)} \leq P \leq \boxed{(10)}$$

【□(1)□　□(2)□ の選択肢】
ア. χ^2　　イ. t　　ウ. 二項　　エ. F　　オ. 正規　　カ. ポアソン

【 (3) (4) の選択肢】

ア. $P > P_0$ 　　イ. $P < P_0$ 　　ウ. $P = P_0$ 　　エ. $P \neq P_0$

【 (5) (6) (9) (10) の選択肢】

ア. 0.0197 　　イ. 0.0523 　　ウ. 1.645 　　エ. 1.960

オ. 2.980 　　カ. -0.0197 　　キ. -0.0523 　　ク. -1.645

ケ. -1.960 　　コ. -2.980

【 (7) (8) の選択肢】

ア. 採択 　　イ. 棄却 　　ウ. 等しくなった

エ. 変わらない 　　オ. 大きくなった 　　カ. 小さくなった

(1)	(2)	(3)	(4)	(5)

(6)	(7)	(8)	(9)	(10)

問題2　母不適合数に関する検定と推定

統計的検定に関する次の文章において、□□□内に入るもっとも適切なものを選択肢から選べ。ただし、各選択肢を複数回用いることはない。

母不適合数がそれぞれ λ_A, λ_B である2つの母集団A,Bがあり、各標本単位 n_A, n_B における不適合数は T_A, T_B であった。母集団Aにおける標本の単位当たりの不適合数 $\hat{\lambda}_A$ は $\hat{\lambda}_A = \boxed{(1)}$ であり、$\boxed{(2)}$ 分布に従う。このとき、$\boxed{(3)}$ 分布に近似することができる条件は $n_A \lambda_A \boxed{(4)}$ である。母集団Bにおける標本の単位当たりの不適合数 $\hat{\lambda}_B$ についても同様に考えることができる。

そして、$\boxed{(3)}$ 分布の再生性から、各母集団の標本における不適合数の差 $\hat{\lambda}_A - \hat{\lambda}_B$ は、$\boxed{(5)}$ に従う。帰無仮説のもとでは $\lambda_A = \lambda_B = \hat{\lambda}$ であるとして、検定統計量 u_0 は次のようになる。

$$u_0 = \boxed{(6)}$$

【 (1) (4) の選択肢】

ア. $n_A T_A$　イ. $\dfrac{n_A}{T_A}$　ウ. $\dfrac{T_A}{n_A}$　エ. ≥ 5　オ. $= 5$　カ. ≤ 5

【 (2) (3) の選択肢】

ア. 二項　イ. 正規　ウ. χ^2　エ. F　オ. t　カ. ポアソン

【 (5) の選択肢】

ア. $N(\lambda_A - \lambda_B,\ n_A\lambda_A + n_B\lambda_B)$　イ. $N(\lambda_A - \lambda_B,\ n_A\lambda_A - n_B\lambda_B)$

ウ. $N\left(\lambda_A - \lambda_B,\ \dfrac{\lambda_A}{n_A} + \dfrac{\lambda_B}{n_B}\right)$　エ. $N\left(\lambda_A - \lambda_B,\ \dfrac{\lambda_A}{n_A} - \dfrac{\lambda_B}{n_B}\right)$

【 (6) の選択肢】

ア. $\dfrac{\hat{\lambda}_A - \hat{\lambda}_B}{\sqrt{\hat{\lambda}\left(\frac{1}{n_A}+\frac{1}{n_B}\right)}}$　イ. $\dfrac{\hat{\lambda}_A - \hat{\lambda}_B}{\sqrt{\hat{\lambda}\left(\frac{1}{n_A}-\frac{1}{n_B}\right)}}$　ウ. $\dfrac{\hat{\lambda}_A - \hat{\lambda}_B}{\sqrt{\hat{\lambda}\left(n_A+n_B\right)}}$　エ. $\dfrac{\hat{\lambda}_A - \hat{\lambda}_B}{\sqrt{\hat{\lambda}\left(n_A-n_B\right)}}$

(1)	(2)	(3)	(4)	(5)	(6)

⊕ 予想問題 解答解説

問題 1 母不適合品率に関する検定と推定

【解答】 (1) ウ (2) オ (3) ウ (4) イ (5) コ (6) ク
(7) イ (8) カ (9) ア (10) イ

POINT

母不適合品率 P の母集団から n のサンプルを抽出したとき、x 個の不適合品が含まれる確率は二項分布に従います。不適合品率 p を標準化し、標準正規分布に従うようにした検定統計量 u_0 について、$p = 0.036$（$18 \div 500$）を用いて次のように計算すると、

$$u_0 = \frac{p - P_0}{\sqrt{\dfrac{P_0(1-P_0)}{n}}} = \frac{0.036 - 0.07}{\sqrt{\dfrac{0.07(1-0.07)}{500}}} \fallingdotseq -2.980$$

また正規分布表より、$\alpha = 0.05$ における棄却限界値は $-u(\alpha) = -u(0.05) = -1.645$ です。$u_0 < -u(0.05)$ であるから、帰無仮説 H_0 は棄却され、材料の変更前後で不適合品率 P は小さくなったといえます。

そして、区間推定を行う上での上側信頼限界 p_U および下側信頼限界 p_L は、正規分布表より $u(0.025) = 1.960$ であるから、

$$p_U = p + u(0.025) \times \sqrt{\frac{p(1-p)}{n}} \fallingdotseq 0.0523$$

$$p_L = p - u(0.025) \times \sqrt{\frac{p(1-p)}{n}} \fallingdotseq 0.0197$$

以上より、不適合品率 P の 95％信頼区間は、$0.0197 \leq P \leq 0.0523$ となります。

問題 2 母不適合数に関する検定と推定

【解答】 (1) ウ (2) カ (3) イ (4) エ (5) ウ (6) ア

QC七つ道具と 新QC七つ道具

数値データを解析する QC 七つ道具に対し、
言語データを解析するのが新 QC 七つ道具です。
七つ道具は 2 級ではあまり出題されませんが、
新七つ道具は比較的よく出題されます。

★★★ 内容を深く理解しているレベル
★★ 定義と基本的な考え方を理解しているレベル
★ 言葉を知っているレベル

5章の構成

1 層別 ★

P208

出題分析	毎回平均 0.0/100点	第22回:0点	第23回:0点	第24回:0点	第25回:0点
		第26回:0点	第27回:0点	第28回:0点	第30回:0点
		第31回:0点	第32回:0点	第33回:0点	第34回:0点

QC 七つ道具を使うにあたっての基本的な考え方である
層別について理解しましょう。

2 QC七つ道具 ★

P209

出題分析	毎回平均 0.4/100点	第22回:4点	第23回:0点	第24回:0点	第25回:0点
		第26回:0点	第27回:0点	第28回:0点	第30回:0点
		第31回:0点	第32回:0点	第33回:0点	第34回:1点

2 級ではあまり出題されませんのでざっと内容を確認しま
しょう。

3 親和図法 ★★★ P223

出題分析 | 毎回平均 **0.8**/100点 | 第22回：**0点** 第23回：**0点** 第24回：**1点** 第25回：**0点** 第26回：**0点** 第27回：**0点** 第28回：**5点** 第30回：**0点** 第31回：**1点** 第32回：**0点** 第33回：**0点** 第34回：**3点**

手法の意味と「混沌」「グルーピング」等のキーワードをおさえましょう。よく出題されます。

4 連関図法 ★★★ P224

出題分析 | 毎回平均 **0.7**/100点 | 第22回：**1点** 第23回：**0点** 第24回：**1点** 第25回：**0点** 第26回：**0点** 第27回：**2点** 第28回：**0点** 第30回：**0点** 第31回：**1点** 第32回：**0点** 第33回：**0点** 第34回：**3点**

手法の意味と「原因と結果」「複雑」等のキーワードをおさえましょう。よく出題されます。

5 系統図法 ★★★ P225

出題分析 | 毎回平均 **0.6**/100点 | 第22回：**1点** 第23回：**0点** 第24回：**1点** 第25回：**0点** 第26回：**0点** 第27回：**0点** 第28回：**2点** 第30回：**0点** 第31回：**1点** 第32回：**0点** 第33回：**0点** 第34回：**2点**

手法の意味と「系統的」「階層」等のキーワードをおさえましょう。よく出題されます。

6 マトリックス図法 ★★★ P226

出題分析 | 毎回平均 **0.5**/100点 | 第22回：**1点** 第23回：**0点** 第24回：**1点** 第25回：**0点** 第26回：**0点** 第27回：**2点** 第28回：**1点** 第30回：**0点** 第31回：**1点** 第32回：**0点** 第33回：**0点** 第34回：**0点**

手法の意味と「行と列」「交点」等のキーワードをおさえましょう。よく出題されます。

5

QC七つ道具と新QC七つ道具

7 アローダイアグラム法 ★★★
P227

出題分析	毎回平均 0.3/100点	第22回:4点	第23回:0点	第24回:0点	第25回:0点
		第26回:0点	第27回:0点	第28回:0点	第30回:0点
		第31回:0点	第32回:0点	第33回:0点	第34回:0点

手法の意味と「作業」「矢印」等のキーワードをおさえましょう。どんな図かイメージできることも大切です。

8 PDPC法 ★★★
P228

出題分析	毎回平均 0.3/100点	第22回:0点	第23回:0点	第24回:0点	第25回:0点
		第26回:0点	第27回:2点	第28回:0点	第30回:0点
		第31回:1点	第32回:0点	第33回:0点	第34回:0点

手法の意味と「予測」「リスク」等のキーワードをおさえましょう。よく出題されます。

9 マトリックス・データ解析法 ★★
P229

出題分析	毎回平均 0.0/100点	第22回:0点	第23回:0点	第24回:0点	第25回:0点
		第26回:0点	第27回:0点	第28回:0点	第30回:0点
		第31回:0点	第32回:0点	第33回:0点	第34回:0点

他の新QC七つ道具に比べて出題頻度が下がりますが、手法の意味とキーワードをおさえましょう。

0 QC七つ道具と 新QC七つ道具

QC七つ道具と新QC七つ道具

　QC七つ道具は、主に数値データを解析して問題の解決を行うための手法です。2級の試験ではQC七つ道具はほとんど出題されないため、3級の内容を復習しておくのみで十分です。

　これに対して、新QC七つ道具は主に言語データを解析して言葉の情報を見える化し、問題の解決を進める手法です。共通点はどちらも問題解決のために活用する点です。

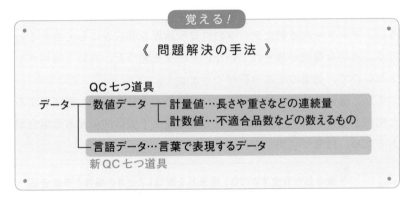

覚える!

《 問題解決の手法 》

QC七つ道具
データ ── 数値データ ┬ 計量値…長さや重さなどの連続量
　　　　　　　　　　 └ 計数値…不適合品数などの数えるもの
　　　　 ── 言語データ…言葉で表現するデータ
新QC七つ道具

　2級では、具体的な事例について、どの新QC七つ道具を用いるのが適切かを選択する問題が多く出題されます。

　なお、**1** がQC七つ道具を使うにあたっての基本的な知識、**2** がQC七つ道具、**3**〜**9** が新QC七つ道具です。

参考	数値データがある製造部門ではQC七つ道具を活用できますが、市場調査を行う営業部門では言語データしか用意できない場合があり、そのようなときに用いるのが新QC七つ道具です。

1 層別

層別とは

層別は、母集団^{※1}を分類する考え方のことです。

※1 母集団：調べる対象の集団全体のこと

> **参考**
>
> ほかのQC七つ道具は、問題解決につながる情報を知るためにデータをグラフにしたり、図にしたりします。これに対して層別は個々のデータの特徴や共通点に注目して、データをグループに分けます。

　層別するにあたって最も大事なことは、いろいろな層別ができるように、データを取る前にデータの性質や履歴を明らかにしておくことです。適切な履歴が残されていないデータを使うと、有効な層別ができないので、効果のある分析ができません。

　また、層別では、全体として見れば関係がありそうでも層別をすると関係がない場合や、関係がなさそうに見えて実は関係がある場合があるため、注意が必要です。

> **参考**
>
> 不適合品が発生するのは、適合品を製造したときの条件と不適合品を製造したときの条件が異なるからです。層別は、不適合品が発生したときの条件の違いを発見するヒントを与えてくれます。

2 QC七つ道具

毎回平均 **0.4**/100点

パレート図

パレート図とは

パレート図は取り組むべき問題や課題の優先順位を明らかにするために用いる手法です。主に、不適合品を不適合項目に分類した結果から、どの不適合項目が多いのか、どの不適合項目から優先的に処置をとるべきかを明らかにするために用います。

パレート図は、不適合項目を不適合品数の多い順に並べ、その大きさを棒グラフで表し、さらに累積百分率[1]を折れ線グラフで表します。分類項目に「その他」がある場合には、一番右に配置します。

※1 累積百分率とは、各項目の比率を順に足し上げた比率のことで、最終的に100%になります。

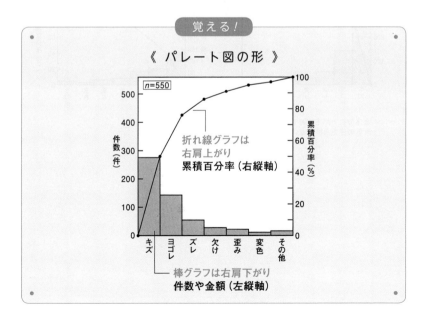

覚える！

《 パレート図の形 》

折れ線グラフは
右肩上がり
累積百分率（右縦軸）

棒グラフは右肩下がり
件数や金額（左縦軸）

パレート図を作成するときの注意点

　重要な問題を明らかにするには、パレート図の縦軸を個数や件数だ
けでなく、金額換算して図示すると、改善効果の大きな問題を抽出で
きることがあります。

　上位項目が際立っているパレート図は、手をつけるべきことがはっ
きりしているので、効果的な改善が期待できます。

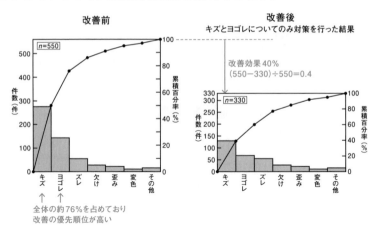

特性要因図

特性要因図とは

　特性要因図は、仕事の結果（特性）と、それを引き起こす要因（原因）との関係を、矢印を使って魚の骨のように表した図です。

　特性要因図は工程解析を行う手法の一つです。工程や品質の管理・改善のために、工程における特性と要因との因果関係を明らかにするのが工程解析です。

参考	工程解析では、特性要因図などを使って特性と要因との関係を系統的に整理します。「系統的に」とは、大まかなものから、徐々に具体的なものまで掘り下げる、ということです。特性と要因の関係性が複雑な場合には、計量的要因[※2]の場合は散布図、計数的要因[※3]の場合は層別を用いることがあります。また、新QC七つ道具の連関図法などを用いることもあります。

※2 計量的要因：重さや長さなどのような、連続した値をとる要因。
※3 計数的要因：不適合品数や人数などのような、1つ、2つと数え上げる要因。

特性要因図を作成するときの注意点

　特性には、対策あるいは改善しなければならない問題を取り上げます。要因には、ブレーンストーミングの手法を活用して、特性に影響を与えていそうなものを取り上げます。出された要因は、4Mで整理して、結果との関係を把握し具体的なアクションがとれる要因まで展開することが重要です。4Mとは、人（Man）、材料（Material）、機械（Machine）、方法（Method）のことです。

《 特性要因図の特徴 》

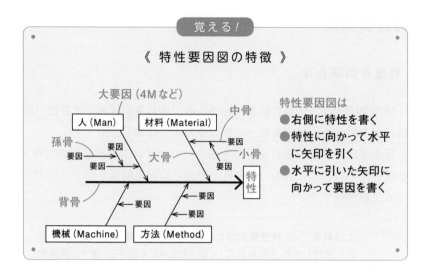

特性要因図は
● 右側に特性を書く
● 特性に向かって水平に矢印を引く
● 水平に引いた矢印に向かって要因を書く

ブレーンストーミング

　要因を探すときには、ブレーンストーミングの方法が用いられます。ブレーンストーミングとは、関係する人たち全員が参加して自由に意見を出し合う方法です。このとき、頭の中で考えた意見だけでは役に立たないため、事実に基づいて意見を出し合うことが大切です。

　ブレーンストーミングには4つの基本ルールがあります。①自由に意見を出し合う、②なるべく多くの意見を出す、③他人の意見を批判しない、④意見を組み合わせてみる、の4つのルールを守るようにします。

ヒストグラム

ヒストグラムとは

ヒストグラムはデータのばらつきや分布の様子を見える形にするために用いる手法で、横軸にデータの区間、縦軸に度数（データの数）をとって、棒グラフで表します。度数とはデータの数です。

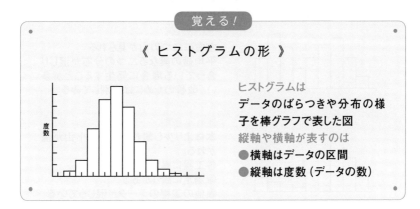

覚える！

《 ヒストグラムの形 》

ヒストグラムは
データのばらつきや分布の様子を棒グラフで表した図
縦軸や横軸が表すのは
● **横軸はデータの区間**
● **縦軸は度数（データの数）**

　品質管理の基本は、品質にばらつきを与える要因を把握して、これを管理・改善することです。ヒストグラムによって、母集団の中心の位置やばらつきの大きさが視覚的にわかるとともに、その形から母集団で起こっている不適合の発生状況など、様々な情報を読み取ることができます。

ヒストグラムの形

　ヒストグラムの形には名前がついています。名前とグラフの形をセットで覚えるとともに、どういうときにその形になるのか覚えていきましょう。

《 ヒストグラムの形と名前 》

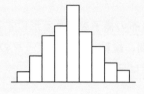

一般型
中心付近が最も高く、中心から離れるに従って徐々に低くなる左右対称のもの。
工程が管理された状態の場合にできる。

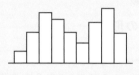

二山型
左右に二つの山が見られる。
平均値の異なる二つの分布が混じり合っている場合に発生することが多い。改善のためには層別してみる。

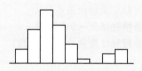

離れ小島型
本体より少し離れた位置に小山が描かれる。
●工程に異常がある
●測定に誤りがある
●他の工程のデータが混じっている
などの場合に発生することが多い。

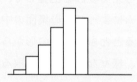

絶壁型
端が切れたもの。
規格外れのものを選別して除いたときにできることが多い。

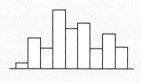

歯抜け型
区間の度数が交互に増減している。
●区間の決め方が適切でない（区間の幅が測定単位の整数倍になっていないなど）
●測定のやり方にくせがある
などの場合に発生することが多い。

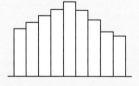

高原型
各区間の度数にあまり差がないもの。
複数の分布が混じり合っている場合に発生することが多い。改善のためには層別してみる。

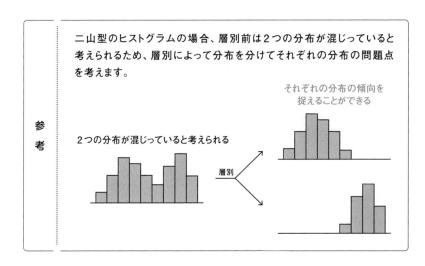

参考

二山型のヒストグラムの場合、層別前は2つの分布が混じっていると考えられるため、層別によって分布を分けてそれぞれの分布の問題点を考えます。

それぞれの分布の傾向を捉えることができる

2つの分布が混じっていると考えられる

層別

ヒストグラムの見方

　ヒストグラムを見るときは、大体の形を見て、どうしてその形が現れたのかを考えます。また、規格[※4] が定められている場合には、ヒストグラムが規格の上限と下限の間にゆとりをもって収まっているかを確認します。

※4 規格：要求される品質の基準。規格の上限を上回ったり、下限を下回ったりしている場合は不適合品として扱います。

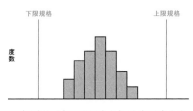

一般型で、ばらつきが小さく、分布の中心も規格のほぼ真ん中にあり、不適合品も発生していない。

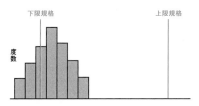

一般型で、ばらつきが小さいが、分布の中心が規格の中心からずれており、不適合品が発生している。

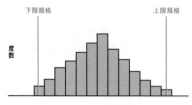

一般型だが、ばらつきが大き過ぎるために不適合品が発生している。分布の中心は規格のほぼ真ん中にある。

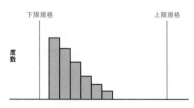

絶壁型で、規格外れの不適合品を選別して除いた後だと考えられる。

ヒストグラムの作成方法

度数分布表（度数表）は、測定値の存在する範囲をいくつかの区間に分けて、各区間に入る測定値の出現度数を数え、全体の分布の傾向を把握しやすくした表です。

ヒストグラムは度数分布表を作成してから描きます。2級ではあまり出題されませんが、計算手順のポイントを覚えておきましょう。

覚える！

《 ヒストグラムの作成手順と計算方法 》

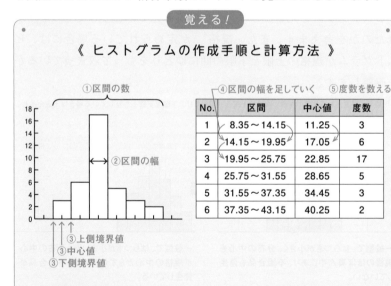

No.	区間	中心値	度数
1	8.35〜14.15	11.25	3
2	14.15〜19.95	17.05	6
3	19.95〜25.75	22.85	17
4	25.75〜31.55	28.65	5
5	31.55〜37.35	34.45	3
6	37.35〜43.15	40.25	2

① 区間の数を決める

$$区間の数 = \sqrt{データの数}$$

平方根の計算結果が整数でない場合は、一番近い整数[※5]を区間の数と決めます。

② 区間の幅を決める

$$区間の幅 = \frac{最大値 - 最小値}{区間の数}$$

計算結果を測定単位の整数倍に丸めます[※6]。

③ 最初の区間の下側境界値、上側境界値、中心値を求める

$$下側境界値 = 最小値 - \frac{測定単位}{2}$$

$$上側境界値 = 下側境界値 + 区間の幅$$

$$中心値 = \frac{上側境界値 + 下側境界値}{2}$$

④ 各区間の境界値、中心値を求める

$$各区間の境界値 = 1つ前の区間の境界値 + 区間の幅$$

$$各区間の中心値 = 1つ前の区間の中心値 + 区間の幅$$

⑤ 各区間に入るデータの数（度数）を数える
⑥ ヒストグラムを描く

※5 平方根は電卓で計算します。電卓にデータの数を入力し、√を押すと、区間の数を求めることができます。たとえば、データの数が 50 個のとき、区間の数を計算すると約 7.1 となります。この値に近い整数は 7 か 8 ですが、7.1 は 7 の方に近いので、区間の数は 7 にします。

※6 「測定単位の整数倍に丸める」とは、測定されたデータが 0.1 きざみで記録されているときは区間の幅も 0.1 単位にする、ということです。試験で整数倍に丸めるときは、測定単位の 1 けた下の数値を四捨五入します。

散布図

散布図とは

散布図は対になったデータ (x, y) の関係を表すためのグラフです。散布図は、特性のばらつきに影響している要因を調べるときや、本来の特性の測定が現実的に難しい場合に代用特性を探すときなどに用います。代用特性とは、本来の特性の代わりに用いる特性のことです。

散布図の見方

点の散らばり方から相関関係^{※7}の有無を確認します。

※7 相関関係：xが増加するときyも増加または減少する関係のこと。

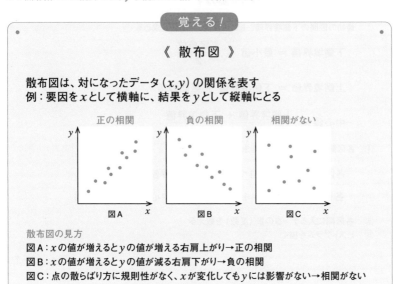

覚える！

《 散布図 》

散布図は、対になったデータ (x, y) の関係を表す
例：要因をxとして横軸に、結果をyとして縦軸にとる

正の相関   負の相関   相関がない

図A   図B   図C

散布図の見方
図A：xの値が増えるとyの値が増える右肩上がり→正の相関
図B：xの値が増えるとyの値が減る右肩下がり→負の相関
図C：点の散らばり方に規則性がなく、xが変化してもyには影響がない→相関がない

参考 | たとえば、気温が上がるとビールの消費量が増える場合、気温とビールの消費量の間には正の相関があります。一方、例えば、気温が上がっても米の消費量には影響しないので、気温と米の消費量の間には相関がないといえます。

相関が強いほど、散布図における点の並び方は直線に近くなります。図D、図Eはどちらも正の相関がありますが、より直線に近い図Dの方が強い相関があるといえます。また、図Fのように点が曲線的に並んでいる場合は、曲線的な関係があるといいます。

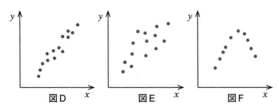

図D   図E   図F

xとyの相関が強ければ、xのばらつきを小さくすると、yのばらつきも小さくなります。逆に、相関が弱いと、xのばらつきを小さくしても、yのばらつきはあまり影響を受けません。

散布図を見るときの注意点

　散布図を見るときには、外れ値はないか、層別の必要はないかなどを考えます。

外れ値とは、他の値から大きく外れた値のことです。散布図上で、点の集まりから外れた位置にぽつんと点がある場合、その点のデータは外れ値だと考えます。外れ値があると、計算から求められる相関係数が影響を受けて、相関を確認する指標として使えなくなってしまいます。外れ値がある場合、原因がわかればそのデータを除いて散布図を見ますが、原因がわからなければ、通常は外れ値のデータを含めて散布図を見ます。

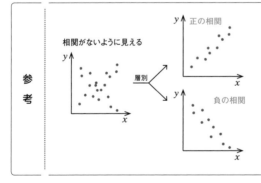

相関がなさそうに見えても層別をすると相関があることがわかる場合や、逆の場合もあるので注意しましょう。左図の例では、層別前の散布図は相関がないように見えますが、層別をすると相関があることがわかります。

チェックシート

　チェックシートは工程の製品の品質特性[8]のデータを収集し、どの不適合項目がどのくらい発生しているのかを記録するために用いる手法です。

　チェックシートは、データを簡単に取れ、取ったデータを整理しやすく、項目を漏れなく合理的にチェックしやすいことなどを考えて設計されます。また、データの履歴がわかるように、5W1H[9]を含む項目を記載する欄を作ることが大切です。

※8 品質特性：品質を評価する指標のこと
※9 5W1H：だれが（Who）、いつ（When）、どこで（Where）、なにを（What）、なぜ（Why）、どのように（How）、を表す。

参考	チェックシートに限らず、データを取る際にはデータの履歴がわかるようにしておくことが大切です。

参考	チェックシートの種類と特徴は2級ではあまり出題されませんが、念のため復習しておきましょう。

①記録用チェックシート：不適合がどこにどれくらい発生しているかを調べる

①-1 不適合項目調査用チェックシート
どのような不適合項目がどれくらい発生しているのか、現象自体を調べるために用いる。不適合が発生するたびに該当する項目にチェックマークを記入する。

項目	チェック	合計
キズ	///	3
ズレ	##//	5
欠け	/	1

①-2 不適合要因調査用チェックシート

不適合が、どのような要因により発生しているかを調べるために用いる。作業者別、機械別、材料別などにデータを層別してチェックマークを記入する。

機械	作業者	月	火	水	木	金	合計
X	A	○△	○○	○○○	○△		9
	B	△		△△	△		4
Y	C	○○○○○	○○	△	○○○	○○	14
	D	○○○○	○○△△	○△	○○○○	○○○	17

①-3 不適合位置調査用チェックシート

不適合が、製品のどの場所に発生しているかを調べるために用いる。不適合が特定の周期や部位で発生しているのかを見える形にすることで、問題箇所の特定をする。

①-4 度数分布調査用チェックシート

特性のばらつきがどのように分布しているかを調査するために用いる。あらかじめ値の区間を分けておき、データが得られるたびにチェックマークを記入する。

ヒストグラムを作るための度数分布調査などで使用する。

No.	区間	チェック	度数
1	8.35～14.15	///	3
2	14.15～19.95	卌 /	6
3	19.95～25.75	卌 卌 卌 //	17
4	25.75～31.55	卌	5
5	31.55～37.35	///	3
6	37.35～43.15	//	2

②点検用チェックシート：あらかじめ決めた点検項目に従って点検、確認する

②-1 点検・確認用チェックシート

現場での設備点検などに用いられ、作業標準どおりに進められているかなどについて、作業の流れに従ってチェックマークを記入する。

点検内容	4/1	4/2	4/3	4/4	4/5
オイル漏れはないか	✓	✓	✓		
バッテリーは正常か	✓	✓	△		
チェーンの張りは適切か	✓	✓	✓		

グラフ

グラフは、数値データの傾向や全体像を把握するために作成する図です。2級ではあまり出題されませんが、復習しておきましょう。

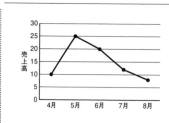

折れ線グラフ

時間の変化による連続的な変化や傾向を知るのに適している。時間の変化に伴って数量が変化する場合などに用いる。

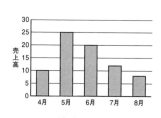

棒グラフ

数量の大小を比較するのに適している。縦軸の目盛が不適切だと、差の大きさがわかりにくいため、棒の長さで数量の大きさが直感的にわかるように調整する。

円グラフ

データの内訳の割合を表すのに適している。円の面積で割合を表す。

	4月上旬	4月中旬	4月下旬	5月上旬
作業A				
作業B				
作業C				

--- 計画　　　── 実績

ガントチャート

活動の進捗を管理するのに適している。計画や実績を線分で表示し、時間の経過を見える形にする。

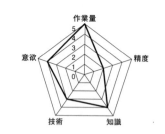

レーダーチャート

複数の評価項目の点数評価を表すのに適している。

3 親和図法

毎回平均 **0.8**/100点

親和図法とは

親和図法は、混沌とした問題を言語で表現して、関係のある内容をグルーピングして整理し、ラベル付けをして、解決すべき問題を明らかにする手法です。「混沌とした」とは、はっきりとしていない、という意味です。はっきりとしていない問題を言葉で表現して、似たイメージのものをグループ分けすることによって、はっきりさせていこう、という手法です。

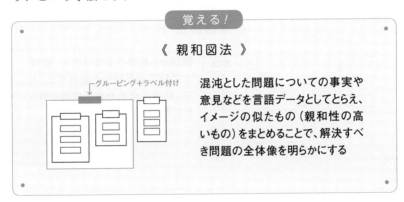

> 覚える！
>
> 《 親和図法 》
>
> グルーピング＋ラベル付け
>
> 混沌とした問題についての事実や意見などを言語データとしてとらえ、イメージの似たもの（親和性の高いもの）をまとめることで、解決すべき問題の全体像を明らかにする

参考	キーワードは「混沌」「グルーピング」です。

参考	【具体例】 **お客様に不快感を与えない** 商談中は足組みをせずお客様の話を聞く ／ お客様が話をしている途中で口を挟まない **身だしなみに気を配る** 頭髪はいつも清潔にする ／ ズボンにはプレスした折り目を入れる

4 連関図法

毎回平均 **0.7**/100点

連関図法とは

連関図法は、原因と結果が複雑に絡み合った問題に対して、その因果関係を論理的に矢線（矢印）でつないで整理することで、問題の構造を明らかにする手法です。原因から結果に向けて矢印を引きます。「原因と結果」以外にも、「要因と問題」「手段と目的」などにも用います。

覚える！

《 連関図法 》

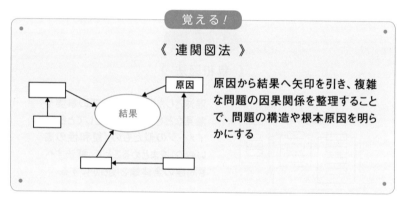

原因から結果へ矢印を引き、複雑な問題の因果関係を整理することで、問題の構造や根本原因を明らかにする

| 参考 | キーワードは「原因と結果」「複雑」「矢線」「論理的」「因果関係」です。連関図法は、工程における特性と要因の因果関係を明らかにする「工程解析」で用いることがあります。 |

5 系統図法

毎回平均 **0.6**/100点

系統図法とは

　系統図法は、目的を達成するための手段を系統的に展開して、最適な手段を追求する手法です。「系統的に」とは、順番に階層を掘り下げていく、ということで、「こんな感じで対策しよう」という大雑把な手段から、「この道具を使おう」という具体的な手段まで展開するということです。

　系統図法は問題解決の目的達成のための手段を選ぶ段階で用います。数多くの手段から最適な手段を追求するのに有効です。

覚える！

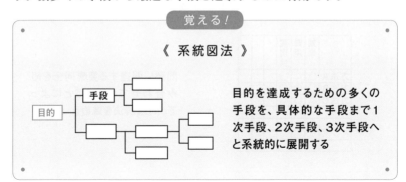

《 系統図法 》

目的を達成するための多くの手段を、具体的な手段まで1次手段、2次手段、3次手段へと系統的に展開する

| 参考 | 系統図はトーナメント表のような形をしています。連関図法と似ていますが、系統図法は要素と要素を結ぶ線は矢印ではない点が特徴です。キーワードは「系統的」「階層」です。 |

| 参考 | 系統図は、方策展開型と構成要素展開型の二つに大別できます。方策展開型では、目的達成のための手段を掘り下げて最適解を得ようとします。構成要素展開型は、構成要素同士の関連などを確認するために用います。 |

6 マトリックス図法

毎回平均 **0.5**/100点

マトリックス図法とは

　マトリックス図法は、行と列との交点で、要素同士の関係性や、関連の度合いを示す手法です。例えば、問題とその改善活動について有効性があるのか、◎、○、△、×などの記号を用いて表に整理し、交点の要素に着目して問題解決を効果的に進めていきます。マトリックスは「行列」を意味します。

覚える！

《 マトリックス図法 》

	効果	費用	実現性		
方法A	◎	△	○		
方法B	○	○	○		
方法C	△	◎	◎		

問題に関連する要素同士を組み合わせて考えることによって、問題解決を進める

参考	キーワードは「行と列（マトリックス）」「交点」です。

参考	マトリックス図にはL型などの種類があります。 L型は、上の図のような形で、一方の要素を行側に、もう一方の要素を列側に配置して表を作成し、関連の有無や度合いを交点となる枠に表示します。

7 アローダイアグラム法

毎回平均 **0.3**/100点

アローダイアグラム法とは

　アローダイアグラム法は、計画を進めるために必要な作業の相互関係を矢線（矢印）で表し、最適な日程計画を立て、効率よく進捗管理をするために用いる手法です。重要な作業を明確にして、作業の順番をどうすれば最短の日程でできるのか等を考えるときに使います。

覚える！

《 アローダイアグラム法 》

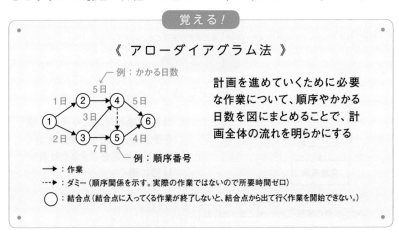

計画を進めていくために必要な作業について、順序やかかる日数を図にまとめることで、計画全体の流れを明らかにする

→：作業
┈▶：ダミー（順序関係を示す。実際の作業ではないので所要時間ゼロ）
◯：結合点（結合点に入ってくる作業が終了しないと、結合点から出て行く作業を開始できない。）

参考	キーワードは「計画」「作業」「矢線」です。アローダイアグラムは因果関係ではなく日程計画を表す図であることがポイントです。

参考	アローダイアグラムでは、ループを作ってはいけません。また、一対の結合点間に2本以上の矢印を引いてはいけないので、  その場合は新たな結合点を挿入して、ダミーで接続します。 また、結合点の始点から終点までの最長日数の経路をクリティカルパスといいます。

8 PDPC法

毎回平均 **0.3**/100点

PDPC法とは

PDPC法[1]は、事前に考えられる問題を予測し、想定されるリスクを回避して、結果を可能な限り良い方向に導くために用いる手法です。不測の事態が発生したときにとるべき行動や判断基準をあらかじめ決めておくことによって、確実に目的を達成するルートを見つけることができます。

※ 1 PDPC法は Process Decision Program Chart、過程決定計画図ともいいます。

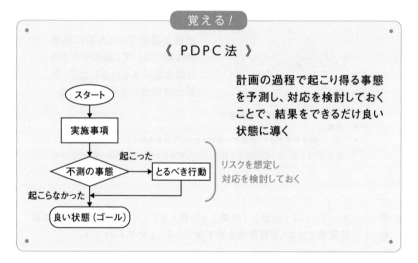

覚える！

《 PDPC法 》

計画の過程で起こり得る事態を予測し、対応を検討しておくことで、結果をできるだけ良い状態に導く

リスクを想定し対応を検討しておく

参考	キーワードは「予測」「リスク」「できるだけ良い方向」です。アローダイアグラム法と似ていますが、PDPC法の特徴は「トラブルを事前に予測」する点です。

9 マトリックス・データ解析法

毎回平均 **0.0**/100点

マトリックス・データ解析法とは

マトリックス・データ解析法は、二元的に（行と列に）まとめられた数値データを散布図で表し、多くの数値データを見通しよく整理する手法です。新QC七つ道具ですが、数値データを扱う手法です。

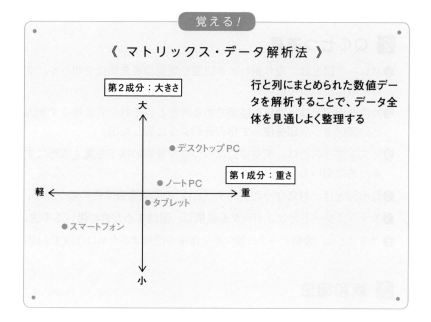

覚える！

《 マトリックス・データ解析法 》

第2成分：大きさ 大

行と列にまとめられた数値データを解析することで、データ全体を見通しよく整理する

●デスクトップPC

第1成分：重さ

軽 ←────────→ 重
●ノートPC
●タブレット

●スマートフォン

小

| 参考 | キーワードは「二元的」「数値データ」「見通しよく」です。 |

1 層別

❶層別は、母集団を分類する考え方。

❷データを取る前にデータの性質や履歴を明らかにしておく。

❸全体として見れば関係がありそうでも層別をすると関係がない場合や、逆の場合もあるため注意する。

2 QC七つ道具

❶パレート図とは、取り組むべき問題や課題の優先順位を明らかにするために用いる手法。

❷特性要因図とは、仕事の結果である特性と、それを引き起こす要因との関係を、矢印を使って魚の骨のように表した図。

❸ヒストグラムとは、データのばらつきや分布の様子を見える形にするために用いる手法。

❹散布図とは、対になったデータ (x, y) の関係を表すためのグラフ。

❺チェックシートとは、データを収集し、記録するために用いる手法。

❻グラフとは、数値データの傾向や全体像を把握するために作成する図。

3 親和図法

混沌とした問題を言語で表現し、イメージの似たものをグルーピングして整理し、ラベル付けをして、解決すべき問題を明らかにする手法。

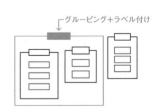
グルーピング＋ラベル付け

4 連関図法

原因と結果の因果関係を整理するために、原因から結果に向けて矢線（矢印）を引き、問題の構造を明らかにする手法。

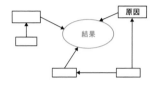

5 系統図法

目的を達成するための多くの手段を具体的な手段まで系統的に展開し、最適な手段を得る手法。

6 マトリックス図法

問題に関連する要素同士を表にまとめ、行と列の交点で要素同士の関係性や関連の度合いを示す手法。

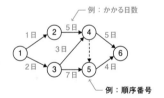

7 アローダイアグラム法

計画を進めるために必要な作業の相互関係を矢線（矢印）で表し、最適な日程計画を立て、効率よく進捗管理をする手法。

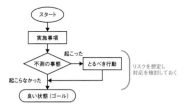

8 PDPC法

事前に考えられる問題を予測し、対応を検討することで、可能な限り良い状態に導くための手法。

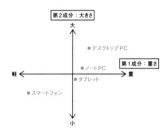

9 マトリックス・データ解析法

二元的に（行と列に）まとめられた数値データを散布図にまとめ、データ全体を見通しよく整理する手法。

✦ 予想問題 　問　題

問題 1 　QC 七つ道具

QC 七つ道具について、それぞれの手法に対応する説明を選択肢から選べ。

① 層別　説明 (1)

② パレート図　説明 (2)

③ 特性要因図　説明 (3)

④ ヒストグラム　説明 (4)

⑤ 散布図　説明 (5)

⑥ チェックシート　説明 (6)

⑦ グラフ　説明 (7)

【 (1) ～ (7) の選択肢】

ア．データを収集し、記録するために用いる手法。

イ．仕事の結果である特性と、それを引き起こす要因との関係を、矢印を使って魚の骨のように表した図。

ウ．母集団を分類する考え方。

エ．数値データの傾向や全体像を把握するために作成する図。

オ．横軸にデータの区間、縦軸に度数をとって、特性値のばらつきや分布の様子を見える形にするために用いる手法。

カ．重点指向の考え方に基づき、取り組むべき課題の優先順位を明らかにするために用いる手法。

キ．対になったデータの相関関係を表すためのグラフ。

(1)	(2)	(3)	(4)	(5)	(6)	(7)

問題2　新QC七つ道具

新QC七つ道具について、それぞれの手法に対応する説明と図を選択肢から選べ。

①親和図法　説明 (1)　図 (8)

②連関図法　説明 (2)　図 (9)

③系統図法　説明 (3)　図 (10)

④マトリックス図法　説明 (4)　図 (11)

⑤アローダイアグラム法　説明 (5)　図 (12)

⑥PDPC法　説明 (6)　図 (13)

⑦マトリックス・データ解析法　説明 (7)　図 (14)

【 (1) ～ (7) の選択肢】

ア．混沌とした問題を言語で表現し、似たものをまとめて解決すべき問題を明らかにする。

イ．行と列の交点で要素同士の関係性や関連の度合いを示す。

ウ．目的を達成するための手段を系統的に展開し、最適な手段を得る。

エ．事前に考えられる事態を予測し、対応を検討しておくことで、良い結果に導く。

オ．混沌とした問題の因果関係を矢線でつないで整理し、問題の構造を明らかにする。

カ．二元的にまとめられた数値データを見通しよく整理する。

キ．計画を進めるために必要な作業の相互関係を矢線で表し、日程管理を行う。

【 (8) ～ (14) の選択肢】

ア．

	効果	費用	実現性		
方法A	◎	△	○		
方法B	○	○	○		
方法C	△	◎	◎		

イ．

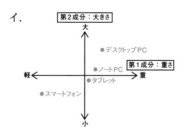

ウ.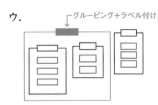

グルーピング＋ラベル付け

エ.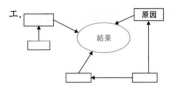

原因

結果

オ.

目的　手段

カ.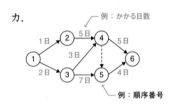

例：かかる日数

例：順序番号

キ.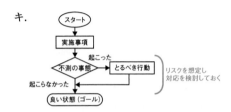

スタート

実施事項

不測の事態　起こった　とるべき行動

起こらなかった

良い状態（ゴール）

リスクを想定し
対応を検討しておく

(1)	(2)	(3)	(4)	(5)	(6)	(7)	(8)	(9)

(10)	(11)	(12)	(13)	(14)

5

⊕ 予想問題 解答解説

問題 1　QC 七つ道具

> 【解答】　(1) ウ　(2) カ　(3) イ　(4) オ　(5) キ　(6) ア　(7) エ

POINT

　QC 七つ道具は 2 級ではあまり出題されませんが、各手法の概要は押さえておきましょう。

問題 2　新 QC 七つ道具

> 【解答】　(1) ア　(2) オ　(3) ウ　(4) イ　(5) キ　(6) エ
> 　　　　 (7) カ　(8) ウ　(9) エ　(10) オ　(11) ア
> 　　　　 (12) カ　(13) キ　(14) イ

POINT

　出題頻度としては、①親和図法～⑥ PDPC 法までがよく出題され、⑦マトリックス・データ解析法はあまり出題されません。

　新 QC 七つ道具からは比較的よく出題されます。深く掘り下げた問題や変わった問題は出題されにくい傾向です。出題の形式はこの問題と似た形式が多いため、何度か復習しておくと確実な得点源になります。

6

相関分析

相関分析に関する問題はよく出題されます。
相関係数や無相関の検定を、手順に従って何度
も繰り返し解き、慣れるようにしましょう。

★★★　内容を深く理解しているレベル
★★　　定義と基本的な考え方を理解しているレベル
★　　　言葉として知っているレベル

1 相関係数

毎回平均 **3.3**/100点

相関分析とは

相関分析とは、複数の要素が「どの程度同じような動きをするか」を明らかにし、要素間の関係性を理解する分析方法です。

　例えば、ある販売店の売上に関係しそうなデータの一つとして、天気があったとします。天気の中には、降水量、最低気温、日照時間といった要素が含まれています。それぞれの要素別に作成したグラフを見ると、降水量が多いとお客さんが少なくなったり、最低気温が高いとお客さんが多くなったりしていることが分かり、相関分析により天気が売上に関係していることを大まかに把握することができます。

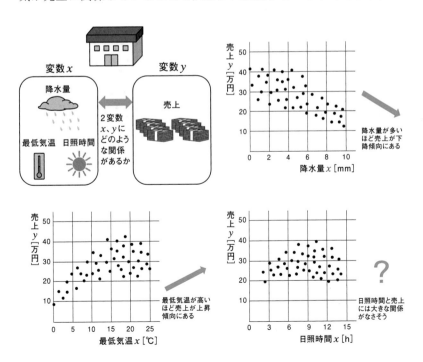

6
相関分析

相関係数

　相関係数は、2つの変数 x 、y の相関関係を調べるのに役立ちます。
相関係数 r は、x の偏差平方和を S_{xx} 、y の偏差平方和を S_{yy} 、x と y
の偏差積和を S_{xy} とすると、次のようになります。

$$r = \frac{S_{xy}}{\sqrt{S_{xx}S_{yy}}}$$

　相関係数 r の特徴をまとめると、次のようになります。

覚える！

《 相関係数の特徴 》

- 単位がなく、常に $-1 \leqq r \leqq 1$ となる。
- $r > 0$ を正の相関、$r < 0$ を負の相関という。
- r が1に近い場合は強い正の相関、r が -1 に近い場合は強い負の相関があるという。
- $r = 0$ または $r \fallingdotseq 0$ を無相関（相関がない）という。

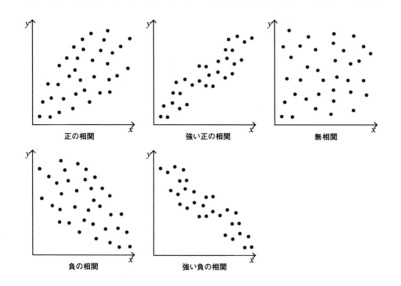

正の相関　　　　　　　強い正の相関　　　　　　無相関

負の相関　　　　　　　強い負の相関

例題 6-1-1

ある工程の要因 x と品質特性 y に関する対のあるデータを 20 組観測した結果、次の統計量の値を得た。

x の平均値：$\overline{x} = 8$、y の平均値：$\overline{y} = 6$、x の偏差平方和：$S_{xx} = 36$、y の偏差平方和：$S_{yy} = 16$、x と y の偏差積和：$S_{xy} = 18$

この工程において、x と y の相関係数 r を求めると、

$$r = \frac{\boxed{(3)}}{\sqrt{\boxed{(1)} \times \boxed{(2)}}} = \boxed{(4)}$$

となる。

【選択肢】 6　8　16　18　36　0.25　0.5　0.75

【解答】 (1) 36　(2) 16　(3) 18　(4) 0.75

x の偏差平方和を S_{xx}、y の偏差平方和を S_{yy}、x と y の偏差積和を S_{xy} とすると、相関関数 r は与えられた各値より、

$$r = \frac{S_{xy}}{\sqrt{S_{xx}S_{yy}}} = \frac{18}{\sqrt{36 \times 16}} = 0.75$$

無相関の検定

相関関係があるかどうかの検定を無相関の検定といいます。無相関の検定として、t 検定を行う方法があります。相関係数を r、データ数を n とすると、検定統計量 $|t_0|$ は次のようになります。

$$|t_0| = \frac{r\sqrt{n-2}}{\sqrt{1-r^2}}$$

有意水準を α として、データ条件から計算された $|t_0|$ と、t 表より求められる棄却域 $R : t\,(n-2, \alpha)$ を比較して検定します。

$|t_0| < t\,(n-2, \alpha)$ のとき、無相関（相関がない）

$|t_0| \geqq t\,(n-2, \alpha)$ のとき、有相関（相関がある）

と判断することができます。

6

相関分析

例 題 6-1-2

　ある製品の要因 x と特性 y との関係を分析する目的で測定した 11 組のデータから、相関係数 r を求めたところ、$r = 0.8$ となった。

　相関係数 r から相関があるかないかについて、t 分布に基づく無相関の検定を行った。検定統計量 $|t_0|$ は、

$$|t_0| = \frac{\boxed{(1)} \times \sqrt{\boxed{(2)} - 2}}{\sqrt{1 - \boxed{(1)}^2}}$$

　また、有意水準 $\alpha = 0.05$、自由度 $\phi = 9$ のとき、棄却域 R は t 表を用いると、

　　$R : t(\phi, \alpha) = t(9, 0.05) = 2.262$

検定統計量 $|t_0|$ と棄却域 R を比較すると、

　　$|t_0|$ $\boxed{(3)}$ $t(9, 0.05)$

これより、有意水準 5% で $\boxed{(4)}$ と判定できるため、要因 x と特性 y には $\boxed{(5)}$ と判断することができる。

【選択肢】 0.2　0.6　0.8　7　9　11　≧　≦　有意である　有意でない　相関がある　相関がない

【解答】 (1) 0.8　(2) 11　(3) ≧　(4) 有意である　(5) 相関がある

　相関係数を r、データ数を n とすると、検定統計量 $|t_0|$ は次のようになります。

$$|t_0| = \frac{r\sqrt{n-2}}{\sqrt{1-r^2}} = \frac{0.8 \times \sqrt{11-2}}{\sqrt{1-0.8^2}} = 4$$

棄却域 R は $t(9, 0.05) = 2.262$ より、$|t_0|$ と R を比較すると、

　　$|t_0| = 4 \geqq t(9, 0.05) = 2.262$

これより、有意水準 5% で有意であると判定できるため、要因 x と特性 y には相関があると判断することができます。

2 系列相関（大波の相関、小波の相関）

毎回平均 **0.0**/100点

符号検定

符号検定とは、相反する 2 つの事象が起こる確率が 50 ％であるかどうか（またはそうではなく、何らかの要因があるのか）を調べたい場面で用いられます。手順を次のような例題を用いて説明します。

【例題 1】あるサッカーチーム A と B が 30 試合行ったときの結果より、表 1.1 に示すようなデータを得ました。このとき、サッカーチーム A と B の強さに差があるといえるかどうか考えます。

表1.1 データ表

試合	Aの得点	Bの得点	試合	Aの得点	Bの得点
1	2	1	16	2	1
2	1	3	17	3	1
3	4	2	18	3	2
4	3	3	19	1	1
5	0	1	20	0	2
6	3	2	21	2	2
7	1	4	22	2	3
8	0	0	23	1	0
9	2	1	24	2	1
10	2	3	25	2	2
11	4	1	26	4	2
12	1	1	27	0	3
13	0	2	28	0	0
14	1	0	29	1	0
15	2	1	30	2	1

1. データの符号化

　チームＡの得点がチームＢの得点より多い場合は＋、少ない場合は－、引き分けの場合は０とし、表 1.1 のデータを表 1.2 のように符号化します。

表1.2　データ表 (符号化)

試合	Aの得点	Bの得点	符号	試合	Aの得点	Bの得点	符号
1	2	1	＋	16	2	1	＋
2	1	3	－	17	3	1	＋
3	4	2	＋	18	3	2	＋
4	3	3	0	19	1	1	0
5	0	1	－	20	0	2	－
6	3	2	＋	21	2	2	0
7	1	4	－	22	2	3	－
8	0	0	0	23	1	0	＋
9	2	1	＋	24	2	1	＋
10	2	3	－	25	2	2	0
11	4	1	＋	26	4	2	＋
12	1	1	0	27	0	3	－
13	0	2	－	28	0	0	0
14	1	0	＋	29	1	0	＋
15	2	1	＋	30	2	1	＋

2. 符号の個数の計算

　データの中の＋の個数を n_+、－の個数を n_-、合計を $N = n_+ + n_-$ とします。表 1.2 の場合は次のようになります。

　＋の個数…… $n_+ = 15$　　　－の個数…… $n_- = 8$

　合計　　…… $N = n_+ + n_- = 15 + 8 = 23$

3. 判定

　最後に表 1.3 の符号検定表を用いて判定します。

　表中の数字は n_+、n_- のいずれか小さいほうの符号の数であり、この数あるいはこれより小さければ有意であるといえます。例題 1 で

244

は小さいほうの符号の数は $n_- = 8$ です。表 1.3 より、合計 $N = 23$、有意水準 $\alpha = 0.05$ のときの値は 6 であるから、有意でないと判定できます。よって、サッカーチーム A と B の強さに差があるとはいえません。

表1.3　符号検定表

有意水準 α / データ数 N	0.01	0.05	有意水準 α / データ数 N	0.01	0.05	有意水準 α / データ数 N	0.01	0.05	有意水準 α / データ数 N	0.01	0.05
9	0	1	32	8	9	55	17	19	78	27	29
10	0	1	33	8	10	56	17	20	79	27	30
11	0	1	34	9	10	57	18	20	80	28	30
12	1	2	35	9	11	58	18	21	81	28	31
13	1	2	36	9	11	59	19	21	82	28	31
14	1	2	37	10	12	60	19	21	83	29	32
15	2	3	38	10	12	61	20	22	84	29	32
16	2	3	39	11	12	62	20	22	85	30	32
17	2	4	40	11	13	63	20	23	86	30	33
18	3	4	41	11	13	64	21	23	87	31	33
19	3	4	42	12	14	65	21	24	88	31	34
20	3	5	43	12	14	66	22	24	89	31	34
21	4	5	44	13	15	67	22	25	90	32	35
22	4	5	45	13	15	68	22	25	91	32	35
23	4	6	46	13	15	69	23	25	92	33	36
24	5	6	47	14	16	70	23	26	93	33	36
25	5	7	48	14	16	71	24	26	94	34	37
26	6	7	49	15	17	72	24	27	95	34	37
27	6	7	50	15	17	73	25	27	96	34	37
28	6	8	51	15	18	74	25	28	97	35	38
29	7	8	52	16	18	75	25	28	98	35	38
30	7	9	53	16	18	76	26	28	99	36	39
31	7	9	54	17	19	77	26	29	100	36	39

大波の検定と小波の検定

　大波の検定とは、2つの変数に対し、それぞれのメディアン（中央値）より大きければ＋、小さければ－という符号化を行い、これらがどの程度そろっているかを符号検定によって判断する方法です。メディアンより大きいかどうかを基準に調べているため、周期の長い変動を見ている方法と考えることができます。

　小波の検定とは、2つの変数に対し、測定順に見て、直前の値より大きければ＋、小さければ－という符号化を行い、これらがどの程度そろっているかを符号検定によって判断する方法です。直前の値との大小関係を基準に調べているため、周期の短い変動を見ている方法と考えることができます。

　この2つの検定は、データの分布が正規分布から大きく離れている場合や、外れ値があってその影響が無視できない場合でも、これらの影響を受けにくい方法です。

　それぞれの手順を次のような例題を用いて説明します。

【例題2】ある製品の加熱時間 x と製品強度 y との関係を分析する目的で測定した12組のデータから、表2.1に示すようなデータを得ました。

表2.1　データ表

	1	2	3	4	5	6	7	8	9	10	11	12
加熱時間 x	4	2	3	4	5	4	6	8	6	8	7	9
製品強度 y	5	4	3	4	1	3	2	4	2	3	5	6

1．データの符号化

　大波の検定を行う場合、メディアンより大きい場合は＋、小さい場合は－、同じ場合は0とし、表2.1のデータを表2.2のように符号化します。

表2.2　大波の検定用データ表（符号化）

	1	2	3	4	5	6	7	8	9	10	11	12
加熱時間 x	4	2	3	4	5	4	6	8	6	8	7	9
xのメディアン	5.5	5.5	5.5	5.5	5.5	5.5	5.5	5.5	5.5	5.5	5.5	5.5
符号	−	−	−	−	−	−	+	+	+	+	+	+
製品強度 y	5	4	3	4	1	3	2	4	2	3	5	6
yのメディアン	3.5	3.5	3.5	3.5	3.5	3.5	3.5	3.5	3.5	3.5	3.5	3.5
符号	+	+	−	+	−	−	−	+	−	−	+	+
符号の積	−	−	+	−	+	+	−	+	−	−	+	+

　小波の検定を行う場合、直前の値より大きい場合は＋、小さい場合は−、同じ場合は0とし、表2.1のデータを表2.3のように符号化します。

表2.3　小波の検定用データ表（符号化）

	1	2	3	4	5	6	7	8	9	10	11	12
加熱時間 x	4	2	3	4	5	4	6	8	6	8	7	9
符号		−	+	+	+	−	+	+	−	+	−	+
製品強度 y	5	4	3	4	1	3	2	4	2	3	5	6
符号		−	−	+	−	+	−	+	−	+	+	+
符号の積		+	−	+	−	−	−	+	+	+	−	+

2. 符号の積における符号の個数の計算

　データの中の符号の積における＋の個数を n_+、−の個数を n_-、合計を $N = n_+ + n_-$ とします。表2.2および表2.3の場合、次のようになります。

①大波の検定
　＋の個数…… $n_+ = 6$　　−の個数…… $n_- = 6$
　合計　　…… $N = n_+ + n_- = 6+6 = 12$

②小波の検定
　＋の個数…… $n_+ = 6$　　−の個数…… $n_- = 5$
　合計　　…… $N = n_+ + n_- = 6+5 = 11$

3．判定

最後に表 1.3 の符号検定表を用いて判定します。

表中の数字は例題 1 と同様に、n_+、n_- の各値が表 1.3 中の数値あるいはこれより小さければ有意であるといえます。

大波の検定では小さいほうの符号の数は $n_- = 6$ です。表 1.3 より、合計 $N = 12$、有意水準 $\alpha = 0.05$ のときの値は 2 であるから、有意でないと判定できます。

小波の検定では小さいほうの符号の数は $n_- = 5$ です。表 1.3 より、合計 $N = 11$、有意水準 $\alpha = 0.05$ のときの値は 1 であるから、有意でないと判定できます。

いずれの結果からも、加熱時間 x と製品強度 y との間には相関があるとはいえません。

重要ポイントのまとめ

POINT

1 相関係数

❶相関分析とは、複数の要素が「どの程度同じような動きをするか」を明らかにし、要素間の関係性を理解する分析方法のこと。

❷相関係数 r は、x の偏差平方和を S_{xx}、y の偏差平方和を S_{yy}、x と y の偏差積和を S_{xy} とすると、次のようになる。

$$r = \frac{S_{xy}}{\sqrt{S_{xx}S_{yy}}}$$

❸相関係数 r の特徴は次の通り。

・単位がなく、常に $-1 \leqq r \leqq 1$ となる。

・$r > 0$ を正の相関、$r < 0$ を負の相関という。

・r が 1 に近い場合は強い正の相関、r が -1 に近い場合は強い負の相関があるという。

・$r = 0$ または $r \fallingdotseq 0$ を無相関（相関がない）という。

❹無相関の検定とは、データ間の相関関係があるかどうかを調べる検定であり、一例として t 検定を行う方法がある。相関係数を r、データ数を n とすると、検定統計量 $|t_0|$ は次のようになる。

$$|t_0| = \frac{r\sqrt{n-2}}{\sqrt{1-r^2}}$$

有意水準を α として、データ条件から計算された $|t_0|$ と、t 表より求められる棄却域 $R : t(n-2,\alpha)$ を比較して検定する。

$|t_0| < t(n-2,\alpha)$　のとき、無相関（相関がない）

$|t_0| \geqq t(n-2,\alpha)$　のとき、有相関（相関がある）

2 系列の相関（大波の相関、小波の相関）

❶大波の検定、小波の検定とは、2つの変数の相関係数の有意性の検定を簡潔に行う方法のこと。

❷符号検定とは、相反する２つの事象が起こる確率が50％であるか
どうか（またはそうではなく、何らかの要因があるのか）を調べた
い場面で用いられる検定のこと。

（1）データの符号化

　２つの変数の一方が他方よりも大きい場合は＋、小さい場合は
－、同じ場合は0とし、データを符号化する。

（2）符号の個数の計算

　＋の個数 n_+、－の個数 n_-、これらの合計 $N=n_++n_-$ を計算す
る。

（3）判定

　符号検定表を用いて判定する。

　表中の数字は n_+、n_- のいずれか小さいほうの符号の数に対応して
おり、この数あるいはこれより小さければ有意であると判定できる。

❸大波の検定とは、２つの変数に対し、それぞれのメディアン（中央
値）より大きければ＋、小さければ－という符号化を行い、これら
がどの程度そろっているかを符号検定によって判断する方法。小波
の検定とは、２つの変数に対し、測定順に見て、直前の値より大き
ければ＋、小さければ－という符号化を行い、これらがどの程度そ
ろっているかを符号検定によって判断する方法。

（1）データの符号化

　大波の検定を行う場合、メディアンより大きい場合は＋、小さい
場合は－、同じ場合は0とし、データを符号化する。

　小波の検定を行う場合、直前の値より大きい場合は＋、小さい場
合は－、同じ場合は0とし、データを符号化する。

（2）符号の積における符号の個数の計算

　＋の個数 n_+、－の個数 n_-、これらの合計 $N=n_++n_-$ を計算す
る。

（3）判定

　符号検定表を用いて判定する。

　表中の数字は n_+、n_- のうちいずれか小さいほうの符号の数に対
応しており、この数あるいはこれより小さければ有意であると判定
できる。

⊕ 予想問題　問　題

問題 1　相関分析

　　　内に入る最も適切なものを選択肢から選べ。

　ある製造ラインに関して、機械の稼働時間 x と停止回数 y との関係を調べるため、11 台のデータを取った。それらのデータと、2 乗の値、積の値を表 1.1 に示す。

表1.1

ライン番号	稼働時間 x	停止回数 y	x^2	y^2	xy
1	38	14	1444	196	532
2	35	12	1225	144	420
3	41	13	1681	169	533
4	38	10	1444	100	380
5	36	12	1296	144	432
6	44	17	1936	289	748
7	41	11	1681	121	451
8	35	10	1225	100	350
9	40	15	1600	225	600
10	39	14	1521	196	546
11	42	15	1764	225	630
合計	429	143	16817	1909	5622

　計算補助表より、x の偏差平方和 $S_{xx} = $ ⌒(1)⌒ 、y の偏差平方和 $S_{yy} = $ ⌒(2)⌒ 、x と y の偏差積和 $S_{xy} = $ ⌒(3)⌒ と計算できるため、相関係数 r は $r = $ ⌒(4)⌒ となる。また、相関の有無を判定するために、有意水準 $\alpha = 0.05$ で無相関の検定を行ったところ、検定統計量 $|t_0| = $ ⌒(5)⌒ となった。t 表より $t(\phi, 0.05) = $ ⌒(6)⌒ であるため、有意水準 5% で有意で ⌒(7)⌒ と判定でき、機械の稼働時間 x と停止回数 y には相関が ⌒(7)⌒ と判断することができる。

【 ⌒(1)⌒ ～ ⌒(7)⌒ の選択肢】

ア. 27　　イ. 34　　ウ. 38　　エ. 45　　オ. 50　　カ. 56　　キ. 64

ク. 78　　ケ. 86　　コ. 97　　サ. 0.642　　シ. 0.669　　ス. 0.686

セ. 0.714　　ソ. 2.093　　タ. 2.201　　チ. 2.262　　ツ. 2.426

テ. 2.571　　ト. 2.828　　ナ. 3.182　　ニ. ある　　ヌ. ない

(1)	(2)	(3)	(4)	(5)	(6)	(7)

⊕ 予想問題 解答解説

問題 1　相関分析

【解答】　(1) ケ　(2) オ　(3) エ　(4) ス　(5) ト　(6) チ　(7) ニ

【解き方】

x の偏差平方和を S_{xx}、y の偏差平方和を S_{yy}、x と y の偏差積和を S_{xy} とすると、それぞれ表 1.1 の値より、

$$S_{xx} = \sum_{i=1}^{n} (x_i - \bar{x})^2 = \sum_{i=1}^{n} x_i^2 - \frac{(\sum_{i=1}^{n} x_i)^2}{n} = 16817 - \frac{429^2}{11} = 86$$

$$S_{yy} = \sum_{i=1}^{n} (y_i - \bar{y})^2 = \sum_{i=1}^{n} y_i^2 - \frac{(\sum_{i=1}^{n} y_i)^2}{n} = 1909 - \frac{143^2}{11} = 50$$

$$S_{xy} = \sum_{i=1}^{n} (x_i - \bar{x})(y_i - \bar{y}) = \sum_{i=1}^{n} x_i y_i - \frac{(\sum_{i=1}^{n} x_i)(\sum_{i=1}^{n} y_i)}{n} = 5622 - \frac{429 \times 143}{11} = 45$$

したがって、相関関数 r は、

$$r = \frac{S_{xy}}{\sqrt{S_{xx} S_{yy}}} = \frac{45}{\sqrt{86 \times 50}} \fallingdotseq 0.686$$

また、これらの結果より、検定統計量 $|t_0|$ は次のようになります。

$$|t_0| = \frac{r\sqrt{n-2}}{\sqrt{1-r^2}}$$

$$= \frac{0.686 \times \sqrt{11-2}}{\sqrt{1-0.686^2}} \fallingdotseq 2.828$$

また、棄却域 R は自由度 $\phi = n - 2 = 9$、有意水準 $\alpha = 0.05$ とすると、t 表より、

$$R : t(9, 0.05) = 2.262$$

検定統計量 $|t_0|$ と棄却域 R を比較すると、$|t_0| > R$ であるから、有意水準 5% で有意であると判定できるため、機械の稼働時間 x と停止回数 y には相関があると判断することができます。

単回帰分析

毎回よく出題される範囲です。
分散分析表による検定と回帰診断に関する問題を、手順に従って何度も繰り返し解き、計算できるようにしましょう。

★★★　内容を深く理解しているレベル
★★　　定義と基本的な考え方を理解しているレベル
★　　　言葉として知っているレベル

1 単回帰式の推定 ★★★

P255

出題分析	毎回平均 1.7/100点	第22回:2点	第23回:2点	第24回:1点	第25回:0点
		第26回:0点	第27回:3点	第28回:0点	第30回:6点
		第31回:1点	第32回:2点	第33回:3点	第34回:0点

相関分析と回帰分析の違いや、最小二乗法による回帰直線の推定について学びます。

2 分散分析 ★★★

P262

出題分析	毎回平均 2.3/100点	第22回:5点	第23回:3点	第24回:3点	第25回:3点
		第26回:0点	第27回:4点	第28回:0点	第30回:0点
		第31回:3点	第32回:0点	第33回:3点	第34回:3点

回帰に意味があるかどうかを分散分析表を用いた検定によって判断します。問題を何度も解いて手順を理解しましょう。

3 回帰診断(残差の検討) ★★

P267

出題分析	毎回平均 0.4/100点	第22回:0点	第23回:0点	第24回:1点	第25回:0点
		第26回:0点	第27回:0点	第28回:0点	第30回:2点
		第31回:1点	第32回:0点	第33回:1点	第34回:0点

回帰式がどの程度の意味をもつのかを表す寄与率や、残差の検討手順について学びます。

1 単回帰式の推定

毎回平均 **1.7**/100点

相関分析と回帰分析

　相関分析[1] に対して回帰分析とは、もとになる変数と目的とする変数の間に関係式を当てはめ、2つの変数の間の関係をどのくらい説明できるかを統計的に示す分析方法です。

[1] 相関分析：複数の要素が「どの程度同じような動きをするか」を明らかにし、要素間の関係性を理解する分析方法。

　相関分析と回帰分析はどちらも2つの変数の関係を分析する方法ですが、相関分析は「2つの変数の関係を調べる」ことを目的としているのに対し、回帰分析は「片方の変数からもう一方の変数を説明する」ことを目的としています。

　例として、ある地区に新しい店舗を出店するときに、人口と月の売上を考慮しているとします。人口と月の売上の関係を調べることを目的としているのが相関分析、人口から月の売上を説明することを目的としているのが回帰分析です。

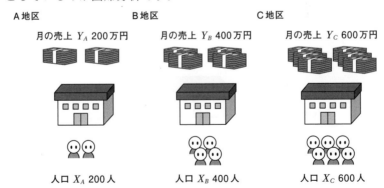

A地区

月の売上 Y_A 200万円

人口 X_A 200人

B地区

月の売上 Y_B 400万円

人口 X_B 400人

C地区

月の売上 Y_C 600万円

人口 X_C 600人

各地区の人口と月の売上の関係を調べると、人口 X が多いほど、月の売上 Y は多い
つまり、人口 X と月の売上 Y には正の相関関係がある

➡ 変数 X と Y の関係を調べる

相関分析

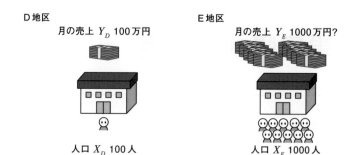

D地区は人口X_D=100人で月の売上Y_D=100万円ということは、人口X_E=1000人のE地区に出店すると、月の売上Y_Eは1000万円くらいになりそう

変数Xからもう一方の変数Yを説明する
回帰分析

目的変数と説明変数

回帰分析の構造式は、説明変数をx、目的変数をyとすると、次のようになります。

$$y=ax+b$$

説明変数とは、予測や制御に用いる変数のことです。対して、目的変数とは、予測や制御の対象とする変数のことです。

例として、ある店舗の売上に関係しそうな要素の中に、品数、清潔度、接客の良さなどがあったとします。このとき、要素の変化によって売上が変動することから、売上に関係しそうな要素を説明変数、売上を目的変数と考えることができます。

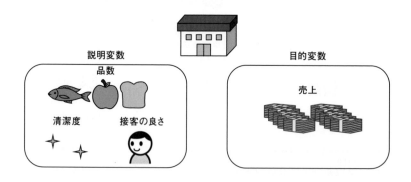

なお、1つの目的変数を1つの説明変数で予測する方法を単回帰分析、1つの目的変数を2つ以上の説明変数で予測する方法を重回帰分析といいます。2級では単回帰分析のみ扱います。

最小二乗法

　最小二乗法とは、回帰分析の構造式 $y = ax + b$ の傾き a および切片 b を求めるときに役に立つ方法です。

　例として、いくつかの店舗の品数 x と売上 y の関係を調査した結果を表1に示します。

表1

店舗	A	B	C	D	E	F	G	H
品数 x[個]	5	7	4	2	9	3	8	6
売上 y[万円]	27	40	28	14	50	20	45	32

　表1の値をグラフにプロットしたものに、どの点からも近くなるような一次式 $y=ax+b$ を仮定して当てはめると、図1のようになります。

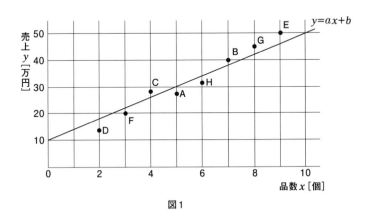

図1

　まれに直線が点の上を通ることもありますが、一般的には図2のように実測値 y_i と予測値 $\hat{y}_i$ の間にズレが生じます。この実測値 y_i と予測値 $\hat{y}_i$ の差を残差 e_i といい、次の式で表すことができます。

$$e_i = y_i - \hat{y}_i = y_i - (ax_i + b)$$

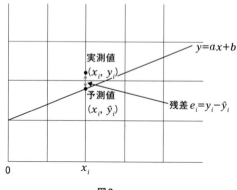

図2

　直線 $y=ax+b$ は、どの点からも近くなるように仮定しました。これは「点と直線の距離である残差 e_i をそれぞれ2乗したものを合計した値が最小となるときの直線」と言い換えることができ、このような直線を回帰直線といいます。

　つまり、最小二乗法とは、図3のように y の実測値 y_i と一次式で予測される値 $\hat{y}_i$（$= ax_i + b$）の差を二乗したものの総和（後述の残差平方和）を最小にする直線の予測式を求める方法のことです。

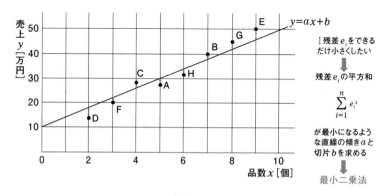

図3

直線の予想式が当てはまっているかどうかを確認するために、残差 e_i の平方和 S_E をとり、この S_E が最小になるような a および b を求めます。

$$S_E = \sum_{i=1}^{n} e_i{}^2 = \sum_{i=1}^{n} \{y_i - (ax_i + b)\}^2$$

計算しやすくするために、上式を次のように変形します。

$$S_E = \sum_{i=1}^{n} \{(y_i - \bar{y}) - a(x_i - \bar{x}) + (\bar{y} - b - a\bar{x})\}^2$$

$$= \sum_{i=1}^{n} (y_i - \bar{y})^2 + a^2 \sum_{i=1}^{n} (x_i - \bar{x})^2$$

$$+ (\bar{y} - b - a\bar{x})^2 \sum_{i=1}^{n} 1 - 2a \sum_{i=1}^{n} (x_i - \bar{x})(y_i - \bar{y})$$

$$+ 2(\bar{y} - b - a\bar{x}) \left\{ \sum_{i=1}^{n} (y_i - \bar{y}) - a \sum_{i=1}^{n} (x_i - \bar{x}) \right\}$$

$$= S_{yy} + a^2 S_{xx} + n(\bar{y} - b - a\bar{x})^2 - 2a S_{xy}$$

参考

上記では、次の関係式を利用しました。

$$\sum_{i=1}^{n} (x_i - \bar{x}) = \sum_{i=1}^{n} x_i - \bar{x} \sum_{i=1}^{n} 1 = n\bar{x} - \bar{x}n = 0$$

$$\sum_{i=1}^{n} (y_i - \bar{y}) = \sum_{i=1}^{n} y_i - \bar{y} \sum_{i=1}^{n} 1 = n\bar{y} - \bar{y}n = 0$$

この式を a および b について、平方和を用いた形に変形します。

$$S_E = a^2 S_{xx} - 2a S_{xy} \times \frac{S_{xx}}{S_{xx}} + S_{xx} \times \frac{S_{xy}{}^2}{S_{xx}{}^2} + n(\bar{y} - b - a\bar{x})^2$$

$$+ S_{yy} - S_{xx} \times \frac{S_{xy}{}^2}{S_{xx}{}^2}$$

$$= S_{xx} \left(a^2 - 2a \frac{S_{xy}}{S_{xx}} + \frac{S_{xy}{}^2}{S_{xx}{}^2} \right) + n(\bar{y} - b - a\bar{x})^2 + S_{yy} - \frac{S_{xy}{}^2}{S_{xx}}$$

$$= S_{xx} \left(a - \frac{S_{xy}}{S_{xx}} \right)^2 + n(\bar{y} - b - a\bar{x})^2 + S_{yy} - \frac{S_{xy}{}^2}{S_{xx}}$$

この式の第1項、第2項はともに0以上、つまり両方とも0となる場合に S_E は最小になります。よって、S_E が最小になるような a および b は次の式で表すことができます。

$$a = \frac{S_{xy}}{S_{xx}}$$

$$b = \bar{y} - a\bar{x} = \bar{y} - \frac{S_{xy}}{S_{xx}}\bar{x}$$

回帰分析は、目的変数の変動を、いかに正確に直線の予測式を用いて説明できるかどうかが大切な点です。そこで、データの変動 $y_i - \bar{y}$ を、回帰による変動 $\hat{y}_i - \bar{y}$ と残差 $y_i - \hat{y}_i$ に分解することを考えます。それぞれの平方和は次の式で求めることができます。

総平方和

$$S_T = \sum_{i=1}^{n}(y_i - \bar{y})^2 = S_{yy}$$

回帰平方和

$$S_R = \sum_{i=1}^{n}(\hat{y}_i - \bar{y})^2 = \sum_{i=1}^{n}[\{\bar{y} + a(x_i - \bar{x})\} - \bar{y}]^2 = a^2 S_{xx} = \frac{S_{xy}{}^2}{S_{xx}}$$

残差平方和

$$S_E = \sum_{i=1}^{n}(y_i - \hat{y}_i)^2 = \sum_{i=1}^{n}[y_i - \{\bar{y} + a(x_i - \bar{x})\}]^2$$

$$= \sum_{i=1}^{n}\{(y_i - \bar{y}) - a(x_i - \bar{x})\}^2$$

$$= S_{yy} - 2aS_{xy} + a^2 S_{xx}$$

$$= S_{yy} - 2 \times \frac{S_{xy}}{S_{xx}} \times S_{xy} + \frac{S_{xy}{}^2}{S_{xx}}$$

$$= S_{yy} - 2\frac{S_{xy}{}^2}{S_{xx}} + \frac{S_{xy}{}^2}{S_{xx}}$$

$$= S_{yy} - \frac{S_{xy}{}^2}{S_{xx}}$$

残差平方和の式に総平方和と回帰平方和の式を代入し、整理すると、次のようになります。

$$S_E = S_T - S_R$$
$$S_T = S_R + S_E$$

この関係式を平方和の分解といいます。

参考

📖 例題 7-1-1

ある工程の要因 x と品質特性 y に関する対のあるデータを 20 組観測した結果、次の統計量の値を得た。

x の平均値：$\bar{x} = 8$、y の平均値：$\bar{y} = 6$、x の偏差平方和：$S_{xx} = 40$、

y の偏差平方和：$S_{yy} = 16$、x と y の偏差積和：$S_{xy} = 20$

この工程において、x を説明変数、y を目的変数として回帰直線を求めると、

$$y = \boxed{(1)}\ x + \boxed{(2)}$$

となる。

【選択肢】 0.4　0.5　0.8　1　2　3　4

【解答】 （1）0.5 （2）2

x を説明変数、y を目的変数としたときの回帰直線 $y = ax + b$ の a および b は、

$$a = \frac{S_{xy}}{S_{xx}}$$

$$b = \bar{y} - \frac{S_{xy}}{S_{xx}}\bar{x}$$

問題文で示されている各値を用いると、

$$a = \frac{20}{40} = 0.5$$

$$b = 6 - 0.5 \times 8 = 2$$

よって、回帰直線は、

$$y = 0.5x + 2$$

となります。

2 分散分析

分散分析表による検討

回帰に意味があるかどうかは、分散分析表を用いて検定することができます。手順を次のような例題を用いて説明します。

【例題 1】ある製品の要因 x と特性 y との関係を分析する目的で測定した 20 組のデータから、表 1.1 に示すようなデータを得たとします。

表1.1　データ表

No.	x	y	No.	x	y
1	28	38	11	34	40
2	26	40	12	36	48
3	29	44	13	38	46
4	33	45	14	24	36
5	31	40	15	32	49
6	37	47	16	22	30
7	24	41	17	40	51
8	30	45	18	36	47
9	26	34	19	24	33
10	20	27	20	30	39

1. 平方和と偏差積和の計算

表 1.1 のデータから、表 1.2 のようにそれぞれの 2 乗の値および合計値を算出し、偏差平方和 S_{xx}、S_{yy} と偏差積和 S_{xy} を求めます。

表1.2 データ表

No.	x	y	x^2	y^2	xy
1	28	38	784	1444	1064
2	26	40	676	1600	1040
3	29	44	841	1936	1276
4	33	45	1089	2025	1485
5	31	40	961	1600	1240
6	37	47	1369	2209	1739
7	24	41	576	1681	984
8	30	45	900	2025	1350
9	26	34	676	1156	884
10	20	27	400	729	540
11	34	40	1156	1600	1360
12	36	48	1296	2304	1728
13	38	46	1444	2116	1748
14	24	36	576	1296	864
15	32	49	1024	2401	1568
16	22	30	484	900	660
17	40	51	1600	2601	2040
18	36	47	1296	2209	1692
19	24	33	576	1089	792
20	30	39	900	1521	1170
合計	600	820	18624	34442	25224

7

単回帰分析

$$S_{xx} = \sum_{i=1}^{n}(x_i - \bar{x})^2 = \sum_{i=1}^{n} x_i^2 - \frac{(\sum_{i=1}^{n} x_i)^2}{n}$$

$$= 18624 - \frac{600^2}{20} = 624$$

$$S_{yy} = \sum_{i=1}^{n}(y_i - \bar{y})^2 = \sum_{i=1}^{n} y_i^2 - \frac{(\sum_{i=1}^{n} y_i)^2}{n}$$

$$= 34442 - \frac{820^2}{20} = 822$$

$$S_{xy} = \sum_{i=1}^{n}(x_i - \bar{x})(y_i - \bar{y}) = \sum_{i=1}^{n} x_i y_i - \frac{(\sum_{i=1}^{n} x_i)(\sum_{i=1}^{n} y_i)}{n}$$

$$= 25224 - \frac{600 \times 820}{20} = 624$$

2．要因平方和の計算

偏差平方和 S_{xx}、S_{yy} と偏差積和 S_{xy} から、次の 3 つの要因平方和を求めます。

・総平方和

$$S_T = S_{yy} = 822$$

・回帰平方和

$$S_R = \frac{S_{xy}{}^2}{S_{xx}} = \frac{624^2}{624} = 624$$

・残差平方和

$$S_E = S_T - S_R = 822 - 624 = 198$$

3．自由度の計算

次に、データの総数から次の 3 つの自由度を求めます。

・総平方和の自由度

$$\phi_T = (\text{データの総数}) - 1 = 20 - 1 = 19$$

・回帰の自由度

$$\phi_R = 1$$

・誤差の自由度

$$\phi_E = \phi_T - \phi_R = 19 - 1 = 18$$

4．分散分析表の作成

手順 2～3 で求めた各平方和および自由度を用いて、表 1.3 のような分散分析表を作成します。

表1.3　分散分析表

要因	平方和 S	自由度 ϕ	平均平方 V	分散比 F_0	$F(\alpha)$
回帰 R	S_R	ϕ_R	$V_R = S_R/\phi_R$	$F_0 = V_R/V_E$	$F(\phi_R, \phi_E ; \alpha)$
誤差 E	S_E	ϕ_E	$V_E = S_E/\phi_E$		
計	S_T	ϕ_T			

　表 1.3 の各数値を計算、記入し、F 表より求めた棄却限界値も記載すると、例題 1 の分散分析表は表 1.4 のようになります。

$$V_R = \frac{S_R}{\phi_R} = \frac{624}{1} = 624$$

$$V_E = \frac{S_E}{\phi_E} = \frac{198}{18} = 11$$

$$F_0 = \frac{V_R}{V_E} = \frac{624}{11} \fallingdotseq 56.7$$

表1.4　分散分析表

要因	平方和 S	自由度 ϕ	平均平方 V	分散比 F_0	$F(0.05)$	$F(0.01)$
回帰 R	624	1	624	56.7	4.41	8.29
誤差 E	198	18	11			
計	822	19				

5．判定

　分散分析表で求めた分散比 F_0 を、F 表より求めた棄却限界値と比較し判定します。

　回帰に意味があったと考えられる、つまり有意水準 α で「有意である」と判断する条件式は、次のようになります。

　　$R : F_0 \geqq F(\phi_R, \phi_E ; \alpha)$

この式を用いて、判定を行います。

　　$R : F_0 = 56.7 \geqq F(\phi_R, \phi_E ; \alpha) = F(1, 18 ; 0.01) = 8.29$

　これより、有意水準 $\alpha = 0.01$ で有意であると判定でき、回帰に意味があったといえます。

例 題 **7-2-1**

　ある製品の要因 x と特性 y との関係を分析する目的で測定した 30 組のデータから、次の統計量の計算結果と表 7.2.1 に示すような分散分析表を得た。

x の偏差平方和：$S_{xx}=144$、y の偏差平方和：$S_{yy}=1800$

x と y の偏差積和：$S_{xy}=432$

表7.2.1

要因	平方和 S	自由度 ϕ	平均平方 V	分散比 F_0	$F(0.01)$
回帰 R	(1)	$\phi_R=1$	$V_R=1296$	(5)	7.64
誤差 E	(2)	(3)	(4)		
計	$S_T=1800$	$\phi_T=29$			

　F 表より $F(\phi_R,\phi_E\,;\,0.01)=7.64$ であるため、有意水準 $\alpha=0.01$ で 　(6)　と判定できる。

【選択肢】12　18　28　36　48　56　72　504　600　1200　1296

有意である　有意でない

【解答】　(1) 1296　(2) 504　(3) 28　(4) 18　(5) 72　(6) 有意である

・回帰平方和
$$S_R=\frac{S_{xy}^{\,2}}{S_{xx}}=\frac{432^2}{144}=1296$$

・残差平方和
$$S_E=S_T-S_R=1800-1296=504$$

・誤差の自由度
$$\phi_E=\phi_T-\phi_R=29-1=28$$

・誤差の平均平方
$$V_E=\frac{S_E}{\phi_E}=\frac{504}{28}=18$$

・分散比
$$F_0=\frac{V_R}{V_E}=\frac{1296}{18}=72$$

　F 表より $F(\phi_R,\phi_E\,;\,0.01)=7.64$ であるため、$F_0=72\geqq7.64$ より、有意水準 $\alpha=0.01$ で有意であると判定できます。

3 回帰診断（残差の検討）

毎回平均 **0.4**/100点

寄与率とは

寄与率とは、目的変数 y の総変動 $S_{yy}(=S_T)$ に対する、回帰による変動 S_R の割合のことで、得られた回帰式がどの程度の意味をもつのかを表す尺度として用いられます。この値が大きいほど、回帰式に強い意味があることになります。寄与率 R^2 は、次の式で求めることができます。

$$R^2 = \frac{S_R}{S_T}$$

寄与率 R^2 は 0 から 1 の値をとり、x と y の相関係数 r の 2 乗に一致するという特徴があります。

寄与率を検討する例として、ある店舗の売上に関係しそうな要素を説明変数 x、売上を目的変数 y としたときの回帰直線を考えます。清潔度を x_1 ［ポイント］、接客の良さを x_2 ［ポイント］、それぞれの要素に対する売上を y_1、y_2 ［万円］とし、x と y の関係をそれぞれ図4、図5のようにグラフに示します。

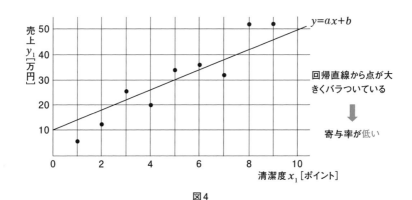

図4

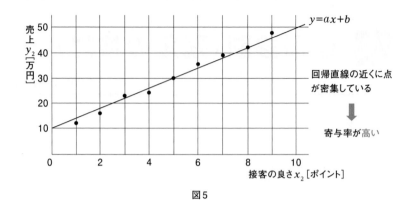

図5

　どちらのグラフの回帰式も同じですが、清潔度 x_1 を説明変数とした場合は回帰直線から点が大きくバラついているのに対し、接客の良さ x_2 を説明変数とした場合は回帰直線の近くに点が密集しています。図4は清潔度以外に売上に影響を与えている他の要素が含まれていることを意味している一方、図5は接客の良さだけで売上の傾向を十分に説明できていることを意味しています。つまり、得られた回帰式に強い意味を持たない図4は寄与率が低く、得られた回帰式に強い意味を持つ図5は寄与率が高いといえます。

　なお、残差の検討は、次のような順序で行われます。
　①残差のヒストグラムを作成するか、残差の正規確率プロットを行う。
　②残差と説明変数の散布図を作成する。
　③残差と目的変数の予測値の散布図を作成する。

ある工程の要因 x と品質特性 y に関する対のあるデータを 20 組観測した結果、次の統計量の値を得た。

x の偏差平方和：$S_{xx} = 8$、y の偏差平方和：$S_{yy} = 12$

x と y の偏差積和：$S_{xy} = 6$

この工程において、総平方和を S_T、回帰平方和を S_R として寄与率 R^2 を求めると、

$$R^2 = \frac{S_R}{S_T} = \frac{\boxed{(2)}^2}{\boxed{(1)}} = \boxed{(3)}$$

となる。

【選択肢】 6 8 12 24 48 72 96 144 1/3 3/8 8/9

【解答】 (1) 96 (2) 6 (3) 3/8

総平方和 S_T は、

$$S_T = S_{yy}$$

回帰平方和 S_R は、

$$S_R = \frac{S_{xy}^2}{S_{xx}}$$

これより、寄与率 R^2 は、

$$R^2 = \frac{\dfrac{S_{xy}^2}{S_{xx}}}{S_{yy}} = \frac{S_{xy}^2}{S_{xx}S_{yy}}$$

上式に問題文で示されている各値を用いると、

$$R^2 = \frac{6^2}{8 \times 12} = \frac{6^2}{96} = \frac{3}{8}$$

となります。

7 重要ポイントのまとめ

1 単回帰式の推定

❶回帰分析とは、もとになる変数と目的とする変数の間に関係式を当てはめ、2つの変数の間の関係をどのくらい説明できるかを統計的に示す分析方法のこと。

❷相関分析は「2つの変数の関係を調べる」ことを目的としているのに対し、回帰分析は「片方の変数からもう一方の変数を説明する」ことを目的としている。

❸回帰分析の構造式は、説明変数（予測や制御に用いる変数）を x、目的変数（予測や制御の対象になる変数）を y とすると、次のようになる。

$$y = ax + b$$

❹最小二乗法とは、回帰分析の構造式 $y = ax + b$ の傾き a および切片 b を求めるために、y の実測値 y_i と一次式で予測される値 $\hat{y}_i$（$= ax_i + b$）の差を二乗したものの総和（残差平方和）を最小にする直線の予測式を求める方法。

2 分散分析

❶分散分析の手順

(1) 平方和と偏差積和の計算

$$S_{xx} = \sum_{i=1}^{n} (x_i - \bar{x})^2$$

$$S_{yy} = \sum_{i=1}^{n} (y_i - \bar{y})^2$$

$$S_{xy} = \sum_{i=1}^{n} (x_i - \bar{x})(y_i - \bar{y})$$

（2）要因平方和の計算

　総平方和　$S_T = S_{yy}$

　回帰平方和　$S_R = \dfrac{S_{xy}{}^2}{S_{xx}}$

　残差平方和　$S_E = S_T - S_R$

（3）自由度の計算

　総平方和の自由度　$\phi_T = (データの総数) - 1$

　回帰の自由度　$\phi_R = 1$

　誤差の自由度　$\phi_E = \phi_T - \phi_R$

（4）分散分析表の作成

要因	平方和 S	自由度 ϕ	平均平方 V	分散比 F_0	$F(\alpha)$
回帰 R	S_R	ϕ_R	$V_R = S_R / \phi_R$	$F_0 = V_R / V_E$	$F(\phi_R, \phi_E ; \alpha)$
誤差 E	S_E	ϕ_E	$V_E = S_E / \phi_E$		
計	S_T	ϕ_T			

（5）判定

有意水準 α で「有意である」と判断する条件式

$$R : F_0 \geqq F(\phi_R, \phi_E ; \alpha)$$

3 回帰診断（残差の検討）

❶寄与率とは、目的変数 y の総変動 $S_{yy}(= S_T)$ に対する、回帰による変動 S_R の割合のことで、得られた回帰式がどの程度の意味をもつのかを表す尺度として用いられる。

❷残差の検討順序

（1）残差のヒストグラムを作成するか、残差の正規確率プロットを行う。

（2）残差と説明変数の散布図を作成する。

（3）残差と目的変数の予測値の散布図を作成する。

⊕ 予想問題 　問　題

問題1　分散分析

　　□内に入る最も適切なものを選択肢から選べ。

　ある製品に関して、添加物の量xと収量yとの関係を調べるため、15組のデータを得た。このときのxとyの平均値は、それぞれ15.0、75.0であり、xの偏差平方和は12.0、yの偏差平方和は225.0、xとyの偏差積和は36.0となった。また、xとyには正の相関関係が観察された。さらに、分散分析表は表1.1のようになった。

表1.1

要因	平方和S	自由度ϕ	平均平方V	分散比F_0	$F(0.05)$
回帰R	(1)	ϕ_R	V_R	(5)	4.67
誤差E	(2)	(3)	(4)		
計	S_T	ϕ_T			

　表1.1の分散分析の結果、F表より$F(\phi_R, \phi_E; 0.05) = 4.67$であるため、$F_0 = $ (5) ≥ 4.67より、回帰は有意水準$\alpha = 0.05$で有意で (6) と判定できる。また、このときの回帰直線は$y = $ (7) $+$ (8) xとなり、寄与率は (9) ％となる。

【 (1) ～ (9) の選択肢】

ア．90.0　イ．108.0　ウ．117.0　エ．225.0　オ．13　カ．14　キ．15
ク．1.0　ケ．3.0　コ．4.5　サ．6.0　シ．9.0　ス．12.0　セ．18.0
ソ．24.0　タ．30.0　チ．48　ツ．52　テ．56　ト．ある　ナ．ない

(1)	(2)	(3)	(4)	(5)	(6)	(7)	(8)	(9)

✦ 予想問題 [解答解説]

問題 1　分散分析

【解答】　(1) イ　(2) ウ　(3) オ　(4) シ　(5) ス　(6) ト
　　　　　(7) タ　(8) ケ　(9) チ

【解き方】

　分散分析の手順に従って各数値を求めます。今回は偏差平方和と偏差積和は問題文に示されているため、これらを自分で計算する必要はありません。

①要因平方和の計算

総平方和 S_T、回帰平方和 S_R、残差平方和 S_E は、

$$S_T = S_{yy} = 225.0$$

$$S_R = \frac{S_{xy}^2}{S_{xx}} = \frac{36.0^2}{12.0} = 108.0$$

$$S_E = S_T - S_R = 225.0 - 108.0 = 117.0$$

②自由度の計算

総平方和の自由度 ϕ_T、回帰の自由度 ϕ_R、誤差の自由度 ϕ_E は、

$$\phi_T = (データの総数) - 1 = 15 - 1 = 14$$
$$\phi_R = 1$$
$$\phi_E = \phi_T - \phi_R = 14 - 1 = 13$$

③分散分析表の作成

　手順①〜②で求めた各平方和と自由度を用いて、表1.2 のような分散分析表を作成します。

表1.2

要因	平方和 S	自由度 ϕ	平均平方 V	分散比 F_0	$F(\alpha)$
回帰 R	S_R	ϕ_R	$V_R = S_R/\phi_R$	$F_0 = V_R/V_E$	$F(\phi_R, \phi_E; \alpha)$
誤差 E	S_E	ϕ_E	$V_E = S_E/\phi_E$		
計	S_T	ϕ_T			

　表1.2 の各数値を求めると、問題1 の分散分析表は表1.3 のようになります。

$$V_R = \frac{S_R}{\phi_R} = \frac{108.0}{1} = 108.0$$

$$V_E = \frac{S_E}{\phi_E} = \frac{117.0}{13} = 9.0$$

$$F_0 = \frac{V_R}{V_E} = \frac{108.0}{9.0} = 12.0$$

表1.3　分散分析表

要因	平方和 S	自由度 ϕ	平均平方 V	分散比 F_0	$F(0.05)$
回帰 R	108.0	1	108.0	12.0	4.67
誤差 E	117.0	13	9.0		
計	225.0	14			

④判定

分散分析表で求めた分散比 F_0 を、F 表より求めた棄却限界値と比較し判定します。

$$F_0 = 12.0 \geqq F(\phi_R, \phi_E ; \alpha) = F(1, 13 ; 0.05) = 4.67$$

これより、回帰は有意水準 $\alpha = 0.05$ で有意であると判定できます。

⑤回帰直線の計算

x を説明変数、y を目的変数としたときの回帰直線 $y = a + bx$ の a および b は次の式で求めることができます。

$$a = \bar{y} - \frac{S_{xy}}{S_{xx}}\bar{x} = 75.0 - \frac{36.0}{12.0} \times 15.0 = 30.0$$

$$b = \frac{S_{xy}}{S_{xx}} = \frac{36.0}{12.0} = 3.0$$

よって、回帰直線は、

$$y = 30.0 + 3.0x$$

⑥寄与率の計算

寄与率 R^2 は、次のように求めます。

$$R^2 = \frac{S_R}{S_T} = \frac{108.0}{225.0} = 0.48 \rightarrow 48\%$$

POINT

単回帰分析の問題では、分散分析の計算方法や、回帰直線、寄与率の求め方を理解しているかを問われるため、公式や手順を正確に覚え、計算できるようにしましょう。回帰直線を求める問題は、a と b が逆の場合もあるので注意しましょう。

8

管理図

難易度の高い範囲です。まずは $\bar{X} - R$ 管理図の計算ができるようにしましょう。

★★★　内容を深く理解しているレベル
★★　　定義と基本的な考え方を理解しているレベル
★　　　言葉を知っているレベル

1 管理図の考え方、使い方 ★★★ P278

出題分析	毎回平均 0.4/100点	第22回:0点	第23回:0点	第24回:2点	第25回:0点
		第26回:0点	第27回:0点	第28回:0点	第30回:3点
		第31回:0点	第32回:0点	第33回:0点	第34回:0点

管理図の用語や種類を覚えましょう。

2 $\bar{X} - R$ 管理図 ★★ P281

出題分析	毎回平均 1.7/100点	第22回:0点	第23回:0点	第24回:0点	第25回:7点
		第26回:5点	第27回:4点	第28回:0点	第30回:0点
		第31回:0点	第32回:4点	第33回:0点	第34回:0点

ほぼ毎回出題されます。管理線の計算方法は必ず理解しましょう。試験のイメージをつかむために、例題や予想問題を実際に解きましょう。

3 $X - R_s$ 管理図 ★ P292

出題分析	毎回平均 0.7/100点	第22回:0点	第23回:0点	第24回:0点	第25回:0点
		第26回:0点	第27回:0点	第28回:0点	第30回:7点
		第31回:0点	第32回:1点	第33回:0点	第34回:0点

サンプリングに時間や費用が掛かる場合に1つの測定値から管理するための管理図です。

4 p 管理図、np 管理図 ★★

P297

出題分析	毎回平均				
	1.4/100点	第22回:**0点**	第23回:**0点**	第24回:**6点**	第25回:**0点**
		第26回:**0点**	第27回:**0点**	第28回:**0点**	第30回:**0点**
		第31回:**7点**	第32回:**2点**	第33回:**0点**	第34回:**2点**

p 管理図は不適合品率の管理に用い、np 管理図は不適合品数の管理に用います。2級では計算まで問われます。

5 u 管理図、c 管理図 ★

P306

出題分析	毎回平均				
	0.4/100点	第22回:**0点**	第23回:**5点**	第24回:**0点**	第25回:**0点**
		第26回:**0点**	第27回:**0点**	第28回:**0点**	第30回:**0点**
		第31回:**0点**	第32回:**0点**	第33回:**0点**	第34回:**0点**

不適合数の管理に用いる管理図です。不適合品数と不適合数の違いを理解しましょう。

8

管理図

1 管理図の考え方、使い方

毎回平均 **0.4**/100点

管理図とは

　管理図は、工程の異常を見つけて、安定状態を維持するために用いる手法です。管理図では、時間の経過による工程（プロセス）の状態の変化を折れ線グラフで表します。

　管理図では「群」という用語が何度も出てきますが、群は、工程からサンプリングしたデータの集合のことだと理解しておきましょう。

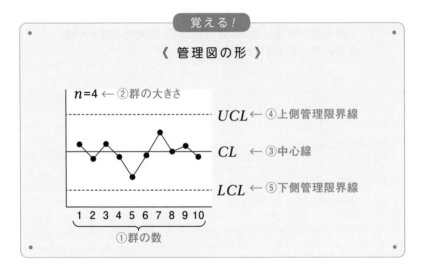

覚える！

《 管理図の形 》

$n=4$ ← ②群の大きさ

UCL ← ④上側管理限界線

CL ← ③中心線

LCL ← ⑤下側管理限界線

1 2 3 4 5 6 7 8 9 10

①群の数

　群の数は、何セット分のデータを取ったかを表し、群の大きさは、1セットあたり何個のデータを取ったかを表します。上の管理図の例では、1セットあたり4個のデータを10セット分取っているので、群の数は10、群の大きさは4です。

　中心線は全ての点の平均値を取った線で、管理図で *CL*（Center Line）と書かれます。管理限界線は工程の安定状態を確認するために引く線で、上側管理限界線 *UCL*（Upper Control Limit）、下側管理限

界線 *LCL*（Lower Control Limit）があります。*CL*、*UCL*、*LCL* をまとめて管理線といいます。

管理図の範囲の全体像

工程（プロセス）とは、インプットをアウトプットに変換する一連の活動で、たとえば、材料を製品に加工する一連の活動などのことです。

管理図は、工程の安定状態を維持するために用います。安定状態は統計的管理状態ともいい、工程のばらつきが避けられない原因によってのみ発生している状態をいいます。

工程が安定な状態にあるかを確認するためには、管理限界線を引いて、品質特性値[1] などを打点します。点が管理限界線の間にあり、点の並び方にくせ（傾向）がなければ、工程が安定な状態にあると判断します。

※1 品質特性値：長さや重さ、耐久性などの品質を評価した値のこと。

| 参考 | 同じ工程で同じ材料を加工しても、完成した製品の品質に差ができるのは、工程にばらつきがあるからです。工程が異常な状態の際に発生するばらつきの原因である異常原因と、工程が正常な状態であっても発生するばらつきの原因で、避けられない原因である偶然原因に分けられます。
工程を安定状態（統計的管理状態）にするには、異常原因を取り除き、偶然原因によってのみばらつきが発生している状態にします。 |

なお、規格値は、要求される品質の基準で、規格値を外れている場合は不適合品として扱います。管理限界線の外側に点が打たれても、工程が安定状態ではないだけで、規格外の不適合品が発生していることにはなりません。反対に、管理限界線の外側に点が打たれた際、規格外の不適合品が発生していないからといって、工程をチェックしなくてもよいというわけではありません。作業標準を見直すなどの工程の管理につなげる必要があります。

管理図の種類

2級で出題される管理図は7種類です。計量値の管理図である $\bar{X} - R$ 管理図が最もよく出題されます。計数値の管理図である c 管理図は概要が問われます。

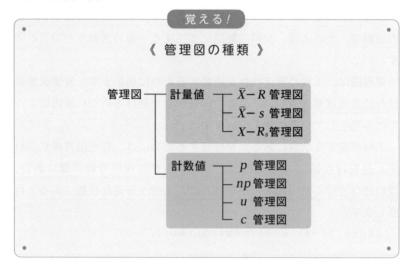

覚える！

《 管理図の種類 》

管理図 ── 計量値 ┬ $\bar{X} - R$ 管理図
　　　　　　　　├ $\bar{X} - s$ 管理図
　　　　　　　　└ $X - R_s$ 管理図

　　　　├ 計数値 ┬ p 管理図
　　　　　　　　├ np 管理図
　　　　　　　　├ u 管理図
　　　　　　　　└ c 管理図

$\bar{X} - s$ 管理図とは

$\bar{X} - s$ 管理図は、得られたデータについて、ばらつき（範囲 R）の変化（群内変動）を標準偏差 s として、計量値の分布の平均とばらつきを管理、解析するための管理図です。群の大きさ n が10以上となると、R よりも s を用いた方が精度が高く管理、解析することができます。

2 $\bar{X} - R$ 管理図

毎回平均 **1.7**/100点

$\bar{X} - R$ 管理図とは

　$\bar{X} - R$ 管理図は、$\bar{X}$ 管理図と R 管理図を組み合わせ、計量値の分布の平均とばらつきを管理、解析するための管理図です。

　$\bar{X}$ は X の平均値を表す文字で、$\bar{X}$ 管理図は平均の変化（群間変動）を表します。群間変動とは、群と群の間のばらつきのことです。

　R は範囲を表す文字で、R 管理図はばらつき（範囲）の変化（群内変動）を表します。群内変動とは、1つの群のなかのデータのばらつきのことです。

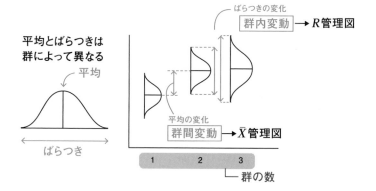

　次表のように、2台の工作機が作製する部品を4個サンプリングしてデータを計測し、管理図を作成する場合を考えます。

　ケース1は時間と工作機を層別し、1日につき群を4つとします。一方、ケース2は時間を層別し、1日につき群を2つとします。

8

管理図

作業日	時間	工作機 1号機	工作機 2号機

ケース1

作業日	時間	工作機	
		1号機	2号機
1日目	午前	21 19 20 25	24 20 22 18
	午後	20 18 20 27	18 21 27 23
2日目	午前	23 20 22 29	22 18 25 27
	午後	17 21 25 24	21 18 24 27

ケース2

作業日	時間	工作機	
		1号機	2号機
1日目	午前	21 19 20 25	24 20 22 18
	午後	20 18 20 27	18 21 27 23
2日目	午前	23 20 22 29	22 18 25 27
	午後	17 21 25 24	21 18 24 27

このとき、群間変動と群内変動の要因は次表のように考えられます。

	ケース1	ケース2
群内変動の要素	●測定誤差 ●サンプリング誤差	●測定誤差 ●サンプリング誤差 ●工作機の誤差
群間変動の要素	●工作機の誤差 ●時間の誤差	●時間の誤差

$\bar{X} - R$ 管理図の計算方法

試験では、管理図の各値を計算する問題がよく出題されます。ここからは手順のイメージをつかむために例を用いて説明します。

例で使用するデータ

群番号[1]	計測値				合計	平均値	範囲
	X_1	X_2	X_3	X_4		$\bar{X}$	R
1	50	45	55	47	197	49.25	10
2	51	47	52	48	198	49.5	5
3	52	49	43	50	194	48.5	9
4	53	51	46	53	203	50.75	7
5	52	53	49	57	211	52.75	8
6	51	42	44	53	190	47.5	11
7	50	53	55	54	212	53	5
8	47	51	53	51	202	50.5	6
9	48	51	49	52	200	50	4
10	47	47	46	49	189	47.25	3
11	48	49	49	52	198	49.5	4
12	49	47	52	45	193	48.25	7
13	50	49	55	47	201	50.25	8
14	51	51	53	52	207	51.75	2
15	52	53	49	50	204	51	4
					合計	749.75	93
					平均	49.98	6.2

※1 通常、群の数は25以上とりますが、この例ではわかりやすくするために群の数を少なくしています。

1. 群の大きさ n と群の数 k を確認する

例のデータでは、1 日あたり 4 個の計測値のデータを 15 日分集めています。この場合、群の大きさは $n = 4$、群の数は $k = 15$ です。

2. 中心線 (CL) を計算する

$\overline{X}$ 管理図の中心線 (CL) は、群の平均値 $\overline{X}$ の合計を群の数で割って求めます。群の平均値 $\overline{X}$ の平均値は、記号で $\overline{\overline{X}}$ と表します。

例のデータでは、平均値の合計が 749.75、群の数が 15 なので、$\overline{X}$ 管理図の中心線 (CL) は約 49.98 になります。

$$\overline{X} \text{管理図の } CL = \overline{\overline{X}} = \frac{749.75}{15} \doteqdot 49.98$$

同じように、R 管理図の中心線 (CL) は、群の範囲 R[※2] の合計を群の数で割って求めます。つまり、群の範囲 R の平均値なので、記号で $\overline{R}$ と表します。

※2 範囲 R：最大値と最小値の差。

例のデータでは、範囲の合計が 93、群の数が 15 なので、R 管理図の中心線 (CL) は 6.2 になります。

$$R \text{管理図の } CL = \overline{R} = \frac{93}{15} = 6.2$$

3. 管理限界線を計算する

管理限界線の計算をするときには、「係数」と呼ばれる数値が必要です。「係数」の表は問題文の中か、問題冊子の最後に載っているので覚える必要はありません。

管理限界線を計算するための係数表

n	A_2	D_3	D_4
2	1.880	—	3.267
3	1.023	—	2.575
4	0.729	—	2.282
5	0.577	—	2.114
6	0.483	—	2.004
7	0.419	0.076	1.924
8	0.373	0.136	1.864
9	0.337	0.184	1.816
10	0.308	0.223	1.777

　計算に使う係数は、群の大きさ n の行を選びます。例のデータで
は、群の大きさは $n=4$ なので、n が 4 の行の A_2、D_3、D_4 の係数
を選びます。

管理限界線を計算するための係数表

n	A_2	D_3	D_4	
2	1.880	—	3.267	
3	1.023	—	2.575	
4	0.729	—	2.282	$n=4$ の行を選ぶ
5	0.577	—	2.114	
6	0.483	—	2.004	
7	0.419	0.076	1.924	
8	0.373	0.136	1.864	
9	0.337	0.184	1.816	
10	0.308	0.223	1.777	

$\bar{X}$ 管理図の管理限界線は次の公式で計算します。

覚える！

《 $\bar{X}$ 管理図の管理限界線 》

$$UCL = \bar{\bar{X}} + A_2 \times \bar{R}$$
$$LCL = \bar{\bar{X}} - A_2 \times \bar{R}$$

$\bar{\bar{X}}$：群の平均値 $\bar{X}$ の平均値、$\bar{R}$：群の範囲 R の平均値、A_2：係数

　R 管理図の管理限界線は次の公式で計算します。n が 6 以下の場合
は D_3 の値は載っていないので、UCL だけ計算します。

《 R 管理図の管理限界線 》

$$UCL = D_4 \times \bar{R}$$
$$LCL = D_3 \times \bar{R}$$

$\bar{R}$：群の範囲 R の平均値、D_4、D_3：係数

手順 2 で求めた $\bar{\bar{X}} = 49.98$ と $\bar{R} = 6.2$、係数表から選んだ $A_2 = 0.729$、$D_4 = 2.282$ を使って管理限界線を計算すると、次のようになります。

$\bar{X}$ 管理図の $UCL = 49.98 + 0.729 \times 6.2 ≒ 54.50$

$\bar{X}$ 管理図の $LCL = 49.98 - 0.729 \times 6.2 ≒ 45.46$

R 管理図の $UCL = 2.282 \times 6.2 ≒ 14.15$

管理図の形は次の図のようになります。

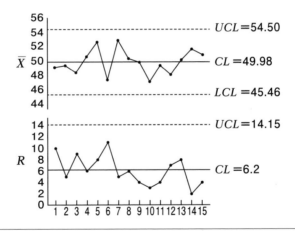

参考

$\bar{X} - R$ 管理図を用いて工程が管理状態であるかどうかは、評価前までに集められたデータから統計的に計算された管理限界線を使用して判断されます。製品規格を管理限界線の代用とすることはできません。

また、群内変動もしくは群間変動のばらつきが大きい、つまり母標準偏差が大きくなると、管理限界線の外側に点が打たれることが多くなります。

4．群内変動の推定値を計算する

　管理図の作成に直接的には関係ありませんが、得られたデータにおける群内変動の推定値 $\hat{\sigma}_w$ は、係数表の数値を用いて計算します。

群内変動の推定値を計算するための係数表

n	d_2	
2	1.128	
3	1.693	
4	2.059	$n＝4$ の行を選ぶ
5	2.326	

覚える！

《 群内変動の推定値 》

$$\hat{\sigma}_w = \frac{\bar{R}}{d_2}$$

$\bar{R}$：群の範囲 R の平均値、d_2：係数

参考　$\bar{X}-R$ 管理図は計量値の管理図なので正規分布に従うことから、推定値は標準偏差ともいいます。

　手順 2 で求めた $\bar{R} = 6.2$、係数表から選んだ $d_2 = 2.059$ を使って群内変動の推定値 $\hat{\sigma}_w$ を計算すると、次のようになります。

$$\hat{\sigma}_w = \frac{6.2}{2.059} ≒ 3.01$$

5．群間変動の推定値を計算する

　分散の推定値 $\hat{\sigma}_{\bar{X}}^2$ と群間変動の推定値 $\hat{\sigma}_b$、群内変動の推定値 $\hat{\sigma}_w$ には、次の関係があります。

《 分散、群間変動、群内変動の推定値の関係 》

$$\hat{\sigma}_{\bar{X}}^2 = \hat{\sigma}_b^2 + \frac{\hat{\sigma}_w^2}{n}$$

$\hat{\sigma}_{\bar{X}}^2$：分散の推定値、$\hat{\sigma}_b^2$：群間変動の推定値、

$\hat{\sigma}_w$：群内変動の推定値、n：群の大きさ

ここで、分散の推定値 $\hat{\sigma}_{\bar{X}}^2$ を計算すると、次のようになります。

$$\hat{\sigma}_{\bar{X}}^2 = \frac{1}{k-1} \sum_{i=1}^{k} (\bar{X}_i - \bar{\bar{X}})^2 \fallingdotseq \frac{1}{15-1} \times 41.68 \fallingdotseq 2.98$$

参考	$\hat{\sigma}_{\bar{X}}^2$ は問題文中で与えられることが多いです。

よって、群間変動の推定値を 2 乗した値 $\hat{\sigma}_b^2$ を計算すると、次のようになります。

$$\hat{\sigma}_b^2 = \hat{\sigma}_{\bar{X}}^2 - \frac{\hat{\sigma}_w^2}{n} \fallingdotseq 2.98 - \frac{3.01^2}{4} \fallingdotseq 0.715$$

📖 例題 8-2-1

大きさ 7 のサンプルを抽出し、これを 30 群分集めた。30 群分の $\bar{X}$ の合計が 1515、R の合計が 285 であるとき、管理線を計算せよ。

$\bar{X}$ 管理図：$CL = \boxed{(1)}$、$UCL = \boxed{(2)}$、$LCL = \boxed{(3)}$

R 管理図：$CL = \boxed{(4)}$、$UCL = \boxed{(5)}$、$LCL = \boxed{(6)}$

管理限界線を計算するための係数表

n	A_2	D_3	D_4
2	1.880	—	3.267
3	1.023	—	2.575
4	0.729	—	2.282
5	0.577	—	2.114
6	0.483	—	2.004
7	0.419	0.076	1.924

【解答】　(1) 50.5　(2) 54.48　(3) 46.52　(4) 9.5　(5) 18.28　(6)
　　　　　0.72

まず、CL（中心線）を計算します。

$$\overline{\overline{X}} = \frac{群の平均値 \overline{X} の合計}{群の数} = \frac{1515}{30} = 50.5$$

$$\overline{R} = \frac{群の範囲 R の合計}{群の数} = \frac{285}{30} = 9.5$$

$\overline{\overline{X}} = 50.5$ が $\overline{X}$ 管理図の CL、$\overline{R} = 9.5$ が R 管理図の CL となります。

群の大きさ n は 7 なので、管理限界線を計算するための係数は $A_2 = 0.419$、$D_3 = 0.076$、$D_4 = 1.924$ を選びます。

$\overline{X}$ 管理図の UCL と LCL は次の式で計算します。

$$UCL = \overline{\overline{X}} + A_2 \times \overline{R} = 50.5 + 0.419 \times 9.5 ≒ 54.48$$

$$LCL = \overline{\overline{X}} - A_2 \times \overline{R} = 50.5 - 0.419 \times 9.5 ≒ 46.52$$

R 管理図の UCL と LCL は次の式で計算します。

$$UCL = D_4 \times \overline{R} = 1.924 \times 9.5 ≒ 18.28$$

$$LCL = D_3 \times \overline{R} = 0.076 \times 9.5 ≒ 0.72$$

例題　8-2-2

　ある生産工程において、サンプルを群の大きさを 5 として 15 日間収集したところ、日々の範囲 R の平均値は 13.5 であった。R 管理図から推定される標準偏差は (1) である。なお、計算にあたり次の表の係数を用いても良い。

管理限界線を計算するための係数表

n	A	A_2	d_2	D_2	D_3	D_4
5	1.342	0.577	2.326	4.918	—	2.114

【解答】　5.80

R の平均値 $\overline{R}$ は問題文より 13.5 なので、これと係数表の d_2 より、標準偏差 $\hat{\sigma}_w$ は次のように計算されます。

$$\hat{\sigma}_w = \frac{\overline{R}}{d_2} = \frac{13.5}{2.326} ≒ 5.80$$

$\bar{X} - R$ 管理図の見方

試験では工程が異常かどうかを選択する問題もよく出題されます。

管理図を見るときは、まず、次の図のうち、①のような管理限界線を超える点があるかを確認します。その後、②〜⑤のような「くせ」がないかを確認し、①〜⑤のどれにも当てはまっていなければ、工程は安定状態（統計的管理状態）だと判断します。

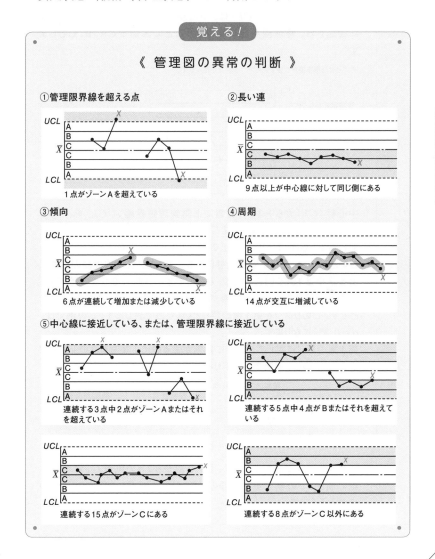

覚える！

《 管理図の異常の判断 》

①管理限界線を超える点

1点がゾーンAを超えている

②長い連

9点以上が中心線に対して同じ側にある

③傾向

6点が連続して増加または減少している

④周期

14点が交互に増減している

⑤中心線に接近している、または、管理限界線に接近している

連続する3点中2点がゾーンAまたはそれを超えている

連続する5点中4点がBまたはそれを超えている

連続する15点がゾーンCにある

連続する8点がゾーンC以外にある

点がどのように打たれているかを判断する目安として、管理限界線と中心線の間を3等分し、管理限界線に近い順からA、B、Cと割り当てることがあります。ただし、「○つの点のうち○点」などの細かいルールが問われる可能性は低いため、管理図を見て「管理外れ」や「くせ」を見つけることができるように、イメージをつかむことを重視しましょう。

管理限界線（*UCL*、*LCL*）は、中心線（*CL*）から両側へ3σの距離に設定され、管理限界線の間を1σごとに区切ってA、B、Cとします[※3]。

※3 σは母標準偏差を表す記号で、シグマと読みます。

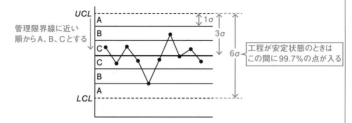

中心線（*CL*）から+3σの位置に上側管理限界線（*UCL*）を、−3σの位置に下側管理限界線（*LCL*）を設定することで、工程が安定状態にあるときは、*UCL*と*LCL*の間に99.7%の点が入ります。これを言い換えると、工程が安定状態にあるときに点が管理限界線の外側に出る確率は1000回に3回で、0.3%です。つまり、0.3%の確率で、工程が安定状態なのに「異常がある」と判定するリスクがあるということです。このリスクを第1種の誤りといい、αで表します。この例では、$\alpha = 0.3\%$になります。

第1種の誤りに対して、工程に異常があるのに「異常がない」と判定するリスクのことを第2種の誤りといい、βで表します。

実際の工程の状態 管理図の点	異常がない	異常がある
管理限界線の内	正しい判断	第2種の誤りβ
管理限界線の外	第1種の誤りα	正しい判断

試験でたまに出題されるのは、「中心線から3σの位置」「管理限界線の間が6σの幅で安定状態のとき、*UCL*と*LCL*の間に99.7%の点が入る」です。

例題 8-2-3

次の６つの管理図のなかで統計的管理状態にある管理図は (1) である。
また、長い連が見られる管理図は (2) 、傾向が見られる管理図は (3) 、周
期的な変動が見られる管理図は (4) 、中心傾向が見られる管理図は (5) 、
管理外れの点が見られる管理図は (6) である。

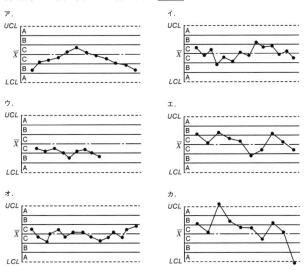

【選択肢】ア イ ウ エ オ カ

【解答】 (1) エ (2) ウ (3) ア (4) イ (5) オ (6) カ

管理図を見て「管理外れ」や「くせ」を見つけることができるように確認し
ておきましょう。

3 $X - R_s$ 管理図

毎回平均 **0.7**/100点

$X - R_s$ 管理図とは

　サンプリングに時間や費用がかかりすぎるときなどの工程では、1つの群から1つの測定値しか得られないことが多いです。その場合は $X - R_s$ 管理図を用いて、逐次的に管理、解析します。

　R_s は移動範囲を表す文字で、R_s 管理図はばらつき（移動範囲）の変化を表します。移動範囲とは、隣り合った群の番号間の計量値の差分のことです。

> | 参考 | 1つの群から複数の測定値が得られるときは、複数の測定値の平均値を用いて移動範囲を求めることができます。また、移動範囲の代わりに、複数の測定値の最大と最小の差分である最大移動範囲 R_m を用いることがあります。 |
> |---|---|

$X - R_s$ 管理図の計算方法

　試験では、$X - R_s$ 管理図の各値を計算する問題がよく出題されます。ここからは手順のイメージをつかむために例を用いて説明します。

例で使用するデータ

群番号	計測値	移動範囲
	X	R_s
1	42.4	—
2	49.6	7.2
3	43.0	6.6
4	40.1	2.9
5	41.6	1.5
6	41.1	0.5
7	45.3	4.2
8	45.3	0
9	48.3	3.0
10	46.9	1.4
11	41.0	5.9
12	47.3	6.3
13	41.3	6.0
14	43.2	1.9
15	49.2	6.0
合計	665.6	53.4
平均	44.4	3.8

1. 群の大きさ n と群の数 k を確認する

例のデータでは、1日あたり1個の計測値のデータを15日分集めています。この場合、群の大きさは移動範囲 R_s [※1] の参照データ数から $n = 1$、群の数は $k = 15$ です。

※ 1 移動範囲：i 番目の移動範囲は i 番目と $(i-1)$ 番目の計測値の差の絶対値。つまり、$R_{si} = |X_i - X_{i-1}|$。

2. 中心線 (CL) を計算する

X 管理図の中心線（CL）は、群の合計を群の数で割って求めます。つまり、中心線（CL）は群の平均値 $\bar{X}$ です。

例のデータでは、平均値の合計が 665.6、群の数が 15 なので、X 管理図の中心線（CL）は約 44.4 になります。

$$X 管理図の CL = \bar{X} = \frac{665.6}{15} \doteqdot 44.4$$

同じように、R_s 管理図の中心線（CL）は、1番目の移動範囲は求めないため移動範囲 R_s の合計を（群の数－1）で割って求めます。つまり、群の移動範囲 R_s の平均値なので、記号で $\bar{R}_s$ と表します。

例のデータでは、移動範囲の合計が 53.4、群の数が 15 なので、R_s 管理図の中心線（CL）は約 3.8 になります。

$$R_s\text{管理図の } CL = \bar{R}_s = \frac{53.4}{15 - 1} \fallingdotseq 3.8$$

3. 管理限界線を計算する

$X - R_s$ 管理図の管理限界線を計算するための係数表は次のとおりです。なお、群の大きさ n は 1 ですが、R_s は 2 個のデータから計算した範囲なので、係数表の $n = 2$ の行を使用します。

管理限界線を計算するための係数表

n	E_2	D_3	D_4
2	2.659	—	3.267

X 管理図の管理限界線は次の公式で計算します。

覚える！

《 X 管理図の管理限界線 》

$$UCL = \bar{X} + E_2 \times \bar{R}_s$$
$$LCL = \bar{X} - E_2 \times \bar{R}_s$$

$\bar{X}$：計測値 X の平均値、$\bar{R}_s$：移動範囲 R_s の平均値、E_2：係数

R_s 管理図の管理限界線は次の公式で計算します。D_3 の値は載っていないので、LCL は考えずに、UCL だけ計算します。

《 R_s 管理図の管理限界線 》

$$UCL = D_4 \times \bar{R}_s$$

$\bar{R}_s$：移動範囲 R_s の平均値、D_4：係数

手順 2 で求めた $\bar{X} = 44.4$ と $\bar{R}_s = 3.8$、係数表から選んだ $E_2 = 2.659$、$D_4 = 3.267$ を使って管理限界線を計算すると、次のようになります。

X 管理図の UCL $= 44.4 + 2.659 \times 3.8 ≒ 54.50$

X 管理図の LCL $= 44.4 - 2.659 \times 3.8 ≒ 34.30$

R_s 管理図の UCL $= 3.267 \times 3.8 ≒ 12.41$

管理図の形は次の図のようになります。

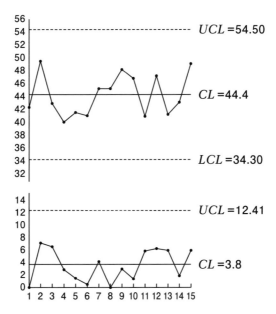

8

管理図

295

例 題 8-3-1

25日分のデータにおいて、計測値 X の管理図および移動範囲 R_s の管理図を作成したところ、X の管理図の管理線は、中心線 $CL = 44.4$、上側管理限界線 $UCL = 54.50$、下側管理限界線 $LCL = 34.30$、R_s の管理図の管理線は、中心線 $CL = 3.8$、上側管理限界線 $UCL = 12.41$、下側管理限界線 LCL は示されない、と求められた。また、当該製造工程は統計的管理状態にあることが判明した。また、管理線を延長して次表に示した6日間の計測値を取って、X と R_s を打点すると、新たに観測された工程は $\boxed{(1)}$ ことがわかる。

追加された計測値 X

群番号	計測値 X
1	47.9
2	30.1
3	37
4	48.9
5	44.5
6	56.2

【選択肢】（ア）統計的管理状態が維持されているかどうか判別できない
　　　　（イ）統計的管理状態が維持されている
　　　　（ウ）統計的管理状態が維持されていない

【解答】（ウ）統計的管理状態が維持されていない

問題の表に移動範囲 R_s の列を加えたものを次に示します。

追加された計測値 X と移動範囲 R_s

群番号	計測値 X	移動範囲 R_s
1	47.9	－
2	30.1	17.8
3	37	6.9
4	48.9	11.9
5	44.5	4.4
6	56.2	11.7

追加された計測値 X には、UCL から外れる数値 56.2、LCL から外れる数値 30.1 があることがわかります。また、追加された移動範囲 R_s には、UCL から外れる数値 17.8 があることがわかります。

以上から、統計的管理状態が維持されていないことがわかります。

4 p 管理図、np 管理図

p 管理図、np 管理図とは

　p 管理図と np 管理図は、計数値を管理、解析するための管理図です。p 管理図は不適合品率の管理に用い、np 管理図は不適合品数の管理に用います。計数値の管理図の管理線の計算は、群の大きさが変動するか、一定であるかによって異なります。計算方法が問われる可能性は非常に低いため、次のことだけでも覚えておきましょう。

　p 管理図は群によって群の大きさが変動するため、各群に対して別々の管理限界線を計算しなければなりません。この場合、群の大きさが小さくなるほど、管理限界幅は広くなります。一方、np 管理図は群の大きさが一定なので、全ての群に対して同じ管理限界線（UCL と LCL）を使うことができます。

8

管理図

覚える！

《 p 管理図と np 管理図のちがい 》

管理図	管理の対象	群の大きさ	管理限界線の計算方法
p 管理図	不適合品率	変動する	各群に対して別々の管理限界線を計算する。群の大きさが小さいほど管理限界線の幅は広くなる。
np 管理図	不適合品数	一定	全ての群に対して同じ管理限界線を使うことができる。

参考	p 管理図と np 管理図は、2章で学んだ二項分布を基礎とする管理図です。たまに試験に出題されるため、「p 管理図と np 管理図は二項分布を基礎とする管理図」と覚えておきましょう。 また、n と p の積が5以上のとき、分布の形状は正規分布に近似できます。

管理図の計算方法

　試験では、p 管理図の各値を計算する問題が出題されます。ここからは手順のイメージをつかむために例を用いて説明します。

例で使用するデータ

群番号	群の大きさ	不適合品数
	n	x
1	500	11
2	530	10
3	550	13
4	540	11
5	550	12
6	560	7
7	540	11
8	570	12

群番号	群の大きさ	不適合品数
	n	x
9	570	5
10	560	10
11	570	6
12	530	6
13	530	15
14	550	6
15	590	11
合計	8240	146

1. 群の大きさ n と群の数 k を確認する

　例のデータでは、1 日あたりに検査する個数が変動し、15 日分集めています。この場合、群の大きさは $500 \leqq n \leqq 590$ で変動し、群の数は $k = 15$ です。

2. 不適合品率 p を計算する

　不適合品率 p は、群ごとに不適合品数 x を群の大きさ n で割って求めます。

　例のデータの第 1 群では、不適合品数が 11、群の大きさが 500 なので、不適合品率 p は 0.022 になります。

$$\text{第 1 群の不適合品率 } p_1 = \frac{11}{500} = 0.022$$

　同じように p_2 から p_{15} まで求めると、次のようになります。

例で使用するデータと不適合品率

群番号	群の大きさ	不適合品数	不適合品率
	n	x	p
1	500	11	0.022
2	530	10	0.019
3	550	13	0.024
4	540	11	0.020
5	550	12	0.022
6	560	7	0.013
7	540	11	0.020
8	570	12	0.021
9	570	5	0.009
10	560	10	0.018
11	570	6	0.011
12	530	6	0.011
13	530	15	0.028
14	550	6	0.011
15	590	11	0.019
合計	8240	146	

3. 中心線（CL）を計算する

p 管理図の中心線（CL）は、不適合品数 x の合計を群の大きさ n の合計で割って求めます。つまり、中心線（CL）はデータ全体で考えたときの不適合品率の平均値 $\bar{p}$ です。

例のデータでは、不適合品数の合計が 146、群の大きさの合計が 8240 なので、p 管理図の中心線（CL）は約 0.018 になります。

$$p \text{ 管理図の } CL = \bar{p} = \frac{146}{8240} \doteqdot 0.018$$

4. 管理限界線を計算する

p 管理図の管理限界線は次の公式で計算します。

《 p 管理図の管理限界線 》

$$UCL = \bar{p} + 3\sqrt{\frac{\bar{p}(1-\bar{p})}{n}}$$

$$LCL = \bar{p} - 3\sqrt{\frac{\bar{p}(1-\bar{p})}{n}}$$

$\bar{p}$：不適合品率 p の平均値、n：群の大きさ

参考	上記の管理限界線は、二項分布における母平均と母分散を利用した3シグマ管理限界線に対応しています。

　管理限界線の式からもわかるように、群番号ごとの群の大きさによって管理限界線が変動します。群番号ごとの管理限界線を求めると、次のようになります。

例で使用するデータと不適合品率、管理限界線

群番号	群の大きさ	不適合品数	不適合品率	上側管理限界線	下側管理限界線
	n	x	p	UCL	LCL
1	500	11	0.022	0.036	0.00016
2	530	10	0.019	0.034	0.00015
3	550	13	0.024	0.034	0.00046
4	540	11	0.020	0.034	0.00031
5	550	12	0.022	0.034	0.00046
6	560	7	0.013	0.033	0.00061
7	540	11	0.020	0.034	0.00031
8	570	12	0.021	0.033	0.00076
9	570	5	0.009	0.033	0.00076
10	560	10	0.018	0.033	0.00061
11	570	6	0.011	0.033	0.00076
12	530	6	0.011	0.034	0.00015
13	530	15	0.028	0.034	0.00015
14	550	6	0.011	0.034	0.00046
15	590	11	0.019	0.033	0.00103
合計	8240	146			

よって、管理図の形は次の図のようになります。

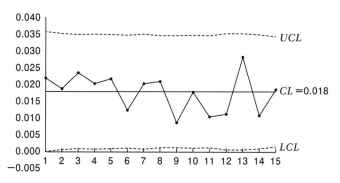

参考　試験では全ての管理限界線を求めるようなことはなく、第1群の不適合品率 p_1 と管理限界線（UCL_1 と LCL_1）を求める程度となります。
また、p は割合を表すことから、計算の結果、LCL が負の値となったときは当該 LCL を打点しません。

np 管理図の計算方法

試験では、np 管理図の各値を計算する問題も出題されます。ここからは手順のイメージをつかむために例を用いて説明します。

例で使用するデータ

群番号	群の大きさ	不適合品数
	n	x
1	400	7
2	400	14
3	400	14
4	400	5
5	400	12
6	400	13
7	400	6
8	400	8

群番号	群の大きさ	不適合品数
	n	x
9	400	12
10	400	8
11	400	6
12	400	13
13	400	5
14	400	8
15	400	13
合計	6000	144

1. 群の大きさ n と群の数 k を確認する

例のデータでは、群の大きさは $n = 400$ で、群の数は $k = 15$ です。

2. 平均不適合品数 $n\bar{p}$ と平均不適合品率 $\bar{p}$ を計算する

平均不適合品数 $n\bar{p}$ は、不適合品数 x の合計を群の数 k で割って求めます。つまり、平均不適合品数とは、データ全体で考えたときの不適合品数の平均値 $n\bar{p}$ です。

例のデータでは、不適合品数の合計が 144、群の数が 15 なので、平均不適合品数 $n\bar{p}$ は 9.6 になります。

$$n\bar{p} = \frac{144}{15} = 9.6$$

平均不適合品率 $\bar{p}$ は、平均不適合品数 $n\bar{p}$ を群の大きさ n で割って求めます。つまり、平均不適合品率とは、データ全体で考えたときの不適合品率の平均値 $\bar{p}$ です。

例のデータでは、平均不適合品数が 9.6、群の大きさが 400 なので、平均不適合品率 $\bar{p}$ は 0.024 になります。

$$\bar{p} = \frac{9.6}{400} = 0.024$$

3. 中心線 (CL) を計算する

np 管理図の中心線 (CL) は、平均不適合品数 $n\bar{p}$ です。

例のデータでは、np 管理図の中心線 (CL) は 9.6 になります。

np 管理図の $CL = n\bar{p} = 9.6$

4. 管理限界線を計算する

np 管理図の管理限界線は次の公式で計算します。

覚える！

《 np 管理図の管理限界線 》

$$UCL = n\bar{p} + 3\sqrt{n\bar{p}(1-\bar{p})}$$

$$LCL = n\bar{p} - 3\sqrt{n\bar{p}(1-\bar{p})}$$

$n\bar{p}$：不適合品数 np の平均値、$\bar{p}$：不適合品率 p の平均値

参考
> p 管理図と異なり、np 管理図のデータは群の大きさが一定なので、管理限界線も一定となります。

手順2で求めた $n\bar{p} = 9.6$ と $\bar{p} = 0.024$ を使って管理限界線を計算すると、次のようになります。

np 管理図の $UCL = 9.6 + 3\sqrt{9.6(1 - 0.024)} \fallingdotseq 18.8$

np 管理図の $LCL = 9.6 - 3\sqrt{9.6(1 - 0.024)} \fallingdotseq 0.4$

管理図の形は次の図のようになります。

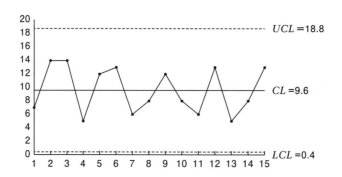

例題 8-4-1

p 管理図を用いて、腕時計の外観不適合品数を管理する。群単位は製造ロットをとり、群の大きさ n と不適合品数 x を次表のようにまとめた。

腕時計の外観不適合品数 p 管理図作成用シート

群番号	群の大きさ	不適合品数
	n	x
1	600	19
2	650	17
⋮	⋮	⋮
20	630	17
計	12660	301

このとき、第 1 群の不適合品率 p_1 は ⬚(1)⬚ 、中心線 CL は ⬚(2)⬚ 、上限管理限界線 UCL_1 は ⬚(3)⬚ 、下限管理限界線 LCL_1 は ⬚(4)⬚ となる。

【選択肢】0.032　0.16　0.024　0.043　0.0053　0.036　0.012　25.6　3.2

【解答】（1）0.032　（2）0.024　（3）0.043　（4）0.0053

まず、第 1 群の不適合品率 p_1 を計算します。

$$p_1 = \frac{\text{不適合品数 } x_1}{\text{群の大きさ } n_1} = \frac{19}{600} \fallingdotseq 0.032$$

次に、CL（中心線）を計算します。

$$\bar{p} = \frac{\text{不適合品数 } x \text{ の合計}}{\text{群の大きさ } n \text{ の合計}} = \frac{301}{12660} \fallingdotseq 0.024$$

最後に、p 管理図の第 1 群の UCL_1 と LCL_1 を計算します。

$$UCL_1 = \bar{p} + 3\sqrt{\frac{\bar{p}(1-\bar{p})}{n_1}} = 0.024 + 3\sqrt{\frac{0.024(1-0.024)}{600}}$$

$$\doteqdot 0.043$$

$$LCL_1 = \bar{p} - 3\sqrt{\frac{\bar{p}(1-\bar{p})}{n_1}} = 0.024 - 3\sqrt{\frac{0.024(1-0.024)}{600}}$$

$$\doteqdot 0.0053$$

8

管理図

5 u 管理図、c 管理図

毎回平均 **0.4**/100点

u 管理図、c 管理図とは

u 管理図と c 管理図は、計数値を管理、解析するための管理図です。u 管理図は単位あたりの不適合数の管理に用い、c 管理図は不適合数の管理に用います。

参考	p 管理図と np 管理図で用いる不適合品数と、u 管理図と c 管理図で用いる不適合数は異なる概念です。 例えば、キズが 3 個ある腕時計 1 個とキズが 4 個ある腕時計 1 個とキズの無い腕時計 1 個を 1 つの群として管理するときを考えます。この群における不適合品数はキズのある腕時計の個数を指すので 2、この群における不適合数は腕時計にあるキズの数を指すので 7 となります。

u 管理図は群によって群の大きさが変動するため、各群に対して別々の管理限界線を計算しなければなりません。この場合、群の大きさが小さくなるほど、管理限界幅は広くなります。

一方、c 管理図は群の大きさが一定の工程を管理するために用いられるため、全ての群に対して同じ管理限界線（UCL と LCL）を使うことができます。

覚える！

《 u 管理図と c 管理図のちがい 》

管理図	管理の対象	群の大きさ	管理限界線の計算方法
u 管理図	単位あたりの不適合数	変動する	各群に対して別々の管理限界線を計算する。
c 管理図	不適合数	一定	全ての群に対して同じ管理限界線を使うことができる。

参考	u 管理図と c 管理図は、2章で学んだポアソン分布を基礎とする管理図です。たまに試験に出題されるため、「u 管理図と c 管理図はポアソン分布を基礎とする管理図」と覚えておきましょう。

u 管理図の計算方法

試験では、u 管理図の各値を計算する問題が出題されます。ここからは手順のイメージをつかむために、$100 \ \text{cm}^2$ を1単位とした例を用いて説明します。

例で使用するデータ

群番号	群の大きさ		不適合数(c)	単位あたりの不適合数(u)
	合板の大きさ(cm^2)	単位数(n)		
1	500	5	27	5.40
2	500	5	24	4.80
3	500	5	14	2.80
4	500	5	20	4.00
5	500	5	15	3.00
6	600	6	18	3.00
7	600	6	30	5.00
8	600	6	17	2.83
9	600	6	10	1.67
10	600	6	25	4.17
11	400	4	15	3.75
12	400	4	26	6.50
13	400	4	17	4.25
14	400	4	15	3.75
15	400	4	21	5.25
合計	7500	75	294	—

1. 単位数 n と群の数 k を確認する

　例のデータでは、群の大きさが合板の大きさ (cm^2) と単位数 (n) に分かれています。群番号によって合板の大きさは異なりますが、管理しやすくするために 100cm^2 で割った単位数 n を 4、5、6 と求めています。また、群の数は $k = 15$ です。

2. 単位あたりの不適合数 u を計算する

　単位あたりの不適合数 u は、群ごとに不適合数 c を単位数 n で割って求めます。つまり、群ごとの単位数に対する不適合数の割合です。
　例のデータの第 1 群では、不適合数が 27、単位数が 5 なので、単位あたりの不適合数 u は 5.40 になります。

$$第 1 群の単位あたりの不適合数 u_1 = \frac{27}{5} = 5.40$$

　同じように u_2 から u_{15} まで求めます。

3. 中心線 (CL) を計算する

　u 管理図の中心線 (CL) は、不適合数の合計を単位数の合計で割って求めます。つまり、中心線 (CL) は、データ全体で考えたときの単位数に対する不適合数の割合の平均値 $\bar{u}$ です。
　例のデータでは、不適合数の合計が 294、単位数の合計が 75 なので、u 管理図の中心線 (CL) は 3.92 になります。

$$u 管理図の CL = \bar{u} = \frac{294}{75} = 3.92$$

4. 管理限界線を計算する

　u 管理図の管理限界線は次の公式で計算します。

《 u 管理図の管理限界線 》

$$UCL = \bar{u} + 3\sqrt{\frac{\bar{u}}{n}}$$

$$LCL = \bar{u} - 3\sqrt{\frac{\bar{u}}{n}}$$

$\bar{u}$：単位数 n に対する不適合数の割合の平均値、n：単位数

管理限界線の式からもわかるように、群番号ごとの単位数によって管理限界線が変動します。群番号ごとの管理限界線を求めると、次のようになります。

例で使用するデータと管理限界線

群番号	群の大きさ		不適合数(c)	単位あたりの不適合数(u)	上側管理限界線	下側管理限界線
	合板の大きさ(cm^2)	単位数(n)			UCL	LCL
1	500	5	27	5.40	6.58	1.26
2	500	5	24	4.80	6.58	1.26
3	500	5	14	2.80	6.58	1.26
4	500	5	20	4.00	6.58	1.26
5	500	5	15	3.00	6.58	1.26
6	600	6	18	3.00	6.34	1.50
7	600	6	30	5.00	6.34	1.50
8	600	6	17	2.83	6.34	1.50
9	600	6	10	1.67	6.34	1.50
10	600	6	25	4.17	6.34	1.50
11	400	4	15	3.75	6.89	0.950
12	400	4	26	6.50	6.89	0.950
13	400	4	17	4.25	6.89	0.950
14	400	4	15	3.75	6.89	0.950
15	400	4	21	5.25	6.89	0.950
合計	7500	75	294	—	—	—

よって、管理図の形は次の図のようになります。

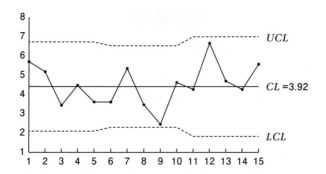

1 管理図の考え方、使い方

❶管理図は、工程の異常を見つけて、安定状態（統計的管理状態）を
維持するために用いる手法。

2 $\bar{X} - R$ 管理図

❶$\bar{X} - R$ 管理図は、$\bar{X}$ 管理図と R 管理図を組み合わせ、計量値の分
布の平均とばらつきを管理、解析するための管理図。

❷$\bar{X}$ 管理図は平均の変化（群間変動）、R 管理図はばらつき（範囲）
の変化（群内変動）を表す。

❸管理限界線の計算手順

(1) 群の大きさ n と群の数 k を確認する

(2) $\bar{X}$ 管理図と R 管理図の中心線（CL）を計算する

$$\bar{X} \text{ 管理図の } CL = \bar{\bar{X}} = \frac{\text{群の平均値 } \bar{X} \text{ の合計}}{\text{群の数}}$$

$$R \text{ 管理図の } CL = \bar{R} = \frac{\text{群の範囲 } R \text{ の合計}}{\text{群の数}}$$

(3) 係数表から群の大きさ n の行の係数を選ぶ

(4) $\bar{X}$ 管理図の管理限界線（UCL と LCL）を計算する

$UCL = \bar{\bar{X}} + A_2 \times \bar{R}$

$LCL = \bar{\bar{X}} - A_2 \times \bar{R}$

(5) R 管理図の管理限界線（UCL と LCL）を計算する

$UCL = D_4 \times \bar{R}$

$LCL = D_3 \times \bar{R}$

❹群内変動と群間変動の推定値の計算手順

(1) 群内変動の推定値 $\hat{\sigma}_w$ を計算する

$$\hat{\sigma}_w = \frac{\overline{R}}{d_2}$$

(2) 与えらえた分散の推定値 $\hat{\sigma}_{\overline{X}}^2$ から群間変動の推定値を 2 乗した値 $\hat{\sigma}_b^2$ を計算する

$$\hat{\sigma}_b^2 = \hat{\sigma}_{\overline{X}}^2 - \frac{\hat{\sigma}_w^2}{n}$$

❺管理図の分析では、管理限界線の外側に点があるか、点の並び方にくせがあるかを確認する。

3 $X - R_s$ 管理図

❶ $X - R_s$ 管理図は、X 管理図と R_s 管理図を組み合わせ、計量値の分布の平均とばらつきを逐次的に管理、解析するための管理図。

❷ X 管理図は計量値単体の変化、R_s 管理図はばらつき（移動範囲）の変化を表す。

❸管理限界線の計算手順

(1) 群の大きさ n と群の数 k を確認する

(2) X 管理図と R_s 管理図の中心線（CL）を計算する

$$X \text{管理図の } CL = \overline{X} = \frac{\text{群の計測値 } X \text{ の合計}}{\text{群の数}}$$

$$R_s \text{管理図の } CL = \overline{R}_s = \frac{\text{群の移動範囲 } R_s \text{ の合計}}{\text{群の数} - 1}$$

(3) 係数表から群の大きさ n の行の係数を選ぶ

(4) X 管理図の管理限界線（UCL と LCL）を計算する

$UCL = \overline{X} + E_2 \times \overline{R}_s$

$LCL = \overline{X} - E_2 \times \overline{R}_s$

(5) R_s 管理図の管理限界線（UCL）を計算する

$UCL = D_4 \times \overline{R}_s$

4 p 管理図、np 管理図

❶ p 管理図と np 管理図は、計数値を管理、解析するための管理図。

❷ p 管理図は不適合品率、np 管理図は不適合品数の管理に用いる。

❸ p 管理図の管理限界線の計算手順

(1) 群の大きさ n と群の数 k を確認する

(2) 不適合品率 p を計算する

$$p = \frac{\text{不適合品数}\ x}{\text{群の大きさ}\ n}$$

(3) p 管理図の中心線（CL）を計算する

$$p\ \text{管理図の}\ CL = \bar{p} = \frac{\text{不適合品数}\ x\ \text{の合計}}{\text{群の大きさ}\ n\ \text{の合計}}$$

(4) p 管理図の管理限界線（UCL と LCL）を計算する

$$UCL = \bar{p} + 3\sqrt{\frac{\bar{p}(1 - \bar{p})}{n}}$$

$$LCL = \bar{p} - 3\sqrt{\frac{\bar{p}(1 - \bar{p})}{n}}$$

❹ np 管理図の管理限界線の計算手順

(1) 群の大きさ n と群の数 k を確認する

(2) 平均不適合品数 $n\bar{p}$ と平均不適合品率 $\bar{p}$ を計算する

$$n\bar{p} = \frac{\text{不適合品数}\ x\ \text{の合計}}{\text{群の数}\ k}$$

$$\bar{p} = \frac{\text{平均不適合品数}\ n\bar{p}}{\text{群の大きさ}\ n}$$

(3) np 管理図の中心線（CL）を計算する

np 管理図の $CL = n\bar{p}$

(4) np 管理図の管理限界線（UCL と LCL）を計算する

$$UCL = n\bar{p} + 3\sqrt{n\bar{p}(1 - \bar{p})}$$

$$LCL = n\bar{p} - 3\sqrt{n\bar{p}(1 - \bar{p})}$$

5 u 管理図、c 管理図

❶ u 管理図と c 管理図は、計数値を管理、解析するための管理図。

❷ u 管理図は単位あたりの不適合数、c 管理図は不適合数の管理に用いる。

❸ u 管理図の管理限界線の計算手順

(1) 単位数 n と群の数 k を確認する

(2) 単位あたりの不適合数 u を計算する

$$u = \frac{\text{不適合数 } c}{\text{単位数 } n}$$

(3) u 管理図の中心線（CL）を計算する

$$u \text{ 管理図の } CL = \bar{u} = \frac{\text{不適合数 } c \text{ の合計}}{\text{単位数 } n \text{ の合計}}$$

(4) u 管理図の管理限界線（UCL と LCL）を計算する

$$UCL = \bar{u} + 3\sqrt{\frac{\bar{u}}{n}}$$

$$LCL = \bar{u} - 3\sqrt{\frac{\bar{u}}{n}}$$

問題 1　管理図

　　　内に入る最も適切なものを選択肢から選べ。

　管理図は、工程に異常がないかを判断して、工程の　(1)　するために用いる。

　管理図は、管理図を使う目的によって 2 つの種類に分けられる。　(2)　管理図は、あらかじめ採取したデータに基づいて工程が安定状態であるかを調べるために用いる。　(3)　管理図は、データを採取するごとに異常がないかを検討するために用いる。

　$\bar{X} - R$ 管理図は、長さや重さなどの　(4)　のデータに使用される。p 管理図や np 管理図は、不適合品率や不適合品数などの　(5)　のデータに使用される。

　$\bar{X} - R$ 管理図において、$\bar{X}$ 管理図は　(6)　の変化（　(7)　変動）を表し、R 管理図は　(8)　の変化（　(9)　変動）を表す。

　　(5)　の管理図の管理限界線は、群の大きさが一定であるか、変動するかによって計算方法が異なる。群の大きさが　(10)　np 管理図は、　(11)　管理限界線を計算する。群の大きさが　(12)　p 管理図は、　(13)　管理限界線を計算する。群の大きさが　(12)　p 管理図の場合、群の大きさが小さくなるほど管理限界幅は　(14)　なる。

【　(1)　～　(14)　の選択肢】

ア．不適合品を発見　　　イ．安定状態を維持　　ウ．管理用　　エ．解析用

オ．計量値　　　　　　　カ．計数値　　　　　　キ．平均　　　ク．分散

ケ．ばらつき　　　　　　コ．群内　　　　　　　サ．群間　　　シ．一定である

ス．変動する　　　　　　セ．全ての群に対して同一の

ソ．各群に対して別々の　タ．広く　　　　　　　チ．狭く

(1)	(2)	(3)	(4)	(5)	(6)	(7)	(8)	(9)

(10)	(11)	(12)	(13)	(14)

問題2 $\bar{X}-R$ 管理図

___内に入る最も適切なものを選択肢から選べ。

図1の$\bar{X}-R$管理図を作成するために、群の大きさ___(1)___、群の数___(2)___の
データを収集した。$\bar{X}$管理図の UCL は___(3)___、LCL は___(4)___、R 管理図の UCL
は___(5)___、LCL は___(6)___となる。

表1　管理限界線を計算するための係数表

n	A_2	D_3	D_4
2	1.880	—	3.267
3	1.023	—	2.575
4	0.729	—	2.282
5	0.577	—	2.114
6	0.483	—	2.004
7	0.419	0.076	1.924

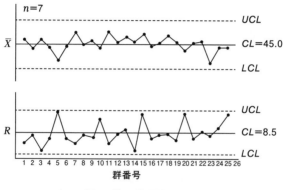

図1　$\bar{X}$-R管理図

この$\bar{X}-R$管理図より、$\bar{X}$管理図については___(7)___ため、___(8)___といえる。R
管理図については___(9)___ため、___(10)___といえる。

【　___(1)___ ～ ___(10)___ の選択肢】

ア. 7　　　　イ. 25　　　　ウ. 26　　　　エ. 0.65　　　　オ. 16.35

カ. 41.44　　キ. 45.0　　　ク. 48.56　　　ケ. 管理外れの点がある

コ. 管理外れの点がなく、点の並び方にくせもない

サ. 管理外れの点はないが、周期的に大きくなる群がある

シ. 安定状態にある　　ス. 群間変動に異常がある　　セ. 群内変動に異常がある

(1)	(2)	(3)	(4)	(5)

(6)	(7)	(8)	(9)	(10)

問題 3　群内変動と群間変動の推定値

　　□□□内に入る最も適切なものを選択肢から選べ。

　ある製品の測定値について、1 度の測定に 4 個サンプルを用い、$\bar{X} - R$ 管理図で管理することとする。得られたデータから測定値の平均 $\bar{X}$ と範囲 R を計算すると、次の表のようになった。

得られた計測値

群番号	$\bar{X}$	R
1	50.5	1
2	51.7	5
3	53.3	4
4	52.7	5
5	52.4	2
6	53.8	6
7	50.5	4
8	53.0	1
9	51.3	3
10	51.9	1

　このとき、$\bar{X} - R$ 管理図は安定状態であり、分散 $\sigma_{\bar{X}}^2$ の推定値は 1.28 と求められた。次の管理図のための係数表を用いると、群内変動 σ_w の推定値は (1) 、群間変動 σ_b^2 の推定値は (2) と求められる。

管理図のための係数表

群の大きさ n	c_4	c_3	d_2	d_3	m_3
2	0.798	0.603	1.128	0.853	1.000
3	0.886	0.463	1.693	0.888	1.160
4	0.921	0.389	2.059	0.880	1.092
5	0.940	0.341	2.326	0.864	1.198
6	0.952	0.308	2.534	0.848	1.135
7	0.959	0.282	2.704	0.833	1.214

ア. 1.55　　イ. 25.3　　ウ. 5.68　　エ. 12.9　　オ. 0.679

カ. 1.89　　キ. 0.470

(1)	(2)

問題4　計量値の管理図

　　　　内に入る最も適切なものを選択肢から選べ。

　ある製造工場では、製造された部品の計量値データが1日に1回しか計測できない。計測された品質特性値 X を管理するにあたり、X の平均値は 6.231、隣り合う X の移動範囲の平均値は 2.184 であった。この品質特性を管理するのに適した管理図は (1) 管理図である。

　X の管理図の管理線は、中心線 $CL =$ (2) 、上側管理限界線 $UCL =$ (3) 、下側管理限界線 $LCL =$ (4) である。また、X の移動範囲の管理図の管理線は、中心線 $CL =$ (5) 、上側管理限界線 $UCL =$ (6) 、下側管理限界線 LCL は示されない、となる。

　なお、管理図を作成するための係数表は次のとおりである。

管理図作成のための係数表

n	E_2	D_3	D_4
2	2.659	－	3.267
3	1.772	－	2.575
4	1.457	－	2.282
5	1.290	－	2.115
6	1.184	－	2.004
7	1.109	0.076	1.924

【 (1) ～ (6) の選択肢】

ア. $\bar{X} - R$　　イ. $\bar{X} - s$　　ウ. $X - R_s$　　エ. p　　　　オ. np

カ. 3.116　　キ. 6.231　　ク. 2.184　　ケ. 1.092　　コ. 12.04

サ. 0.4237　　シ. 7.135　　ス. 20.36

(1)	(2)	(3)	(4)	(5)	(6)

問題5　np 管理図

　　　内に入る最も適切なものを選択肢から選べ。

　ある作業場で生産している製品に対して、群ごと（サンプル数 $n = 300$）に不適合品数を調べたところ、次表のデータを得た。

各群のサンプル数と不適合品数

群番号	群の大きさ	不適合品数		群番号	群の大きさ	不適合品数
k	n	x		k	n	x
1	300	18		14	300	13
2	300	19		15	300	19
3	300	16		16	300	20
4	300	12		17	300	20
5	300	18		18	300	11
6	300	15		19	300	13
7	300	20		20	300	10
8	300	9		21	300	13
9	300	11		22	300	16
10	300	8		23	300	17
11	300	8		24	300	19
12	300	8		25	300	19
13	300	18		合計	7500	370

　このデータをもとに np 管理図を作成すると、CL、UCL、LCL は次のようになった。なお、$\bar{p}$ は平均不適合品率であり、k_i は第 i 群の群番号を表す。

$$CL \text{ を求める式} \boxed{(1)} \text{ より、} CL = \boxed{(2)}$$
$$UCL \text{ を求める式} \boxed{(3)} \text{ より、} UCL = \boxed{(4)}$$
$$LCL \text{ を求める式} \boxed{(5)} \text{ より、} LCL = \boxed{(6)}$$

【 $\boxed{(1)}$ ～ $\boxed{(6)}$ の選択肢】

ア．$\bar{p} + 3\sqrt{\dfrac{\bar{p}(1 - \bar{p})}{n}}$　　イ．$\dfrac{\sum x}{\sum k}$　　ウ．$\dfrac{\sum x}{\sum n}$　　エ．$\bar{p} - 3\sqrt{\dfrac{\bar{p}(1 - \bar{p})}{n}}$

オ．$\dfrac{\sum x}{k_{25}}$　　カ．$n\bar{p} + 2\sqrt{n\bar{p}(1 - \bar{p})}$　　キ．$n\bar{p} + 3\sqrt{n\bar{p}(1 - \bar{p})}$

ク．$n\bar{p} - 2\sqrt{n\bar{p}(1 - \bar{p})}$　　ケ．$n\bar{p} - 3\sqrt{n\bar{p}(1 - \bar{p})}$　　コ．22.30

サ．7.298　　シ．1.138　　ス．0.08684　　セ．0.04933　　ソ．0.01182

タ．26.05　　チ．14.80　　ツ．3.547

(1)	(2)	(3)	(4)	(5)	(6)

問題6　管理図の使い分け

　管理図に関する次の文章において、　　　内に入る最も適切なものを選択肢から選べ。ただし、各選択肢を複数回用いてもよい。

① 1日平均400個の金属板を研磨しているが、研磨数は日によってかなり異なり、毎日1%前後の不適合品が発生している。そこで、各日の研磨予定数の15%程度を群の大きさとして、この研磨工程を管理したいときは、　(1)　を用いるとよい。

②部品の塗装工程で一定の期間を空けてランダムに150個のサンプルを取り、その中の塗装の外観が不適合品となる数によって、その工程を管理したい。このような場合は　(2)　を用いるとよい。

③医薬品を3日がかりで1バッチ生産している。1バッチを1群として、その収率により製造工程を管理したい。このような場合は　(3)　を用いるとよい。なお、バッチとはひとつの生産サイクルで一度に生産される単位を表す。

④切削工程で1日150個のサンプルをとり、切削断面の状態の不適合品数を管理したい場合には　(4)　を用いるとよい。

⑤各日に350個前後を検査して、レンズの外観不適合品率を管理したい場合には、　(5)　を用いるとよい。

⑥大きさの異なる合板100cm³あたりの傷の数を管理したい場合には、　(6)　を用いるとよい。

【　(1)　～　(6)　の選択肢】

ア. p 管理図　　　　イ. np 管理図　　　ウ. c 管理図　　エ. u 管理図

オ. $\bar{X} - R$ 管理図　　カ. $X - R_s$ 管理図　　キ. $\bar{X} - s$ 管理図

(1)	(2)	(3)	(4)	(5)	(6)

問題7　計数値の管理図

管理図に関する次の文章において、_____内に入る最も適切なものを選択肢から選べ。ただし、各選択肢を複数回用いてもよい。

紙皿を製造しているある工場では、毎日複数枚をサンプリングして検査を実施し、管理図を用いて紙皿1枚あたりの不適合数を管理している。

① 紙皿1枚あたりの不適合数は [(1)] に従うとみなせるので、使用する管理図は [(2)] が適している。

② [(2)] の管理線は、紙皿1枚あたりの不適合数の平均を中心として、中心線から紙皿1枚あたりの不適合数の標準偏差の [(3)] 倍だけ離れた管理限界線を計算する。

③ 管理図を作成するために15日分の検査データを収集し、紙皿1枚あたりの不適合数の平均を計算すると8.0であった。3日目の単位数が2の場合、この日の上限管理限界線は [(4)] 、下限管理限界線は [(5)] となる。

【 [(1)] ～ [(5)] の選択肢】

ア. p 管理図　　イ. np 管理図　　ウ. c 管理図　　エ. u 管理図

オ. 二項分布　　カ. ポアソン分布　　キ. 正規分布　　ク. 4　　　ケ. 3

コ. 2　　　サ. 14　　　シ. 0　　　ス. 20　　セ. 4　　　ソ. 24

(1)	(2)	(3)	(4)	(5)

⊕ 予想問題 解答解説

問題 1　管理図

> 【解 答】　(1) イ　(2) エ　(3) ウ　(4) オ　(5) カ　(6) キ
> 　　　　　(7) サ　(8) ケ　(9) コ　(10) シ　(11) セ
> 　　　　　(12) ス　(13) ソ　(14) タ

POINT

　管理図は工程の安定状態（統計的管理状態）を維持するための図で、不適合品を発見するためには用いません。

　2級の試験では、$\bar{X} - R$ 管理図、p 管理図、np 管理図が出題されます。特に覚える必要のある部分は、各管理図が何を管理するかです。$\bar{X}$ 管理図は平均の変化（群間変動）、R 管理図はばらつきの変化（群内変動）、p 管理図は不適合品率、np 管理図は不適合品数を管理します。必ず覚えておきましょう。

問題 2　$\bar{X} - R$ 管理図

> 【解 答】　(1) ア　(2) イ　(3) ク　(4) カ　(5) オ　(6) エ
> 　　　　　(7) コ　(8) シ　(9) サ　(10) セ

【解き方】

　まず、各値を確認します。図より、群の大きさ n は 7、群の数は点の数を数えて 25 です。$\bar{X}$ 管理図は $CL = 45.0$、R 管理図は $CL = 8.5$ なので、$\bar{\bar{X}} = 45.0$、$\bar{R} = 8.5$ です。

　群の大きさ $n = 7$ なので、管理限界線を計算するための係数表は $n = 7$ の行を選び、$A_2 = 0.419$、$D_3 = 0.076$、$D_4 = 1.924$ です。

　確認した値を公式に代入して管理限界線を計算します。

　　　$\bar{X}$ 管理図の $UCL = \bar{\bar{X}} + A_2 \times \bar{R} = 45.0 + 0.419 \times 8.5 \fallingdotseq 48.56$

　　　$\bar{X}$ 管理図の $LCL = \bar{\bar{X}} - A_2 \times \bar{R} = 45.0 - 0.419 \times 8.5 \fallingdotseq 41.44$

$$R\text{ 管理図の }UCL = D_4 \times \overline{R} = 1.924 \times 8.5 \fallingdotseq 16.35$$
$$R\text{ 管理図の }LCL = D_3 \times \overline{R} = 0.076 \times 8.5 \fallingdotseq 0.65$$

POINT

　群の大きさと群の数を間違えないように気をつけましょう。管理図の点の数は群の数を表します。「群」は「点」と頭の中で読み替えてもいいでしょう。

　この問題では中心線（CL）の値が与えられたため、$\overline{\overline{X}}$ と $\overline{R}$ としてそのまま公式に代入できました。もし「群の平均値 $\overline{X}$ の合計」「群の範囲 R の合計」を与えられたときは、群の数で割って $\overline{\overline{X}}$ と $\overline{R}$ を求める必要があります。

$$\overline{\overline{X}} = \frac{\text{群の平均値 } \overline{X} \text{ の合計}}{\text{群の数}} \qquad \overline{R} = \frac{\text{群の範囲 } R \text{ の合計}}{\text{群の数}}$$

$\overline{X}$ 管理図の UCL と LCL は A_2 で、R 管理図の UCL は D_4、LCL は D_3 で計算します。特に、R 管理図の UCL と LCL の計算で使う係数を間違えないように、一度は解いておきましょう。

　管理図の分析にあたって確認するポイントは、①管理外れの点があるか、②点に並び方に「くせ」はあるか、です。この問題の $\overline{X}$ 管理図を見ると、管理外れの点がなく、点にも「くせ」がないため、安定状態にあると判断します。一方、R 管理図は周期的に大きくなる群（点）があり、「くせ」があるといえます。そのため、群内変動に異常があると判断します。この問題のような形で、$\overline{X}$ 管理図が群間変動、R 管理図が群内変動を表すことを問われることもあります。

問題3　群内変動と群間変動の推定値

【解答】　（1）ア　（2）オ

【解き方】

　範囲 R の平均値を $\overline{R}$ とすると、群内変動 σ_w の推定値 $\hat{\sigma}_w$ は次の公式で求めることができます。

$$\hat{\sigma}_w = \frac{\overline{R}}{d_2}$$

　ここで、得られた計測値より $\overline{R} = 3.2$ と計算できます。また、$\overline{X}$ は4個のサンプルの平均値であることから、群の大きさ $n = 4$ の係数を使用します。よって、群内変動 σ_w の推定値 $\hat{\sigma}_w$ は次のように求まります。

$$\hat{\sigma}_w = \frac{\bar{R}}{d_2} = \frac{3.2}{2.059} \doteqdot 1.55$$

群間変動 σ_b^2 の推定値 $\hat{\sigma}_b^2$ は次のように求めることができます。

$$\hat{\sigma}_b^2 = \hat{\sigma}_{\bar{X}}^2 - \frac{\hat{\sigma}_w^2}{n} = 1.28 - \frac{1.55^2}{4} \doteqdot 0.679$$

問題 4　計量値の管理図

【解答】　(1) ウ　(2) キ　(3) コ　(4) サ　(5) ク　(6) シ

【解き方】

まず、X 管理図の CL（中心線）は $\bar{X}$ であり、問題文より 6.231 です。

X 管理図の UCL と LCL を計算するにあたり、隣り合う移動範囲の群の大きさは $n = 2$ であることから、係数表における $n = 2$ の行の値を使用します。よって、UCL と LCL は次のように計算されます。

$$UCL = \bar{X} + E_2 \times \bar{R}_s = 6.231 + 2.659 \times 2.184 \doteqdot 12.04$$
$$LCL = \bar{X} - E_2 \times \bar{R}_s = 6.231 - 2.659 \times 2.184 \doteqdot 0.4237$$

次に、R_s 管理図の CL（中心線）は $\bar{R}_s$ であり、問題文より 2.184 です。

R_s 管理図の UCL は次のように計算されます。

$$UCL = D_4 \times \bar{R}_s = 3.267 \times 2.184 \doteqdot 7.135$$

POINT

本問は隣り合う X の移動範囲であることから、群の大きさは $n = 2$ です。3つの連続する X の移動範囲（群内の最大値と最小値の差）の管理限界線を求める場合は、係数表の $n = 3$ の行の値を使用することに注意しましょう。

また、本問では問われませんでしたが、R_s 管理図の LCL は計算されないことに注意しましょう。

問題5 np 管理図

【解き方】

まず、np 管理図の CL（中心線）は $n\overline{p}$ であり、次のとおりに計算されます。

$$n\overline{p} = \frac{\text{不適合品数の合計}}{\text{群の数}} = \frac{\Sigma x}{k_{25}} = 14.80$$

次に、$\overline{p}$ を計算します。

$$\overline{p} = \frac{n\overline{p}}{n} = \frac{14.80}{300} \fallingdotseq 0.04933$$

最後に、np 管理図の UCL と LCL を計算します。

$$UCL = n\overline{p} + 3\sqrt{n\overline{p}(1-\overline{p})} = 14.80 + 3\sqrt{14.80 \times (1 - 0.04933)}$$
$$\fallingdotseq 26.05$$
$$LCL = n\overline{p} - 3\sqrt{n\overline{p}(1-\overline{p})} = 14.80 - 3\sqrt{14.80 \times (1 - 0.04933)}$$
$$\fallingdotseq 3.547$$

8

管理図

POINT

選択肢は主に p 管理図と np 管理図に関する公式です。区別して覚えておきましょう。

また、管理限界線の係数は 3 になります。これは、二項分布における母平均と母分散を利用した 3 シグマ管理限界線に対応しているためです。

問題6　管理図の使い分け

POINT

2 級の試験では、$\overline{X} - R$ 管理図、$\overline{X} - s$ 管理図、$X - R_s$ 管理図、p 管理図、np 管理図、u 管理図、c 管理図と数多く出題されます。特に覚える必要のある部分は、各管理図が何を管理するかです。$\overline{X}$ 管理図は平均の変化（群間変動）、R 管理

図はばらつきの変化（群内変動）、s 管理図は標準偏差の変化（群内変動）、R_s 管理図は移動範囲の変化（群間変動）、p 管理図は不適合品率、np 管理図は不適合品数、c 管理図は不適合数、u 管理図は単位あたりの不適合数を管理します。必ず覚えておきましょう。

問題7　計数値の管理図

【解答】　(1) カ　(2) エ　(3) ケ　(4) サ　(5) コ

【解き方】

u 管理図の管理限界線（上限管理限界線 UCL と下限管理限界線 LCL）は次のように求められます。

$$UCL = \bar{u} + 3\sqrt{\frac{\bar{u}}{n}}$$

$$LCL = \bar{u} - 3\sqrt{\frac{\bar{u}}{n}}$$

ここで、$\bar{u}$ は中心線を、$\sqrt{\dfrac{\bar{u}}{n}}$ は紙皿1枚あたりの不適合数の標準偏差を表すので、u 管理図の管理線は、紙皿1枚あたりの不適合数の平均を中心として、中心線から紙皿1枚あたりの不適合数の標準偏差の3倍だけ離れた管理限界線を計算します。

また、紙皿1枚あたりの不適合数の平均は $\bar{u} = 8.0$、3日目の単位数が $n = 2$ のとき、この日の上限管理限界線 UCL と下限管理限界線 LCL は次のように計算します。

$$UCL = \bar{u} + 3\sqrt{\frac{\bar{u}}{n}} = 8.0 + 3 \times \sqrt{\frac{8.0}{2}} = 14$$

$$LCL = \bar{u} - 3\sqrt{\frac{\bar{u}}{n}} = 8.0 - 3 \times \sqrt{\frac{8.0}{2}} = 2$$

POINT

紙皿1枚あたりの不適合数、つまり単位数あたりの不適合数を管理する場合は、u 管理図を使用します。また、正規分布に従うのは $\bar{X} - R$ 管理図、二項分布に従うのは、p 管理図と np 管理図になります。

9 工程能力指数

管理図やヒストグラム、正規分布などとあわせて
出題されることが多い範囲です。
複雑な計算問題はありませんが、用語の意味や計
算方法を正確に理解できるようにしましょう。

★★★ 内容を深く理解しているレベル
★★ 定義と基本的な考え方を理解しているレベル
★ 言葉を知っているレベル

1 工程能力指数 ★★★

P329

出題分析	毎回平均	第22回：1点	第23回：1点	第24回：0点	第25回：1点
	1.0/100点	第26回：0点	第27回：0点	第28回：5点	第30回：0点
		第31回：0点	第32回：2点	第33回：0点	第34回：2点

工程能力指数の定義や計算方法、およびその評価基準に
ついて学びます。

1 工程能力指数

工程能力指数の定義

　工程能力指数は、安定状態[※1]にある工程が品質を実現する能力（工程能力）を測る指標です。工程能力指数は、工程が安定状態にあるときに、データのばらつきがどのくらいの余裕をもって規格[※2]内に収まるかを数値で示すため、安定状態を確認する管理図や、ばらつきの状態を確認するヒストグラムと組み合わせて用います。

※1 安定状態（統計的管理状態）：工程のばらつきが避けられない原因によってのみ発生している状態。
※2 規格：要求される品質の基準。規格の上限を上回ったり、下限を下回ったりしている場合は不適合品として扱います。

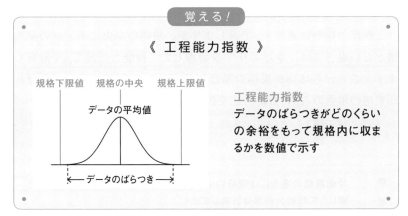

> 覚える！
>
> 《 工程能力指数 》
>
> 規格下限値　規格の中央　規格上限値
>
> データの平均値
>
> ← データのばらつき →
>
> 工程能力指数
> データのばらつきがどのくらいの余裕をもって規格内に収まるかを数値で示す

参考	工程能力指数は精度の指標です。なお、精度とは、ばらつきの程度のことで、ばらつきが小さいほど精度が高いということになります。

工程能力指数の計算方法

　工程能力指数は C_p で表し、計算には規格値[※3] を用います。

　規格値には上限と下限の両方が定められている場合や、上限のみ、または下限のみが定められている場合があります。上限と下限の両方が定められている規格を両側規格といい、上限または下限のどちらかしか定められていない規格を片側規格といいます。

[※3] 規格値：製品の適合・不適合を決める基準の値。

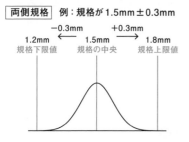

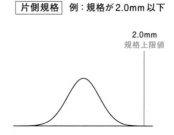

　工程能力指数は通常 C_p で表しますが、規格の中央にデータの平均値がない場合には、かたより[※4] を考慮した工程能力指数 C_{pk} を計算します。ここからは両側規格の場合の C_p と C_{pk} の計算方法、および片側規格の場合の C_p の計算方法を説明します。

[※4] 工程能力指数で考慮する「かたより」とは、データの平均値と規格の中央がどれくらい離れているかのことです。

参考	片側規格の場合には規格の中央というものがないため、かたよりを考慮した工程能力指数は計算しません。

1. 工程能力指数 C_p（両側規格）

　平均値が規格の中央にある場合、規格の上限値から下限値を引いた値を標準偏差の 6 倍（$6s$）で割って C_p を求めます。

$$C_p = \frac{規格上限値 - 規格下限値}{6s}$$

2. かたよりを考慮した工程能力指数 C_{pk}（両側規格）

　平均値が規格の中央からずれている場合、平均値に近い方の規格値を用いて平均値との差を求め、標準偏差の 3 倍（$3s$）で割って C_{pk} を求めます。計算結果がマイナスになったときは、その絶対値を C_{pk} とします。

$$C_{pk} = \frac{平均値に近い方の規格値と平均値の差}{3s}$$

| 参考 | このあとの手順 3. で説明する片側規格の計算方法で C_p の値を 2 つ求めてから、小さい方の値を選ぶ方法でも C_{pk} と同じ値になります。 |

　　参　考

$$\left.\begin{array}{c} \dfrac{規格上限値と平均値の差}{3s} \\[2mm] \dfrac{規格下限値と平均値の差}{3s} \end{array}\right\} いずれか小さい方$$

3. 工程能力指数 C_p（片側規格）

　規格値と平均値の差を標準偏差の 3 倍（$3s$）で割って C_p を求めます。計算結果がマイナスになったときは、その絶対値を C_p とします。

$$C_p = \frac{規格値と平均値の差}{3s}$$

9

工程能力指数

331

《 工程能力指数の計算方法 》

① 両側規格

$$C_p = \frac{規格上限値 - 規格下限値}{6s}$$

② 両側規格（かたよりを考慮）

$$C_{pk} = \frac{平均値に近い方の規格値と平均値の差}{3s}$$

③ 片側規格

$$C_p = \frac{規格値と平均値の差}{3s}$$

工程能力指数の評価基準

　工程能力指数の値から工程能力を判断します。工程能力指数（C_p、C_{pk}）が 1.33 以上だと工程能力は十分です。次の表も必ず覚えておきましょう。

《 工程能力指数の評価基準 》

工程能力指数	評価基準
工程能力指数≧1.67	工程能力は十分すぎる
1.33≦工程能力指数＜1.67	工程能力は十分である
1.00≦工程能力指数＜1.33	工程能力はやや不足している
0.67≦工程能力指数＜1.00	工程能力は不足している
工程能力指数＜0.67	工程能力は非常に不足している

例題 **9-1-1**

> ある安定状態の工程で製造される製品の長さは、平均 14.6mm、標準偏差 0.4mm の正規分布に従う。この製品の規格上限値は 15.5mm、規格下限値は 12.5mm である。
>
> これらの値を用いて計算すると、工程能力指数 C_p の値は **(1)**、かたよりを考慮した C_{pk} の値は **(2)** である。したがって、工程能力指数の評価基準より、C_p の工程能力は **(3)**、C_{pk} の工程能力は **(4)** といえる。
>
> 【選択肢】0.75　1.25　1.75　十分である　やや不足している
> 不足している

【解答】(1) 1.25　(2) 0.75　(3) やや不足している　(4) 不足している

まず、C_p を計算します。

$$C_p = \frac{規格上限値 - 規格下限値}{6s} = \frac{15.5 - 12.5}{6 \times 0.4} = 1.25$$

次に平均値の 14.6mm は規格上限値の側に寄っているため、規格上限値と平均値の差を用いて C_{pk} を計算します。

$$C_{pk} = \frac{平均値に近い方の規格値と平均値の差}{3s} = \frac{15.5 - 14.6}{3 \times 0.4} = 0.75$$

工程能力指数の評価基準より、$C_p = 1.25$ の工程能力はやや不足している、$C_{pk} = 0.75$ の工程能力は不足しているといえます。

9　工程能力指数

ヒストグラムから工程能力指数を読み取る

　簡略化したヒストグラム[※5]から工程能力指数を読み取るときは、データの分布が余裕をもって規格内に収まっているかを見ます。規格の外側に分布がはみ出している場合は、規格外が発生しているということなので、工程能力は不足していると判断します。また、分布が規格内に収まっていても、規格に対して余裕がなければ、工程能力はやや不足していると判断します。

※5 図中の S_L は規格下限値を、S_U は規格上限値を表します。

分布の平均値が規格の中央にある場合（かたよりを考慮しない）

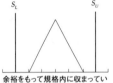

余裕をもって規格内に収まっているため、C_p は十分

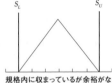

規格内に収まっているが余裕がないため、C_p はやや不足

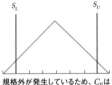

規格外が発生しているため、C_p は不足

分布の平均値が規格の中央からずれている場合（かたよりを考慮する）

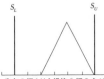

分布の幅よりも規格の幅の方が広いので C_p は十分
ただし分布が規格上限側に寄っており余裕がないため C_{pk} はやや不足

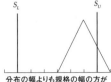

分布の幅よりも規格の幅の方が広いので C_p は十分
ただし分布が規格上限側に寄っており規格外が発生しているため C_{pk} は不足

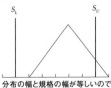

分布の幅と規格の幅が等しいので C_{pk} はやや不足
分布が規格上限側に寄っており規格外が発生しているため C_{pk} は不足

　工程能力を改善するためには、分布の平均値を規格の中央に近づけ、分布が規格内に余裕をもって収まるように、分布のばらつきを小さくします。

> **参考**
>
> C_p と C_{pk} の値はどちらも大きいほど工程能力も高いといえます。ただし、C_{pk} の値は C_p の値よりも大きくなることはありません。C_{pk} はかたよりを考慮するため、分布の平均値に近い方の規格値を用いて計算します。その結果、工程能力は C_p よりも余裕がない値（＝小さい値）になります。
> そのため、「C_p は不足しているが C_{pk} は十分」という評価になることはなく、C_p と C_{pk} の評価は同じか、もしくは C_{pk} の方が C_p より悪い評価になります。

例 題 9-1-2

例題 9-1-1 の工程について簡略化して表したヒストグラムは ⎡ (1) ⎤ であり、工程能力を改善するためには、長さの平均値を ⎡ (2) ⎤、ばらつきを ⎡ (3) ⎤ する必要がある。たとえば、標準偏差が 0.4mm のままで、$C_{pk} = 1.00$ とするためには、平均値を ⎡ (4) ⎤ mm にする必要がある。

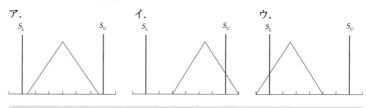

【選択肢】 ア　イ　ウ　上げ　下げ　大きく　小さく　13.7　14.3　14.9

【解答】　(1) イ　(2) 下げ　(3) 小さく　(4) 14.3

工程能力指数＝1 は、データの分布の幅と規格の幅が等しいことを表します。1 を超えると規格の幅に対して分布の幅が小さいことを表し、逆に 1 を下回ると規格外が発生していることを表します。

例題 9-1-1 の結果より工程能力指数 C_p は 1.25 なので、規格の幅に対して分布の幅は若干小さいことがわかります。また、かたよりを考慮した C_{pk} は 0.75 なので、規格外が発生しています。加えて、平均値 14.6mm、規格上限値 15.5mm、規格下限値 12.5mm という条件より、分布は規格上限側に寄っているとわかります。分布が規格上限側に寄っており、分布の幅が規格の幅よりも小さく、規格外が発生しているヒストグラムは選択肢イのみです。

ヒストグラムより、工程能力を改善するためには、分布の平均を下げて規格の中央に近づけ、ばらつきを小さくします。

標準偏差 s を変化させずに $C_{pk} = 1.00$ に改善するための製品の長さの平均値 $\bar{x}$ [mm] は、次のように式を立てて求めます。

$$C_{pk} = \frac{\text{平均値に近い方の規格値と平均値の差}}{3s}$$

$$1.00 = \frac{15.5 - \bar{x}}{3 \times 0.4}$$

$$\bar{x} = 15.5 - 1.00 \times 3 \times 0.4 = 14.3\text{mm}$$

9

工程能力指数

8章の管理図で学習した管理限界線（*UCL*、*LCL*）は、中心線（*CL*）から両側へ3σ※6の距離に設定されます。工程が安定状態にあるときは、*UCL*と*LCL*の間に99.7%の点が入ります。これを言い換えると、工程が安定状態にあるときに点が管理限界線の外側に出る確率は1000回に3回で、0.3%です。

※6 σは母標準偏差を表す記号です。

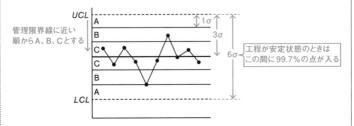

管理限界線に近い順からA、B、Cとする

工程が安定状態のときはこの間に99.7%の点が入る

これをもとに工程能力指数について考えます。

工程の製品のデータ（正規分布に従う）と規格値との関係を考えます。正規分布に従うデータは99.7%が平均値±3σ（6σの幅）に入るので、規格の上限値と下限値を平均値±3σの位置に設定すると、1000個中3個しか規格外の製品が発生しないことになります。このときの工程能力指数は1になります。

$$C_p = \frac{規格上限値 - 規格下限値}{6\sigma} = \frac{6\sigma}{6\sigma} = 1$$

規格の幅を6σよりも広く設定すると、そのぶん規格外の製品が発生する確率が減ります。規格幅を両側に1σずつ余裕を持たせ、8σ（規格値を平均値±4σ）に設定すると、工程能力指数は1.33になります。「工程能力指数＝1.33以上で工程能力が十分」という評価基準は、規格外の製品が頻繁に発生しない余裕を持たせたものです。

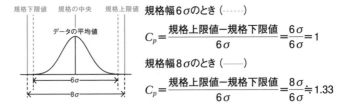

規格幅6σのとき（······）

$$C_p = \frac{規格上限値 - 規格下限値}{6\sigma} = \frac{6\sigma}{6\sigma} = 1$$

規格幅8σのとき（——）

$$C_p = \frac{規格上限値 - 規格下限値}{6\sigma} = \frac{8\sigma}{6\sigma} \fallingdotseq 1.33$$

平均値が規格の中央からずれている場合は、データのばらつきが規格内に収まる余裕が左右で異なるので、かたよりを考慮した工程能力指数C_{pk}を計算します。C_{pk}は余裕がない方（規格外の製品が発生しやすい方）の規格値を用いて計算します。また、データのばらつきも片側だけ考えるので、分母は6σではなく3σで計算します。

参考

$$C_{pk} = \frac{\text{平均値に近い方の規格値と平均値の差}}{3\sigma}$$

実際には、工程能力指数は母集団から抜き出したデータで計算するので、記号は母標準偏差σではなく標本標準偏差sを用います。母標準偏差の推定量として標本標準偏差sを使った場合は、工程能力指数も推定量となります。

試験に向けて覚えておくことは、「工程能力は平均値±3σで表す」「工程能力指数が1のときは規格の幅が6σ」「工程能力指数が1のとき（規格の幅＝6σのとき）は規格外の製品が発生する確率は0.3%」です。

📖 **例題** 9-1-3

ある部品の生産工程で測定した80個のサンプルから品質特性値のデータをまとめたところ、平均値$\bar{x} = 22.0$、分散$V = 16.0$となった。この部品の品質特性値の規格上限値$S_U = 30.0$、規格下限値$S_L = 15.0$のとき、標本標準偏差$s = \boxed{(1)}$となる。これより、工程能力指数の推定量$\hat{C}_p$を計算すると$\boxed{(2)}$となるので、工程能力は$\boxed{(3)}$といえる。

【選択肢】4.0　4.7　6.0　0.625　1.25　1.625　十分である
不足している　非常に不足している

【解答】（1）4.0　（2）0.625　（3）非常に不足している
工程能力指数C_pは、母標準偏差をσ、規格上限値をS_U、規格下限値をS_Lとすると、次のようになります。

$$C_p = \frac{S_U - S_L}{6\sigma}$$

問題では母標準偏差σが与えられていない（既知でない）ため、サンプルデータから標本標準偏差sを求め、母標準偏差の推定量$\hat{\sigma} = s$と置き、σの代わりにsを用います。この場合、工程能力指数C_pも推定量$\hat{C}_p$となり、次のように表すことができます。

$$\hat{C}_p = \frac{S_U - S_L}{6s}$$

標本標準偏差sは、分散Vの値より、

$$s = \sqrt{V} = \sqrt{16.0} = 4.0$$

9

工程能力指数

これより、工程能力指数の推定量 $\widehat{C}_p$ は、

$$\widehat{C}_p = \frac{S_U - S_L}{6s} = \frac{30.0 - 15.0}{6 \times 4.0} = 0.625$$

工程能力指数の評価基準より、$\widehat{C}_p = 0.625$ は工程能力は非常に不足している
といえます。

統計量で工程能力指数を計算した場合は工程能力指数の判断基準
をそのまま使うのは適切ではなく、区間推定が必要です。統計量はば
らつきを持つため、適当な信頼率のもとで工程能力指数の区間推定
を行い、その信頼下限に対して判断基準を照らし合わせることが大切
です。

規格外が発生する確率の求め方について試験で問われることもありま
す。規格外が発生する確率は、データの分布を標準正規分布に変換
し、正規分布表から確率 P を読み取って求めます。

例：平均4.5g、標準偏差0.1gの正規分布に従うデータ x が、規格下
限値4.3gを下回る確率

$$Z = \frac{x - \mu}{\sigma} = \frac{4.3 - 4.5}{0.1} = -2.0$$

正規分布表より、$|Z| = K_P = 2.00$ における確率 P を探すと、0.0228
を読み取ることができます。

(1) K_P から P を求める表

K_P	*=0	1	2	3	4	5	6	7	8	9
0.0*	.5000	.4960	.4920	.4880	.4840	.4801	.4761	.4721	.4681	.4641
0.1*	.4602	.4562	.4522	.4483	.4443	.4404	.4364	.4325	.4286	.4247
0.2*	.4207	.4168	.4129	.4090	.4052	.4013	.3974	.3936	.3897	.3859
0.3*	.3821	.3783	.3745	.3707	.3669	.3632	.3594	.3557	.3520	.3483
0.4*	.3446	.3409	.3372	.3336	.3300	.3264	.3228	.3192	.3156	.3121
1.8*	.0359	.0351	.0344	.0336	.0329	.0322	.0314	.0307	.0301	.0294
1.9*	.0287	.0281	.0274	.0268	.0262	.0256	.0250	.0244	.0239	.0233
2.0*	.0228	.0222	.0217	.0212	.0207	.0202	.0197	.0192	.0188	.0183
2.1*	.0179	.0174	.0170	.0166	.0162	.0158	.0154	.0150	.0146	.0143
2.2*	.0139	.0136	.0132	.0129	.0125	.0122	.0119	.0116	.0113	.0110
2.3*	.0107	.0104	.0102	.0099	.0096	.0094	.0091	.0089	.0087	.0084

1 工程能力指数

❶工程能力指数は、工程が安定状態にあるときに、データのばらつきがどのくらいの余裕を持って規格内に収まるかを数値で測る指標。

❷工程能力指数の公式

$$両側規格の\ C_p = \frac{規格上限値 - 規格下限値}{6s}$$

$$かたよりを考慮した\ C_{pk} = \frac{平均値に近い方の規格値と平均値の差}{3s}$$

$$片側規格の\ C_p = \frac{規格値と平均値の差}{3s}$$

❸工程能力指数の評価基準

工程能力指数	評価基準
工程能力指数≧1.67	工程能力は十分すぎる
1.33≦工程能力指数＜1.67	工程能力は十分である
1.00≦工程能力指数＜1.33	工程能力はやや不足している
0.67≦工程能力指数＜1.00	工程能力は不足している
工程能力指数＜0.67	工程能力は非常に不足している

❹工程能力を改善するためには、分布の平均値を規格の中央に近づけ、ばらつきを小さくする。

9

工程能力指数

⊕ 予想問題　問　題

問題 1　工程能力指数

　　　　内に入る最も適切なものを選択肢から選べ。

　工程能力指数 C_p は、規格値が両側にある場合は、工程の標準偏差を s とすると、規格幅を 　(1)　 で除した値として求める。規格値が片側にしかない場合は、平均値と規格値の差を 　(2)　 で除した値として求める。

　平均値が規格の中央からずれている場合、かたよりを考慮した工程能力指数 C_{pk} は、平均値から 　(3)　 方の規格値を用いて平均値との差を求め、 　(2)　 で除して求める。

　C_p と C_{pk} の値が大きいほど工程能力は 　(4)　 。工程能力指数が 　(5)　 以上 　(6)　 未満の場合、工程能力は十分であるといえる。また、工程能力指数が 　(7)　 以上 　(8)　 未満の場合、工程能力は不足しているといえる。

【 　(1)　 ～ 　(8)　 の選択肢】
ア. s　　イ. $3s$　　ウ. $6s$　　エ. 近い　　オ. 遠い　　カ. 低い　　キ. 高い
ク. 0.33　　ケ. 0.67　　コ. 1.00　　サ. 1.33　　シ. 1.67　　ス. 2.00

(1)	(2)	(3)	(4)	(5)	(6)	(7)	(8)

問題 2　工程能力指数の計算

　　　　内に入る最も適切なものを選択肢から選べ。ただし、各選択肢を複数回用いてもよい。

　安定した製造工程の品質特性値の母集団分布が正規分布 $N(\mu, \sigma^2)$ であると仮定した場合、各工程能力指数の母数としての定義は次のようになる。
①規格上限値 S_U だけが存在するときの工程能力指数 C_{pU}

$$C_{pU} = \frac{\boxed{(1)}}{\boxed{(2)}}$$

②規格下限値 S_L だけが存在するときの工程能力指数 C_{pL}

$$C_{pL} = \frac{\boxed{(3)}}{\boxed{(4)}}$$

③両側に規格（S_U と S_L）が存在し、母平均が規格の中心にあると仮定できるとき
の工程能力指数 C_p

$$C_p = \frac{\boxed{(5)}}{\boxed{(6)}}$$

母平均 μ および母標準偏差 σ は未知であるから、工程からランダムサンプリン
グを行い、データの平均値 $\bar{x}$、標本標準偏差 s を得た。得られた値を用いて母平均
μ および母標準偏差 σ を $\boxed{(7)}$ した値をそれぞれ $\hat{\mu}$、$\hat{\sigma}$ とすると、

$$\hat{\mu} = \bar{x}$$

$$\hat{\sigma} = s$$

これより、実際に用いられる工程能力指数の推定量はそれぞれ、

$$\hat{C}_{pU} = \frac{\boxed{(8)}}{\boxed{(9)}}$$

$$\hat{C}_{pL} = \frac{\boxed{(10)}}{\boxed{(11)}}$$

$$\hat{C}_p = \frac{\boxed{(12)}}{\boxed{(13)}}$$

と表すことができる。

【 $\boxed{(1)}$ ～ $\boxed{(13)}$ の選択肢】

ア．$S_U - \mu$　　イ．$S_U - \bar{x}$　　ウ．$S_U - S_L$　　エ．$S_L - \mu$　　オ．$S_L - \bar{x}$
カ．$S_L - S_U$　　キ．$\mu - S_U$　　ク．$\bar{x} - S_U$　　ケ．$\mu - S_L$　　コ．$\bar{x} - S_L$
サ．3σ　　シ．6σ　　ス．9σ　　セ．$3s$　　ソ．$6s$　　タ．$9s$　　チ．検定
ツ．推定　　テ．試験

(1)	(2)	(3)	(4)	(5)	(6)	(7)	(8)	(9)

(10)	(11)	(12)	(13)

✦ 予想問題 解答解説

問題 1　工程能力指数

> 【解答】　(1) ウ　(2) イ　(3) エ　(4) キ　(5) サ　(6) シ
> 　　　　　(7) ケ　(8) コ

POINT

　工程能力指数は、安定状態にある工程が品質を実現する能力（工程能力）を測る指標です。

　この問題のような穴埋めの形式で工程能力指数の求め方を問われることがあるため、工程能力指数を求める公式3種類（両側規格の C_p、かたよりを考慮した C_{pk}、片側規格の C_p）は必ず覚えておきましょう。また、工程能力指数の評価基準についても覚えておきましょう。1.33以上1.67未満で工程能力は十分、1.00以上1.33未満でやや不足、0.67以上1.00未満で不足です。

問題 2　工程能力指数の計算

> 【解答】　(1) ア　(2) サ　(3) ケ　(4) サ　(5) ウ　(6) シ
> 　　　　　(7) ツ　(8) イ　(9) セ　(10) コ　(11) セ　(12) ウ
> 　　　　　(13) ソ

【解き方】

　安定した製造工程の品質特性値の母集団分布が正規分布 $N(\mu, \sigma^2)$ であると仮定した場合、各工程能力指数の母数としての定義は、それぞれ次のようになります。

$$両側規格の\ C_p = \frac{規格上限値 - 規格下限値}{6\sigma}$$

$$片側規格の\ C_p = \frac{規格値と平均値の差}{3\sigma}$$

これより、工程能力指数 C_{pU}、C_{pL}、C_p は、母平均を μ、母標準偏差を σ、規格上限値を S_U、規格下限値を S_L とすると、それぞれ次のようになります。

①規格上限値 S_U だけが存在するときの工程能力指数 C_{pU}

$$C_{pU} = \frac{S_U - \mu}{3\sigma}$$

②規格下限値 S_L だけが存在するときの工程能力指数 C_{pL}

$$C_{pL} = \frac{\mu - S_L}{3\sigma}$$

③両側に規格（S_U と S_L）が存在し、母平均が規格の中心にあると仮定できるときの工程能力指数 C_p

$$C_p = \frac{S_U - S_L}{6\sigma}$$

母平均 μ および母標準偏差 σ が未知のとき、工程からランダムサンプリングを行い、得られた値を用いて母平均 μ および母標準偏差 σ を推定します。推定した値をそれぞれ $\hat{\mu}$、$\hat{\sigma}$ とすると、データの平均値 $\bar{x}$、標本標準偏差 s を用いて次のように表すことができます。

$$\hat{\mu} = \bar{x} \qquad \hat{\sigma} = s$$

この場合、工程能力指数も推定量となるため、実際に用いられる工程能力指数の推定量はそれぞれ、

$$\hat{C}_{pU} = \frac{S_U - \bar{x}}{3s} \qquad \hat{C}_{pL} = \frac{\bar{x} - S_L}{3s} \qquad \hat{C}_p = \frac{S_U - S_L}{6s}$$

と表すことができます。

POINT

両側規格、片側規格、かたよりを考慮した工程能力指数を求める公式はよく出題されますので必ず覚えましょう。この問題のように、各工程能力指数の推定量を求める問題もときどき出題されますので、推定量の考え方も理解しましょう。

9

工程能力指数

10

10 抜取検査

比較的出題される範囲です。

複雑な計算問題はありませんが、用語の意味や、

表の見方を正確に理解しましょう。

★★★　内容を深く理解しているレベル
★★　　定義と基本的な考え方を理解しているレベル
★　　　言葉を知っているレベル

1 抜取検査の考え方 ★★ P347

出題分析	毎回平均 0.2/100点	第22回:0点	第23回:0点	第24回:0点	第25回:0点
		第26回:2点	第27回:0点	第28回:0点	第30回:0点
		第31回:0点	第32回:0点	第33回:0点	第34回:0点

抜取検査の考え方や、抜取検査の用語の意味、OC曲線について学びます。

2 計数規準型抜取検査 ★★★ P352

出題分析	毎回平均 2.3/100点	第22回:5点	第23回:0点	第24回:0点	第25回:0点
		第26回:3点	第27回:6点	第28回:0点	第30回:0点
		第31回:0点	第32回:5点	第33回:8点	第34回:0点

計数規準型抜取検査の考え方や、計数規準型一回抜取検査の手順について学びます。

3 計量規準型抜取検査 ★ P357

出題分析	毎回平均 0.9/100点	第22回:0点	第23回:0点	第24回:6点	第25回:0点
		第26回:0点	第27回:0点	第28回:5点	第30回:0点
		第31回:0点	第32回:0点	第33回:0点	第34回:0点

計量規準型抜取検査の考え方や、計量規準型一回抜取検査の手順について学びます。

★★

1 抜取検査の考え方

毎回平均 **0.2**/100点

抜取検査とは

抜取検査とは、対象となるロットからサンプルを抜き取って測定や試験などを行い、その結果をロットの合否判定基準と比較して、そのロットの合格・不合格を判定する検査方法です。

例として、ねじを製造している工場を考えます。ロットとは、同じ条件で製造される製品の製造数量、出荷数量の最小単位のことです。ロットの中からサンプルを抜き取り、製品が合格基準を満たしているかどうかを判断します。

抜取検査の代表的なものの中には、計数規準型抜取検査と計量規準型抜取検査があります。

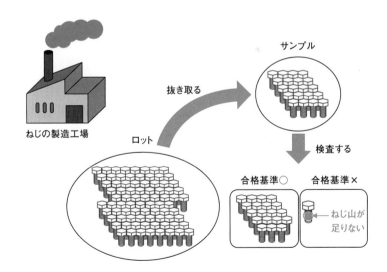

抜取検査の用語

①検査単位	検査の目的のために選ぶ単位体または単位量のこと。
②検査ロット（ロット）	検査の対象となるひとまとめの品物の集まりのこと。
③ロットの大きさ	ロット内の検査単位の総数のこと。記号 N で表す。
④サンプル（試料）	ロットから抜き取られる検査単位の集まりのこと。
⑤サンプルの大きさ	サンプル（試料）中の検査単位の数のこと。記号 n で表す。
⑥ロットの不適合品率（不良率）	ロットの大きさに対する、ロット内の不適合（不良）品数の割合のこと。 ロットの不適合品（不良）率 [%] $$= \frac{\text{ロット内の不適合（不良）品の数}}{\text{ロットの大きさ}} \times 100$$
⑦一回抜取検査	ロットから抜き取った1組のサンプルを調べるだけで、そのロットの合格・不合格の判定を行う検査のこと。
⑧抜取検査方式	ロットの合格・不合格を決めるサンプルの大きさと合格判定個数を規定したもの。
⑨合格判定個数	抜取検査で合格の判定を下す基準となる不適合品数（不良個数）のこと。サンプル中に見出した不良品の数がこの数以下の場合には合格の判定となる。記号 c で表す。
⑩合格判定値	計量規準型抜取検査での合格の判定を下す限界値のこと。

OC曲線（検査特性曲線）

　ある抜取検査方式に対して、横軸にロットの品質（不適合品率）、縦軸にロットが合格する確率をとったグラフを OC 曲線（検査特性曲線）といい、次の図のように表されます。図に示されているように、不適合品率 p_0 のような品質の良いロットが誤って不合格となる確率 α を生産者危険、不適合品率 p_1 のような品質の悪いロットが誤って合格となる確率 β を消費者危険といいます。

　OC 曲線を描くことにより、ある品質のロットがどれくらいの割合で合格となるかを読み取ることができます。

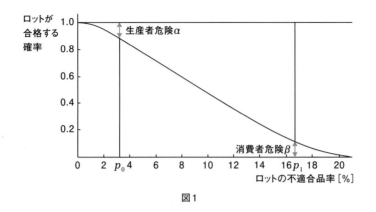

図1

　OC曲線は、抜取検査のきびしさの程度を表すグラフです。サンプル数 n と合格判定個数 c をそれぞれ変化させると、OC曲線の形も変化し、ロットの合格する確率がやさしくなったりきびしくなったりします。OC曲線の形で抜取検査のきびしさの程度がわかります。

　例として、求人の応募者と採用枠を考えます。求人の応募者をサンプル数 n、採用枠を合格判定個数 c とします。

　採用枠（合格判定個数 c）を一定とし、求人の応募者（サンプル数 n）を増やしたとします。このとき、大勢の応募者が採用枠を争うといったきびしい採用試験となることがイメージできます。

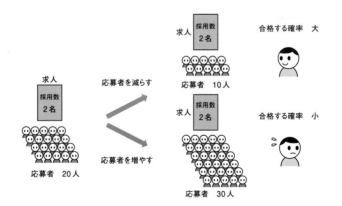

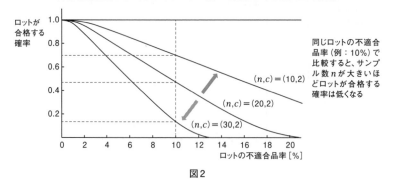

図2

また、求人の応募者（サンプル数 n）を一定とし、採用枠（合格判定個数 c）を減らしたとします。このとき、応募者数は変わりませんが、少ない採用枠を争うことになり、同様にきびしい採用試験となることがイメージできます。

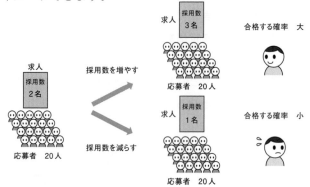

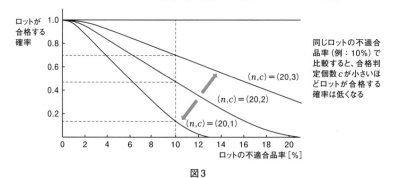

図3

📖 例 題 10-1-1

　ある抜取検査において、不適合品率 p_0 のような品質の良いロットが誤って不合格となる確率 α（ (1) 危険）と、不適合品率 p_1 のような品質の悪いロットが誤って合格となる確率 β（ (2) 危険）を定めたとき、OC曲線は図 10.1.1 となった。このとき、α の位置は (3) 、β の位置は (4) となる。

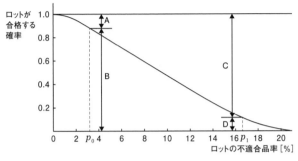

図 10.1.1

【選択肢】生産者　消費者　A　B　C　D

【解答】（1）生産者　（2）消費者　（3）A　（4）D

　ある抜取検査方式に対して、横軸にロットの品質（不適合品率）、縦軸にロットが合格する確率をとったグラフを OC 曲線（検査特性曲線）といい、次の図のように表されます。

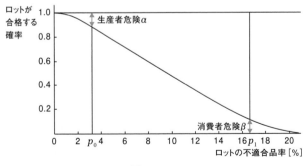

図 10.1.2

　不適合品率 p_0 のような品質の良いロットが誤って不合格となる確率 α を生産者危険といい、位置は A となります。また、不適合品率 p_1 のような品質の悪いロットが誤って合格となる確率 β を消費者危険といい、位置は D となります。

2 計数規準型抜取検査

毎回平均 **2.3**/100点

計数規準型抜取検査とは

計数規準型抜取検査とは、売り手（生産者）に対する保護と買い手（消費者）に対する保護をそれぞれ規定して、売り手の要求と買い手の要求との両方を満足するように組み立てた抜取検査のことです。

売り手に対する保護とは、不適合品率 p_0 のような品質の良いロットが抜取検査で不合格となる確率 α（生産者危険）を一定の小さな値に決めることです。

逆に、買い手に対する保護とは、不適合品率 p_1 のような品質の悪いロットが抜取検査で合格となる確率 β（消費者危険）を一定の小さな値に決めることです。

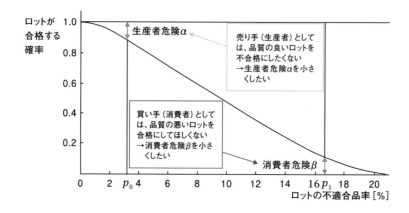

計数規準型一回抜取検査

計数規準型一回抜取検査とは、ロットごとに1回に抜き取ったサンプル中の不良品の個数によって、そのロットの合格・不合格を判定する検査方法です。ロットから1回だけサンプルをランダムに抜き取り、良品と不良品に区分し、不良品の総数が合格判定個数以下であれば、そのロットを合格と判断します。

生産者危険 α、消費者危険 β をそれぞれ小さな値に定め、売り手と買い手の要求を同時に満足するように抜取検査を組み立てます。この検査方法は、断続的な工程あるいは大量の品物を一度に購入する場合などに用いられます。検査の手順は次のようになります。

1. 品質基準を決める

検査単位について適合品と不適合品とに分けるための基準を明確に定めます。

2. p_0、p_1 の値を指定する

品物を受け取る側と渡す側がよく合議した上で、なるべく合格させたいロットの不適合品率の上限 p_0 と、なるべく不合格としたいロットの不適合品率の下限 p_1 の値を指定します。このとき、JIS Z 9002 では $\alpha = 0.05$、$\beta = 0.10$ を基準としています。また、$p_0 < p_1$ でなければならず、$p_1 / p_0 = 4 \sim 10$ が望ましいとされています。

3. ロットを形成する

同一条件で生産されたロットをなるべくそのまま検査ロットに選びます。

4．サンプルの大きさ n と合格判定個数 c を求める

①計数規準型一回抜取検査表（付表 JIS Z 9002:1956）の中で指定された p_0 を含む行と、指定された p_1 を含む列の交わる欄を求めます。

サンプルの大きさ：n　　合格判定個数：c

p_0[%] ＼ p_1[%]	3.56～4.50	4.51～5.60	5.61～7.10	7.11～9.00	9.01～11.2	11.3～14.0	14.1～18.0	18.1～22.4	22.5～28.0
0.356～0.450	100　1	↓	←	↓	→	↑	15　0	←	↓
0.451～0.560	↓	80　1	↓	←	↓	→	↑	10　0	←
0.561～0.710	120　2	↓	60　1	↓	←	↓	→	↑	7　0
0.711～0.900	150　3	100　2	↓	50　1	↓	←	↓	→	↑
0.901～1.12	200　4	120　3	80　2	↓	40　1	↓	←	↓	↑
1.13～1.40	250　6	150　4	100　3	60　2	↓	30　1	↓	←	↓
1.41～1.80	400　10	200　6	120　4	80　3	50　2	↓	25　1	↓	←
1.81～2.24	＊	300　10	150　6	100　4	60　3	40　2	↓	20　1	↓

②欄の中の左側の数値（細字）をサンプルの大きさ n とし、右側の数値（太字）を合格判定個数 c とします。欄に矢印のある場合には、矢印をたどって順次に進み、到達した数値の記入してある欄から n、c を求めます。

③このようにして求めた n がロットの大きさを超える場合は、全数検査を行います。

④求めた n、c について OC 曲線を調べ、または検査費用などを検討した結果、必要があれば p_0、p_1 の値を修正して n、c を決定します。

5．サンプルを取る

検査ロットの中から、4．で決めた大きさ n のサンプルをできるだけロットを代表するようにして取ります。

6．サンプルを調べる

1．の品質基準にしたがってサンプルを調べ、サンプル中の不適合品の数を調べます。

7．合格・不合格の判定を下す

サンプル中の不適合品の数が、合格判定個数 c 以下であればそのロットを合格とし、c を越えれば不合格とします。

8．ロットを処置する

合格または不合格と判定されたロットは、あらかじめ決めた約束にしたがって処置します。

📖 例題 10-2-1

計数規準型一回抜取検査において、なるべく合格させたいロットの不適合品率の上限 p_0 と、なるべく不合格としたいロットの不適合品率の下限 p_1 の値をそれぞれ指定したとき、サンプルの大きさ n と合格判定個数 c は次のような値となった。

$p_0 = 0.8\%$、$p_1 = 8\%$のとき、$n = \boxed{(1)}$ 、$c = \boxed{(2)}$ となる。

$p_0 = 0.8\%$、$p_1 = 20\%$のとき、$n = \boxed{(3)}$ 、$c = \boxed{(4)}$ となる。

【選択肢】0　1　2　3　5　7　10　15　20　30　40　50

【解答】 (1) 50 　(2) 1 　(3) 7 　(4) 0

計数規準型一回抜取検査において、なるべく合格させたいロットの不適合品率の上限 p_0 と、なるべく不合格としたいロットの不適合品率の下限 p_1 の値がそれぞれ指定されている場合、サンプルの大きさ n と合格判定個数 c は次のように求めます。

①計数規準型一回抜取検査表（付表JIS Z 9002:1956）の中で指定された p_0 を含む行と、指定された p_1 を含む列の交わる欄を求めます。

②欄の中の左側の数値（細字）をサンプルの大きさ n とし、右側の数値（太字）を合格判定個数 c とします。欄に矢印のある場合には、矢印をたどって順次に進み、到達した数値の記入してある欄から n、c を求めます。

$p_0 = 0.8\%$、$p_1 = 8\%$ のとき、付表JIS Z 9002:1956の p_0 を含む行 0.711 ～0.900 と p_1 を含む列 7.11～9.00 との交わる枠内の値を読み取ると、$n = 50$、$c = 1$ となります。

$p_0 = 0.8\%$、$p_1 = 20\%$ のとき、付表 JIS Z 9002:1956 の p_0 を含む行 0.711～0.900 と p_1 を含む列 18.1～22.4 との交わる枠内には矢印→があるので、→↑のように矢印をたどっていった先の枠内の値を読み取ると、$n = 7$、$c = 0$ となります。

3 計量規準型抜取検査

毎回平均 **0.9**/100点

計量規準型抜取検査とは

計量規準型抜取検査とは、ロットから抜き取ったサンプルを試験して得た計量値のデータを合格判定値と比較して、ロットの合格・不合格を判定する検査のことです。

この方式は、計量値が正規分布に従うものと仮定できる場合にのみ適用できます。また、計数規準型抜取検査よりもサンプルサイズが少なくて済むという利点があります。

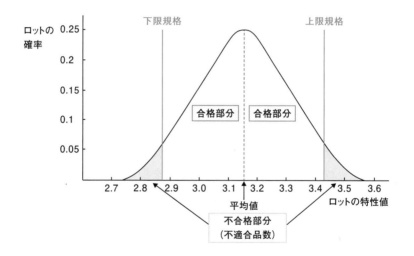

計量規準型一回抜取検査

計量規準型一回抜取検査とは、ロットごとに1回に抜き取ったサンプル中の特性値の平均値を合格判定値と比較して、そのロットの合格・不合格を判定する検査方法です。この検査には、検査するロットの標準偏差σがわかっている（既知の）場合と、わかっていない（未

知の）場合があり、さらに保証する対象がロットの平均値を保証する場合と、ロットの不適合品率を保証する場合の2つに分類されています。

　計数規準型一回抜取検査と同様に、生産者危険 α、消費者危険 β をそれぞれ小さな値に定め、売り手と買い手の要求を同時に満足するように抜取検査を組み立てます。この検査方法は、検査の工数や設備を必要とする場合などで、サンプルの大きさを小さくしたいときに用いられます。

計量規準型一回抜取検査の手順その1

　標準偏差 σ が既知で、ロットの平均値を保証する場合の検査の手順は次のようになります。

1. 測定方法を定める

検査単位の特性値 x の測定方法を具体的に定めます。

2. m_0、m_1 の値を指定する

　なるべく合格させたいロットの平均値の限界 m_0 と、なるべく不合格としたいロットの平均値の限界 m_1 の値を指定します。なお、記号 m はロットの平均値を表します。このとき、JIS Z 9002 では $\alpha = 0.05$、$\beta = 0.10$ を基準としています。

3. ロットを形成する

　同一条件で生産されたロットをなるべくそのまま検査ロットに選びます。

4. ロットの標準偏差 σ を指定する

σ があらかじめわかっている場合、または品物を渡す側と受け取る側との間の協定で決められている場合はその値を用います。σ が与えられていない場合は過去の検査データから推定した σ の値を用います。

5. サンプルの大きさ n と合格判定値を求める

抜取検査表を用いて、サンプルの大きさ n と合格判定値を求めます。平均値を保証する検査では、m_0、m_1 の値から付表 JIS Z 9003:1979 よりサンプルの大きさ n と合格判定値を計算するための係数 G_0 を求めます。

6. サンプルを取る

検査ロットの中から 5. で決めた大きさ n のサンプルをできるだけロットを代表するようにして抜き取ります。

7. サンプルの特性値の平均値 $\bar{x}$ を計算する

1. で定めたサンプルの特性値 x を測定し、その平均値 $\bar{x}$ を計算します。

8. 合格・不合格の判定を下す

合格判定値（上限合格判定値 $\bar{X}_U$ または下限合格判定値 $\bar{X}_L$）を計算して $\bar{x}$ と比較し、ロットに合格・不合格の判定を下します。

①特性値が小さいほど良い場合（$m_0 < m_1$）

$$\bar{X}_U = m_0 + G_0 \times \sigma$$

$\bar{x} \leqq \bar{X}_U$ ならばロットを合格と判定し、$\bar{x} > \bar{X}_U$ ならばロットを不合格と判定します。

②特性値が大きいほど良い場合（$m_0 > m_1$）

$$\bar{X}_L = m_0 - G_0 \times \sigma$$

$\bar{x} \geqq \bar{X}_L$ ならばロットを合格と判定し、$\bar{x} < \bar{X}_L$ ならばロットを不合格と判定します。

9. ロットを処置する

合格または不合格と判定されたロットは、あらかじめ決めた約束にしたがって処置します。

計量規準型一回抜取検査の手順その2

標準偏差 σ が既知で、ロットの不適合品率を保証する場合の検査の手順は次のようになります。

1. 測定方法を定める

検査単位の特性値 x の測定方法を具体的に定め、上限規格値 S_U または下限規格値 S_L を定めます。

2. p_0、p_1 の値を指定する

なるべく合格させたいロットの不適合品率の上限 p_0 と、なるべく不合格としたいロットの不適合品率の下限 p_1 の値を指定します。このとき、JIS Z 9002 では $\alpha = 0.05$、$\beta = 0.10$ を基準としています。

3. ロットを形成する

同一条件で生産されたロットをなるべくそのまま検査ロットに選びます。

4. ロットの標準偏差 σ を指定する

σ があらかじめわかっている場合、または、品物を渡す側と受け取る側との間の協定で決められている場合はその値を用います。

5. サンプルの大きさ n と合格判定係数 k を求める

抜取検査表（付表 JIS Z 9003:1979）を用いて、サンプルの大きさ n と合格判定係数 k を求めます。たとえば、$p_0 = 1.0\%$、$p_1 = 5.0\%$ のときは $n = 18$、$k = 1.94$ となります。

6. サンプルを取る

検査ロットの中から 5. で決めた大きさ n のサンプルをできるだけロットを代表するようにして抜き取ります。

7. サンプルの特性値 x の平均値 $\bar{x}$ を計算する

1. で定めたサンプルの特性値 x を測定し、その平均値 $\bar{x}$ を計算します。

8. 合格・不合格の判定を下す

合格判定値 $\bar{X}_U = S_U - k\sigma$ または $\bar{X}_L = S_L + k\sigma$ を計算して、$\bar{x}$ と比較し、ロットに合格・不合格の判定を下します。
① 上限規格値 S_U が与えられた場合
$\bar{x} \leqq \bar{X}_U$ ならばロットを合格と判定し、$\bar{x} > \bar{X}_U$ ならばロットを不合格と判定します。
② 下限規格値 S_L が与えられた場合
$\bar{x} \geqq \bar{X}_L$ ならばロットを合格と判定し、$\bar{x} < \bar{X}_L$ ならばロットを不合格と判定します。

9. ロットを処置する

合格または不合格と判定されたロットは、あらかじめ決めた約束にしたがって処置します。

計量規準型一回抜取検査の手順その3

標準偏差 σ が未知で、ロットの不適合品率を保証する場合の検査の手順は次のようになります。

1. 測定方法を定める

検査単位の特性値 x の測定方法を具体的に定め、上限規格値 S_U または下限規格値 S_L を定めます。

2. p_0、p_1 の値を指定する

なるべく合格させたいロットの不適合品率の上限 p_0 と、なるべく不合格としたいロットの不適合品率の下限 p_1 の値を指定します。このとき、$\alpha = 0.05$、$\beta = 0.10$ を基準としています。

3. ロットを形成する

同一条件で生産されたロットをなるべくそのまま検査ロットに選びます。

4. サンプルの大きさ n と合格判定係数 k を求める

抜取検査表（付表 JIS Z 9004:1983）を用いて、サンプルの大きさ n と合格判定係数 k を求めます。例えば、$p_0 = 1.0\%$、$p_1 = 5.0\%$ のとき $n = 54$、$k = 1.95$ となります。

5. サンプルを取る

検査ロットの中から 4. で決めた大きさ n のサンプルをできるだけロットを代表するようにして抜き取ります。

6. サンプルの特性値 x の平均値 $\bar{x}$ と標準偏差 s を計算する

1. で定めたサンプルの特性値 x を測定し、その平均値 $\bar{x}$ および標準偏差 s を計算します。

7. 合格・不合格の判定を下す

$\bar{x} + ks$ または $\bar{x} - ks$ を計算して、それぞれの S_U または S_L と比較し、ロットに合格・不合格の判定を下します。
① 上限規格値 S_U が与えられた場合
$\bar{x} + ks \leqq S_U$ ならばロットを合格と判定し、$\bar{x} + ks > S_U$ ならばロットを不合格と判定します。
② 下限規格値 S_L が与えられた場合
$\bar{x} - ks \geqq S_L$ ならばロットを合格と判定し、$\bar{x} - ks < S_L$ ならばロットを不合格と判定します。

8. ロットを処置する

合格または不合格と判定されたロットは、あらかじめ決めた約束にしたがって処置します。

📖 例題 10-3-1

　計量規準型一回抜取検査において、ロットの不適合品率を保証する場合、検査単位の特性値は ⬚(1) であらわせること、製品がロットとして処理できること、特性値が ⬚(2) に従っているものとして扱われていることなどが、この規格の適用にあたっては必要な要素である。

　計数規準型抜取検査では、サンプル中に含まれる不適合品の数によってロットの合格・不合格を決めるのに対し、計量規準型抜取検査では、品質特性を測定するので、品質の良し悪しの程度についての情報まで利用できるから、計数規準型抜取検査に比べてサンプルの大きさは ⬚(3) 。

【選択肢】 平均値　計数値　計量値　二項分布　正規分布　ポアソン分布
小さくてすむ　変わらない　大きくなる

【解答】（1）計量値　（2）正規分布　（3）小さくてすむ

　計量規準型一回抜取検査において、ロットの不適合品率を保証する場合、規格の適用にあたっては次の要素等が必要です。

・検査単位の特性値は計量値であらわせること

・製品がロットとして処理できること

・特性値が正規分布に従っているものとして扱われていること

　計数規準型抜取検査では、サンプル中に含まれる不適合品の数によってロットの合格・不合格を決定します。それに対して、計量規準型抜取検査では、品質特性を測定するので、品質の良し悪しの程度についての情報まで利用できることから、計数規準型抜取検査に比べてサンプルの大きさは小さくてすみます。

10
重要ポイントのまとめ

1 抜取検査の考え方

❶抜取検査とは、対象となるロットからサンプルを抜き取って、測定や試験などを行い、その結果をロットの合否判定基準と比較して、そのロットの合格・不合格を判定する検査方法のこと。

❷OC曲線（検査特性曲線）とは、ある抜取検査方式に対して、横軸にロットの品質（不適合品率）、縦軸にロットが合格する確率をとったグラフのこと。不適合品率 p_0 のような品質の良いロットが誤って不合格となる確率 α を生産者危険、不適合品率 p_1 のような品質の悪いロットが誤って合格となる確率 β を消費者危険という。

2 計数規準型抜取検査

❶計数規準型抜取検査とは、売り手（生産者）に対する保護と買い手（消費者）に対する保護をそれぞれ規定して、売り手の要求と買い手の要求との両方を満足するように組み立てた抜取検査のこと。

❷売り手に対する保護とは、生産者危険 α を一定の小さな値に決めることであり、買い手に対する保護とは、消費者危険 β を一定の小さな値に決めること。

❸計数規準型一回抜取検査とは、ロットごとに1回に抜き取ったサンプル中の不良品の個数によって、そのロットの合格・不合格を判定する検査方法のこと。

❹計数規準型一回抜取検査の手順

(1) 品質基準を決める。
(2) p_0、p_1 の値を指定する。
(3) ロットを形成する。
(4) サンプルの大きさ n と合格判定個数 c を求める。
(5) サンプルを取る。
(6) サンプルを調べる。
(7) 合格・不合格の判定を下す。
(8) ロットを処置する。

3 計量規準型抜取検査

❶計量規準型抜取検査とは、ロットから抜き取ったサンプルを試験して得た計量値のデータを、合格判定値と比較して、ロットの合格・不合格を判定する検査のこと。

❷計量規準型一回抜取検査とは、ロットごとに1回に抜き取ったサンプル中の特性値の平均値を合格判定値と比較して、そのロットの合格・不合格を判定する検査方法のこと。

❸計量規準型一回抜取検査の手順

(1) 測定方法を定める。
(2) m_0、m_1 または p_0、p_1 の値を指定する。
(3) ロットを形成する。
(4) ロットの標準偏差 σ を指定する。
(5) サンプルの大きさ n と合格判定値または合格判定係数 k を求める。
(6) サンプルを取る。
(7) サンプルの特性値 x を測定し、平均値 $\bar{x}$（場合によって標準偏差 s）を計算する。
(8) 合格・不合格の判定を下す。
(9) ロットを処置する。

10

⊕ 予想問題　問　題

問題 1　計数規準型一回抜取検査

　　　　　内に入る最も適切なものを選択肢から選べ。

　ある製品の出荷検査に計数規準型一回抜取検査を実施してきているが、製品の製造工程が改善されてきたため、抜取検査を見直すことにした。この検査では、

　p_0：なるべく合格させたいロットの不適合品率の　(1)

　p_1：なるべく不合格としたいロットの不適合品率の　(2)

　α：生産者危険（不適合品率 p_0 のロットが　(3)　となる確率）

　β：消費者危険（不適合品率 p_1 のロットが　(4)　となる確率）

　n：サンプルの大きさ　　c：合格判定個数

として、売り手と買い手の要求を満足するように p_0、p_1（$\alpha = 0.05$、$\beta = 0.10$）の値を取り決めて、JIS Z 9002:1956 の計数規準型一回抜取検査表を用いて検査を実施している。

　現行方式（$p_0 = 1.5\%$、$p_1 = 6.0\%$）では、サンプルの大きさ n、合格判定個数 c は $(n, c) = $　(5)　である。

　検討案 1 として、$p_0 = 1.2\%$、$p_1 = 8.0\%$ とすることを検討した。このときのサンプルの大きさ n、合格判定個数 c は $(n, c) = $　(6)　である。

　検討案 1 の場合、サンプルの大きさは小さくなり、検査コストは低減するが、検査の判別力、検査の正確さはともに減少することがわかる。よって、検査コストの低減よりも、検査の誤りによる損失が大きいときは、この案に移行するのは　(7)　ことがわかる。

　検討案 2 として、$p_0 = 2.0\%$、$p_1 = 5.0\%$ とすることを検討した。このときのサンプルの大きさ n、合格判定個数 c は $(n, c) = $　(8)　である。

　検討案 2 の場合、サンプルの大きさは大きくなり、検査コストは増大するが、検査の判別力が増大し、検査の正確さは増加することがわかる。よって、検査コストの増大よりも、検査の誤りによる損失を減らす効果が大きいときは、この案に移行するのは　(9)　ことがわかる。

10

抜取検査

【 (1) ～ (9) の選択肢】

ア．上限　イ．下限　ウ．合格　エ．不合格　オ．(60, 2)　カ．(80, 3)

キ．(100, 3)　ク．(100, 4)　ケ．(120, 4)　コ．(150, 4)　サ．(150, 6)

シ．(200, 6)　ス．(300, 10)　セ．適切である　ソ．適切ではない

(1)	(2)	(3)	(4)	(5)	(6)	(7)	(8)	(9)

✦ 予想問題 解答解説

問題 1　計数規準型一回抜取検査

【解答】　(1) ア　(2) イ　(3) エ　(4) ウ　(5) ケ　(6) オ
　　　　　(7) ソ　(8) ス　(9) セ

【解き方】

　計数規準型一回抜取検査の手順に従って、各数値や検査結果を求めます。

　計数規準型一回抜取検査で使用する記号の意味は、次のようになります。

p_0：なるべく合格させたいロットの不適合品率の上限

p_1：なるべく不合格としたいロットの不適合品率の下限

α：生産者危険（不適合品率 p_0 のロットが不合格となる確率）

β：消費者危険（不適合品率 p_1 のロットが合格となる確率）

n：サンプルの大きさ

c：合格判定個数

①現行方式の場合

　$p_0 = 1.5\%$、$p_1 = 6.0\%$ のとき、付表JIS Z 9002:1956の p_0 を含む行 1.41〜1.80 と p_1 を含む列 5.61〜7.10 との交わる枠内の値を読み取ると、$n = 120$、$c = 4$ となります。よって、サンプルの大きさ n、合格判定個数 c は $(n, c) = (120, 4)$ となります。

②検討案 1 の場合

　$p_0 = 1.2\%$、$p_1 = 8.0\%$ のとき、付表JIS Z 9002:1956の p_0 を含む行 1.13〜1.40 と p_1 を含む列 7.11〜9.00 との交わる枠内の値を読み取ると、$n = 60$、$c = 2$ となります。よって、サンプルの大きさ n、合格判定個数 c は $(n, c) = (60, 2)$ となります。

　検討案 1 の場合、サンプルの大きさは小さくなり、検査コストは低減しますが、検査の判別力、検査の正確さはともに減少することがわかります。よって、検査コストの低減よりも、検査の誤りによる損失が大きいときは、この案に移行するのは適切ではないことがわかります。

③検討案2の場合

　$p_0 = 2.0\%$、$p_1 = 5.0\%$のとき、付表JIS Z 9002:1956のp_0を含む行1.81〜2.24 とp_1を含む列4.51〜5.60との交わる枠内の値を読み取ると、$n = 300$、$c = 10$ となります。よって、サンプルの大きさn、合格判定個数cは$(n, c) = (300,$ $10)$ となります。

　検討案2の場合、サンプルの大きさは大きくなり、検査コストは増大しますが、検査の判別力が増大し、検査の正確さは増加することがわかります。よって、検査コストの増大よりも、検査の誤りによる損失を減らす効果が大きいときは、この案に移行するのは適切であることがわかります。

POINT

　計数規準型一回抜取検査の問題では、使用する記号の意味や、抜取検査表の見方、検査結果の意味を理解しているかどうかを問われるため、検査の手順について繰り返し読み解き、正確に理解しましょう。

11 実験計画法

2級では難易度の高い内容ですが、よく出題されます。用語の意味はもちろん、計算も多いので分散分析表を作る練習もしましょう。

★★★　内容を深く理解しているレベル
★★　定義と基本的な考え方を理解しているレベル
★　言葉を知っているレベル

1 実験計画法の考え方 ★★
P373

出題分析	毎回平均				
	1.0/100点	第22回:**0点**	第23回:**0点**	第24回:**3点**	第25回:**0点**
		第26回:**5点**	第27回:**0点**	第28回:**0点**	第30回:**0点**
		第31回:**0点**	第32回:**0点**	第33回:**0点**	第34回:**4点**

実験計画法の分散分析に関する用語を答える問題がよく出題されます。

2 一元配置実験 ★★★
P377

出題分析	毎回平均				
	3.3/100点	第22回:**8点**	第23回:**8点**	第24回:**0点**	第25回:**0点**
		第26回:**3点**	第27回:**0点**	第28回:**0点**	第30回:**0点**
		第31回:**7点**	第32回:**6点**	第33回:**7点**	第34回:**0点**

出題される問題の形式に大きな変化はないため、手順を理解し、計算を正確にできるようにしましょう。

3 二元配置実験 ★★★
P384

出題分析	毎回平均				
	3.8/100点	第22回:**6点**	第23回:**0点**	第24回:**5点**	第25回:**6点**
		第26回:**8点**	第27回:**8点**	第28回:**7点**	第30回:**0点**
		第31回:**0点**	第32回:**0点**	第33回:**0点**	第34回:**6点**

一元配置実験よりも手順がやや複雑ですが、こちらも確実に理解し、計算を正確にできるようにしましょう。

1 実験計画法の考え方

毎回平均 **1.0**/100点

実験計画法とは

　実験計画法とは、問題を解決するためのデータを集める際に効率よく、効果的に実験を行うことを計画する方法です。やみくもに実験を行うのではなく、できるだけ少ない実験で多くの有効な情報を得るために採用されます。

　分散分析法とは、母集団が3組以上ある場合に、分散分析と呼ばれる手法によって特性値に影響を及ぼすと考えられる要因の検定・推定を行う方法です。

　分散分析とは、特性値のばらつきを分散で表し、その分散を要因ごとに分解して、大きな影響を与えている要因を調べる方法です。

分散分析の用語

①因子

　因子とは、実験を行う際に、特性値に大きな影響を与える可能性として取り上げた要因のことです。例えば、果物の収穫量に影響する肥料の量、土の種類、水の量などのことで、それぞれ A、B、Cといった大文字の記号で表します。

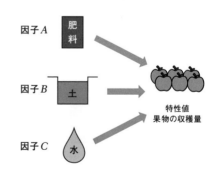

②水準

　水準とは、各因子に設定する段階のことです。例えば、肥料の量を因子とした場合は、100 kg、200 kg、300 kgといった値のように表します。一般的には、因子 A の記号に1、2、3といった添字を付け

11

実験計画法

て A_1、A_2、A_3 のように表します。

因子 A

A_1　肥料100kg　　A_2　肥料200kg　　　A_3　肥料300kg

③水準数

　水準数とは、水準の数のことです。肥料の量を因子とし、100 kg、200 kg、300 kg の水準を取り上げた場合、水準数は 3 となります。

④繰り返し

　繰り返しとは、同じ条件で実験を複数回行うことです。その回数を繰り返し数といいます。

⑤主効果

　主効果とは、ある因子が及ぼす直接的な効果のことで、他の因子に影響されないものをいいます。例えば、肥料の量を因子 A（A_1：100 kg、A_2：200 kg）、土の種類を因子 B（B_1：さらさらな土、B_2：硬い土）とし、特性値（果物の収穫量）に及ぼす影響を考えます。図 1 左のグラフの場合、肥料の量に関わらず、つねに硬い土（B_2）よりもさらさらな土（B_1）での収穫量が高いので、因子 B の主効果があるということになります。図 1 右のグラフのようにどちらも同じような傾きだった場合、因子 A が果物の収穫量に及ぼす効果は、因子 B に影響されていないことから、因子 A の主効果があるということになります。

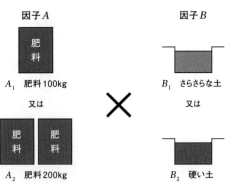

因子 A　　　　　　　　　　　　　　　因子 B

A_1　肥料100kg　　　　　　　　　　　B_1　さらさらな土

又は　　　　　　　　×　　　　　　　又は

A_2　肥料200kg　　　　　　　　　　　B_2　硬い土

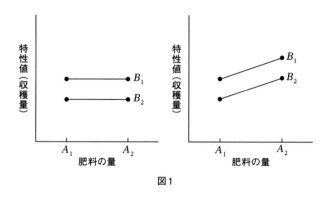

図1

⑥交互作用効果

　交互作用効果とは、2つ以上の因子の水準の組合せによって生じる効果のことです。先ほどの例と同じように、今度はさらさらな土 B_1 と粘土質の土 B_3 の場合の肥料の量を $A_1 \to A_2$（100 kg → 200 kg）のように増やしたときを考えます。肥料の量を増やすと果物の収穫量は多くなると考えがちですが、図2のように、粘土質の土 B_3 の場合はさらさらな土 B_1 よりも収穫量の増加がゆるやかだったり、あるいは減少しているものだったとします。このように、因子 A の効果が他の因子 B の水準によって異なる場合、因子 A と因子 B の間に交互作用効果があるといいます。

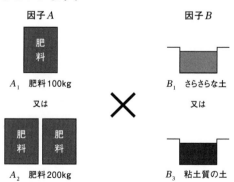

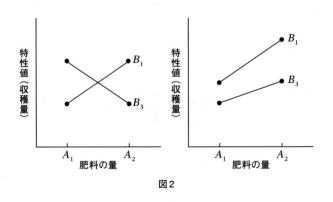

図2

⑦誤差

誤差とは、実験を行ったときに生じた結果の変動のことです。

2 一元配置実験

毎回平均 **3.3**/100点

一元配置実験とは

一元配置実験とは、1つの因子だけを取り上げ、因子の水準を変化させて繰り返し実験を行い、その因子の影響を解析する方法です。特性値に対して特に影響を与えていると考えられる因子の効果を調べるときに行われます。

一元配置実験の分散分析の手順

次のような例題を用いて説明します。

【例題1】肥料の量［kg］が、果物の収穫量［t］にどのような影響を及ぼすかを調べるために一元配置実験を行い、表1.1に示すようなデータを得たとします。

表1.1　データ表

肥料の量 [kg]	データ（果物の収穫量 [t]）				
A_1　100	11	24	10	28	14
A_2　200	24	28	22	37	27
A_3　300	47	58	35	48	33
A_4　400	41	52	38	34	49

1. 計算補助表の作成

各水準ごとのデータの和、データの総和、データの総数、データの2乗の総和を計算し、表1.2、表1.3の計算補助表を作成します。

表1.2　計算補助表（1）

肥料の量 [kg]	データ（果物の収穫量 [t]）					A_i 水準のデータの和	$(A_i$ 水準のデータの和$)^2$
A_1　100	11	24	10	28	14	87	7569
A_2　200	24	28	22	37	27	138	19044
A_3　300	47	58	35	48	33	221	48841
A_4　400	41	52	38	34	49	214	45796
計						660	

表1.3　計算補助表（2）

肥料の量 [kg]	データの2乗					計
A_1　100	121	576	100	784	196	1777
A_2　200	576	784	484	1369	729	3942
A_3　300	2209	3364	1225	2304	1089	10191
A_4　400	1681	2704	1444	1156	2401	9386
計						25296

2. 平方和の計算

作成した計算補助表を用いて、平方和を計算します。

・修正項

$$CT = \frac{(\text{データの総和})^2}{(\text{データの総数})} = \frac{660^2}{20} = 21780$$

・総平方和

$$S_T = (\text{データの2乗の総和}) - CT = 25296 - 21780 = 3516$$

・因子 A の平方和

$$S_A = \sum_{i=1}^{4} \frac{(A_i \text{ 水準のデータの和})^2}{(A_i \text{ 水準のデータ数})} - CT$$

$$= \frac{7569}{5} + \frac{19044}{5} + \frac{48841}{5} + \frac{45796}{5} - 21780 = 2470$$

・誤差平方和

$$S_E = S_T - S_A = 3516 - 2470 = 1046$$

3．自由度の計算

- ・総平方和の自由度

    $\phi_T = (データの総数) - 1 = 20 - 1 = 19$

- ・因子 A の自由度

    $\phi_A = (Aの水準数) - 1 = 4 - 1 = 3$

- ・誤差の自由度

    $\phi_E = \phi_T - \phi_A = 19 - 3 = 16$

4．分散分析表の作成

　手順 2～3 で求めた各平方和と自由度を用いて、表 1.4 の分散分析表を作成します。

表1.4　分散分析表

要因	平方和 S	自由度 ϕ	平均平方 V	分散比 F_0	$F(\alpha)$
A	S_A	ϕ_A	$V_A = S_A / \phi_A$	$F_0 = V_A / V_E$	$F(\phi_A, \phi_E ; \alpha)$
E	S_E	ϕ_E	$V_E = S_E / \phi_E$		
計	S_T	ϕ_T			

　表 1.4 の各数値を計算、記入すると、例題 1 の分散分析表は表 1.5 になります。

$$V_A = \frac{S_A}{\phi_A} = \frac{2470}{3} \fallingdotseq 823.3$$

$$V_E = \frac{S_E}{\phi_E} = \frac{1046}{16} \fallingdotseq 65.4$$

$$F_0 = \frac{V_A}{V_E} = \frac{823.3}{65.4} \fallingdotseq 12.6$$

表1.5　分散分析表

要因	平方和 S	自由度 ϕ	平均平方 V	分散比 F_0	$F(0.05)$
A	2470	3	823.3	12.6	3.24
E	1046	16	65.4		
計	3516	19			

11

実験計画法

5. 判定

分散分析表で求めた分散比 F_0 を、F 表より求めた棄却限界値と比較し判定します。

因子 A が特性値に影響を及ぼしていると考えられる、つまり有意水準 α で「有意である」と判断する条件式は、次のようになります。

$$F_0 \geqq F(\phi_A,\ \phi_E;\ \alpha)$$

この式を用いて、判定を行います。

$$F_0 = 12.6 > F(\phi_A, \phi_E; \alpha) = F(3,16;\ 0.05) = 3.24$$

これより、因子 A は有意水準 $\alpha = 0.05$ で有意であると判定できます。

推定の手順

1. 母平均の推定

A_i 水準の母平均 $\mu(A_i)$ の点推定値は、次の式で求められます。

$$\hat{\mu}(A_i) = \bar{x}_{i\cdot} = \frac{(A_i 水準のデータの和)}{(A_i 水準のデータ数)} = \frac{T_{i\cdot}}{r_i}$$

先ほどの表 1.2 を用いると、各水準の点推定値は次のようになります。

$$\hat{\mu}(A_1) = \bar{x}_{1\cdot} = \frac{(A_1 水準のデータの和)}{(A_1 水準のデータ数)} = \frac{T_{1\cdot}}{r_1} = \frac{87}{5} = 17.4$$

$$\hat{\mu}(A_2) = \bar{x}_{2\cdot} = \frac{(A_2 水準のデータの和)}{(A_2 水準のデータ数)} = \frac{T_{2\cdot}}{r_2} = \frac{138}{5} = 27.6$$

$$\hat{\mu}(A_3) = \bar{x}_{3\cdot} = \frac{(A_3 水準のデータの和)}{(A_3 水準のデータ数)} = \frac{T_{3\cdot}}{r_3} = \frac{221}{5} = 44.2$$

$$\hat{\mu}(A_4) = \bar{x}_{4\cdot} = \frac{(A_4 水準のデータの和)}{(A_4 水準のデータ数)} = \frac{T_{4\cdot}}{r_4} = \frac{214}{5} = 42.8$$

また、これらの母平均の信頼率 $(1-\alpha)$ での区間推定値は、次の式で計算します。

$$\hat{\mu}(A_i) \pm t(\phi_E,\ \alpha)\sqrt{\frac{V_E}{r_i}}$$

先ほど算出した各母平均、表1.5および $t(\phi_E,\ \alpha) = t(16, 0.05) = 2.120$ を用いると信頼率95%（$\alpha = 0.05$）における各水準の区間推定値は次のようになります。

$$\hat{\mu}(A_1) \pm t(\phi_E,\ \alpha)\sqrt{\frac{V_E}{r_1}} = 17.4 \pm 2.120 \times \sqrt{\frac{65.4}{5}}$$

$$\fallingdotseq 17.4 \pm 7.67 = 9.73,\ 25.07$$

$$\hat{\mu}(A_2) \pm t(\phi_E,\ \alpha)\sqrt{\frac{V_E}{r_2}} = 27.6 \pm 2.120 \times \sqrt{\frac{65.4}{5}}$$

$$\fallingdotseq 27.6 \pm 7.67 = 19.93,\ 35.27$$

$$\hat{\mu}(A_3) \pm t(\phi_E,\ \alpha)\sqrt{\frac{V_E}{r_3}} = 44.2 \pm 2.120 \times \sqrt{\frac{65.4}{5}}$$

$$\fallingdotseq 44.2 \pm 7.67 = 36.53,\ 51.87$$

$$\hat{\mu}(A_4) \pm t(\phi_E,\ \alpha)\sqrt{\frac{V_E}{r_4}} = 42.8 \pm 2.120 \times \sqrt{\frac{65.4}{5}}$$

$$\fallingdotseq 42.8 \pm 7.67 = 35.13,\ 50.47$$

2. 特定の水準における母平均の差の推定

A_i 水準の母平均 $\mu(A_i)$ と $A_{i'}$ 水準の母平均 $\mu(A_{i'})$（ただし $i \neq i'$）との差は、次の式で推定します。

$$\hat{\mu}(A_i) - \hat{\mu}(A_{i'}) = \bar{x}_{i \cdot} - \bar{x}_{i' \cdot}$$

$$= \frac{(A_i\text{水準のデータの和})}{(A_i\text{水準のデータ数})} - \frac{(A_{i'}\text{水準のデータの和})}{(A_{i'}\text{水準のデータ数})}$$

$$= \frac{T_{i \cdot}}{r_i} - \frac{T_{i' \cdot}}{r_{i'}}$$

先ほどの例題1のA_3水準とA_1水準の母平均の差の点推定値は次のようになります。

$$\hat{\mu}(A_3) - \hat{\mu}(A_1) = \bar{x}_{3\cdot} - \bar{x}_{1\cdot} = \frac{T_{3\cdot}}{r_3} - \frac{T_{1\cdot}}{r_1} = 44.2 - 17.4 = 26.8$$

また、この母平均の差の信頼率$(1-\alpha)$での区間推定値は次の式で計算します。

$$\hat{\mu}(A_i) - \hat{\mu}(A_{i'}) \pm t(\phi_E, \alpha)\sqrt{\left(\frac{1}{r_i} + \frac{1}{r_{i'}}\right)V_E}$$

例題1において、信頼率95%$(\alpha = 0.05)$におけるA_3水準とA_1水準の母平均の差の区間推定値は次のようになります。

$$\hat{\mu}(A_3) - \hat{\mu}(A_1) \pm t(\phi_E, \alpha)\sqrt{\left(\frac{1}{r_3} + \frac{1}{r_1}\right)V_E}$$

$$= 26.8 \pm t(16, 0.05)\sqrt{\left(\frac{1}{5} + \frac{1}{5}\right) \times 65.4}$$

$$= 26.8 \pm 2.120 \times \sqrt{\frac{2}{5} \times 65.4}$$

$$\fallingdotseq 26.8 \pm 10.84 = 15.96, 37.64$$

3. 誤差の推定

誤差の点推定値$\hat{\sigma}_E^2$は次の式で求めることができます。

$$\hat{\sigma}_E^2 = V_E$$

例題1における誤差の点推定値$\hat{\sigma}_E^2$は次のようになります。

$$\hat{\sigma}_E^2 = V_E = 65.4$$

また、この誤差の点推定値の信頼率$(1-\alpha)$での区間推定値は次の式で計算します。

・信頼上限σ_U^2

$$\hat{\sigma}_U^2 = \frac{S_E}{\chi^2\left(\phi_E, 1 - \dfrac{\alpha}{2}\right)}$$

・信頼下限 σ_L^2

$$\sigma_L^2 = \frac{S_E}{\chi^2\left(\phi_E, \dfrac{\alpha}{2}\right)}$$

例題 1 における信頼率 95%($\alpha = 0.05$)における信頼上限 σ_U^2、信頼下限 σ_L^2 の区間推定値はそれぞれ次のようになります。

$$\sigma_U^2 = \frac{S_E}{\chi^2\left(\phi_E, \ 1-\dfrac{\alpha}{2}\right)} = \frac{1046}{\chi^2\left(16, \ 1-\dfrac{0.05}{2}\right)} = \frac{1046}{\chi^2(16, 0.975)}$$

$$= \frac{1046}{6.91} \fallingdotseq 151.4$$

$$\sigma_L^2 = \frac{S_E}{\chi^2\left(\phi_E, \dfrac{\alpha}{2}\right)} = \frac{1046}{\chi^2\left(16, \dfrac{0.05}{2}\right)} = \frac{1046}{\chi^2(16, 0.025)}$$

$$= \frac{1046}{28.8} \fallingdotseq 36.32$$

11

実験計画法

3 二元配置実験

毎回平均 **3.8**/100点

二元配置実験とは

二元配置実験とは、2つの因子を取り上げ、それぞれの因子に複数個の水準をとり、各因子の全ての組合せの条件において実験を行う方法です。

繰り返しのない二元配置実験とは、各組合せの条件において、それぞれ1回ずつ実験を行う方法です。繰り返しのない二元配置実験は、2つの因子の交互作用が誤差と交絡して、その効果を検出することができないため、交互作用が考えられない場合や、過去の経験によって無視できる場合に用います。

繰り返しのある二元配置実験とは、各組合せの条件において、それぞれ複数回の繰り返しの実験を行う方法です。繰り返しのある二元配置実験は、2つの因子の交互作用を誤差と分離して求めることができるため、交互作用が予測される場合に用います。

繰り返しのない二元配置実験の分散分析の手順

繰り返しのない二元配置実験の分散分析の手順を、次のような例題を用いて説明します。

【例題2】肥料の量 [kg]（因子 A）と土の種類（因子 B）が、野菜の収穫量 [t] にどのような影響を及ぼすかを調べるために繰り返しのない二元配置実験をランダムに行い、表2.1に示すようなデータを得たとします。なお、特性値（野菜の収穫量）は大きい方が良いものとします。

表2.1　データ表

肥料の量 [kg]	B_1	B_2	B_3	$T_i.$	$T_{i\cdot}^2$
A_1　100	220	250	210	680	462400
A_2　200	270	340	260	870	756900
A_3　300	470	540	330	1340	1795600
A_4　400	420	450	290	1160	1345600
$T._j$	1380	1580	1090	4050	4360500
$T._j^2$	1904400	2496400	1188100	5588900	

1．計算補助表の作成

　データの2乗とその総和を計算し、表2.2の計算補助表を作成します。

表2.2　計算補助表（データの2乗の表）

肥料の量 [kg]	B_1	B_2	B_3	計
A_1　100	48400	62500	44100	155000
A_2　200	72900	115600	67600	256100
A_3　300	220900	291600	108900	621400
A_4　400	176400	202500	84100	463000
計	518600	672200	304700	1495500

2．平方和の計算

作成した計算補助表を用いて、平方和を計算します。

・修正項

$$CT = \frac{（データの総和）^2}{（データの総数）} = \frac{4050^2}{12} = 1366875$$

・総平方和

$$S_T = （データの2乗の総和）-CT = 1495500 - 1366875$$
$$= 128625$$

・因子 A の平方和

$$S_A = \sum_{i=1}^{4} \frac{（A_i \text{水準のデータの和}）^2}{（A_i \text{水準のデータ数}）} - CT$$

$$= \frac{4360500}{3} - 1366875 = 86625$$

11

実験計画法

・因子 B の平方和

$$S_B = \sum_{j=1}^{3} \frac{(B_j \text{水準のデータの和})^2}{(B_j \text{水準のデータ数})} - CT$$

$$= \frac{5588900}{4} - 1366875 = 30350$$

・誤差平方和

$$S_E = S_T - (S_A + S_B) = 128625 - (86625 + 30350) = 11650$$

3. 自由度の計算

・総平方和の自由度
$$\phi_T = (\text{データの総数}) - 1 = 12 - 1 = 11$$
・因子 A の自由度
$$\phi_A = (A\text{の水準数}) - 1 = 4 - 1 = 3$$
・因子 B の自由度
$$\phi_B = (B\text{の水準数}) - 1 = 3 - 1 = 2$$
・誤差の自由度
$$\phi_E = \phi_T - (\phi_A + \phi_B) = 11 - (3 + 2) = 6$$

4. 分散分析表の作成

手順 2〜3 で求めた各平方和と自由度を用いて、表 2.3 の分散分析表を作成します。

表2.3　分散分析表

要因	平方和 S	自由度 ϕ	平均平方 V	分散比 F_0	$F(\alpha)$
A	S_A	ϕ_A	$V_A = S_A/\phi_A$	$F_{0(A)} = V_A/V_E$	$F(\phi_A, \phi_E; \alpha)$
B	S_B	ϕ_B	$V_B = S_B/\phi_B$	$F_{0(B)} = V_B/V_E$	$F(\phi_B, \phi_E; \alpha)$
E	S_E	ϕ_E	$V_E = S_E/\phi_E$		
計	S_T	ϕ_T			

表 2.3 の各数値を計算、記入すると、例題 2 の分散分析表は表 2.4 になります。

$$V_A = \frac{S_A}{\phi_A} = \frac{86625}{3} = 28875$$

$$V_B = \frac{S_B}{\phi_B} = \frac{30350}{2} = 15175$$

$$V_E = \frac{S_E}{\phi_E} = \frac{11650}{6} \fallingdotseq 1941.7$$

$$F_{0(A)} = \frac{V_A}{V_E} = \frac{28875}{1941.7} \fallingdotseq 14.9$$

$$F_{0(B)} = \frac{V_B}{V_E} = \frac{15175}{1941.7} \fallingdotseq 7.82$$

表2.4　分散分析表

要因	平方和 S	自由度 ϕ	平均平方 V	分散比 F_0	$F(0.05)$
A	86625	3	28875	14.9	4.76
B	30350	2	15175	7.82	5.14
E	11650	6	1941.7		
計	128625	11			

5. 判定

　分散分析表で求めた分散比 F_0 を、F 表より求めた棄却限界値と比較し判定します。

　因子 A、因子 B がそれぞれ特性値に影響を及ぼしていると考えられる、つまり有意水準 α で「有意である」と判断する条件式は、次のようになります。

$$F_{0(A)} \geqq F(\phi_A, \phi_E ; \alpha)$$
$$F_{0(B)} \geqq F(\phi_B, \phi_E ; \alpha)$$

この式を用いて、それぞれ判定を行います。

$$F_{0(A)} = 14.9 \geqq F(\phi_A, \phi_E ; \alpha) = F(3,6 ; 0.05) = 4.76$$
$$F_{0(B)} = 7.82 \geqq F(\phi_B, \phi_E ; \alpha) = F(2,6 ; 0.05) = 5.14$$

これより、因子 A、因子 B は有意水準 $\alpha = 0.05$ で有意であると判定できます。

6. 組み合わせ条件における母平均の推定

因子 A と B の組合せ条件 $A_i B_j$ の母平均 $\mu(A_i B_j)$ の点推定値は、次の式で求めることができます。

$$\hat{\mu}(A_i B_j) = \bar{x}_{i\cdot} + \bar{x}_{\cdot j} - \bar{\bar{x}}$$

$$= \frac{(A_i \text{水準のデータの和})}{(A_i \text{水準のデータ数})} + \frac{(B_j \text{水準のデータの和})}{(B_j \text{水準のデータ数})} - \frac{(\text{データの総和})}{(\text{データの総数})}$$

特性値が最大となる条件における母平均を推定します。例題 2 では表 2.1 より、因子 A については A_3 水準、因子 B については B_2 水準が最大となりますので、$A_3 B_2$ 水準における母平均の点推定値は次のようになります。

$$\hat{\mu}(A_3 B_2) = \bar{x}_{3\cdot} + \bar{x}_{\cdot 2} - \bar{\bar{x}}$$

$$= \frac{(A_3 \text{水準のデータの和})}{(A_3 \text{水準のデータ数})} + \frac{(B_2 \text{水準のデータの和})}{(B_2 \text{水準のデータ数})} - \frac{(\text{データの総和})}{(\text{データの総数})}$$

$$= \frac{1340}{3} + \frac{1580}{4} - \frac{4050}{12} ≒ 504.2$$

また、この母平均の信頼率 $(1-\alpha)$ での区間推定値は次の式で計算します。

$$\hat{\mu}(A_i B_j) \pm t(\phi_E, \alpha) \sqrt{\frac{V_E}{n_e}}$$

n_e は有効反復数（有効繰返し数）と呼ばれる数値です。この値を求めるには、次に示す田口の式または伊奈の式を用います。

・田口の式

$$n_e = \frac{\text{全データ数}}{1 + (\text{推定に用いた要因の自由度の和})}$$

・伊奈の式

$$\frac{1}{n_e} = \frac{1}{\text{因子}A\text{の水準での実験数}} + \frac{1}{\text{因子}B\text{の水準での実験数}} - \frac{1}{\text{全実験数}}$$

このうち、田口の式を用いると、n_e は次のように計算できます。

$$n_e = \frac{12}{1+3+2} = 2$$

これより、信頼率 95% ($\alpha = 0.05$) における $A_3 B_2$ 水準の母平均の区間推定値は次のようになります。

$$\hat{\mu}(A_3 B_2) \pm t(\phi_E,\ \alpha) \sqrt{\frac{V_E}{n_e}} = 504.2 \pm t(6,\ 0.05) \sqrt{\frac{1941.7}{2}}$$

$$= 504.2 \pm 2.447 \times \sqrt{\frac{1941.7}{2}}$$

$$\fallingdotseq 504.2 \pm 76.2 = 428,\ 580.4$$

繰り返しのある二元配置実験の分散分析の手順

分散分析の用語でも説明しましたが、主効果は、ある因子が及ぼす直接的な効果のことで、他の因子に影響されないものをいいます。また、交互作用効果は、2つ以上の因子の水準の組合せによって生じる効果のことです。

繰り返しのある二元配置実験の分散分析の手順を、次のような例題を用いて説明します。

【例題3】肥料の量［kg］（因子 A）と土の種類（因子 B）が、花の収穫量［t］にどのような影響を及ぼすかを調べるために繰り返しのある二元配置実験をランダムに行い、表 3.1 に示すようなデータを得たとします。なお、特性値（花の収穫量）は大きい方が良いものとします。

表3.1 データ表

肥料の量 [kg]	B_1	B_2	B_3
A_1　100	26 23	33 29	21 25
A_2　200	30 32	42 38	31 28
A_3　300	37 35	40 35	33 31
A_4　400	30 26	26 30	21 24

1．計算補助表の作成

　各水準ごとのデータの和、データの総和、データの総数、データの2乗の総和を計算し、表3.2、表3.3、表3.4の計算補助表を作成します。

表3.2　計算補助表（1）（データの2乗）

肥料の量 [kg]	B_1	B_2	B_3	計
A_1　100	676 529	1089 841	441 625	4201
A_2　200	900 1024	1764 1444	961 784	6877
A_3　300	1369 1225	1600 1225	1089 961	7469
A_4　400	900 676	676 900	441 576	4169
計	7299	9539	5878	22716

表3.3　計算補助表（2）（データの総和）

肥料の量 [kg]	B_1	B_2	B_3	$T_{i\cdot}$	$T_{i\cdot}^2$
A_1　100	49	62	46	157	24649
A_2　200	62	80	59	201	40401
A_3　300	72	75	64	211	44521
A_4　400	56	56	45	157	24649
$T_{\cdot j}$	239	273	214	726	134220
$T_{\cdot j}^2$	57121	74529	45796	177446	

表3.4 計算補助表（3）（データの総和の2乗）

肥料の量[kg]	B_1	B_2	B_3	計
A_1 100	2401	3844	2116	8361
A_2 200	3844	6400	3481	13725
A_3 300	5184	5625	4096	14905
A_4 400	3136	3136	2025	8297
計	14565	19005	11718	45288

2．平方和の計算

作成した計算補助表を用いて、平方和を計算します。

・修正項

$$CT = \frac{(\text{データの総和})^2}{(\text{データの総数})} = \frac{726^2}{24} = 21961.5$$

・総平方和

$$S_T = (\text{データの2乗の総和}) - CT = 22716 - 21961.5$$
$$= 754.5$$

・因子 A の平方和

$$S_A = \sum_{i=1}^{4} \frac{(A_i \text{ 水準のデータの和})^2}{(A_i \text{ 水準のデータ数})} - CT$$

$$= \frac{134220}{3 \times 2} - 21961.5 = 408.5$$

・因子 B の平方和

$$S_B = \sum_{j=1}^{3} \frac{(B_j \text{ 水準のデータの和})^2}{(B_j \text{ 水準のデータ数})} - CT$$

$$= \frac{177446}{4 \times 2} - 21961.5 = 219.25$$

・級間の平方和

$$S_{AB} = \sum_{i=1}^{4} \sum_{j=1}^{3} \frac{(A_i B_j \text{ 水準のデータの和})^2}{(A_i B_j \text{ 水準のデータ数})} - CT$$

$$= \frac{45288}{2} - 21961.5 = 682.5$$

・交互作用の平方和

$$S_{A \times B} = S_{AB} - S_A - S_B = 682.5 - 408.5 - 219.25 = 54.75$$

・誤差平方和

$$S_E = S_T - S_{AB} = 754.5 - 682.5 = 72$$

3. 自由度の計算

・総平方和の自由度

$$\phi_T = (データの総数) - 1 = 24 - 1 = 23$$

・因子 A の自由度

$$\phi_A = (Aの水準数) - 1 = 4 - 1 = 3$$

・因子 B の自由度

$$\phi_B = (Bの水準数) - 1 = 3 - 1 = 2$$

・交互作用の自由度

$$\phi_{A \times B} = \phi_A \times \phi_B = 3 \times 2 = 6$$

・誤差の自由度

$$\phi_E = \phi_T - (\phi_A + \phi_B + \phi_{A \times B}) = 23 - (3 + 2 + 6) = 12$$

4. 分散分析表の作成

手順 2〜3 で求めた各平方和と自由度を用いて、表 3.5 の分散分析表を作成します。

表 3.5　分散分析表

要因	平方和 S	自由度 ϕ	平均平方 V	分散比 F_0	$F(\alpha)$
A	S_A	ϕ_A	$V_A = S_A / \phi_A$	$F_{0(A)} = V_A / V_E$	$F(\phi_A, \phi_E; \alpha)$
B	S_B	ϕ_B	$V_B = S_B / \phi_B$	$F_{0(B)} = V_B / V_E$	$F(\phi_B, \phi_E; \alpha)$
$A \times B$	$S_{A \times B}$	$\phi_{A \times B}$	$V_{A \times B} = S_{A \times B} / \phi_{A \times B}$	$F_{0(A \times B)} = V_{A \times B} / V_E$	$F(\phi_{A \times B}, \phi_E; \alpha)$
E	S_E	ϕ_E	$V_E = S_E / \phi_E$		
計	S_T	ϕ_T			

表 3.5 の各数値を計算、記入すると、例題 3 の分散分析表は表 3.6 になります。

$$V_A = \frac{S_A}{\phi_A} = \frac{408.5}{3} \fallingdotseq 136.2$$

$$V_B = \frac{S_B}{\phi_B} = \frac{219.25}{2} \fallingdotseq 109.6$$

$$V_{A \times B} = \frac{S_{A \times B}}{\phi_{A \times B}} = \frac{54.75}{6} \fallingdotseq 9.1$$

$$V_E = \frac{S_E}{\phi_E} = \frac{72}{12} = 6.0$$

$$F_{0(A)} = \frac{V_A}{V_E} = \frac{136.2}{6.0} \fallingdotseq 22.7$$

$$F_{0(B)} = \frac{V_B}{V_E} = \frac{109.6}{6.0} \fallingdotseq 18.3$$

$$F_{0(A \times B)} = \frac{V_{A \times B}}{V_E} = \frac{9.1}{6.0} \fallingdotseq 1.52$$

表3.6　分散分析表

要因	平方和 S	自由度 ϕ	平均平方 V	分散比 F_0	F (0.05)
A	408.5	3	136.2	22.7	3.49
B	219.25	2	109.6	18.3	3.89
$A \times B$	54.75	6	9.1	1.52	3.00
E	72	12	6.0		
計	754.5	23			

5. プーリングについての検討と判定

　分散分析表で求めた分散比 F_0 を、F 表より求めた棄却限界値と比較し判定します。

　分散分析表において、交互作用 $A \times B$ が有意でなく、F_0 値も小さく無視できると考えられる場合、プーリングを行い、分散分析表を作り直します。

表3.7　分散分析表 (プーリング後)

要因	平方和 S	自由度 ϕ	平均平方 V	分散比 F_0	$F(\alpha)$
A	S_A	ϕ_A	$V_A = S_A / \phi_A$	$F_{0(A)} = V_A / V_{E'}$	$F(\phi_A, \phi_{E'} ; \alpha)$
B	S_B	ϕ_B	$V_B = S_B / \phi_B$	$F_{0(B)} = V_B / V_{E'}$	$F(\phi_B, \phi_{E'} ; \alpha)$
E'	$S_{E'}$	$\phi_{E'}$	$V_{E'} = S_{E'} / \phi_{E'}$		
計	S_T	ϕ_T			

　プーリングの目安は、分散分析表の「F_0 値が 2 以下」または「有

意水準20%程度で有意でない」とされる場合が多いです。

プーリングの目安を満たす場合は、S_E と $S_{A \times B}$ をプールして次のようにします。

$$S_{E'} = S_E + S_{A \times B} = 72 + 54.75 = 126.75$$

$$\phi_{E'} = \phi_E + \phi_{A \times B} = 12 + 6 = 18$$

$$V_{E'} = \frac{S_{E'}}{\phi_{E'}} = \frac{126.75}{18} \fallingdotseq 7.0$$

この値をもとに、新たな分散分析表を作成すると表3.8になります。

表3.8　分散分析表（プーリング後）

要因	平方和 S	自由度 ϕ	平均平方 V	分散比 F_0	$F(0.05)$
A	408.5	3	136.2	22.7	3.16
B	219.25	2	109.6	18.3	3.55
E'	126.75	18	7.0		
計	754.5	23			

6．最適条件における母平均の推定

表3.3の $A_i B_j$ 水準の平均値 $\bar{x}_{ij}$ を見比べると、最適条件における因子 A の水準は A_3、因子 B の水準は B_2 であることがわかります。また、最適条件における母平均の点推定値は次のようになります。

$$\hat{\mu}(A_3 B_2) = \bar{x}_{3 \cdot} + \bar{x}_{\cdot 2} - \bar{\bar{x}}$$

$$= \frac{211}{6} + \frac{273}{8} - \frac{726}{24} \fallingdotseq 39.0$$

また、この母平均の信頼率 $(1 - \alpha)$ での区間推定値は次の式で計算します。

$$\hat{\mu}(A_i B_j) \pm t(\phi_{E'}, \alpha) \sqrt{\frac{V_{E'}}{n_e}}$$

田口の式を用いると、n_e は次のように計算できます。

$$n_e = \frac{24}{1 + 3 + 2} = 4$$

これより、信頼率95%（$\alpha = 0.05$）における $A_3 B_2$ 水準の母平均の

区間推定値は次のようになります。

$$\hat{\mu}(A_3 B_2) \pm t(\phi_{E'}, \alpha)\sqrt{\frac{V_{E'}}{n_e}} = 39.0 \pm t(18, 0.05)\sqrt{\frac{7.0}{4}}$$

$$= 39.0 \pm 2.101 \times \sqrt{\frac{7.0}{4}} \fallingdotseq 39.0 \pm 2.8 = 36.2, 41.8$$

さらに交互作用を無視しない場合の推定は、次のように行います。

交互作用を無視しない場合は、表 3.3 の $A_i B_j$ 水準の組合せの中で最も値の大きい $A_2 B_2$ 水準が最適条件になります。よって、最適条件における母平均の点推定値は次のようになります。

$$\hat{\mu}(A_2 B_2) = \bar{x}_{22}$$

$$= \frac{80}{2} = 40$$

また、この母平均の信頼率$(1 - \alpha)$での区間推定値は次の式で計算します。

$$\hat{\mu}(A_i B_j) \pm t(\phi_E, \alpha)\sqrt{\frac{V_E}{r}}$$

上式において、r は繰り返し回数を表し、今回は $r = 2$ とします。

これより、信頼率 95%$(\alpha = 0.05)$における $A_2 B_2$ 水準の母平均の区間推定値は次のようになります。

$$\hat{\mu}(A_2 B_2) \pm t(\phi_E, \alpha)\sqrt{\frac{V_E}{r}} = 40 \pm t(12, 0.05)\sqrt{\frac{6.0}{2}}$$

$$= 40 \pm 2.179 \times \sqrt{\frac{6.0}{2}} \fallingdotseq 40 \pm 3.8 = 36.2, 43.8$$

11

実験計画法

11

重要ポイントのまとめ

1 実験計画法の考え方

❶実験計画法とは、問題を解決するためのデータを集める際に効率よく、効果的に実験を行うことを計画する方法。

❷分散分析法とは、母集団が 3 組以上ある場合に、分散分析と呼ばれる手法によって特性値に影響を及ぼすと考えられる要因の検定・推定を行う方法。

❸分散分析とは、特性値のばらつきを分散で表し、その分散を要因ごとに分解して、大きな影響を与えている要因を調べる方法。

❹因子とは、実験を行う際に、特性値に大きな影響を与える可能性として取り上げた要因のこと。水準とは、各因子に設定する段階のこと。

❺主効果とは、ある因子が及ぼす直接的な効果のことで、他の因子に影響されないもののこと。交互作用効果とは、2 つ以上の因子の水準の組合せによって生じる効果のこと。

2 一元配置実験

❶一元配置実験とは、1 つの因子だけを取り上げ、因子の水準を変化させて繰り返し実験を行い、その因子の影響を解析する方法のこと。

❷一元配置実験の分散分析の手順は、次のとおり。

    (1) 計算補助表の作成
    (2) 平方和の計算
    (3) 自由度の計算
    (4) 分散分析表の作成
    (5) 判定

❸分散分析後の推定の手順は、次のとおり。

    (1) 母平均の推定
    (2) 特定の水準における母平均の差の推定
    (3) 誤差の推定

3 二元配置実験

❶二元配置実験とは、2つの因子を取り上げ、それぞれの因子に複数個の水準をとり、各因子の全ての組合せの条件において実験を行う方法のこと。

❷繰り返しのない二元配置実験の分散分析および推定の手順は、次のとおり。

(1) 計算補助表の作成
(2) 平方和の計算
(3) 自由度の計算
(4) 分散分析表の作成

(5) 判定
(6) 組み合わせ条件における母平均
　　の推定

❸繰り返しのある二元配置実験の分散分析および推定の手順は、次のとおり。

(1) 計算補助表の作成
(2) 平方和の計算
(3) 自由度の計算

(4) 分散分析表の作成
(5) プーリングについての検討と判定
(6) 最適条件における母平均の推定

11

⊕ 予想問題　問　題

問題 1　分散分析の用語

◻︎◻︎◻︎内に入る最も適切なものを選択肢から選べ。

　実験計画法の分散分析において、(1) とは、実験を行う際に、特性値に大きな影響を与える可能性として取り上げた要因のことであり、(2) とは、(1) の条件を変えた段階のことである。1 つだけの (1) による効果のことを (3) 、2 つ以上の (1) の (2) の組合せで生じる効果のことを (4) という。また、取り上げる (1) の数が 1 つの場合の実験を一元配置実験、2 つの場合の実験を二元配置実験といい、二元配置実験は (5) のある二元配置実験と (5) のない二元配置実験に分類されている。

【 (1) ～ (5) の選択肢】
ア．因子　　イ．誤差　　ウ．繰返し　　エ．変動　　オ．水準
カ．交互作用効果　　キ．相対効果　　ク．主効果　　ケ．独立効果

(1)	(2)	(3)	(4)	(5)

問題 2　一元配置実験

◻︎◻︎◻︎内に入る最も適切なものを選択肢から選べ。

　プラスチックの製品の強度と加工温度の関係を調べるために、4 つの製造条件 A_1、A_2、A_3、A_4 を比較する一元配置実験によって解析を行った。これらの製造条件ごとに繰り返し 3 回の実験をランダムに実施し、表 2.1、表 2.2 に示すようなデータを得た。また、この結果により、表 2.3 に示すような分散分析表を得た。

表2.1

条件	データ			合計	合計の2乗
A_1	13	13	14	40	1600
A_2	13	11	13	37	1369
A_3	12	14	11	37	1369
A_4	9	10	11	30	900
総計				144	5238

表2.2

条件	データの2乗			合計
A_1	169	169	196	534
A_2	169	121	169	459
A_3	144	196	121	461
A_4	81	100	121	302
総計				1756

表2.3

要因	平方和 S	自由度 ϕ	平均平方 V	分散比 F_0	$F (0.05)$
A	(1)	(3)	(5)	(7)	(8)
E	(2)	(4)	(6)		
計	S_T	ϕ_T			

F表より $F (\phi_A, \phi_E ; 0.05) = $ (8) であるため、A は (9) といえる。

【 (1) ～ (9) の選択肢】

ア. 1　イ. 2　ウ. 3　エ. 4　オ. 8　カ. 10　キ. 12　ク. 18

ケ. 1.25　コ. 2.50　サ. 4.80　シ. 6.00　ス. 3.71　セ. 4.07

ソ. 4.46　タ. 5.32　チ. 6.59　ツ. 有意である　テ. 有意でない

(1)	(2)	(3)	(4)	(5)	(6)	(7)	(8)	(9)

　　　　内に入る最も適切なものを選択肢から選べ。

　鉄鋼製品の品質特性を向上させるために、因子 A を 2 水準、因子 B を 3 水準に設定し、全ての水準の組合せで 2 回ずつ、合計 12 回の実験をランダムに実施したところ、表 3.1 に示すようなデータを得た。また、この結果により、表 3.2〜表 3.4 に示すような表と、表 3.5 に示すような分散分析表を得た。

表3.1

	B_1	B_2	B_3
A_1	38 36	46 50	51 43
A_2	43 41	53 47	29 33

表3.2

	B_1	B_2	B_3	計
A_1	1444 1296	2116 2500	2601 1849	11806
A_2	1849 1681	2809 2209	841 1089	10478
計	6270	9634	6380	22284

表3.3

	B_1	B_2	B_3	合計	合計の2乗
A_1	74	96	94	264	69696
A_2	84	100	62	246	60516
合計	158	196	156	510	130212
合計の2乗	24964	38416	24336	87716	

表3.4

	B_1	B_2	B_3	合計
A_1	5476	9216	8836	23528
A_2	7056	10000	3844	20900
合計	12532	19216	12680	44428

表3.5

要因	平方和 S	自由度 ϕ	平均平方 V	分散比 F_0	$F(0.05)$
A	27	ϕ_A	V_A	$F_{0(A)}$	5.99
B	254	ϕ_B	V_B	$F_{0(B)}$	5.14
$A \times B$	(1)	(3)	(5)	(6)	5.14
E	(2)	(4)	V_E		
計	609	ϕ_T			

　分散分析の結果、因子 B と交互作用 $A \times B$ は有意であった。因子 A は有意にならなかった。

　このとき、品質特性の母平均の点推定値が最大となる水準の組合せは (7) であり、その点推定値は (8) となる。

【 (1) ～ (8) の選択肢】

ア. 188　　イ. 258　　ウ. 328　　エ. 35　　オ. 70　　カ. 140

キ. 1　　ク. 2　　ケ. 3　　コ. 4　　サ. 6　　シ. 43.0　　ス. 86.0

セ. 129　　ソ. 387　　タ. 3.69　　チ. 5.52　　ツ. 11.0

テ. A_1B_2　　ト. A_2B_2　　ナ. A_1B_3　　ニ. 46　　ヌ. 48　　ネ. 50

(1)	(2)	(3)	(4)	(5)	(6)	(7)	(8)

⊕ 予想問題 解答解説

問題1　分散分析の用語

> 【解答】　(1) ア　(2) オ　(3) ク　(4) カ　(5) ウ

POINT

　分散分析における用語は、試験でも出題されやすい部分ですので、用語の意味をしっかりと理解しておく必要があります。

　「主効果」と「交互作用効果」は、似たようなワードが選択肢に含まれていることもありますので、間違えないようにしましょう。

問題2　一元配置実験

> 【解答】　(1) ク　(2) カ　(3) ウ　(4) オ　(5) シ　(6) ケ
> 　　　　　(7) サ　(8) セ　(9) ツ

【解き方】

　一元配置実験の分散分析の手順に従って、各数値を求めていきます。今回は計算途中で使用する数値（データの2乗の総和など）は問題文に示されているため、計算補助表を作成する必要はありません。

①平方和の計算

・修正項

$$CT = \frac{（データの総和）^2}{（データの総数）} = \frac{144^2}{12} = 1728$$

・総平方和

$$S_T = （データの2乗の総和） - CT = 1756 - 1728 = 28$$

・因子 A の平方和

$$S_A = \sum_{i=1}^{4} \frac{(A_i \text{ 水準のデータの和})^2}{(A_i \text{ 水準のデータ数})} - CT$$

$$= \frac{1600}{3} + \frac{1369}{3} + \frac{1369}{3} + \frac{900}{3} - 1728 = 18$$

・誤差平方和

$$S_E = S_T - S_A = 28 - 18 = 10$$

②自由度の計算

・総平方和の自由度

$$\phi_T = (\text{データの総数}) - 1 = 12 - 1 = 11$$

・因子 A の自由度

$$\phi_A = (A \text{ の水準数}) - 1 = 4 - 1 = 3$$

・誤差の自由度

$$\phi_E = \phi_T - \phi_A = 11 - 3 = 8$$

③分散分析表の作成

手順①、②で求めた各平方和と自由度を用いて、表 2.3 のような分散分析表を作成します。

表2.3

要因	平方和 S	自由度 ϕ	平均平方 V	分散比 F_0	$F(0.05)$
A	18	3	6.00	4.80	4.07
E	10	8	1.25		
計	28	11			

なお、表 2.3 中の各平均平方 V_A, V_E および分散比 F_0 の値は、次のとおりです。

$$V_A = \frac{S_A}{\phi_A} = \frac{18}{3} = 6.00$$

$$V_E = \frac{S_E}{\phi_E} = \frac{10}{8} \fallingdotseq 1.25$$

$$F_0 = \frac{V_A}{V_E} = \frac{6.0}{1.3} \fallingdotseq 4.80$$

④判定

分散分析表で求めた分散比 F_0 を、F 表より求めた棄却限界値と比較し判定します。

実験計画法

403

$$F_0 = 4.80 > F(\phi_A, \phi_E; \alpha) = F(3,8;0.05) = 4.07$$

これより、因子 A は有意水準 $\alpha = 0.05$ で有意であると判定できます。

POINT

一元配置実験の問題では、分散分析表を作成する過程や、表の見方を理解しているかどうかを問われるため、手順を正確に覚え、計算できるようにしましょう。

問題3　二元配置実験

【解答】　(1) イ　(2) オ　(3) ク　(4) サ　(5) セ　(6) ツ
(7) ト　(8) ネ

【解き方】
二元配置実験の分散分析の手順に従って、各数値を求めていきます。今回は計算途中で使用する数値（データの2乗の総和など）は問題文に示されているため、計算補助表を作成する必要はありません。

①平方和の計算
　・修正項
$$CT = \frac{(\text{データの総和})^2}{(\text{データの総数})} = \frac{510^2}{12} = 21675$$

　・総平方和
$$S_T = (\text{データの2乗の総和}) - CT = 22284 - 21675 = 609$$

　・因子 A の平方和
$$S_A = \sum_{i=1}^{2} \frac{(A_i \text{水準のデータの和})^2}{(A_i \text{水準のデータ数})} - CT$$
$$= \frac{130212}{3 \times 2} - 21675 = 27$$

　・因子 B の平方和
$$S_B = \sum_{j=1}^{3} \frac{(B_j \text{水準のデータの和})^2}{(B_j \text{水準のデータ数})} - CT$$

$$= \frac{87716}{2 \times 2} - 21675 = 254$$

・級間の平方和

$$S_{AB} = \sum_{i=1}^{2} \sum_{j=1}^{3} \frac{(A_i B_j \text{ 水準のデータの和})^2}{(A_i B_j \text{ 水準のデータ数})} - CT$$

$$= \frac{44428}{2} - 21675 = 539$$

・交互作用の平方和

$$S_{A \times B} = S_{AB} - S_A - S_B = 539 - 27 - 254 = 258$$

・誤差平方和

$$S_E = S_T - S_{AB} = 609 - 539 = 70$$

②自由度の計算

・総平方和の自由度

$$\phi_T = (\text{データの総数}) - 1 = 12 - 1 = 11$$

・因子 A の自由度

$$\phi_A = (A \text{ の水準数}) - 1 = 2 - 1 = 1$$

・因子 B の自由度

$$\phi_B = (B \text{ の水準数}) - 1 = 3 - 1 = 2$$

・交互作用の自由度

$$\phi_{A \times B} = \phi_A \times \phi_B = 1 \times 2 = 2$$

・誤差の自由度

$$\phi_E = \phi_T - (\phi_A + \phi_B + \phi_{A \times B}) = 11 - (1 + 2 + 2) = 6$$

③分散分析表の作成

手順①、②で求めた各平方和と自由度を用いて、表 3.5 のような分散分析表を作成します。

表3.5

要因	平方和 S	自由度 ϕ	平均平方 V	分散比 F_0	$F(0.05)$
A	27	1	27.0	2.31	5.99
B	254	2	127	10.9	5.14
$A \times B$	258	2	129	11.0	5.14
E	70	6	11.7		
計	609	11			

なお、表 3.5 中の各平均平方および分散比の値は、次のとおりです。

$$V_A = \frac{S_A}{\phi_A} = \frac{27}{1} = 27.0$$

$$V_B = \frac{S_B}{\phi_B} = \frac{254}{2} = 127$$

$$V_{A \times B} = \frac{S_{A \times B}}{\phi_{A \times B}} = \frac{258}{2} = 129$$

$$V_E = \frac{S_E}{\phi_E} = \frac{70}{6} \fallingdotseq 11.7$$

$$F_{0(A)} = \frac{V_A}{V_E} = \frac{27.0}{11.7} \fallingdotseq 2.31$$

$$F_{0(B)} = \frac{V_B}{V_E} = \frac{127}{11.7} \fallingdotseq 10.9$$

$$F_{0(A \times B)} = \frac{V_{A \times B}}{V_E} = \frac{129}{11.7} \fallingdotseq 11.0$$

④判定

分散分析表で求めた分散比 F_0 を、F 表より求めた棄却限界値と比較し判定すると、

$$F_{0(A)} = 2.31 < F(\phi_A, \phi_E; \alpha) = F(1, 6; 0.05) = 5.99$$
$$F_{0(B)} = 10.9 > F(\phi_B, \phi_E; \alpha) = F(2, 6; 0.05) = 5.14$$
$$F_{0(A \times B)} = 11.0 > F(\phi_{A \times B}, \phi_E; \alpha) = F(2, 6; 0.05) = 5.14$$

上記の結果より、因子 B と交互作用 $A \times B$ は有意であり、因子 A は有意にならないことがわかりました。

⑤最適条件における母平均の推定

交互作用を無視しない場合は、表 3.3 の $A_i B_j$ 水準の組合せの中で最も値の大きい $A_2 B_2$ 水準が最適条件になります。$A_2 B_2$ 水準のデータの和は 100 であるため、最適条件における母平均の点推定値は次のようになります。

$$\hat{\mu}(A_2 B_2) = \frac{100}{2} = 50$$

これより、点推定値が最大である組合せは $A_2 B_2$、そのときの品質特性の母平均の点推定値は 50 です。

POINT

　二元配置実験の問題も一元配置実験の問題と同様、分散分析表を作成する過程や、表の見方を理解しているかどうかを問われるため、手順を正確に覚え、計算できるようにしましょう。

CHAPTER

12

信頼性工学

他の章と比べるとあまり出題されない範囲ですが、
得点しやすい問題が多いです。用語の意味や、信頼
性ブロック図を正確に理解できるようにしましょう。

★★★ 内容を深く理解しているレベル
★★ 定義と基本的な考え方を理解しているレベル
★ 言葉を知っているレベル

1 品質保証の観点からの 再発防止・未然防止

毎回平均 **0.8**/100点

信頼性工学とは

　信頼性工学とは、システムやアイテムの信頼性に関する技術（工学）のことです。

　ここでいう**信頼性**とは、JIS-Z8115：2000 で「アイテムが与えられた条件で規定の期間中、要求された機能を果たすことができる性質」と定義されています。対象となるアイテムには、システム、装置、部品などがあり、これらが故障することなく正常に動作することを意味しています。

　イメージしやすくするために、洗濯機を例として考えます。給水、衣類の洗浄、脱水といった一連の工程が正常に行われるためには、洗濯機の電気回路やモータ、構成部品などが故障することなく動作する必要があります。スイッチを押したが動作しない、動作するが異音がするといった故障が発生した場合は、すぐに原因を突き止め、故障しにくい部品と取り替える等、信頼性を高めることが大切です。

12

信頼性工学

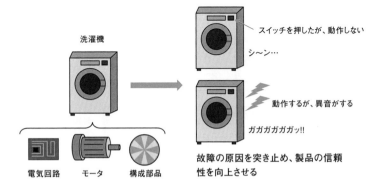

洗濯機

電気回路　モータ　構成部品

スイッチを押したが、動作しない

シ～ン…

動作するが、異音がする

ガガガガガガガッ!!

故障の原因を突き止め、製品の信頼性を向上させる

製品の高い信頼性を保つためには、トラブルや故障が発生したときに、部品を交換するといった応急処置だけで済ませるのではなく、根本的な原因を追究して再発防止に努める必要があります。また、製品の計画段階であらかじめトラブルや故障が発生すると考えられる問題を洗い出し、対策を講じておく未然防止も大切な考え方です。

　未然防止や再発防止を行う方法として、FMEA（Failure Modes and Effects Analysis：故障モードと影響解析）やFTA（Fault Tree Analysis：故障の木解析）があります。

　FMEAとは、故障が起きる前に様々な故障モードを予測し、対策を検討する方法のことです。FTAとは、特定の故障に対して、その原因となる問題を追究する方法のことです。

FMEAの例

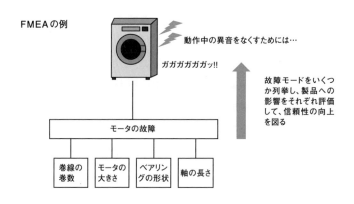

動作中の異音をなくすためには…

ガガガガガガッ!!

故障モードをいくつか列挙し、製品への影響をそれぞれ評価して、信頼性の向上を図る

モータの故障

| 巻線の巻数 | モータの大きさ | ベアリングの形状 | 軸の長さ |

FTAの例

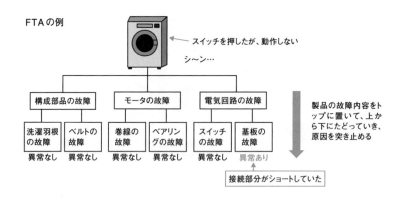

スイッチを押したが、動作しない

シ〜ン…

製品の故障内容をトップに置いて、上から下にたどっていき、原因を突き止める

構成部品の故障　／　モータの故障　／　電気回路の故障

| 洗濯羽根の故障 | ベルトの故障 | 巻線の故障 | ベアリングの故障 | スイッチの故障 | 基板の故障 |
| 異常なし | 異常なし | 異常なし | 異常なし | 異常なし | 異常あり |

接続部分がショートしていた

耐久性・保全性・設計信頼性とは

　信頼性を達成するためには、耐久性、保全性、設計信頼性の3つのポイントを考慮する必要があります。

　耐久性とは、「与えられた運用および保全条件で、有用寿命の終わりまで、要求どおりに実行できるアイテムの能力」のことです。洗濯機でいうところの耐用年数がこれに当たります。

　保全性とは、「与えられた運用及び保全条件の下で、アイテムが要求どおりに遂行できる状態に保持されるか、または修復される能力」のことです。洗濯機の場合、修理が容易に、短期間で行うことができるような性質を持つことを意味します。製品の耐久性を高めることは大切ですが、製品コストや製品の大きさ、重量などが増加すると考えられる場合は、故障しても簡単な部品の交換で済むように設計し、コストを削減する方法をとることもあります。

　設計信頼性とは、「アイテムに信頼性を付与する目的の設計技術」のことです。設計の段階でアイテムの欠陥や故障の発生を事前に対処し、アイテムの信頼性や安全性を向上させることを目的としています。

 耐用年数○年

耐久性

 故障しても、修理を容易に、短期間で行うことができる

保全性

 火災などの大事故や人身事故を防ぐ

設計信頼性

　設計の段階での信頼性を高める方法として、フェールセーフやフールプルーフという考え方があります。フェールセーフとは、「故障時に、安全を保つことができるシステムの性質」のことです。また、フールプルーフとは、「人為的に不適切な行為、過失などが起こっても、システムの信頼性および安全性を保持する性質」のことです。

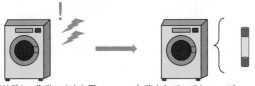

洗濯機が故障し、非常に大きな電
流が発生！
このままでは火災につながる！

内蔵されているヒューズ
が切れることにより、洗濯
機の異常な動作を防ぐ

製品に故障が発生しても安全を保つことができるようにする考え方
フェールセーフ

洗濯機のふたを開けたまま動作さ
せると危険！
このままでは事故につながる！

そもそも、ふたを閉じな
ければ動作しないように
設計されている

人が誤った行動をしても実現できないようにする考え方
フールプルーフ

寿命データの尺度

　製品の寿命データを分析するために、MTTF（Mean Time To
Failure：故障までの平均時間）や MTBF（Mean operating Time
Between Failures：平均故障間動作時間）、故障率、B_{10}（ビーテン）
ライフなど、様々な尺度が用いられています。

　MTTF とは、「最初の故障までの動作時間の期待値」のことです。
MTTF は、修理を考えない系（非修理系）、つまり、故障しても修理
しない使い捨ての製品等の平均寿命を表します。

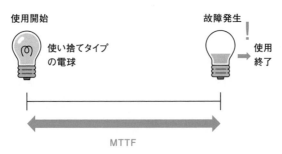

使用開始　　　　　　　　　　　　　　故障発生

使い捨てタイプ
の電球

使用
終了

MTTF

MTBFとは、「故障間動作時間の期待値」のことです。MTBFは、修理を考える系（修理系）、つまり、故障したときに修理する製品等における、故障を修理してから次の故障までの平均動作時間を表します。MTBFは、次の式で求めることができます。

$$\text{MTBF} = \frac{\text{総動作時間}}{\text{総故障回数}}$$

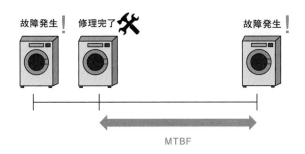

故障率は、次の式で表されるようにMTBFの逆数で求めることができます。

$$\text{故障率} = \frac{1}{\text{MTBF}}$$

なお、B_{10}ライフとは、全体の10%が故障するまでの時間のことです。

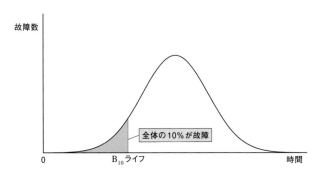

また、修理することを考える場合、MTTR（Mean Time To Repair：平均修理時間）やアベイラビリティという尺度が用いられることもあります。

MTTRとは、「修復時間の期待値」のことです。つまり、故障してから修理するまでの平均修復時間を表します。

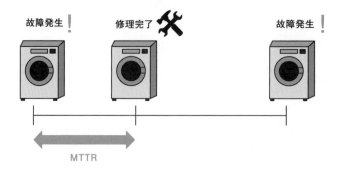

アベイラビリティとは、次の式で表される尺度のことです。

$$アベイラビリティ = \frac{MTBF}{MTBF + MTTR}$$

つまり、全体の時間のうちどれくらい稼働しているかを表しているので、稼働率ともいいます。

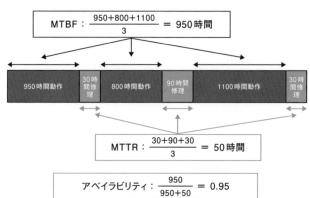

例題 12-1-1

　故障したら新品の部品に交換される事後保全が行われている製品がある。この製品の部品の交換時点から次の故障までの時間を5回分測定したところ、次のデータ（単位：時間）を得た。

$$1100, \quad 1200, \quad 800, \quad 900, \quad 1000$$

　このデータより、MTBFを求めると、 (1) になる。また、故障率は (2) となる。

【選択肢】 0.0005　0.0008　0.001　0.002　500　1000　1200

【解答】　(1) 1000　(2) 0.001

　MTBFは、期間中の総動作時間を総故障回数で除した値で、次の式で表すことができます。

$$\mathrm{MTBF} = \frac{\text{総動作時間}}{\text{総故障回数}}$$

　問題で与えられているデータを用いると、

$$\mathrm{MTBF} = \frac{1100 + 1200 + 800 + 900 + 1000}{5} = 1000$$

　また、故障率はMTBFの逆数で求められるので、

$$\text{故障率} = \frac{1}{\mathrm{MTBF}} = \frac{1}{1000} = 0.001$$

12

信頼性工学

2 信頼性モデル（直列系、並列系、冗長系、バスタブ曲線など）

毎回平均 **2.1**/100点

信頼性モデルとは

　信頼性モデルとは、信頼性特性値（尺度）の予測または推定に用いる数学モデルのことです。構成要素をブロックで表現し、それらの組合せの信頼性が，システムの信頼性へどのように影響するかを示した信頼性ブロック図を用いて評価します。

　信頼性ブロック図には直列系と冗長系があります。直列系とは、構成要素が直列に接続されているブロック図のことです。この方式は、システムの構成要素が1つでも故障すると、システム全体の故障となってしまうため、システムの信頼度は下がります。一方、冗長系とは、システムにおいて、機能を達成するために複数の手段を用意したブロック図のことで、並列系、m-out-of-n（m/n）冗長系、待機冗長系などがあります。このうち代表的な信頼性ブロック図である並列系は、システムの構成要素の一部が故障しても、システム全体の故障とはならないため、システムの信頼度は上がります。

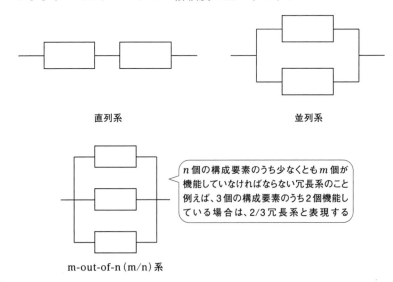

直列系 　　　　　　　　　　　並列系

m-out-of-n（m/n）系

*n*個の構成要素のうち少なくとも*m*個が機能していなければならない冗長系のこと
例えば、3個の構成要素のうち2個機能している場合は、2/3冗長系と表現する

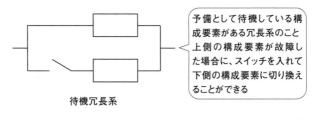

> 予備として待機している構成要素がある冗長系のこと
> 上側の構成要素が故障した場合に、スイッチを入れて下側の構成要素に切り換えることができる

待機冗長系

図1

　図2は、信頼度がR_1、R_2の構成要素をそれぞれ直列、並列に接続したブロック図です。直列系の場合、すべての要素が機能する信頼度は、それぞれの信頼度の積で表すことができます。よって、

　　　信頼度 $= R_1 \times R_2$

となります。

　次に、並列系の場合、システム全体の信頼度を計算する前に、すべての要素が故障する不信頼度を計算します。不信頼度は「1－信頼度」で表すことができます。よって、すべての要素が故障してしまう場合の不信頼度は、

　　　不信頼度 $=(1-R_1)\times(1-R_2)$

　したがって、システム全体の信頼度は、

　　　信頼度 $= 1-$不信頼度 $= 1-(1-R_1)(1-R_2)$

となります。

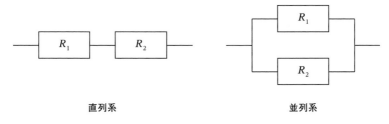

直列系　　　　　　　　　　　並列系

図2

12

信頼性工学

バスタブ曲線

バスタブ曲線とは、故障率が時間の経過に伴って減少、一定、増加の順になっている曲線のことです。図3のように、曲線がバスタブ（浴槽）のような形になっています。

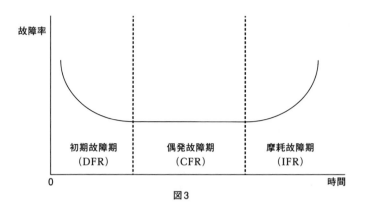

図3

時間経過によって故障率が変化することから、バスタブ曲線は次の3つのパターンに分類することができます。

①初期故障期（DFR）

故障率が時間の経過とともに減少していく期間のことです。主に設計、製造段階の欠陥による故障が原因となります。

②偶発故障期（CFR）

故障率が時間の経過に関係なく、ほぼ一定である期間のことです。主に偶発的、突発的な現象による故障が原因となります。

③摩耗故障期（IFR）

故障率が時間の経過とともに増加していく期間のことです。主に摩耗、劣化による故障が原因となります。

信頼度が 0.9 の要素をいくつか用いて 1 つのシステムを構成する。図 12.2.1 は、3 つの要素をそれぞれ直列、並列に接続した信頼性ブロック図である。このとき、直列システムの信頼度は ⬚(1)⬚ 、並列システムの信頼度は ⬚(2)⬚ となる。

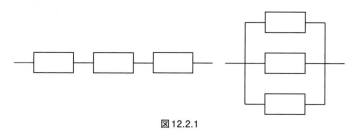

図12.2.1

【選択肢】0.001　0.1　0.271　0.729　0.9　0.999

【解答】　(1) 0.729　(2) 0.999

直列系の場合、すべての要素が機能する信頼度は、それぞれの信頼度の積で表すことができます。よって、

$$0.9 \times 0.9 \times 0.9 = 0.729$$

並列系の場合、システム全体の信頼度を計算する前に、すべての要素が故障する不信頼度を計算します。不信頼度は「1 −信頼度」で表すことができます。よって、すべての要素が故障してしまう場合の不信頼度は、

$$(1 - 0.9) \times (1 - 0.9) \times (1 - 0.9) = 0.001$$

したがって、システム全体の信頼度は、

$$1 - 0.001 = 0.999$$

12
重要ポイントのまとめ

1 品質保証の観点からの再発防止・未然防止

❶信頼性工学とは、システムやアイテムの信頼性に関する技術（工学）のこと。

❷製品の高い信頼性を保つためには、根本的な原因を追究する再発防止や、製品の計画段階であらかじめ対策を講じておく未然防止が大切。その方法には、故障が起きる前に故障モードを予測し対策を検討する FMEA や、特定の故障に対してその原因となる問題を追究する FTA がある。

❸信頼性を達成するためには、与えられた運用および保全条件で、有用寿命の終わりまで、要求どおりに実行できるアイテムの能力である耐久性、与えられた運用および保全条件の下で、アイテムが要求どおりに遂行できる状態に保持されるか、または修復される能力である保全性、アイテムに信頼性を付与する目的の設計技術である設計信頼性などを考慮する必要がある。

❹設計の段階での信頼性を高める方法として、故障時に、安全を保つことができるシステムの性質であるフェールセーフ、人為的に不適切な行為、過失などが起こっても、システムの信頼性および安全性を保持する性質であるフールプルーフといった考え方がある。

❺製品の寿命データを分析するために、次のような尺度が用いられている。

・MTTF とは、最初の故障までの動作時間の期待値のこと。

・MTBF とは、故障間動作時間の期待値のこと。

$$MTBF = \frac{総動作時間}{総故障回数}$$

・故障率は、MTBF の逆数のこと。

$$故障率 = \frac{1}{MTBF}$$

・B_{10} ライフとは、全体の 10% が故障するまでの時間のこと。

❻修理することを考える場合、次のような尺度が用いられることもある。

　・MTTR とは、修復時間の期待値のこと。

　・アベイラビリティとは、次の式で表される尺度のこと。

$$アベイラビリティ = \frac{MTBF}{MTBF + MTTR}$$

2 信頼性モデル

❶信頼性モデルとは、信頼性特性値（尺度）の予測または推定に用いる数学モデルのこと。構成要素をブロックで表現し、それらの組合せの信頼性が，システムの信頼性へどのように影響するかを示した信頼性ブロック図を用いて評価する。

❷信頼性ブロック図には、構成要素が直列に接続されているブロック図である直列系、システムにおいて、機能を達成するために複数の手段を用意したブロック図である冗長系があり、冗長系には並列系、m-out-of-n（m/n）冗長系、待機冗長系などがある。

❸バスタブ曲線とは、故障率が時間の経過に伴って減少、一定、増加の順になっている曲線のこと。時間経過によって故障率が変化することから、次の3つのパターンに分類することができる。

　・初期故障期（DFR）は、故障率が時間の経過とともに減少していく期間のこと。

　・偶発故障期（CFR）は、故障率が時間の経過に関係なく、ほぼ一定である期間のこと。

　・摩耗故障期（IFR）は、故障率が時間の経過とともに増加していく期間のこと。

12

信頼性工学

12

⊕ 予想問題 [問 題]

問題 1 信頼性モデル

　　　　内に入る最も適切なものを選択肢から選べ。

① 3つの部品 A、B、C があり、信頼度はそれぞれ $R_A = 0.92$、$R_B = 0.94$、R_C = 0.96 である。また、図1~3 は、3つの部品を各々配置したシステム I、II、III を表している。このとき、システム I の信頼度は (1) 、システム II の信頼度は (2) 、システム III の信頼度は (3) であるから、システムとしては、システム (4) を採用した方がよい。

図1　　　　　　　　　図2　　　　　　　　　図3

② ある製品の連続稼働試験を実施した。稼働開始時点を 0 時間とし、4 回の故障と修理を経て、累計で 3000 時間稼働した時点で 5 回目の故障が発生したため、そこで試験を終えた。修理時間は、1 回目の修理が 40 時間、2 回目の修理が 30 時間、3 回目の修理が 60 時間、4 回目の修理が 70 時間であった。この結果に基づいて MTBF と MTTR を求めると、それぞれ (5) 時間、 (6) 時間となる。また、故障率とアベイラビリティはそれぞれ (7) 、 (8) となる。

【 (1) ~ (8) の選択肢 】
ア. 0.9922　イ. 0.9930　ウ. 0.9946　エ. 0.9954　オ. I　カ. II　キ. III
ク. 600　ケ. 750　コ. 1000　サ. 40　シ. 50　ス. 60　セ. 0.0013
ソ. 0.0017　タ. 0.9090　チ. 0.9231

(1)	(2)	(3)	(4)	(5)	(6)	(7)	(8)

⊕ 予想問題 解答解説

問題1　信頼性モデル

【解答】　(1) ア　(2) ウ　(3) イ　(4) カ　(5) ク　(6) シ
　　　　　　(7) ソ　(8) チ

【解き方】

①問題のように、並列系の中に直列系が含まれている場合、まず直列部分を計算してから並列部分を計算します。

　直列系の場合、すべての要素が機能する信頼度は、それぞれの信頼度の積で表すことができます。

　それぞれのシステムの直列部分の信頼度は、次のようになります。

- システム I　$R_B \times R_C$
- システム II　$R_A \times R_B$
- システム III　$R_C \times R_A$

　並列系の場合、システム全体の信頼度を計算する前に、すべての要素が故障する不信頼度を計算します。不信頼度は「1 −信頼度」で表すことができます。

　それぞれのシステムにおけるすべての要素が故障してしまう場合の不信頼度は、

- システム I　$(1 - R_A) \times (1 - R_B \times R_C)$
- システム II　$(1 - R_C) \times (1 - R_A \times R_B)$
- システム III　$(1 - R_B) \times (1 - R_C \times R_A)$

　したがって、それぞれのシステムにおける全体の信頼度は、

- システム I　$1 - (1 - R_A) \times (1 - R_B \times R_C)$
- システム II　$1 - (1 - R_C) \times (1 - R_A \times R_B)$
- システム III　$1 - (1 - R_B) \times (1 - R_C \times R_A)$

　問題で与えられている数値を代入すると、

- システム I

　　　$1 - (1 - 0.92) \times (1 - 0.94 \times 0.96) \fallingdotseq 0.9922$

- システム II

　　　$1 - (1 - 0.96) \times (1 - 0.92 \times 0.94) \fallingdotseq 0.9946$

・システムⅢ

$$1 - (1 - 0.94) \times (1 - 0.96 \times 0.92) \fallingdotseq 0.9930$$

この結果より、システムとしては、信頼度が一番高いシステムⅡを採用した方がよいといえます。

② MTBF は、期間中の総動作時間を総故障回数で除した値で、次の式で表すことができるので、問題で与えられているデータを用いると、

$$\text{MTBF} = \frac{\text{総動作時間}}{\text{総故障回数}}$$

$$= \frac{3000}{5} = 600$$

MTTR は、期間中の総修復時間を総修復回数で除した値で、次の式で表すことができるので、問題で与えられているデータを用いると、

$$\text{MTTR} = \frac{\text{総修復時間}}{\text{総修復回数}}$$

$$= \frac{40 + 30 + 60 + 70}{4} = 50$$

故障率は、MTBF の逆数で求められるので、

$$\text{故障率} = \frac{1}{600} \fallingdotseq 0.0017$$

アベイラビリティは、次の式で表すことができるので、問題で与えられているデータを用いると、

$$\text{アベイラビリティ} = \frac{\text{MTBF}}{\text{MTBF} + \text{MTTR}}$$

$$= \frac{600}{600 + 50} \fallingdotseq 0.9231$$

POINT

信頼性工学の問題では、信頼性ブロック図の計算方法や、MTBF、故障率といった寿命データに関する尺度を理解しているかどうかを問われます。それぞれの用語の意味や公式を正確に理解しておきましょう。

CHAPTER 13

品質管理の基本

13章からは品質管理の実践的な考え方を学びます。
この章では、多くの用語を覚える必要があります。
まずは暗記をして、後から理解を深めましょう。

★★★　内容を深く理解しているレベル
★★　　定義と基本的な考え方を理解しているレベル
★　　　言葉を知っているレベル

13章の構成

① 品質の種類 ★★★ P428

出題分析	毎回平均 5.0/100点	第22回:5点	第23回:7点	第24回:4点	第25回:0点
		第26回:4点	第27回:9点	第28回:6点	第30回:8点
		第31回:0点	第32回:2点	第33回:11点	第34回:4点

品質の定義や、さまざまな品質の種類について学びます。
よく出題される範囲ですので、色字を中心に覚えましょう。

② 品質優先の考え方 ★★★ P432

出題分析	毎回平均 1.5/100点	第22回:1点	第23回:1点	第24回:3点	第25回:2点
		第26回:2点	第27回:4点	第28回:2点	第30回:0点
		第31回:0点	第32回:2点	第33回:0点	第34回:1点

品質管理では、顧客満足（CS）を得ることを重視しています。「マーケットイン」と「プロダクトアウト」はセットで覚えておきましょう。

3 工程の管理 ★★★

P434

出題分析	毎回平均 2.4 /100点	第22回:0点	第23回:2点	第24回:0点	第25回:2点
		第26回:0点	第27回:6点	第28回:2点	第30回:3点
		第31回:2点	第32回:9点	第33回:1点	第34回:2点

ここで学ぶ「プロセス重視」の考え方は非常に重要です。内容をよく理解していないと解けない問題も出題されるので、何度か復習しましょう。

4 維持と改善 ★★★

P440

出題分析	毎回平均 1.1 /100点	第22回:2点	第23回:0点	第24回:5点	第25回:0点
		第26回:0点	第27回:2点	第28回:0点	第30回:1点
		第31回:0点	第32回:1点	第33回:0点	第34回:0点

管理のサイクルについて学びます。覚えることは少ないため、内容を理解することに重点を置いて学習しましょう。

5 QCストーリー ★★★

P442

出題分析	毎回平均 1.1 /100点	第22回:0点	第23回:0点	第24回:0点	第25回:2点
		第26回:0点	第27回:0点	第28回:4点	第30回:2点
		第31回:5点	第32回:0点	第33回:0点	第34回:0点

QCストーリーとは、継続的な改善活動を行うための手順のことで、問題解決型と課題達成型があります。問題解決型の手順については詳細な内容まで覚えておく必要があります。課題達成型については手順の概要を覚えておきましょう。

13

品質管理の基本

1 品質の種類

毎回平均 **5.0**/100点

品質とは

品質とは「本来備わっている特性[1]の集まりが、要求事項を満たす程度」と定義されています。

※1 特性とは、製品やサービスなどが持つ特徴的な性質のこと。

要求品質とは、顧客が求めている製品やサービスの品質のことです。

品質要素とは、製品を評価する項目のことです。品質要素を客観的に評価する指標のことを品質特性といいます。このうち、直接測定可能な品質特性を特に真の品質特性とも呼びます。

代用特性とは、品質特性を直接測定することが難しい場合に、代わりに用いる特性のことです。

要求事項を満たす程度＝品質
顧客の要求している品質＝要求品質（使用品質）

| 参考 | 味や見た目など、人の感覚器官で評価する品質特性を官能特性といいます。 |

ねらいの品質とできばえの品質

　ねらいの品質とは、設計段階で製品の製造の目標として定めた品質のことで、設計品質とも呼びます。

> **参考** 規格値や設計図、製品仕様書に記載される具体的な性能もねらいの品質（設計品質）です。

　できばえの品質とは、ねらいの品質を目指して製造した製品の実際の品質のことで、製造品質とも呼びます。できばえの品質（製造品質）は、ねらいの品質（設計品質）に対して、製品やサービスがどれくらい適合しているかを示すものなので、適合の品質とも呼びます。

　製造工程では、ねらいの品質（設計品質）に適合した製品を、QCD[※2]を満足させるように製造することが必要です。

※2 QCDとは、品質（Quality）・コスト（Cost）・納期（Delivery）のこと。

> **参考** 設計品質と製造品質の他にも、製品の企画段階で決まる企画品質や顧客が製品を購入して実際に使用した際の使用品質があります。

当たり前品質、魅力的品質、一元的品質、無関心品質

　当たり前品質とは、あって当たり前だと感じ、ないと不満を感じる品質要素のことです。

魅力的品質とは、なくても不満はないが、あると満足を感じる品質要素のことです。

　一元的品質とは、あると満足を感じ、ないと不満を感じる品質要素のことです。

　無関心品質とは、あってもなくても、満足も不満も感じない品質要素のことです。

　これらの品質要素について、満足度と充足感の度合いでグラフ化すると下図のようになります。このような品質要素の分類は狩野モデルといいます。

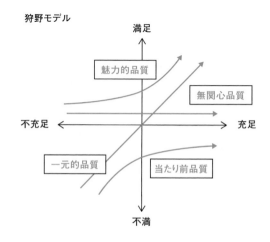

狩野モデル

満足	
魅力的品質	無関心品質
不充足 ←	→ 充足
一元的品質	当たり前品質
不満	

参考	たとえばエアコンだと、冷房で部屋が冷えるのは当たり前品質ですが、追加でAIや空気清浄機能などがついていることは魅力的品質です。

サービスの品質、仕事の品質

　サービスの品質とは、提供したサービスが顧客の満足を得られた程度のことで、クレームや苦情への対応の満足度もサービスの品質です。**仕事の品質**とは、製品やサービスのために行う仕事のできばえのことです。より良い仕事をすることが仕事の質を高めることにつながります。

サービスの特性

サービスの品質を考える際には、サービスの特性を明確にすることが重要です。サービスの特性には、無形性、生産と消費の同時性、不均一性、消滅性などがあります。

社会的品質

社会的品質とは、製品やサービスが第三者に与える迷惑の程度のことで、例として排気ガスが第三者に与える影響などがあります。社会的品質を満たすことは、第三者に与える迷惑がある程度以下であることを表します。なお、第三者とは、生産者と顧客以外の不特定多数のことです。

| 参考 | 試験でよく出題されるのは、「品質の定義」「品質要素・品質特性・代用特性」「ねらいの品質（設計品質）・できばえの品質（製造品質）」「当たり前品質・魅力的品質・一元的品質・無関心品質」です。 |

2 品質優先の考え方

毎回平均 **1.5**/100点

品質優先、品質第一の考え方

　品質管理は組織全体で行うべきものです。短期的な利益よりも、品質を高めることを優先する考え方を品質優先や品質第一といいます。品質優先（品質第一）の考え方に従って、全部門、全員参加で品質管理に取り組むことが重要です。

マーケットインとプロダクトアウト

　品質優先の考え方では、生産者の立場を優先するよりも、顧客の立場を優先し、顧客が求めている製品やサービスを提供することが大切です。生産者の立場を優先した考え方をプロダクトアウトといい、顧客の立場を優先した考え方をマーケットインといいます。

プロダクトアウト

こんな製品を
作れます！

マーケットイン

こんな製品が
欲しい

> **参考**　プロダクトアウトは、生産者の得意な技術を使ってとりあえず製品を作って売るといった、顧客の要望を考えない考え方です。一方、マーケットインは、市場調査を行い、顧客の求める機能などを盛り込んだ製品を開発して売るといった、顧客の要望を優先する考え方です。

顧客満足（CS）

　マーケットインの考え方で顧客が求めているものを提供するには、顧客は誰なのか、顧客の特定が必要です。顧客が満足する製品やサービスを提供することで、生産者も利益を得ることができます。顧客と生産者のどちらも満足する関係を Win-Win の関係といいます。

> **参考**　マーケットインの考え方がなければ、顧客や市場のニーズに合わない製品やサービスを提供してしまうことで顧客が離れ、長期的に企業が利益を上げることができなくなってしまいます。

　品質管理では、顧客が満足する製品やサービスを提供し、顧客満足を得ることを重視します。顧客満足は CS[1] と書かれることもあります。顧客の顕在的ニーズはもちろん、潜在的な「暗黙のニーズ」をも満足する製品やサービスを創造することは、新しい顧客の獲得にもつながります。

※1 CS は Customer Satisfaction の頭文字を取ったものです。

3 工程の管理

プロセス重視

　プロセスとは、インプットをアウトプットに変換する一連の活動です。材料（インプット）から製品（アウトプット）をつくる過程を「工程」と呼び、工程とプロセスは同じ意味と考えて構いません。

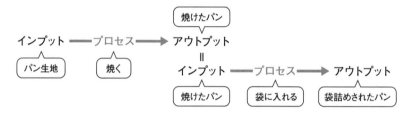

> | 参考 | 工程は製品をつくる過程を指しますが、プロセスは製品に限らず、サービスなどを提供する過程も含めた、工程よりも広い意味の言葉です。 |
> |---|---|

　安定した品質の製品やサービスを提供し続けるには、「品質を工程で作り込む」というプロセス重視の考え方が重要です。プロセス重視の考え方は「安定した良いプロセスから、安定した良い結果（品質）ができる」という考え方に基づいています。
　「品質を工程で作り込む」には、工程（プロセス）を構成する 4M を適切に管理する必要があります。4M[※1] とは、人（Man）・機械（Machine）・材料（Material）・方法（Method）のことです。

※1 4M に測定（Measurement）を加えたものを 5M といいます。

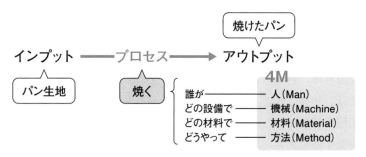

また、工程では 4S や 3 ムを徹底することも重要です。4S[※2] とは、整理・整頓・清掃・清潔のこと、3 ムとは、作業でのムダ・ムラ・ムリを無くすことです。

※2 4S に「しつけ」を加えたものを 5S といいます。

> | 参考 | 「品質を工程で作り込む」というプロセス重視の考え方が広まる以前は、検査で良い品質のものを選別して顧客に提供するという考え方がありました。これを検査重点主義といいます。検査重点主義では、多くの費用がかかったり、検査漏れなどの問題が発生します。 |
> | --- | --- |

後工程はお客様

プロセス重視の考え方の一つとして「後工程はお客様」という考え方があります。「後工程はお客様」とは、自分の仕事のアウトプットを渡すときは、たとえ社内の人であってもお客様だと考え、満足してもらえるものを渡すという考え方です。

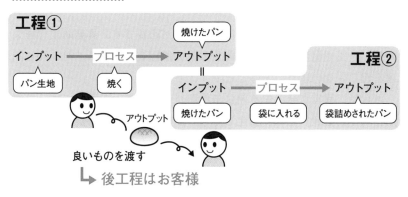

工程解析

　特性とは、製品やサービスなどが持つ特徴的な性質のことです。

　要因とは、結果に影響を及ぼす可能性のあるもののことで、品質管理では、特性に影響を及ぼす可能性のあるものを要因といいます。

　工程を管理するためには、工程のアウトプットが持つ特性と、それに影響する要因との因果関係を明確にしていく「工程解析」を行うことが必要です。そして、要因に関連する品質特性のばらつきが異常にならないように管理する必要があります。

> **参考** 特性に影響している可能性があるものを要因といい、特性に影響を与えていることが明確になったものを原因といいます。

応急対策、再発防止、未然防止

　工程の異常を発見した場合は、すぐに応急対策を行い、再発防止をする必要があります。さらに、異常が発生する前に予測し、異常が発生しないように未然防止をすることも重要です。

　応急対策（暫定処置）とは、異常が発生したときに、損失をこれ以上拡大させないために、生産停止などを行って工程を良好な状態に戻すことです。また、応急対策と同時に、異常の影響を受けた工程でつくられた製品などが他の工程のものと混じらないように、識別区分することが重要です。

　応急対策の後は、再発防止をすることが必要です。再発防止（恒久対策、是正処置）とは、問題発生の真の原因を突き止め、再び同じ問題を起こさないようにすることです。

　さらに、異常が発生する前に未然防止をすることも重要です。未然防止（予防処置）とは、発生しそうな問題を計画段階で洗い出し、あらかじめ原因を特定して取り除いたり、異常が発生しないように対応をとることです。

《 応急対策、再発防止、未然防止 》

異常が発生する 前　→　未然防止

異常が発生した 後　→　応急対策 …… ①異常を取り除く
　　　　　　　　　　　　　　　　　②異常の影響を受けたものを識別区分する

再発防止 （恒久対策、是正処置）

源流管理

なるべく上流（源流）のプロセスを管理することで、不具合などがあとから発生しないように管理する体系的な活動を源流管理といいます。

QCD＋PSME

顧客の満足を得るためには、良い品質のものを提供するだけでなく、コストを抑え、納期を守ることも重要です。品質（Quality）・コスト（Cost）・納期（Delivery）のことを QCD といい、QCD のバランスを適切に管理することが品質管理では重要です。

QCD に加えて、生産性（Productivity）や従業員の安全（Safety）、心の健康（Morale）、地球環境（Environment）への配慮を重視した考え方を QCD＋PSME といいます。

品質（Quality）だけでない QCD＋PSME を「広義の品質」と呼び、近年の工程管理では、QCD＋PSME の状態を総合的に捉える必要があります。

13

品質管理の基本

目的志向と重点指向

　目的志向とは、課題達成のために、常に目的が何であるか、自身の行いが目的と整合しているか、目的が達成できるかを確認しながら取り組むという、品質管理における基本的な考え方です。

　重点指向とは、数多くの課題や問題に満遍なく取り組むのではなく、重要なもの（寄与率の高い要因）から優先的に取り組むという考え方です。これは、経営資源を効率的に使い、成果を得るために必要なものです。なお、寄与率とは影響度を表す指標で、「重点指向は寄与率の高い要因から優先的に取り組む」などと使われます[※3]。

※3 QC 七つ道具のパレート図は重点指向の考え方に基づいた手法です。

事実に基づく管理、三現主義、5ゲン主義

　品質管理では、事実に基づく管理の考え方が大切です。事実に基づく管理は、客観的なデータ（ばらつきなど）に基づいて判断・管理を行う考え方です。ファクト・コントロールと呼ぶこともあります。

　事実に基づく管理を行ううえで、三現主義を行動の基本にすることが大切です。三現主義とは、「現場で現物を確認し、現実を正確に認識する」ことを重視する考え方です。三現主義（現場・現物・現実）に原理・原則を加えた考え方を5ゲン主義といいます。5ゲン主義は、3つの「現」を行動の基本にし、2つの「原」に照らし合わせて事実をよく見ようとする考え方です。

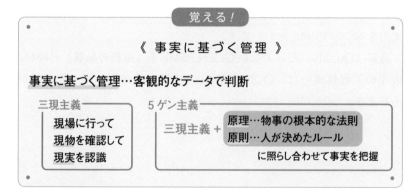

覚える！

《 事実に基づく管理 》

事実に基づく管理…客観的なデータで判断

三現主義　　　　　　　　5ゲン主義

現場に行って 現物を確認して 現実を認識	三現主義 ＋	原理…物事の根本的な法則 原則…人が決めたルール
		に照らし合わせて事実を把握

見える化、潜在トラブルの顕在化

　見える化とは、問題や課題などを関係者全員が認識できるような状態にすることです。

　潜在トラブルとは、今は発生していない隠れているトラブルのことで、見える化をすることによって、潜在トラブルを顕在化（わかるように）することができます。

ばらつきに注目する考え方

　同じ工程で材料を加工しても、完成した製品の品質に差ができるのは、工程にばらつきがあるからです。管理図などの手法を利用して、工程のばらつきが偶然発生したものなのか、異常なばらつきなのかを見極め、異常なばらつきについては徹底的に対処する必要があります。

人間性尊重、従業員満足（ES）

　人間性尊重とは、人間らしさ（感情など）を尊重することで、能力を最大限に発揮できるようにすることです。人間性を尊重することで、職場で働く従業員の満足を高めることができ、よい職場をつくるとともに、顧客によい製品やサービスを提供することにつながります。従業員満足は ES[4] と書かれることもあります。

※4 ES は Employee Satisfaction の頭文字を取ったものです。

4 維持と改善

維持と改善

　品質管理活動には、安定した状態を維持するための維持活動と、現状を良くするための改善活動があります。

　維持活動は、標準どおりに作業すること[※1]で、工程のばらつきを小さく、安定した状態にするための活動です。

　改善活動は、目標を設定し、目標に向かって問題を解決することで、現状を良くするための活動です。

※1「標準どおりに作業する」とは、あらかじめ決めた手順で作業するということです。

SDCA、PDCA、継続的改善

　安定した状態を維持する活動のサイクルをSDCAといいます。SDCAは、標準化（Standardize）、実施（Do）、確認（Check）、処置（Act）の4つのステップのことで、SDCAのサイクルを回すことで、仕事のレベルを維持します。

　安定した状態からより良い状態に改善する活動のサイクルをPDCAといいます。PDCAは、計画（Plan）、実施（Do）、確認（Check）、処置（Act）の4つのステップのことで、PDCAのサイクルを回すことで、仕事のレベルを改善します。

　SDCAとPDCAを繰り返し回すことを「管理のサイクルを回す」といい、管理のサイクルを回すことで、継続的な改善を行うことができます。

維持のサイクル

S 標準化
…標準を決める

D 実施
…標準どおりに作業する

C 確認
…標準どおりに実施したか評価する

A 処置
…必要な対応をする

改善のサイクル

P 計画
…目標を設定する

D 実施
…目標達成のために実行する

C 確認
…実施結果を評価する

A 処置
…必要な対応をする

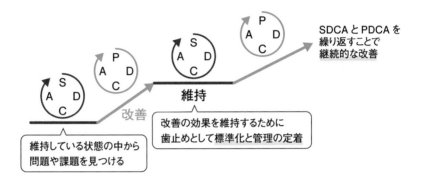

SDCA と PDCA を
繰り返すことで
継続的な改善

改善

維持

維持している状態の中から
問題や課題を見つける

改善の効果を維持するために
歯止めとして標準化と管理の定着

デミングサイクル

　デミングサイクルとは、生産活動を設計、生産、販売、調査・サービスの四部分に分けた円であり、この円は品質を重視する観念と品質に対する責任感の大切さを表しています。米国の統計学者デミング博士が日本に持ち込んだ概念です。

　これが後の PDCA サイクルの基礎となりました。

5 QCストーリー

毎回平均 **1.1**/100点

問題と課題

問題とは、設定してある目標と現実とのギャップ（差）のことで、対策して克服する必要があります。このような問題について議論する際には、同じ尺度で比較することが重要になります。

課題とは、設定しようとする目標と現実とのギャップ（差）のことで、対処して達成することを必要とします。問題は克服するもの、課題は達成するものと考えると良いでしょう。

問題解決型QCストーリー

QCストーリーとは、継続的な改善活動を行うための手順のことで、問題解決型QCストーリーと課題達成型QCストーリーがあります。

悪化した工程の状態を改善するなど、発生してしまっている問題を解決するときには問題解決型QCストーリーを使います。

問題解決型QCストーリーでは、現状分析や要因の解析をおこなって問題の原因を突き止め、その原因を取り除くための効果的な対策を行います。

覚える！

《 問題解決型QCストーリーの手順 》

手順1　テーマの選定	手順5　対策の実施
手順2　現状の把握と目標の設定	手順6　効果の確認
手順3　要因の解析	手順7　標準化と管理の定着
手順4　対策の立案	手順8　反省と今後の対応

---

1. テーマの選定

テーマを決めるには、目標と現状を比べて、解決すべき問題を明確にします。そのうえで、重要性や緊急性、解決のためにかかるコストなど、総合的視点から最終的に取り組むテーマを選びます。この際、主観的な意見や感覚などで判断するのではなく、客観的なデータに基づいて判断することが大切です。

2. 現状の把握と目標の設定

三現主義に基づいて調査や分析をして現状把握を行い、パレート図[※1]を作成するなどして重点的に取り組む問題を見つけ、目標設定を行います。

目標を設定するときは、達成すべき目標値を具体的な数値で示すことや、達成期限を設定することが重要です。また、目標をどれくらい達成できているかを測るための評価項目も設定する必要があります。

※1 パレート図：重点指向の考え方に基づいて、取り組むべき問題の優先順位を明らかにする手法。

> | 参考 | 大きな目標を達成する工夫として、期間をいくつかに区切り、段階的に目標設定を行うことで最終目標に近づける方法があります。 |

3. 要因の解析

要因の解析では、特性要因図[※2]などを用いて特性と要因との因果関係を系統的に[※3]整理します。

※2 特性要因図：特性と、それに影響する要因の関係を矢印でつないで魚の骨のように表した図。
※3「系統的に」とは、おおまかなものから、徐々に具体的なものまで掘り下げる、ということです。

> | 参考 | 要因の追求には計量的要因[※4]と計数的要因[※5]を区別することが必要です。特性と要因の関係性が複雑な場合には、計量的要因の場合は散布図[※6]、計数的要因の場合は層別[※7]を用いることがあります。また、新QC七つ道具の連関図法[※8]などを用いることもあります。 |

※４ 計量的要因：長さや重さなどのような、連続した値をとる要因。
※５ 計数的要因：不適合品数や人数などのような、１つ、２つと数え上げる要因。
※６ 散布図：対になったデータ（x, y）の関係を表すグラフ。
※７ 層別：データの特徴や共通点に注目してグループ分けすること。
※８ 連関図法：原因と結果が複雑に絡み合う問題の因果関係を矢印でつないで整理する手法。

４．対策の立案

　対策を立案するときには、全員で５W１Hを明確にして実施計画を立てます。実施計画通りに進めるためには、ガントチャート※９ などを作成して進捗を管理します。

※９ ガントチャート：計画や実績を棒線で表示し、時間の経過を見える形にするグラフ。

５．対策の実施

　対策を実施するときは、対策案に基づいて、効果が大きいと期待できるものから重点指向で取り組みます。

６．効果の確認

　実施した対策内容ごとに効果を確認することや、対策前後のパレート図を比較することで、効果の確認を行います。効果が不十分だった場合は、要因の解析をやり直し、新たな対策を考えて実施します。

７．標準化と管理の定着

　効果を確認した結果、効果が認められたものについては、業務方法に取り入れて標準化をすることで、管理の定着を行います。

８．反省と今後の対応

　最後に、改善の進め方の反省や、まだ解決できていない問題への対処を検討します。

課題達成型 Q C ストーリー

　現状を大きく改善するときには課題達成型 QC ストーリーを使いま
す。

　課題達成型 QC ストーリーでは、情報を収集して攻め所（課題）
を明確にし、目標を達成するためのアイデアを出し、有効な方策を立
案した後に、成功シナリオの追究を行います。成功シナリオの追究と
は、"具体方法の検討、期待効果の予測、最適策の選定"を総合的視
点から行うことです。

覚える！

《 課題達成型 Q C ストーリーの手順 》

手順1　テーマの選定
手順2　QCストーリーの選定
手順3　攻め所と目標の設定
手順4　方策の立案
手順5　成功シナリオの追究

手順6　成功シナリオの実施
手順7　効果の確認
手順8　標準化と管理の定着
手順9　反省と今後の対応

13
重要ポイントのまとめ

1 品質の種類

❶品質とは、本来備わっている特性の集まりが要求事項を満たす程度。

❷要求品質とは、顧客が求めている製品やサービスの品質。

❸品質要素とは、製品を評価する項目。品質要素を客観的に評価する際の指標のことを品質特性という。

❹代用特性とは、品質特性を直接測定することが難しい場合に、代わりに用いる特性。

❺ねらいの品質（設計品質）とは、設計段階で製品の製造の目標として定めた品質。

❻できばえの品質（製造品質、適合の品質）とは、ねらいの品質を目指して製造した製品の実際の品質。

❼品質要素について、満足度と充足感の度合いで次のように分類したものを狩野モデルという。

　・当たり前品質：あって当たり前だと感じ、ないと不満を感じる品質要素

　・魅力的品質：なくても不満はないが、あると満足を感じる品質要素

　・一元的品質：あると満足を感じ、ないと不満を感じる品質要素

　・無関心品質：あってもなくても、満足も不満も感じない品質要素

❽サービスの品質とは、提供したサービスが顧客の満足を得られた程度のこと。仕事の品質とは、製品やサービスのために行う仕事のできばえのこと。

❾サービスの特性には、無形性、生産と消費の同時性、不均一性、消滅性などがある。

❿社会的品質とは、製品やサービスが第三者に与える迷惑の程度のことで、社会的品質を満たすことは、第三者に与える迷惑がある程度以下であることを表す。

2 品質優先の考え方

❶品質優先（品質第一）とは、短期的な利益よりも品質を高めることを優先する考え方。

❷生産者の立場を優先した考え方をプロダクトアウトといい、顧客の立場を優先した考え方をマーケットインという。

❸顧客が満足する製品やサービスを提供することで顧客満足（CS）を得る。

3 工程の管理

❶プロセスとは、インプットをアウトプットに変換する一連の活動。

❷「品質を工程で作り込む」というプロセス重視の考え方に基づき、工程を構成する4M（人・機械・材料・方法）を管理する。

❸たとえ社内の人であってもお客様だと考え、良いアウトプットを渡す考え方を「後工程はお客様」という。

❹特性とは、製品やサービスなどが持つ特徴的な性質のこと。要因とは、結果（特性）に影響を及ぼす可能性のあるもの。

❺応急対策とは、異常が発生したときに、問題の状況を止めて工程を良好な状態に戻すこと。

❻再発防止（恒久対策、是正処置）とは、問題発生の真の原因を突き止め、再び同じ問題を起こさないようにすること。

❼未然防止とは、発生しそうな問題を計画段階で洗い出して対策をとること。

異常が発生する前　→　未然防止
異常が発生した後　→　応急対策 …… ①異常を取り除く
　　　　　　　　　　　　　　　　　②異常の影響を受けたものを識別区分する
　　　　　　　　　↓
　　　　　　再発防止（恒久対策、是正処置）

❽QCDとは、品質・コスト・納期のこと。QCDに加えて、生産性や従業員の安全、心の健康、地球環境への配慮を重視した考え方をQCD+PSMEという。

❾重点指向とは、重要なものから優先的に取り組む考え方。

❿三現主義とは、「現場で現物を確認し、現実を正確に認識する」こ

とを重視する考え方。三現主義（現場・現物・現実）に原理・原則
を加えた考え方を5ゲン主義という。

事実に基づく管理…客観的なデータで判断

三現主義
現場に行って
現物を確認して
現実を認識

5ゲン主義
三現主義 + 原理…物事の根本的な法則
原則…人が決めたルール
に照らし合わせて事実を把握

4 維持と改善

❶安定した状態を維持する活動のサイクルをSDCAという。標準化
（Standardize）、実施（Do）、確認（Check）、処置（Act）の4
つのステップ。

❷現状を良くする改善のサイクルをPDCAという。計画（Plan）、
実施（Do）、確認（Check）、処置（Act）の4つのステップ。

5 QCストーリー

❶QCストーリーとは、継続的な改善活動を行うための手順。

❷発生してしまっている問題を解決するときには問題解決型QCス
トーリーを用いる。

手順1	テーマの選定	手順5	対策の実施
手順2	現状の把握と目標の設定	手順6	効果の確認
手順3	要因の解析	手順7	標準化と管理の定着
手順4	対策の立案	手順8	反省と今後の対応

❸現状を大きく改善するときには課題達成型QCストーリーを用い
る。

手順1	テーマの選定	手順6	成功シナリオの実施
手順2	QCストーリーの選定	手順7	効果の確認
手順3	攻め所と目標の設定	手順8	標準化と管理の定着
手順4	方策の立案	手順9	反省と今後の対応
手順5	成功シナリオの追究		

問題 1　品質の種類

　　　　内に入る最も適切なものを選択肢から選べ。

①なくても不満はないが、あると満足を感じる品質を　(1)　品質という。

②　(1)　品質も時間の経過とともにないと不満、あると満足という状態に変化する。この状態を　(2)　品質という。さらに時間が経過すると、ないと不満、あっても当たり前という状態となる。この状態を　(3)　品質という。

③あってもなくても、満足も不満も感じない品質を　(4)　品質という。　(1)　～　(4)　の４つの品質は　(5)　モデルによって分類される。

④品質要素を客観的に評価する指標のことを　(6)　特性という。　(6)　特性を直接測定することが難しい場合は　(7)　特性を用いる。

⑤設計段階で製造の目標として定めた品質を　(8)　品質、もしくは設計品質ともいう。　(8)　品質を目指して製造した実際の品質を　(9)　品質、もしくは製造品質や　(10)　品質ともいう。製造工程では、　(8)　品質に適合した製品を経済的に、納期通りに生産するという　(11)　を満足させるように生産する。

【　(1)　～　(11)　の選択肢】

ア．無関心　　イ．代用　　　　ウ．ねらいの　エ．真の　　　オ．ニーズ

カ．当たり前　キ．完成　　　　ク．品質　　　ケ．魅力的　　コ．狩野

サ．規格値　　シ．できばえの　ス．適合の　　セ．QCD　　　ソ．一元的

(1)	(2)	(3)	(4)	(5)	(6)	(7)	(8)	(9)

(10)	(11)

問題2　品質管理

　　　　　内に入る最も適切なものを選択肢から選べ。

①品質の意味するところは、製品、サービス、プロセス、システム、など関心の対象となるものが、明示された、もしくは (1) のニーズも含めてそれを満たす程度としている。

②顧客のニーズに製品を合わせるためには、まず製造しようとする企業の目指す製造品質が、顧客や社会のニーズに合致していなければならない。この製造の目標としてねらった品質のことを (2) 品質という。ここで重要なのは顧客の要求に沿って開発を進めることであり、この思想を (3) と呼んでいる。一方、企業の一方的な立場から作ったものを売りさばく考え方のことを (4) という。

③結果のみを追求するのではなく、 (5) を適切に管理することによって、「品質を工程で作り込む」という考え方がある。 (5) を管理する際には、「安定した良い工程から、安定した良いものができる」という (5) 重視の考え方に基づいて、結果を生み出す (6) と要因の因果関係を明確にする (7) を行い、工程を構成する (8) を適切に管理する必要がある。 (8) とは、人、 (9) 、材料、方法のことである。

④ (5) 重視の考え方の一つである「 (10) はお客様」という考えのもと、アウトプットを渡す先がたとえ社内であっても、仕事の質を高めて良いアウトプットを渡すことが大切である。

【 (1) ～ (10) の選択肢】

ア．プロダクトアウト　　イ．原因　　ウ．4M　　エ．暗黙　　オ．設計
カ．検査　　　　　　　　キ．機械　　ク．後工程　　ケ．5S　　コ．計算
サ．プロセス　　シ．特性　　ス．マーケットイン　　セ．3ム　　ソ．工程解析

(1)	(2)	(3)	(4)	(5)	(6)	(7)	(8)	(9)

(10)

問題3　工程の管理

　　内に入る最も適切なものを選択肢から選べ。

①品質管理では、客観的なデータに基づいて判断・管理を行う (1) の考え方が大切である。

②工程で問題が発生した場合には、 (2) の考え方に基づき、現場に行って客観的なデータを取り、正確に現実を把握する。

③トラブルへの対応は重要であり、このトラブル発生時にまず行うことは (3) である。 (3) は、発生した問題に対し (4) をこれ以上拡大させないためにとる処置であり、 (5) ともいう。

④ (3) の後には恒久対策を行う。恒久対策では、問題の (6) を突き止めて (7) を行う。

⑤異常が発生する前に、発生しそうな問題を計画段階で洗い出して対策をとることで問題の顕在化を防ぐことを (8) という。

⑥数多くの課題や問題に満遍なく取り組むのではなく、 (9) の高い要因から優先的に取り組む考え方を (10) という。

【 (1) ～ (10) の選択肢】

ア．未然防止　イ．源流管理　ウ．応急対策　エ．根本原因　オ．寄与率
カ．再発防止　キ．識別区分　ク．暫定処置　ケ．損失　　　コ．5W1H
サ．全員参加　シ．事実に基づく管理　　　　ス．重点指向　セ．三現主義

(1)	(2)	(3)	(4)	(5)	(6)	(7)	(8)	(9)

(10)

問題 4　維持と改善

　　　　　内に入る最も適切なものを選択肢から選べ。

①標準順守に重点を置き、安定した状態を保つ活動を　(1)　という。安定した状態の中から問題を見つけ、解決することで高い水準に引き上げる活動を　(2)　という。高い水準を達成した後は、　(2)　の効果を維持するために標準化を行い、　(3)　に取り組む必要がある。

②　(1)　活動のサイクルを　(4)　という。　(4)　は　(5)　、実施、確認、処置の4つのステップで構成される。　(2)　活動のサイクルを　(6)　という。　(6)　は　(7)　、実施、確認、処置の4つのステップで構成される。この2つのサイクルを繰り返すことで継続的な改善を推進する。

【　(1)　～　(7)　の選択肢】

ア．維持　　イ．解決　ウ．改善　エ．計画　オ．標準化　カ．SDCA
キ．PDCA　　ク．反省と今後の対応　ケ．歯止めと管理の定着

(1)	(2)	(3)	(4)	(5)	(6)	(7)

問題 5　QC ストーリー 1

　　　　　内に入る最も適切なものを選択肢から選べ。

　悪化した工程の状態を改善する際には　(1)　型 QC ストーリーを用いて、以下のような手順で改善に取り組む。

手順1　重要性や緊急性など、総合的な視点からテーマを選定する。

手順2　　(2)　に基づいて現状把握を行い、達成すべき目標値と　(3)　を設定する。

手順3　　(4)　などを用いて特性と要因の因果関係を系統的に整理する。

手順4　対策を立案し、　(5)　などを用いて実施計画を立てる。

手順5　対策案に基づき、効果が大きいと期待されるものから　(6)　で取り組む。

手順6　対策実施の効果をパレート図などを用いて確認する。

手順7　効果が認められたものについては　(7)　を行い、管理の定着を図る。

ア．問題解決 　　イ．課題達成 　ウ．ガントチャート　エ．特性要因図

オ．ヒストグラム　カ．重点指向 　キ．達成期限 　　　ク．現状

ケ．標準化 　　　コ．三現主義 　サ．アイデア

(1)	(2)	(3)	(4)	(5)	(6)	(7)
	`					

問題 6　QC ストーリー 2

　　　　内に入る最も適切なものを選択肢から選べ。

　現状を大きく改善する際には (1) 型 QC ストーリーを用いて、以下のような
手順で改善に取り組む。

手順 1　テーマの選定

手順 2　QC ストーリーの選定

手順 3　 (2)

手順 4　 (3)

手順 5　 (4)

手順 6　 (5)

手順 7　効果の確認

手順 8　標準化と管理の定着

手順 9　反省と今後の対応

【 (1) ～ (5) の選択肢】

ア．問題解決　イ．課題達成　ウ．管理図の作成　　エ．方策の立案

オ．攻め所と目標の設定 　　カ．プロセスの追究　キ．成功シナリオの追究

ク．成功シナリオの実施

(1)	(2)	(3)	(4)	(5)

13

品質管理の基本

⊕ 予想問題 解答解説

問題1　品質の種類

【解答】　(1) ケ　(2) ソ　(3) カ　(4) ア　(5) コ　(6) ク　(7) イ
(8) ウ　(9) シ（またはス）　(10) ス（またはシ）　(11) セ

POINT

　試験でもこの問題のように、用語部分が空欄になっている問題が出題されます。
13章以降は覚える用語が多いので、「重要ポイントのまとめ」や「予想問題」を中
心に何度か復習して頻出用語を覚えましょう。①～③の品質の種類はよく出題され
るので狩野モデルと共に押さえておきましょう。⑤の「ねらいの品質（設計品質）」
と「できばえの品質（製造品質、適合の品質)」のように、セットで出題されやす
い用語を覚えておくと良い得点源になります。

問題2　品質管理

【解答】　(1) エ　(2) オ　(3) ス　(4) ア　(5) サ　(6) シ　(7) ソ
(8) ウ　(9) キ　(10) ク

POINT

　品質管理では、プロセスを適切に管理することが非常に重要です。そのため、
「プロセス重視」などの用語は試験でもよく出題されます。「マーケットイン」と
「プロダクトアウト」は対の概念として是非覚えておきましょう。
　「特性」と「要因」は文章の中でセットになって出てきます。特性要因図では、
要因を「4M」で整理します。「4M」の内容（人・機械・材料・方法）も、どれが
空欄になっても答えられるように覚えておきましょう。

問題 3　工程の管理

> 【解 答】　(1) シ　(2) セ　(3) ウ（またはク）　(4) ケ
> 　　　　　(5) ク（またはウ）　(6) エ　(7) カ　(8) ア　(9) オ
> 　　　　　(10) ス

POINT

　「事実に基づく管理」を行ううえで、「三現主義」を行動の基本にすることが大切です。「三現主義」の内容（現場・現物・現実）とセットで、「5 ゲン主義」の内容（三現主義＋原理・原則）も覚えておきましょう。

　「重点指向」もよく出題されます。重点指向は寄与率の高い要因（重要なもの）から優先的に取り組む考え方です。

問題 4　維持と改善

> 【解 答】　(1) ア　(2) ウ　(3) ケ　(4) カ　(5) オ　(6) キ
> 　　　　　(7) エ

問題 5　QC ストーリー 1

> 【解 答】　(1) ア　(2) コ　(3) キ　(4) エ　(5) ウ　(6) カ
> 　　　　　(7) ケ

POINT

　QC ストーリーには問題解決型と課題達成型があります。それぞれの手順の順序を確認しておきましょう。

問題 6　QC ストーリー 2

【解答】　(1) イ　(2) オ　(3) エ　(4) キ　(5) ク

CHAPTER —— 14

品質保証

用語を覚えることを基本に学習しましょう。
新製品を開発する段階や、製造段階、販売後など、
全てのプロセスでの品質保証について学びます。

★★★　内容を深く理解しているレベル
★★　　定義と基本的な考え方を理解しているレベル
★　　　言葉を知っているレベル

14章の構成

1 品質保証の基本　★★★
P460

出題分析	毎回平均 **2.0**/100点	第22回:1点	第23回:0点	第24回:0点	第25回:8点
		第26回:4点	第27回:0点	第28回:0点	第30回:2点
		第31回:6点	第32回:2点	第33回:1点	第34回:0点

「品質保証体系図」「品質機能展開（QFD）」の用語と
意味を覚えておきましょう。

2 未然防止の手法　★★★
P462

出題分析	毎回平均 **2.4**/100点	第22回:2点	第23回:7点	第24回:0点	第25回:0点
		第26回:1点	第27回:6点	第28回:1点	第30回:4点
		第31回:0点	第32回:1点	第33回:2点	第34回:5点

新製品を開発する際に用いる手法を3つ学習します。試験
では、説明文から手法の名前を選ぶ問題が出題されること
が多い傾向です。

3 品質保証のプロセス ★★★
P464

出題分析	毎回平均 2.8/100点	第22回:**3点**	第23回:**6点**	第24回:**0点**	第25回:**6点**
		第26回:**10点**	第27回:**2点**	第28回:**1点**	第30回:**0点**
		第31回:**0点**	第32回:**1点**	第33回:**2点**	第34回:**2点**

「保証の網（QAネットワーク）」は、「品質保証体系図」や「品質機能展開（QFD）」と間違えて覚えないように気を付けましょう。「製造物責任（PL）」も重要な用語です。

4 プロセス保証 ★★★
P467

出題分析	毎回平均 2.0/100点	第22回:**0点**	第23回:**0点**	第24回:**0点**	第25回:**0点**
		第26回:**2点**	第27回:**0点**	第28回:**4点**	第30回:**5点**
		第31回:**7点**	第32回:**4点**	第33回:**0点**	第34回:**2点**

13章で学んだプロセス重視の内容とほぼ同じ内容です。「作業標準書」や「QC工程図」は新しく出てくる用語なので、内容を覚えておきましょう。

5 検査 ★★★
P470

出題分析	毎回平均 2.9/100点	第22回:**0点**	第23回:**6点**	第24回:**13点**	第25回:**0点**
		第26回:**0点**	第27回:**0点**	第28回:**4点**	第30回:**5点**
		第31回:**0点**	第32回:**0点**	第33回:**0点**	第34回:**7点**

検査の目的や考え方、検査の種類について覚えておきましょう。検査の種類の後に学ぶ「計測」や「測定誤差」は問われる頻度が少ないため、概要を知っておきましょう。

14

品質保証

1 品質保証の基本

結果の保証とプロセスによる保証

　品質保証とは、顧客や社会のニーズを満たすような製品やサービスを作り、問題がある場合には対策を行い、顧客や社会に安心感を与える一連の活動を指します。顧客や社会のニーズを満たすためには、企業の全部門が参画し、体系的かつ組織的に体制を整備して、活動する必要があります。

　結果の保証とは、製造した製品の品質を検査によって保証することです。プロセスによる保証とは、「品質を工程で作り込む」というプロセス重視の考え方に基づいて、プロセスの確立・ニーズが満たされているかの継続的な評価・満たすニーズの明文化など適切に管理することで不適合を出さないように保証することです。現在では、プロセスによる保証が重視されています。

参考	「品質を工程で作り込む」というプロセス重視の考え方（プロセスによる保証）が広まる以前は、検査で良い品質のものを選別して顧客に提供するという考え方（結果の保証）が一般的でした。

参考	活動一連の流れを「プロセス」の集合とみなして管理することで、望ましい結果に向かうことをプロセスアプローチといいます。

保証と補償の違い

　品質管理において、保証とは、製品やサービスの品質が問題ないとお墨付きを与えることをいい、補償とは、もし製品やサービスの品質が良くない場合に損失を補うことをいいます。

品質保証体系図

　品質保証体系図とは、製品やサービスの企画から販売、廃棄に至るまで、どの段階でどの部門が、品質保証に関するどのような活動を行うかを示した図です。縦軸に企画から廃棄に至るまでのステップ（段階）を、横軸に製造部門や販売部門などの各部門や会議体、関連帳票類などを配置して、品質保証に関する活動の流れを表します。品質保証体系図によって、各部門の役割を明らかにすることで、組織的な活動を効率よく、迅速に進められるという利点があります。

　通常は、フローチャートで示し、フィードバック経路を有し、ステップ移行の際の判定基準が明確になっています。

品質機能展開（QFD）

　新製品を開発する際には、顧客のニーズ（要求品質[※1]）を知るために市場調査を行います。顧客のニーズは製品の品質の目標（設計品質[※2]）として設定します。

　品質機能展開（QFD[※3]）とは、設計品質を実現するための方法で、設計の意図を製造工程まで展開することを目的としています。品質機能展開では、品質表[※4]などを用いて、潜在ニーズを含めた顧客のニーズと、それを実現する技術（品質特性）を結びつけて見える化をします。この技術との結びつけは技術展開ともいいます。

　実施手順としては、顧客のニーズから要求品質展開を行った後、製造に必要な品質特性展開を行って、品質要素を抽出していきます。

　顧客のニーズを表現する際は、二つ以上の意味を含まない簡潔な言語データにし、抽象的表現を避けます。言語データの数が多い場合には、親和図法などを活用し、発想を広げるために下位項目からまとめるなどの手法が用いられます。

※1 要求品質：顧客が求めている製品やサービスの品質。
※2 設計品質：設計段階で製品の製造を目標として定めた品質。
※3 QFD は Quality Function Deployment の頭文字を取ったものです。
※4 品質表は、要求品質展開表（要求品質をまとめた表）と品質特性展開表（設計品質をまとめた表）の2つの表を組み合わせた二元表です。

14

品質保証

2 未然防止の手法

毎回平均 **2.4**/100点

DRとトラブル予測、FTA、FMEA

　DR（設計審査、デザインレビュー）とは、顧客の要求事項が設計に反映され、品質目標が達成できるかについて、開発者とは別の視点から開発途中の成果物を評価し、改善点を提案し、次に進むべきか確認する手法です。DRは設計・製造・営業などの各部署の専門家が参加して行います。DRを実施する際には段階と目的を明確にして取り組んでいくことが重要になります。

　新製品の開発をする際は、潜在的な欠点を見つけ、トラブルを予測して未然防止を行うFTAやFMEAなどの信頼性解析技法を用いることがあります。

　FTAは、故障や災害などのトラブルをトップ事象に取り上げ、その発生要因との因果関係を論理記号[※1]を用いて樹形図にし、発生確率を計算して対策を打つべき要因を決めることで、トラブルを未然に防止する手法です。FTA（Fault Tree Analysis）は故障の木解析とも呼ばれます。

※1 論理記号とは、要素どうしの関係を表す記号のことで、ANDゲートやORゲートなどがあります。試験では詳しく出題されないため、「FTAは論理記号を用いる」ということだけ覚えておきましょう。

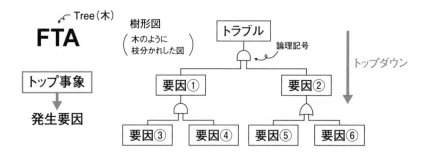

FMEA は、プロセスなどの構成要素で起こりうる故障モード^{※2}を予測して、その影響や原因を評価し対策を行うことで、トラブルを未然に防止する手法のことです。つまりは過去に発生した問題を類似性に基づき、共通的な事項に分類して今後に活用していくもので、FMEA（Failure Mode and Effects Analysis）は故障モード影響解析とも呼ばれます。また FMEA は、製品設計時点での予防処置のための設計 FMEA と製造工程の改善を行うための工程 FMEA に分類されます。対策の際には、危険優先指数（RPN）を計算して、RPN が大きい項目から実施していきます。

FMEA の展開プロセスは、故障モード、影響の重大性、発生頻度、検知の難易度、検知できる時点、検知方法などの評価項目によって解析していくことが基本です。

※2 故障モードとは、故障の様子（状態）のことです。

参考	システムなどが正しく機能する度合いを信頼性、正しい機能を発揮し続ける確率を信頼度といいます。

3 品質保証のプロセス

毎回平均 **2.8**/100点

品質保証のプロセス、保証の網（QAネットワーク）

　品質保証活動のプロセスは、顧客の要望を調査するところから始まり、生産、販売、アフターサービスまで続きます。

　保証の網（QAネットワーク）とは、不適合等と工程（プロセス）の関連を一覧化した表で、工程での異常の発生を防止する品質保証活動の一つです。

> **参考**
>
> 要求品質を製造技術へ展開したQA表というものもあります。

製品安全、製造物責任、環境配慮

　企業は、提供する製品の安全や安心、環境への配慮も行う必要があります。

　日本における製品安全規制・制度を大別すると、製品が市場に流通する前に安全を確保するPSマーク制度（製品安全）、製品が市場に流通した後に事故情報を収集する重大製品事故情報報告・公表制度、製品が消費者の手に渡った後の事故を防ぐ長期使用製品安全点検・公表制度があります。

　製造物責任（PL）とは、製品の欠陥によって生じた被害について責任を負うことです。製造物責任（PL）の予防処置活動としては、問題が発生しないように予防する製造物責任予防（PLP）と問題が発生した際の損失を最小限にする製造物責任防御（PLD）の2種類があります。

　1994年に制定され、翌1995年に施行された、製造物責任法（PL法）では、製品の欠陥によって被害を受けた場合に、製造会社などに

対して損害賠償を求めることができると定められています。損害賠償は、被害者又はその法定代理人が損害および賠償義務者を知ってから3年間、製造事業者が当該製造物を引き渡してから10年間で時効になります。この法律において、「製造物」とは製造又は加工された動産、「欠陥」とは当該製造物が通常有すべき安全性を欠いていることと定義され、欠陥には設計上の欠陥、製造上の欠陥、指示・警告上の欠陥の分類があります。

参考	製品安全の考え方として、ひとつが故障しても全体が故障しない「冗長設計」や、故障したとき安全側に働く「フェールセーフ」、人はミスするという前提でミスが起きないように対策する「フールプルーフ（FP）」や「ポカヨケ」などがあります。

初期流動管理

初期流動管理とは、「製品企画から量産前の品質保証ステップを着実に実施していくための管理、特に、製品の量産に入る立上げ段階（初期段階）で、量産安定期とは異なる特別な体制をとって情報を収集し、スムーズな立上げ（垂直立上げ）を図る」というものです。

具体的に新製品の生産や設計面の重要な変更をした直後には、設計品質面や生産工程での不適合が顕在化しやすいため初物検査として、通常以上に詳細な品質のチェックを行い、特に重要な変更では初期流動管理の徹底が必要になります。

市場トラブル対応、苦情とその処理

製品を販売した後の修理対応などのアフターサービスも品質保証の一環です。また、製品の販売後に発生した苦情への対応も品質保証として重要な活動です。苦情とは、製品やサービスに対する顧客の不満の表明です。苦情の真意を把握し、その妥当性について確認し、真摯に対応することが必要です。

苦情は品質保証においても大切なことなので、再発防止のためク

レーム分析を行うことも重要です。

製品ライフサイクル全体での品質保証

製品の材料を得るプロセスから、製造、使用、廃棄に至るまでの全てのプロセスの品質を保証することが重要です。この全てのプロセスのことを製品ライフサイクル全体での品質保証といいます。安定した生産活動を行うためには、設備の自主保全など日常的な活動も重要です。

環境への配慮として、製品ライフサイクル全体で発生する環境への負荷と影響を定量的に評価する方法をライフサイクルアセスメントといいます。

参考	ライフサイクル全体でかかるコストのことをライフサイクルコストといいます。新製品を設計する際は、ライフサイクルコストを低く抑えるように設計します。

4 プロセス保証

作業標準書

　作業標準書は、作業方法や管理方法などに関する手順を定めたものです。品質を安定させるためには、作業標準書に基づいて作業を行うように教育・訓練することが重要です。

プロセス（工程）の考え方

　安定した品質の製品やサービスを提供し続けるには、「品質を工程で作り込む」というプロセス重視の考え方が重要です。さらに、ある工程（プロセス）で問題が発生した場合には、上流までさかのぼって原因を突き止める源流管理という考え方も重要です。
　「品質を工程で作り込む」には、工程（プロセス）を構成する5M1E[※1]を適切に管理する必要があります。

※1 5M1E とは、人（Man）・機械（Machine）・材料（Material）・方法（Method）・測定（Measurement）・環境（Environment）のことで、4M をさらに拡張したものです。

> **参考**　5M1Eなどの要因を変化させたときには、結果である特性も変化していないかを確認します。これを変化点管理（変更管理）といいます。

QC工程図、フローチャート

　QC工程図は、製品・サービスの生産から提供までの全てのプロセスの流れをフローチャート（流れ図）で示した文書です。QC工程図には、管理項目や管理水準[※2]、管理方法[※3]などを記載します。

※2 管理水準とは、管理項目が安定状態（好ましい状態）にあるかを客観的に評価するための値です。
※3 管理方法とは、だれが、どこで、何を、どのような方法でプロセスを管理するかを決めたものです。

> **参考**　材料の受け入れから出荷までのプロセスがどのような流れで行われるかは、工程記号という記号を使って表現します。

　管理項目は、プロセスが目的通りに機能したかを判断する尺度です。QC工程図を作成する際は、工程解析を行い、プロセスが目的通りに機能したかの結果（品質特性）を評価する管理項目（管理点ともいいます）と、結果に影響する要因系の点検項目（点検点ともいいます）を記載します。

> **参考**　たとえば、製造した製品の重さ（品質特性＝結果）は管理項目（管理点）で、製造する機械の状態（結果に影響する要因）は点検項目（点検点）です。

工程異常の考え方とその発見・処置

　工程異常とは、5M1Eなどの要因の変化によって、プロセスが管理状態ではなくなることをいいます。

　工程異常を発見するには、品質上の欠陥や安全上の危険を予知すべく異常とはどのような状態なのかを定義して、あいまいな判断をしてしまうリスクを極力小さくします。また、わかりやすくフローチャート化した異常が発生したときの処置方法について5W1Hを具体的に決めておき、反復訓練を行うことも重要です。そして、異常を発見したときは、応急対策[※4]と恒久対策[※5]を行い、1件ごとに異常報告書としてまとめて原因追及や再発防止策などの進捗をフォローします。その際、原因が複数部門にまたがっている場合も多いので、関係者と情報を共有（水平展開）[※6]することも重要です。

　通常では発生した問題の原因を追究する是正処置の積み重ねが重要ですが、新製品開発では経験のない問題に直面するため、未然防止の考え方がより重要となります。

※4 応急対策：異常を取り除いて工程を良好な状態に戻すと同時に、異常の影響を受けた工程のものが他の工程のものと混じらないように識別区分すること。

※5 恒久対策：異常となった根本原因を追求して再発防止を行うこと。

※6 水平展開：他に似たような状態の工程がないかを探して、異常を未然に防止すること。

> | 参考 | 工程能力調査とは、工程がどの程度ばらつきで品質を実現できるかを調べることです。また、工程解析とは、工程で製造した製品のばらつき（特性）となぜばらつくのか（要因）の関係を明らかにする方法です。プロセス重視の管理活動を行うには、工程能力調査と工程解析を十分に行うことが必要です。 |
> | --- | --- |

14

品質保証

5 検査

検査の目的・意義・考え方（適合、不適合）

　検査とは、製品などの特性値に対して測定や試験、ゲージ合わせなどを行い、規定要求事項と比較して、適合や不適合などを判定する活動のことです。

　規定要求事項とは、顧客側の要求する品質に加えて、提供する側が自ら決めた品質を合わせたものです。製品やサービスが、規定要求事項を満たしていることを適合といい、全ての検査項目で適合と判定されたものを適合品といいます。

　検査の目的は、製品などが規定要求事項に合致している保証を顧客や後工程に与えることです。検査単位を判定するための基準を品質判定基準、ロットの合格・不合格を判定するための基準をロット判定基準といいます。

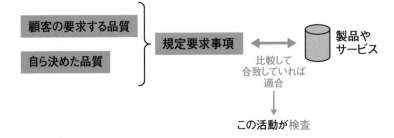

検査の種類と方法

1. 検査の対象による分類

　検査の対象による分類では、全数検査や抜取検査などに分類できます。

　全数検査は、ロット全て（母集団）を検査する方法です。ロット全ての製品一つひとつの適合・不適合を判定します。

　特に安全に関する特性など、少数の不適合品でも見逃すと重大な結果となる場合には全数検査が採用されます。

参考	検査の方法として、製品を壊す力をかけることで耐久性をチェックする破壊検査があります。破壊検査は検査によって製品を壊してしまうため、全数検査では用いることができません。品質を直接測定できない場合は、代用特性[※1]を検査します。 破壊検査に対して、検査をするときに製品を壊さない検査を非破壊検査といいます。 ※1 代用特性：品質を直接測定することが難しい場合に、代わりに用いる特性。

　抜取検査は、ロット（母集団）からサンプルを抜き取って（サンプリング）検査する方法です。サンプルはあらかじめ決めておいた抜取検査方式に従って抜き取り、検査した結果をロットの合格判定基準と比較して、ロット全体の合格・不合格を判定します。

　破壊検査やある程度の不適合品が許容される場合などには抜取検査が用いられます。また、不適合品がほとんどないことが確実であれば、契約に触れない範囲で全数検査から抜取検査に移行できる場合もあります。

参考	抜取検査方式としてあらかじめ決めておくことは、ロットからランダムに抜き取るサンプルの大きさとロットの合格判定基準です。サンプルを抜き取るときは、特定のものを選ぶことなく、ランダムに抜き取るように気をつけます。

　抜取検査には、計数値抜取検査と計量値抜取検査があります。

　計数値抜取検査とは、サンプル中の不適合品数や不適合数などの計数値を対象に行う検査で、計量値抜取検査とは、サンプルの平均値や標準偏差などの計量値を対象に行う検査です。一般的に、平均や標準偏差などの統計量を計算するのが容易な計量値抜取検査の方が計数値抜取検査よりも少ないサンプルで検査を計画することができます。

　抜取検査の一つである規準型抜取検査では、本来合格とすべきロットを不合格にしてしまう生産者危険（通常は$\alpha = 0.05$）と、本来不合格とすべきロットを合格にしてしまう消費者危険（通常は$\beta = 0.10$）の値を用いることによって、売手の保護と買手の保護の二つを規定しています。また、同検査の代表的な規格である JIS Z 9003 では、標準偏差σが既知の下で、ロットの平均値を保証する場合と不適合率を保証する場合の二種類が規定されています。

2. 検査の判定方法による分類

　検査の判定方法による分類では、測定器や試験装置などを使用して品質を計測する検査や、人間の感覚（視覚や味覚など）で品質を計測する検査などに分類できます。

　人間の感覚（視覚や味覚など）で品質を計測する検査を官能検査と

いいます。顧客が視覚や味覚で感じる品質を感性品質といい、官能検査によって感性品質が規定要求事項[2]に適合していることを保証します。

※2 規定要求事項：顧客側の要求する品質に加えて、提供する側が自ら決めた品質を合わせたもの。

> | 参 | 測定器や試験装置などを使用して品質を計測する検査の例として、計 |
> |---|---|
> | 考 | 数値抜取検査や計量値抜取検査があります。 |

3. 検査の段階による分類

　検査の段階による分類では、材料などを工程に受け入れるときに行う受入検査や、工程の中で行う工程内検査・中間検査、完成した製品に行う最終検査・出荷検査などに分類できます。

　検査で不適合品を発見した場合は、後工程への流出や適合品と混じることを防ぐために、識別区分することが必要です。

　検査は、誰が行っても同じ結果が得られるように、作業方法や判定基準の標準化を行うことが重要です。また、標準[3]通りに検査が行われるよう、検査をする人の知識や技能、検査精度を向上させるための教育や訓練を行います。

※3 標準とは、ものや手順などについて統一化や単純化をしたルールのことです。

計測の基本と管理

　計測とは、検査によって不適合品を取り除くなどの目的を達成するために、重さや長さなどの量を調べることです。

> | 参 | 計測は何らかの目的を達成するために物事の量を調べます。特に目的 |
> |---|---|
> | 考 | を持たずに物事の量を調べることを測定といいます。 |

　測定機器（定規など）の校正や、計測の方法の標準化や教育・訓練を行うことで、適切な計測ができるように管理します。校正とは、標準器[4]を用いて、測定機器が表示する値と真の値の関係を確認する

14

品質保証

ことです。

　JIS Q 9001 では、定められた間隔で又は使用前に、国際計量標準又は国家計量標準に対してトレーサブルである計量標準に照らして校正若しくは検証、又はその両方を行い、校正の状態及びそれ以降の測定結果が無効になるような調整、損傷又は劣化から保護するものとされています。また、その校正や検証を行う機関、校正周期までは指定されていません。

※ 4 標準器とは、国家が承認した（標準にすると決めた）測定の基準となるもののことです。

> | 参 | 測定した値をどれくらいの単位まで記録するかを、測定単位といいま |
> | 考 | す。 |

測定誤差の評価

　何らかの要因によって、測定した値と真の値の間に生じた差を測定誤差といいます。

　測定誤差には「かたより」と「ばらつき」があります。

　かたよりは、測定器などのクセによって生じる誤差で、測定値の平均と真の値の差です。実際に合否判定をする際には、かたよりと直線性[5]を考慮しないと正しい判定はできません。ノギスを例に挙げると、直線性の保証のため測定範囲の全てにおいて正しく測定できたかを、3点以上の測定値とその真値を用いて確認することになります。

　ばらつきは、測定環境の違いなどによって生じる誤差で、測定値のとる範囲がばらついている広さのことです。ここで、ばらつきの誤差は、繰り返し測定し平均することである程度小さくすることが可能です。

※ 5 直線性とは、測定器の測定範囲全体にわたってのかたよりの変化のことです。

重要ポイントのまとめ

—— POINT ——

1 品質保証の基本

❶品質保証体系図とは、どの段階でどの部門が、品質保証に関するどのような活動を行うかを示した図。

❷品質機能展開（QFD）とは、顧客のニーズと、それを実現する技術を結びつけて見える化をすること。

2 未然防止の手法

❶DR（設計審査、デザインレビュー）とは、顧客の要求事項が設計に反映され、品質目標が達成できるかについて、開発者とは別の視点から開発途中の成果物を確認する手法。

❷FTA（故障の木解析）は、トラブルをトップ事象に取り上げ、その発生要因との因果関係を論理記号を用いて樹形図にし、発生確率を計算して対策を打つべき要因を決める手法。

❸FMEA（故障モード影響解析）は、故障モード（故障の様子）を予測して、その影響や原因を評価し対策を行う手法。

3 品質保証のプロセス

❶保証の網（QAネットワーク）とは、不適合等と工程（プロセス）の関連を一覧化した表。

❷日本の製品安全規制・制度には、製品が市場に流通する前のPSマーク制度（製品安全）、製品が市場に流通した後の重大製品事故情報報告・公表制度、製品が消費者の手に渡った後の長期使用製品安全点検・公表制度がある。

❸製造物責任（PL）とは、製品の欠陥によって生じた被害について責任を負うこと。製造物責任法（PL法）とは、製品の使用によって生じた被害の損害賠償について定めた法律。

❹初期流動管理とは、製品企画から量産前の品質保証ステップを着実に実施していくための管理。

❺製品ライフサイクル全体で発生する環境への負荷と影響を定量的に評価する方法をライフサイクルアセスメントという。

4 プロセス保証

❶作業標準書は、作業方法や管理方法などに関する手順を定めたもの。

❷プロセス重視とは、品質を工程で作り込むという考え方。源流管理とは、問題が発生した場合に上流までさかのぼり原因を突き止めるという考え方。

❸QC工程図とは、製品・サービスの生産から提供までの全てのプロセスの流れをフローチャート（流れ図）で示した文書。

❹QC工程図には、結果（品質特性）を評価する管理項目（管理点）と、結果に影響する要因系の点検項目（点検点）を記載する。

5 検査

❶検査とは、製品などの特性値に対して測定や試験、ゲージ合わせなどを行い、規定要求事項と比較して、適合や不適合などを判定する活動。

❷全数検査は、ロット全て（母集団）を検査する方法。

❸抜取検査は、ロット（母集団）からサンプルを抜き取って検査する方法。

❹官能検査とは、人間の感覚（視覚や味覚など）で品質を計測する検査。顧客が視覚や味覚で感じる品質を感性品質という。

❺測定誤差とは、測定した値と真の値の間に生じた差。

❻測定誤差には「かたより」と「ばらつき」がある。かたよりは、測定器などのクセによって生じる誤差で、測定値の平均と真の値の差のこと。ばらつきは、測定環境の違いなどによって生じる誤差で、測定値のとる範囲がばらついている広さのこと。

14

⊕ 予想問題　問　題

問題 1　品質保証の基本

　　　　内に入る最も適切なものを選択肢から選べ。

①製品やサービスの企画から販売、廃棄に至るまで、どの段階でどの部門が、品質保証に関するどのような活動を行うかを示した図を (1) という。

②新製品開発時に用いるツールとして (2) がある。 (2) では、製品やサービスに対する顧客のニーズを製造工程で実現するために、顧客のニーズと、それを実現する技術を結びつけた二元表などを用いる。

③新製品の設計段階では、 (3) や (4) などの信頼性解析技法を活用し、あらかじめ不具合を予測して対策を検討する。 (3) は、システムやプロセスの構成要素で起こりうる故障モードを予測して、その影響や原因を評価し対策を行うことで、トラブルを未然に防止する手法である。 (4) は、故障や災害などの発生が好ましくない事象をトップ事象に取り上げ、その発生要因との因果関係を AND ゲートや OR ゲートなどの記号を用いて樹形図で表し、発生確率を計算して対策を打つべき要因を決めることでトラブルを未然に防止する手法である。

④新製品の設計では、製品の材料を得るプロセスから、製造、使用、廃棄に至るまでの全てのプロセスで発生する (5) の低減を考える必要もある。また、この全てのプロセスで発生する環境への負荷を定量的に把握し、影響を評価するのが (6) である。

⑤開発過程での成果物を開発者とは別の視点から評価し、品質を確保する設計審査を (7) という。

⑥製造工程での品質保証項目や不適合項目と工程（プロセス）の関連を一覧化した表を (8) という。

⑦製品の欠陥によって使用者に損害を与えた場合、 (9) 法で裁かれる場合がある。

【 (1) ～ (9) の選択肢】
ア. 品質保証体系図　　イ. QC 工程図　　ウ. 保証の網（QA ネットワーク）
エ. 品質表　　　　　　オ. 品質機能展開　　カ. FMEA
キ. FTA　　　　　　　　ク. DR　　　　　　ケ. PL　　　コ. 製造原価
サ. ライフサイクルコスト　　　　　　シ. ライフサイクルアセスメント

(1)	(2)	(3)	(4)	(5)	(6)	(7)	(8)	(9)

問題2　プロセス保証

　　　　内に入る最も適切なものを選択肢から選べ。

① [(1)] は、製品やサービスの生産から提供までの全工程の流れをフローチャートで表し、各工程における管理項目や、管理水準、管理方法などを記載した文書である。

② [(1)] には、プロセスが目的通りに機能したかの [(2)] を評価する管理項目と、[(2)] に影響する [(3)] 系の [(4)] を記載する。

③各工程では、作業の目的や方法などに関する手順を定めた [(5)] に基づいて作業を行う。

④工程異常を発見するには、異常とはどのような状態なのかを [(6)] して、曖昧な判断をしてしまうリスクを極力小さくする。また、異常が発生したときの処置方法について [(7)] を具体的に決めておく。

【 [(1)] ～ [(7)] の選択肢】

ア．QC工程図　　イ．QAネットワーク　　ウ．結果　　エ．要因　　オ．解析

カ．作業標準書　　キ．点検項目　　　　ク．担当者　　ケ．5W1H　　コ．定義

(1)	(2)	(3)	(4)	(5)	(6)	(7)

問題3　検査

　　　　内に入る最も適切なものを選択肢から選べ。

①検査の目的のひとつは、製品などの [(1)] が [(2)] に合致していることを保証することである。

②検査は、母集団（ロット）全てを対象に適合・不適合を判定する [(3)] 検査と、母集団（ロット）からサンプルを抜き取って合格判定基準と比較し、ロットの合

格・不合格を判定する (4) 検査に分類される。

③ (3) 検査では、 (5) 検査を行うことができない。 (5) 検査ができないことによって品質特性を直接測定することができない場合には、 (6) を探して品質を保証する。

④ (4) 検査は、サンプル中の不適合品数や不適合数などでロットの合格・不合格を判定する (7) 抜取検査と、サンプルの寸法や重量などの測定値の統計量でロットの合格・不合格を判定する (8) 抜取検査に分類される。

⑤ (4) 検査でサンプルを取るときは、 (9) にサンプルを取る。取ったサンプルの不適合品率とロット全体の不適合品率は必ず同じ (10) 。

⑥人間の感覚で品質を測定する検査を (11) 検査という。

⑦計測では、測定器具の管理や、計測の方法の標準化や (12) を行うことで、適切な計測ができるように管理する。

⑧抜取検査方式により選んだ製品が全て適合品であった場合に、当該製品を全て合格と判定する基準は (13) 基準である。

⑨校正後の合否判定では、真の値と測定値の平均値の差であるかたよりと、測定機器の測定範囲全体にわたってのかたよりの変化である (14) を考慮する必要がある。

【 (1) ～ (14) の選択肢】

ア．特性値	イ．代用特性	ウ．規定要求事項	エ．顧客の要望	オ．全数
カ．抜取	キ．官能	ク．最終	ケ．破壊	コ．非破壊
サ．計量値	シ．計数値	ス．ランダム	セ．不適合品を選ぼう	
ソ．になる	タ．になるとは限らない	チ．反復訓練		
ツ．見える化	テ．歪み	ト．ロット判定	ナ．直線性	ニ．品質判定

(1)	(2)	(3)	(4)	(5)	(6)	(7)

(8)	(9)	(10)	(11)	(12)	(13)	(14)

⊕ 予想問題 【解答解説】

問題 1　品質保証の基本

【解答】　(1) ア　(2) オ　(3) カ　(4) キ　(5) サ　(6) シ　(7) ク
(8) ウ　(9) ケ

POINT

この範囲ではアルファベットの略語が多く出てくるので、英語を一部覚えておくと区別して記憶しやすいです。

DR：Design Review（設計審査、デザインレビュー）

FMEA：Failure Mode and Effects Analysis（故障モード影響解析）

FTA：Fault Tree Analysis（故障の木解析）

PL 法：Product Liability（製造物責任法）

QA：Quality Assurance（品質保証）

品質保証体系図（QA 体系図）、品質機能展開（QFD）、保証の網（QA ネットワーク）も用語が似ているので、区別しながら説明を覚えましょう。

品質保証体系図（QA 体系図）	品質保証をどの段階でどの部門がどのように行うかを示す。
品質機能展開（QFD）	顧客のニーズとそれを実現する技術を見える化する。品質表などの二元表を用いる。
保証の網（QA ネットワーク）	不適合等と工程の関係を一覧化する。

問題 2　プロセス保証

【解答】　(1) ア　(2) ウ　(3) エ　(4) キ　(5) カ　(6) コ　(7) ケ

QC工程図には、製品やサービスの生産から提供までの各工程における管理項目や点検項目、管理水準、管理方法などを記載します。管理項目は管理点、点検項目は点検点と呼ぶこともあります。

品質を安定させるためには、事前に作業のやり方や異常発生時のルールなどを決めておくことが重要です。作業は、全ての作業員が作業標準書に基づいて行うように、教育・訓練を行うことが重要です。

問題3　検査

【解答】　(1) ア　(2) ウ　(3) オ　(4) カ　(5) ケ　(6) イ
　　　　　(7) シ　(8) サ　(9) ス　(10) タ　(11) キ　(12) チ
　　　　　(13) ト　(14) ナ

全数検査では、ロット全ての製品一つひとつの適合・不適合を判定します。抜取検査では、ロットからランダムにサンプルを抜取って合格判定基準と比較し、ロット全体の合格・不合格を判定します。抜取検査では、サンプルがロットの状態を正しく表しているとは限らないため、合格・不合格の判定に誤りが生じる可能性があります。

試験では、○×を選ぶ問題として出題されることもあります。覚えることも少ないため、比較的得点しやすい範囲です。

14

品質保証

15

品質経営の要素

13章や14章に比べて覚えることは少ないですが、
頻繁に出題される範囲です。
配点の高い範囲は特に復習しておきましょう。

★★★　内容を深く理解しているレベル
★★　　定義と基本的な考え方を理解しているレベル
★　　　言葉を知っているレベル

1 方針管理・機能別管理 ★★★ P486

出題分析	毎回平均 4.8/100点	第22回:0点	第23回:8点	第24回:5点	第25回:8点
		第26回:6点	第27回:4点	第28回:4点	第30回:8点
		第31回:6点	第32回:8点	第33回:1点	第34回:0点

まずは「方針」や「重点課題」などの用語の意味を覚えま
しょう。方針管理では方針をどのように達成するのか、方
針展開はどのように行うのか等もよく問われます。

2 日常管理 ★★★ P489

出題分析	毎回平均 4.6/100点	第22回:8点	第23回:0点	第24回:6点	第25回:8点
		第26回:5点	第27回:3点	第28回:1点	第30回:0点
		第31回:4点	第32回:0点	第33回:7点	第34回:13点

この章の中では一番ボリュームがあります。「分掌業務」や
「管理項目」などの用語の意味を中心に覚え、日常管理の
進め方について理解しましょう。

3 標準化 ★★★ P493

出題分析	毎回平均 3.6/100点	第22回:8点	第23回:0点	第24回:5点	第25回:2点
		第26回:0点	第27回:0点	第28回:6点	第30回:3点
		第31回:5点	第32回:8点	第33回:2点	第34回:4点

最近はほぼ毎回出題されます。標準化の目的や社内標準
化の進め方がよく問われます。また、「標準」とは何なのか
を答えられるように覚えておきましょう。

4 小集団活動・人材育成 ★★★
P496

出題分析 | 毎回平均 **3.9**/100点 | 第22回:**8点** 第23回:**0点** 第24回:**0点** 第25回:**1点**
第26回:**5点** 第27回:**6点** 第28回:**8点** 第30回:**0点**
第31回:**6点** 第32回:**0点** 第33回:**8点** 第34回:**5点**

主にQCサークル活動について問われます。QCサークルの特徴や活動の進め方を覚えておきましょう。人材育成の範囲では「OJT」や「階層別教育」などの用語を中心に覚えておきましょう。

5 品質マネジメントシステム・監査 ★★★
P499

出題分析 | 毎回平均 **4.5**/100点 | 第22回:**0点** 第23回:**0点** 第24回:**5点** 第25回:**5点**
第26回:**4点** 第27回:**4点** 第28回:**0点** 第30回:**0点**
第31回:**11点** 第32回:**7点** 第33回:**13点** 第34回:**5点**

組織の品質マネジメントシステムを改善していくことと、それを客観的に評価する監査について学びます。

6 倫理・社会的責任 ★★
P502

出題分析 | 毎回平均 **1.1**/100点 | 第22回:**5点** 第23回:**0点** 第24回:**3点** 第25回:**0点**
第26回:**0点** 第27回:**0点** 第28回:**0点** 第30回:**0点**
第31回:**0点** 第32回:**3点** 第33回:**2点** 第34回:**0点**

企業倫理について学びます。一般常識である部分が多く、確実に得点できるようにしておきましょう。

7 品質管理周辺の実践活動 ★
P503

出題分析 | 毎回平均 **1.1**/100点 | 第22回:**0点** 第23回:**0点** 第24回:**0点** 第25回:**0点**
第26回:**0点** 第27回:**0点** 第28回:**6点** 第30回:**7点**
第31回:**0点** 第32回:**0点** 第33回:**0点** 第34回:**0点**

顧客に感動を与える商品を提供するための活動について学びます。この活動と商品企画七つ道具を対応して、理解しましょう。

1 方針管理・機能別管理

毎回平均 **4.8**/100点

方針（重点課題、目標と方策）

　方針とは、組織の経営理念・使命や中長期計画などを達成するために、経営陣（トップマネジメント）が正式に決めた方向性のことです。JIS Q9023 では、「トップマネジメントによって正式に表明された、組織の使命、理念及びビジョン、又は中長期経営計画の達成に関する、組織の全体的な意図及び方向付け」と書かれています。

　方針には、重点課題や目標、方策を含めます。

　重点課題とは、組織として重点的に取り組み達成すべき事項のことです。組織の方針として決めた、重点的に取り組む事項や、なぜそれに取り組むのかといった背景や目的は、重点課題として明確にする必要があります。

　目標とは、重点課題の達成に向けた取り組みの目指す到達点です。目標は、達成できているかについて客観的に測定する必要があります。そのため、目標を設定するときは、達成すべき状態や期限、達成度を評価する基準を明確に決めます。

　方策とは、目標を達成するために選ばれる手段です。目標を達成するための手段（方策）はいくつも考えられるため、三現主義[1]で現状を把握し、どの方策を選んでどのように目標を達成していくかを明確にすることが必要です。

※1 三現主義：現場で現物を確認し、現実を正確に認識することを重視する考え方。

方針管理のしくみとその運用

　方針管理とは、日常管理で維持されている状態から、さらに課題達成や問題解決に取り組む活動です。方針管理では、全部門・全階層で協力し、ベクトル（方向性）を合わせて、管理のサイクル[2]を回しながら方針を重点指向で達成していくことが必要です。

※2 管理のサイクル：計画（Plan）、実施（Do）、確認（Check）、処置（Act）からなる PDCA サイクルのこと。

　組織のトップは、中長期計画に基づき、会社として方針（重点課題・目標・方策）を示します。そして、各部門はこの会社の方針に従って自部門の方針（重点課題・目標・方策）を策定し、実施計画書を作成して、実施計画書に基づいて活動を進めます。

　組織のトップは、適時、各部門の現場に行き、コミュニケーションをとおして三現主義で各部門の方針の実施状況を把握します。これをトップ診断といいます。トップ診断で問題が見つかれば、方針の見直しや変更を行います。

方針の展開とすり合わせ

　方針展開とは、上位の方針を、より具体的な下位の方針にブレークダウンしていく活動のことです。

参考	たとえば、上位の方針が「不適合品を半減させる」であれば、下位の方針はそれより具体的に、「Aが原因の不適合品を2割減らし、Bが原因の不適合品を6割減らす」といったように、上位の方針をより具体的な取り組み内容に変換することが必要です。

　方針展開の際は、上位の方針（重点課題・目標・方策）が下位の方針（重点課題・目標・方策）と矛盾しないように、関係者の間ですり合わせ（調整）をして、一貫性のある方針にすることが重要です。

15

品質経営の要素

方針の達成度評価と反省

　目標達成を管理するための評価尺度を管理項目といいます。目標を達成できたかを客観的に判断するために、管理項目は定量的なもの（数値として把握できるもの）を選び、目標値を設定します。

　方針の達成度を評価する際は、目標値を達成できているかのみで評価するのではなく、実施計画を確認して、目標値を達成するための方策が良かったかどうかも分析する必要があります。もし未達成の目標があれば、その差異（当初の計画と異なった結果であること）の分析を行います。

　分析結果や反省をもとに、方針を毎年見直すことで、PDCAサイクルをきめ細かく回していくことが重要です。

機能別管理

　機能別管理とは、品質・原価・納期などの管理項目について会社としての目標を達成するために、関係者が部門横断的に連携して取り組む改善活動です。

　方針管理の実施結果で問題が見つかったときは、経営陣は、部門にまたがる問題解決のために部門横断チームであるクロスファンクショナルチーム（CFT）の結成を指示することがあります。

> **参考**　会社の目標を達成するために行う縦の組織管理が部門別管理、組織横断的な横の組織管理が機能別管理です。

2 日常管理

毎回平均 **4.6**/100点

業務分掌、責任と権限

　日常管理とは、それぞれの部門が標準類[※1]を順守して業務を行うことで、製品やサービスの品質を安定させるための活動です。

※1 標準類：ものや手順などについて統一化や単純化をしたルールのこと

　それぞれの部門で日常的に行う分担された業務のことを分掌業務といいます。日常管理では、SDCAサイクル[※2]をきめ細かく回して分掌業務の維持活動を行うとともに、問題のある業務に対してはPDCAサイクル[※3]を回して改善活動を行い、改善の効果が維持されるように改めてSDCAサイクルを回すことで、業務のレベルアップを図ることを目的にしています。

※2 SDCAサイクル：標準化（Standardize）、実施（Do）、確認（Check）、処置（Act）のステップのこと。
※3 PDCAサイクル：計画（Plan）、実施（Do）、確認（Check）、処置（Act）のステップのこと。

　日常管理は、あらゆる部門の業務に適用する必要があり、一人ひとりの担当者が責任を持って活動を自主管理する体制を整える必要があります。日常管理がうまく回るようになると、担当者に責任と権限を委譲できるようになります。

> **参考**　日常管理を進める際は、各部門での業務連絡や見える化によって情報を全員で共有し、標準類を確認することが必要です。また、日常管理の実施後には実施記録を残すことも重要です。

> **参考**　日常管理の項目は、QCD＋PSME[※4]や5S[※5]などを対象にするほか、方針管理に関する項目をブレークダウンした項目も対象にします。

※4 QCD＋PSME：品質（Quality）・コスト（Cost）・納期（Delivery）・生産性（Productivity）・従業員の安全（Safety）・心の健康（Morale）・地球環境保全（Environment）のこと。
※5 5S：整理・整頓・清掃・清潔・しつけのこと。

15
品質経営の要素

管理項目（管理点と点検点）、管理項目一覧表

管理項目とは、目標達成を管理するために評価尺度として選定した項目のことです。

> **参考**
>
> 管理項目は、プロセスが目的どおりに機能したかを判断するための尺度です。管理項目として考えられる項目は数多くありますが、プロセスの状態を最も正確に評価できる尺度を選ぶようにします。

管理項目のうち、結果を評価する項目を管理点といい、結果を生み出す原因や要因を評価する項目を点検点といいます。たとえば、完成した製品の重さと、製品をつくる機械内部の温度を管理項目とした場合、製品の重さ（＝結果）は管理点で、機械内部の温度（＝結果に影響する要因）は点検点です。

> **参考**
>
> 結果を管理するだけでは、後追いの対応となってしまい、異常が発生したときに迅速に対応できません。このような管理を結果系管理といいます。これに対して、異常の要因をあらかじめ調査・管理することで、未然防止や迅速な応急処置が可能になります。このような管理を要因系管理といいます。

> **参考**
>
> 管理点のことを「結果系を評価する管理項目」、点検点のことを「要因系を評価する管理項目」と表すこともあります。

管理項目が安定状態[※6]にあるかを客観的に評価するための値を管理水準といいます。異常を検出するためには、管理項目の値が管理水準から外れていないか確認します。

※6 安定状態：技術的・経済的に好ましい状態のこと。

選定した管理項目は、管理水準や管理の間隔・頻度などとあわせて管理項目一覧表[※7]にまとめ、役割分担（業務分掌）を明確にして、日常管理を進めます。

※7 14章で学んだ QC 工程図も管理項目一覧表のひとつです。

異常とその処置

　日常管理では、日々のデータを管理図などに記録するなどして、プロセスで発生する異常を早期に発見できるようにします。異常を発見した場合は、異常処理ルールに従って、応急対策[8]、原因追究、再発防止[9]、対策の効果の確認などを行います。また、異常の内容については、責任者に対して報告・連絡・相談をしなければなりません。

[8] 応急対策（暫定処置）：異常を取り除いて工程を良好な状態に戻すこと。
[9] 再発防止：問題発生の真の原因を突き止め、再び同じ問題を起こさないようにすること。

参考	異常とは、結果が工程の安定状態から外れていることです。不適合とは、規格値を外れている等、要求事項を満たしていないことです。異常と不適合は区別して考える必要があります。

変化点とその管理

　標準類に従って管理を行っていても、4M^{※10} の変化（人の欠勤など）によって、プロセスが安定状態でなくなる場合があります。このため、プロセスにおける重要な要因（4M など）の変化点を監視することが重要です。

　発見した変化点は、グラフなどで見える化をして関係者に情報共有します。変化点を管理することで、異常の発生を防ぎ、プロセスの安定状態を維持することができます。

※ 10 4M：人（Man）、機械（Machine）、材料（Material）、方法（Method）のこと。

参考	管理すべき変化点には、4M の変化のほかに、猛暑などの職場環境の変化で起こる人の体調の変化や、製品の設計変更などがあります。

参考	組織の全員が参加して、品質の維持・向上を図る活動を TQM（総合的品質管理）といいます。TQM を効率的に進めるには、日常管理と方針管理をあわせて進めます。 日常管理は維持活動が基本ですが、改善活動も行います。日常管理に対して方針管理では、現状を大きく改善する現状打破の改善活動を行います。

3 標準化

毎回平均 **3.6**/100点

標準化の目的・意義・考え方

　関係者の利益や利便が公正に得られることを目的として、ものや手順などについて統一化や単純化するルールを標準といい、標準を設定し、活用する活動を標準化といいます。標準は、共通に、かつ繰り返して使用するための取り決めであるため、標準化を進めるためには、関係する全ての人々の協力が必要です。

　標準化を行う主な目的として、①相互理解の促進、②互換性の確保、③多様性の調整などが挙げられます。

標準化活動

①相互理解の促進

長さの単位
100cm=1m

用語や記号を統一することで
容易に意図を伝えることができる

②互換性の確保

メーカーが違っても
同じように使える

③多様性の調整

種類が増えすぎて
混乱しないようにする

　標準のうち、製品やサービスに関する技術的な事項を規格といいます。標準や規格は、関係者の合意と公的機関の承認によってつくられます。

> | 参考 | 標準は、誰が見ても正確に判断ができるように、具体的に、わかりやすく文章化します。 |

社内標準化とその進め方

　企業単位で行う標準化を社内標準化といい、物と業務について標準化を行います。社内標準化の主なメリットとして、①方法や部品の統一化・単純化によってコストを低減できる、②従業員のノウハウや技能を企業に蓄積できる、③5M^{※1}によるばらつきが小さくなり、品質の安定化や改善ができる、④情報の共有によって、社内の人や顧客との相互理解が進む、⑤業務の正確さとスピードが上がる、などが挙げられます。

※1 5M：4M（人、機械、材料、方法）に測定方法（Measurement）を加えたもの。

　社内標準化を決める際には、その標準が①実現可能であること、内容が②具体的かつ客観的な表現で文章化されていること、③関係者の合意によって決められたものであること、④順守しなければならないという権威付けがされていることなどを考えて設定します。

参考	社内標準どうしが矛盾しないよう設定し、かつ、国際規格や国家規格、団体規格などと整合するように設定する必要があります。

参考	設定した標準は、従業員全員が順守するように周知や教育を行います。もし標準を活用してみて、不適合品などの問題が発生した場合は、標準の内容を改定したり、廃止したりします。標準に従って活動し、必要に応じて標準の内容を見直す処置を繰り返すことは、SDCAサイクルを回す日常管理の活動として重要です。

　製品規格どおりの品質の製品を作るために、作業の具体的な方法を定めた標準を作業標準といいます。作業標準は、けがや事故が発生しないよう、作業の安全を考えて定めます。作業を標準化することで、製品の品質を安定させたり、作業能率を向上させることができます。

産業標準化、国際標準化

　国家的な標準化の取り組みとして産業標準化や国際標準化があります。日本の国家規格は JIS（日本産業規格）と呼ばれています。また、国際規格の作成を行なっている代表的な国際機関として ISO（国際標準化機構）などがあります。

> | 参考 | 標準は、国際標準、地域標準、国家標準、社内標準などに分類できます。国際標準は、国家を超えて世界各国で用いられている規格で、ISO 規格や、電気製品についての IEC 規格、通信についての ITU 規格があります。地域標準には、欧州地域の各国で使用されている EN 規格などがあります。国家標準には、日本の JIS 規格や、米国の ANSI 規格などがあります。各企業がそれぞれ決めた社内での作業のやり方などは、社内標準の例です。 |
> |---|---|

JIS 規格

　JIS 規格は主務大臣[※2]の承認によって制定されます。JIS は、用語・記号・単位などを規定した基本規格、検査や測定の方法などを規定した方法規格、製品の寸法や品質などの要求事項を規定した製品規格などに分類することができます。

※2 主務大臣は、ある分野を管轄する大臣のことで、経済産業大臣や総務大臣などがいます。

　製品などが JIS で規定した品質等の水準に合致していると認められる場合に、それを証明するマークとして JIS マークを表示することができる JIS マーク表示制度があります。JIS マークを表示するためには、主務大臣により登録された民間の第三者機関（登録認証機関）の審査を受け、認証を受ける必要があります。

> | 参考 | 日本の国家規格には、JIS 規格と JAS 規格があります。JIS 規格は産業分野に適用され、JAS 規格は食品や農林分野に適用されます。 |
> |---|---|

4 小集団活動・人材育成

毎回平均 **3.9**/100点

小集団活動（QCサークル活動など）とその進め方

　小集団活動は、共通の目的を持った少人数のチームで改善活動に取り組む方法の一つです。小集団活動は、主に職場別グループと目的別グループの2つに分類することができます。

　職場別グループは、第一線で働く同じ職場の人々が集まって改善活動を行うボトムアップ型のグループです。代表的なものにQCサークルがあり、活動を自主的に行う点が特徴です。

> | 参考 | QCサークル活動の基本理念が書かれている「QCサークルの基本」という本では、「QCサークルとは、第一線の職場で働く人々が継続的に製品・サービス・仕事などの質の管理・改善を行う小グループ」と書かれています。 |
> |---|---|

　目的別グループは、特定の目標を達成するために、企業内・企業外を問わず、達成に必要なメンバーを集めて活動を行うトップダウン型のグループです。代表的なものにプロジェクトチームがあり、一定期間の間に経営資源を最も効率よく使って目標を達成し、達成したら解散する点が特徴です。

小集団活動	活動の形	代表例	特徴
職場別グループ	ボトムアップ	QCサークル	活動を自主的に行う点
目的別グループ	トップダウン	プロジェクトチーム	一定期間で目標を達成し、達成したら解散する点

試験では QC サークル活動についてよく問われます。

　QC サークル活動では、明るい職場づくりを進め、人材を育てて能力を十分に発揮させ、企業の体質改善や発展に良い影響を与えることを目指します。QC サークル活動は、全社的品質管理活動（TQC）の一環として重要な役割を担っています。

　QC サークル活動では、仕事の質の向上だけでなく、製品やサービスの品質の向上や、コストの削減などもテーマにして活動するため、専門的な技術や解析技法が必要です。そのため、他社との意見交換や外部の研修に参加して、能力を向上させることも大事です。

参考	QC サークル活動は自主性を重んじていますが、初期の段階では、経営者や管理者が方針を示したり、環境を整えたり、教育（ティーチング）を行うことも重要です。QC サークルメンバーが活動に慣れてきた段階で、自主的に運営できるように任せ、その後は適度に助言や指導（コーチング）を行うことも大切です。

　小集団活動で上げた成果に対して上司が褒賞することで、小集団活動が盛り上がり、好循環を生むことができます。また、小集団のリーダーから運営上の悩みを聞き、サポートすることも大切です。

　小集団が問題や課題に取り組むときは、メンバーの役割が明確であること、小集団の運営に必要な能力を持ったリーダーが必要です。

人材育成

　品質管理は教育に始まり教育に終わると言われています。教育の目的は、組織の人々が期待される役割を十分果たせるようにすることです。

　個人やグループが自主的に行う学習（自己啓発や相互啓発など）も大事ですが、企業が主体的に行う教育（OJT や Off-JT）も重要です。実際の業務を通して教育を行う方法を OJT（職場内訓練：On the Job Training）といい、通常の業務から離れて行う研修などを Off-JT（職場外訓練：Off the Job Training）といいます。

　品質管理教育は短期的に効果が得られるものではないため、組織の目標を達成するためには、中長期的に、関連会社などのサプライチェーン※1まで範囲を広げて取り組む必要があります。

※1 サプライチェーンとは材料の調達から、製造、販売、消費までの全体の流れのことです。

5 品質マネジメント システム・監査

毎回平均 **4.5**/100点

品質マネジメント

品質マネジメントシステムとは、顧客のニーズに応えるために、管理のサイクルを回してプロセスを継続的に改善するシステムです。

ISO9001

ISO9001 は、品質マネジメントシステムに関する国際規格である ISO9000 の種類の一つです。

JIS Q9000 は ISO9000 をもとに作られた日本の規格です。JIS Q9000 では、7つの品質マネジメントシステムの原則について、次のように説明されています。2級ではよく出題される重要な内容です。

品質マネジメントシステムの原則	説明
顧客重視	品質マネジメントの主眼は、顧客の要求事項を満たすことおよび顧客の期待を超える努力をすることにある
リーダーシップ	全ての階層のリーダーは、目的及び目指す方向を一致させ人々が組織の品質目標の達成に積極的に参加している状況を作り出す
人々の積極的参加	組織内の全ての階層にいる、力量があり、権限を与えられ、積極的に参加する人々が、価値を創造し提供する組織の実現能力を強化するために必須である
プロセスアプローチ	活動を、首尾一貫したシステムとして機能する相互に関連するプロセスであると理解し、マネジメントすることによって、矛盾のない予測可能な結果が、より効果的かつ効率的に達成できる
改善	成功する組織は、改善に対して、継続して焦点を当てている
客観的事実に基づく意思決定	データおよび情報の分析及び評価に基づく意思決定によって、望む結果が得られる可能性が高まる
関係性管理	持続的成功のために、組織は、例えば提供者のような、密接に関連する利害関係者との関係をマネジメントする

組織は、顧客の期待が満たされている程度について監視する必要があります。提供した製品やサービスの質に問題がなかったか、提供のプロセスに問題がなかったかを確認しなければなりません。苦情は、顧客満足度が低いことの指標になります。しかし、苦情がなくても、顧客満足度が高いとは限らないので注意が必要です。

JIS Q9001では「リスクに基づく考え方」が採用されています。
顧客の要求事項や法令・規制要求事項に適合させ、顧客満足に影響を与えるリスクと機会を管理するシステムを構築することが重要です。リスクと機会の双方への取り組みによって、改善や問題発生の防止のためのシステムを確立することができます。
リスクとは、不確かさの影響のことですが、リスクは回避するだけではなく、機会（チャンス）を追求するためにリスクを考慮することも必要です。

JIS Q9000には様々な用語の定義が載っています。出題頻度は高くありませんが、一度読んでおきましょう。

品質マニュアル	組織の品質マネジメントシステムについての仕様書
品質計画書	個別の対象に対して、どの手順およびどの関連する資源を、いつ誰によって適用するかについての仕様書
手順	活動又はプロセスを実行するために規定された方法
記録	達成した結果を記述した、又は実施した活動の証拠を提供する文書

　組織の品質マネジメントシステムは定期的に見直しをします。これをマネジメントレビューといいます。マネジメントレビューはあらかじめ定められた間隔で実施されなければなりません。

品質マネジメントシステムに関する組織全体の管理を行うために管理責任者を選任する必要があります。この管理責任者は組織内部の管理職の中から選任するようにします。

監査

　監査とは、品質マネジメントの基本用語が記載されている JIS Q9000 で「監査基準が満たされている程度を判定するために、客観的証拠を収集し、それを客観的に評価するための、体系的で、独立し、文書化したプロセス」と説明されています。

　監査基準とは、監査の方針や手順、要求事項のことです。また、監査証拠とは、監査基準に関連して検証できる記録・事実などの情報のことです。

　ISO9001 では、組織があらかじめ定めた間隔で内部監査を実施しなければならないことが定められています。内部監査は第一者監査と呼ばれ、組織自身によって監査が行われます。監査を行う人は、なるべく監査の対象となる活動から独立した立場である人を選ぶようにします。

> **参考**
>
> 内部監査をする人に対して必要な教育として、監査の進め方や、要求事項への適合性を評価するために必要な監査証拠の特定の仕方などを学ぶ必要があります。
> 組織の品質マネジメントシステムを ISO9001 などに照らし合わせて実施される品質マネジメント監査を内部品質監査といいます。

> **参考**
>
> 監査には、内部監査（第一者監査）、外部監査（第二者監査、第三者監査）があります。第二者監査は、顧客など、組織の利害関係者が行う監査のことです。第三者監査は、外部の独立した監査組織によって行われる監査のことです。

15

品質経営の要素

6 倫理・社会的責任

毎回平均 **1.1**/100点

企業の社会的責任(CSR)

企業の社会的責任(CSR:Corporate Social Responsibility)とは、企業が利益追求のみでなく、社会に与える影響に責任を持ち、全ての利害関係者からの要求に対して適切な対応を取る責任のことです。

> **参考**　社会的責任を負うのは企業のみにとどまらないという観点から、2010年にISO26000が策定されました。

　企業の社会的責任(CSR)を果たすための活動には、法令順守(コンプライアンス)や、利害関係者への説明責任を果たし、経営の透明性を高め、不祥事を防止すること、環境問題や労働問題に取り組むこと、製造物責任を果たし、当たり前品質を必ず充足すること、社会に必要とされる製品やサービスの提供に取り組むことなどがあります。これらの活動を展開して、顧客満足、従業員満足、社会の満足の全てを高めることを目指します。

　企業は、活動のレポートを公開することで、自社の社会的責任に関する事項について開示します。活動の評価は売上高や株価に反映される場合があるため、活動を監視し、問題があれば改善する必要があります。

7 品質管理周辺の 実践活動

毎回平均 **1.1**/100点

商品企画七つ道具

　顧客に感動を与える商品を提供するためには、①確実な調査、②ユニークな発想、③最適コンセプトの構築、④構築したコンセプトの技術への橋渡しの4つの活動が必須だと考えられており、この活動で用いる手法として商品企画七つ道具があります。

　商品企画七つ道具についてまとめると以下の表のようになります。

商品企画七つ道具	活動の形	4つの活動
インタビュー調査	顧客の潜在的なニーズを発見するための手法。グループインタビューや評価グリッド法などを用いる。	①確実な調査
アンケート調査	多数の顧客に対し、事前に用意した調査用紙に回答を記入してもらい、商品コンセプトの方向性を明確にする方法。	
ポジショニング分析	マップの縦軸・横軸に評価指標を設け、自社の商品・競合他社の商品がマップのどの位置に属しているかを表し、商品企画の方向性を決める手法。	
アイデア発想法	顧客のニーズを実現する画期的なアイデアを数多く効率よく創出する手法。アイデアを創出する方法として、焦点発想法、アナロジー発想法、チェックリスト発想法、シーズ発想法などがある。	②ユニークな発想
アイデア選択法	多数のアイデアの中から使えそうなアイデアを取捨選択する手法。重み付け評価法や一対比較評価法（AHP）などを用いて客観的に判断する。	
コンジョイント分析	品質やデザイン、価格などの、製品の重要な要素同士の組み合わせを評価してもらい、最適なコンセプトを探す手法。	③最適コンセプトの構築
品質表	顧客が求める要求品質と、技術側の視点である品質特性を行と列（マトリックス）に配置した表。要求品質が品質特性に反映されているかを確認し、技術者が設計に利用する。	④構築したコンセプトの技術への橋渡し

15

品質経営の要素

15
重要ポイントのまとめ
—— POINT ——

① 方針管理・機能別管理

❶方針とは、組織の使命や中長期計画などを達成するために、経営陣が正式に決めた方向性。

❷重点課題とは、組織として重点的に取り組み達成すべき事項。

❸目標とは、重点課題の達成に向けた取り組みの目指す到達点。

❹方策とは、目標を達成するために選ばれる手段。

② 日常管理

❶日常管理とは、それぞれの部門が標準類を順守して業務を行うことで、製品やサービスの品質を安定させるための活動。

❷分掌業務とは、それぞれの部門で日常的に行う分担された業務。決められた標準類を順守して効率的に行う。

❸管理項目とは、目標達成を管理するために評価尺度として選定した項目のこと。

❹管理項目のうち、結果を評価する項目を管理点、要因を評価する項目を点検点という。

❺管理水準とは、管理項目が安定状態にあるかを客観的に評価するための値。

③ 標準化

❶関係者の利益や利便が公正に得られることを目的として、ものや手順などについて統一化や単純化するルールを標準といい、標準を設定し、活用する活動を標準化という。

❷社内標準を決める際には、その標準が実現可能であること、内容が具体的かつ客観的な表現で文章化されていること、関係者の合意によって決められたものであること、順守しなければならないという権威付けがされていることなどを考えて設定する。

❸JIS 規格は主務大臣の承認によって制定され、用語・記号・単位な

どを規定した基本規格、検査や測定の方法などを規定した方法規格、製品の寸法や品質などの要求事項を規定した製品規格などに分類することができる。

4 小集団活動・人材育成

❶小集団活動は、共通の目的を持った少人数のチームで改善活動に取り組む方法の一つ。

小集団活動	活動の形	代表例	特徴
職場別グループ	ボトムアップ	QCサークル	活動を自主的に行う点
目的別グループ	トップダウン	プロジェクトチーム	一定期間で目標を達成し、達成したら解散する点

5 品質マネジメントシステム・監査

❶品質マネジメントシステムとは、顧客のニーズに応えるために管理のサイクルを回してプロセスを継続的に改善していくシステム。

❷JIS Q9000では、7つの品質マネジメントシステムの原則について、次のような記載がある。

品質マネジメントシステムの原則	説明
顧客重視	品質マネジメントの主眼は、顧客の要求事項を満たすことおよび顧客の期待を超える努力をすることにある
リーダーシップ	全ての階層のリーダーは、目的及び目指す方向を一致させ人々が組織の品質目標の達成に積極的に参加している状況を作り出す
人々の積極的参加	組織内の全ての階層にいる、力量があり、権限を与えられ、積極的に参加する人々が、価値を創造し提供する組織の実現能力を強化するために必須である
プロセスアプローチ	活動を、首尾一貫したシステムとして機能する相互に関連するプロセスであると理解し、マネジメントすることによって、矛盾のない予測可能な結果が、より効果的かつ効率的に達成できる
改善	成功する組織は、改善に対して、継続して焦点を当てている
客観的事実に基づく意思決定	データおよび情報の分析及び評価に基づく意思決定によって、望む結果が得られる可能性が高まる
関係性管理	持続的成功のために、組織は、例えば提供者のような、密接に関連する利害関係者との関係をマネジメントする

❸監査基準とは、監査の方針や手順、要求事項のこと。

❹監査証拠とは、監査基準に関連して検証できる、記録・事実などの情報のこと。

6 倫理・社会的責任

❶企業の社会的責任とは、企業が利益追求のみでなく、社会に与える影響に責任を持ち、全ての利害関係者からの要求に対して適切な対応を取る責任。

7 品質管理周辺の実践活動

❶顧客に感動を与える商品を提供するためには、次表の4つの活動が必須であり、その活動で用いる手法として商品企画七つ道具がある。

商品企画七つ道具	4つの活動
インタビュー調査	①確実な調査
アンケート調査	
ポジショニング分析	
アイデア発想法	②ユニークな発想
アイデア選択法	
コンジョイント分析	③最適コンセプトの構築
品質表	④構築したコンセプトの技術への橋渡し

15

⊕ 予想問題 [問　題]

問題 1　方針管理・機能別管理

　　　内に入る最も適切なものを選択肢から選べ。

①トップマネジメントによって正式に表明された、組織の使命、理念およびビジョン、または中長期経営計画組織の達成のための、組織の全体的な意図と方向づけを [(1)] という。

②組織の [(1)] として決めた重点的に取り組む事項や、なぜそれに取り組むのかといった背景や目的は [(2)] として明確にする必要がある。[(2)] とは、組織として重点的に取り組み達成すべき事項のことである。

③ [(2)] の達成に向けた取り組みの目指す到達点を [(3)] という。[(3)] は、実施した結果について客観的に [(4)] であることが必要である。

④ [(3)] を達成するために選ばれる手段を [(5)] という。

⑤ [(1)] を全部門と全階層の参画のもとで、ベクトルを合わせ、[(6)] を回しながら重点指向で達成していく活動を [(7)] という。

⑥上位方針をより具体的な下位方針にブレークダウンしていく活動を [(8)] という。[(8)] では上位方針と下位方針の間に矛盾が生じないよう、関係者間で [(9)] が必要である。

⑦品質・原価・納期などの管理項目について会社としての [(3)] を達成するために、関係者が全社的見地に立って [(10)] に連携して取り組む改善活動が [(11)] である。

【 [(1)] ～ [(11)] の選択肢】

ア．品質マネジメント	イ．方針	ウ．方針展開	エ．目標
オ．目的	カ．方策	キ．重点課題	ク．管理のサイクル
ケ．すり合わせ	コ．測定可能	サ．方針管理	シ．日常管理
ス．部門横断的	セ．部門別管理	ソ．機能別管理	

(1)	(2)	(3)	(4)	(5)	(6)	(7)	(8)	(9)

(10)	(11)

15

品質経営の要素

問題2　日常管理

　　　内に入る最も適切なものを選択肢から選べ。

①組織のそれぞれの部門において、日常的に実施しなければならない (1) を、決められた (2) を順守しながら効率的に行う。日常管理とは、 (1) の目的を効率的に達成するために必要な全ての活動である。

②日常管理の達成状況を評価するためには、 (3) と (4) を設定する。 (3) とは、目標達成を管理するための評価尺度として選定した項目のことである。 (3) のうち、結果系を評価する項目を (5) 、要因系を評価する項目を (6) という。 (4) とは、 (3) が (7) にあるかを客観的に評価するための値である。

【 (1) ～ (7) の選択肢】

ア．業務連絡　イ．分掌業務　ウ．標準類　エ．管理項目　オ．管理水準
カ．管理点　キ．点検点　ク．変更点　ケ．異常状態　コ．安定状態

(1)	(2)	(3)	(4)	(5)	(6)	(7)

問題3　標準化

　　　内に入る最も適切なものを選択肢から選べ。

①関係者の利益や利便のために、ものや手順などについて統一化や単純化をするルールを (1) といい、 (1) を設定し、活用する活動を (2) という。

②企業単位で行う社内 (2) では、社内関係者の (3) によって (4) な (1) を設定する。また、その内容は具体的かつ (5) な表現で成文化されていることや、順守しなければならないという (6) がされていることなどが必要である。また、成文化されたものは必要に応じて (7) し、常に現状に即した状態に維持する。

③ (2) の目的の一つとして、関係者間での情報伝達や意思疎通が容易になるという「 (8) 」が挙げられる。

④日本産業規格は、性質により次の3つに分類できる。

(1) ⑨ 規格

用語・記号・単位などを規定したもの

(2) ⑩ 規格

検査や測定の方法などを規定したもの

(3) ⑪ 規格

製品の寸法や品質などの要求事項を規定したもの

【 ⑴ ～ ⑾ の選択肢】

ア．規格　イ．標準　ウ．標準化　エ．雰囲気　オ．権威付け　カ．合意

キ．実行可能　ク．抽象的　ケ．客観的　コ．改訂　サ．教育　シ．プロセス

ス．相互理解の促進　セ．互換性の確保　ソ．多様性の調整　タ．製品

チ．基本　ツ．定義　テ．方法

(1)	(2)	(3)	(4)	(5)	(6)	(7)	(8)	(9)

(10)	(11)

問題4　品質マネジメントシステム・監査

　　　　内に入る最も適切なものを選択肢から選べ。

① ISO9000 シリーズにおける品質保証とは、顧客のニーズに応えるために ⑴ を継続的に改善し、環境への配慮や標準化活動によって信頼性を向上させるために組織が行う活動である。

② 品質マネジメントシステムの原則により得られる便益および適用する際にとるべき行動を示す文章について、関係する原則は次のようになる。

　　⑵ ：データおよび情報の分析及び評価に基づく意思決定によって、望む結果が得られる可能性が高まる。

　　⑶ ：全ての階層のリーダーは、目的及び目指す方向を一致させ人々が組織の品質目標の達成に積極的に参加している状況を作り出す。

　　⑷ ：組織内の全ての階層にいる、力量があり、権限を与えられ、積極的に参加する人々が、価値を創造し提供する組織の実現能力を強化するために必須である。

③監査では、基準に照らして適合しているか [(5)] する。また、JIS Q9000 では「監査基準が満たされている程度を [(5)] するために、[(6)] 的証拠を収集し、それを [(6)] 的に評価するための、体系的で、独立し、文書化したプロセス」と説明されている。

④企業の経済的活動には [(7)] への説明責任がある。また、説明責任があるのは企業にとどまらないという観点から、2010 年に ISO [(8)] が策定された。

⑤社会的責任の持つ側面には、企業統治と法令順守を実施してリスクマネジメントを行う活動と、持続可能な社会活動として環境問題や [(9)] に取り組む活動の 2 つがある。

⑥全ての [(7)] の満足を高めるために、透明な経営を約束し、[(10)] を行っていく必要がある。

【 [(1)] ～ [(10)] の選択肢】

ア．判定　イ．選定　ウ．主観　エ．客観　オ．慈善活動　カ．利害関係者
キ．22000　ク．26000　ケ．プロセス　コ．標準
サ．客観的事実に基づく意思決定　シ．関係性管理　ス．人々の積極的参加
セ．顧客重視　ソ．リーダーシップ　タ．情報開示　チ．顧客満足の向上
ツ．労働問題

予想問題 解答解説

問題 1 　方針管理

> 【解答】　(1) イ　(2) キ　(3) エ　(4) コ　(5) カ　(6) ク　(7) サ
> (8) ウ　(9) ケ　(10) ス　(11) ソ

POINT

　方針とは、組織の使命や中長期計画などを達成するためにトップマネジメントが正式に決めた方向性のことで、方針には重点課題や目標、方策が含まれます。方針を達成するための活動を方針管理といい、上位方針をより具体的な下位方針にブレークダウンする活動を方針展開といいます。

　方針管理は比較的よく出題されます。試験問題の難易度は本問と同じくらいで、難解な問題は出題されにくい傾向です。

問題 2 　日常管理

> 【解答】　(1) イ　(2) ウ　(3) エ　(4) オ　(5) カ　(6) キ　(7) コ

POINT

　日常管理も比較的よく出題されます。出題のパターンや難易度にはばらつきがありますが、問題文を落ち着いて読めば正解できる問題も多くあります。

　13章以降の実践編の範囲は、基礎的な用語の知識を身につければ、問題文をよく読むことで正解できる問題がほとんどです。用語の内容をしっかり理解しましょう。

問題3　標準化

POINT

　社内標準は、関係者の合意によって設定し、実行可能で、具体的かつ客観的な
表現で成文化されている（文書になっている）こと、順守しなければならないとい
う権威付けがされていることなどが必要です。

　標準化の範囲もよく出題されます。特に①②の穴埋め部分を押さえましょう。

問題4　品質マネジメントシステム・監査

POINT

　品質マネジメントシステム・監査は QC 検定2級でより深く理解が問われるよ
うになってきています。

模擬試験

- 試験時間は90分です。
- 解答は解答用紙に記入して下さい。
- p.544に付表を掲載しています。
- 一般電卓のみ使用できます。

模擬試験 問 題

【問1】 サンプリングに関する次の文章において、□□内に入るもっとも適切な ものを下欄のそれぞれの選択肢からひとつ選びなさい。ただし、各選択 肢を複数回用いることはない。

① □(1)□とは、一つの場所から一度に取られるサンプルを構成するものであり、 製品、材料、サービスのひとまとまりのことである。

② □(2)□またはサンプルの大きさとは、サンプルに含まれるサンプル単位の数を いう。

③ □(3)□とは、一つのサンプル単位を取り測定した後、次のサンプリング単位を 取る前に母集団に戻すサンプリングをいう。

④ □(4)□とは、取り出したサンプル単位を母集団に戻すことなく次々とサンプリ ング単位を取るサンプリング、または、必要な数のサンプリング単位が母集団か ら一度に取られるサンプリングをいう。

【□(1)□ ～ □(4)□の選択肢】

ア．サンプリング単位	イ．サンプルサイズ	ウ．2段サンプリング
エ．集落サンプリング	オ．系統サンプリング	カ．層別サンプリング
キ．ロット	ク．有意サンプリング	ケ．非復元サンプリング
コ．復元サンプリング		

⑤ ある製品がロット単位で製造されている場合に、一定数のロットを無作為に選 び、選んだロットの中にある製品すべてを検査対象とするサンプリングは、 □(5)□である。

⑥ 製造された順番に並べた製品に対し、検査開始点を無作為に決め、その位置か ら一定間隔ごとに製品を検査対象とするサンプリングは、□(6)□である。

⑦ ロット単位で製造されている製品に対して、一定数のロットを無作為に選び、 さらに選ばれた各ロットの中から一定数の製品を無作為に選び検査対象とするサ ンプリングは、□(7)□である。

⑧ □(8)□は、母集団を構成するサンプリング単位の可能なすべての組み合わせ が、サンプルとして取られる確率が同じであるようなサンプリングである。

ア．単純ランダムサンプリング　イ．２段サンプリング

ウ．集落サンプリング　　　　　エ．系統サンプリング

オ．層別サンプリング　　　　　カ．非復元サンプリング

キ．復元サンプリング　　　　　ク．ジグザグサンプリング

【問2】　単回帰分析に関する次の文章において、□□□内に入るもっとも適切なものを下欄のそれぞれの選択肢からひとつ選びなさい。ただし、各選択肢を複数回用いることはない。なお、解答にあたって必要であれば巻末の付表を用いよ。

　ある製品に関して、ある原料の量 x と、その原料から実際に得られる目的物質の量 y との関係を調べるために 15 個のデータを得た。x の平均は 20.0 であり、y の平均は 60.0 であった。また、x の偏差平方和が 396.5、y の偏差平方和が 3846 であった。x と y には正の相関関係が確認されている。

　分散分析表は以下の表 2.1 の通りである。

表 2.1　分散分析表

変動要因	平方和 S	自由度 ϕ	不偏分散 V	分散比 F_0
回帰 R	$S_R = 3810$	$\phi_R = 1$	V_R	$F_0 = $ (11)
残差（誤差）e	$S_e = $ (9)	$\phi_e = $ (10)	$V_e = 2.77$	
計	$S_T = 3846$	ϕ_T		

【 (9) ～ (11) の選択肢】

ア．1　イ．13　ウ．14　エ．15　オ．36.00　カ．1375.4

キ．3449.5

　表 2.1 より、$F_0 = $ (11) (12) $F(\phi_R,$ (10) $;0.05)$ であるので、回帰は有意である。回帰直線は、$y = $ (13) $x - $ (14) となる。

【 (12) ～ (14) の選択肢】

ア．<　イ．>　ウ．=　エ．0.319　オ．2　カ．3.10

キ．53.60

模擬試験

【問3】 統計的検定と推定に関する次の文章において、□□□内に入るもっとも適切なものを下欄のそれぞれの選択肢からひとつ選びなさい。ただし、各選択肢を複数回用いることはない。なお、解答にあたって必要であれば巻末の付表を用いよ。

ある工場では、同一の部品を旧型機械 A と新型機械 B で製造しており、旧型機械 A のほうが、新型機械 B よりも不適合品率が大きいと予想されている。そこで、仮説検定により、旧型機械 A と新型機械 B の不適合品率 P_A, P_B を比較する。

今回の仮説検定では、 (15) とする。検定統計量 u_0 は、$\bar{p} = (x_A + x_B)/(n_A + n_B)$, $p_A = x_A/n_A, p_B = x_B/n_B$ を用いて、 (16) により計算できる。ただし、旧型機械 A、新型機械 B で製造した部品のサンプル数をそれぞれ n_A, n_B とし、サンプル中の不適合品数をそれぞれ x_A, x_B とする。

旧型機械 A から $n_A = 500$ 個サンプリングを行ったところ、$x_A = 30$ 個の不適合品が見つかった。また、新型機械 B から $n_B = 500$ 個サンプリングを行ったところ、$x_B = 15$ 個の不適合品が見つかった。このデータを用いて検定を実施すると、H_0 は有意水準 5% で (17) され、「旧型機械 A のほうが、新型機械 B よりも不適合品率が (18) 」といえる。

不適合品率の差に関する信頼率 95% の両側信頼区間は、 (19) で求まる。ただし、K_P は標準正規分布の上側 $100P$% 点を表すものとする。

【 (15) の選択肢】

ア．帰無仮説 $H_0 : P_A = P_B$，対立仮説 $H_1 : P_A > P_B$ の 片側検定

イ．帰無仮説 $H_0 : P_A = P_B$，対立仮説 $H_1 : P_A < P_B$ の 両側検定

ウ．帰無仮説 $H_0 : P_A > P_B$，対立仮説 $H_1 : P_A = P_B$ の 片側検定

エ．帰無仮説 $H_0 : P_A = P_B$，対立仮説 $H_1 : P_A > P_B$ の 両側検定

オ．帰無仮説 $H_0 : P_A > P_B$，対立仮説 $H_1 : P_A < P_B$ の 両側検定

【 (16) の選択肢】

ア． $\dfrac{p_A - p_B}{\sqrt{\bar{p}\left(\dfrac{1}{n_A} \times \dfrac{1}{n_B}\right)}}$ イ． $\dfrac{p_A - p_B}{\sqrt{\bar{p}(1 - \bar{p})\left(\dfrac{1}{n_A} + \dfrac{1}{n_B}\right)}}$ ウ． $\dfrac{p_A - p_B}{\sqrt{\bar{p}(1 - \bar{p})\left(\dfrac{1}{n_A} \times \dfrac{1}{n_B}\right)}}$

エ． $\dfrac{p_A - p_B}{\sqrt{\bar{p}(1 - \bar{p})}}$

【 (17) ～ (18) の選択肢】

ア．有意   イ．信頼   ウ．棄却   エ．採択   オ．大きい

カ. 同じ　キ. 小さい

【 (19) の選択肢】

ア. $(p_A - p_B) \pm K_{0.025} \sqrt{\dfrac{p_A(1 - p_A)}{n_A} + \dfrac{p_B(1 - p_B)}{n_B}}$

イ. $(p_A - p_B) \pm K_{0.05} \sqrt{\dfrac{p_A(1 - p_A)}{n_A} + \dfrac{p_B(1 - p_B)}{n_B}}$

ウ. $(p_A - p_B) \pm K_{0.025} \sqrt{\dfrac{p_A(1 - p_A) + p_B(1 - p_B)}{n_A \times n_B}}$

エ. $(p_A - p_B) \pm K_{0.025} \sqrt{\dfrac{\bar{p}(1 - \bar{p})}{n_A} + \dfrac{\bar{p}(1 - \bar{p})}{n_B}}$

オ. $(p_A - p_B) \pm K_{0.025} \sqrt{p_A(1 - p_A) + p_B(1 - p_B)}$

【問4】 管理図に関する次の文章において、□□内に入るもっとも適切なものを下欄のそれぞれの選択肢からひとつ選びなさい。ただし、各選択肢を複数回用いることはない。

ある工場の製品の製造工程では、その計量値データが1日に1回しか計測できない品質特性を管理している。この計測された品質特性値 X の 20 日分のデータおよび X の移動範囲のデータは、次の表 4.1 のようになった。

表 4.1 品質特性値 X の観測データ

群番号	品質特性値 X	移動範囲
1	8.8	−
2	8.3	0.5
3	7.0	1.3
4	8.5	1.5
5	9.2	0.7
6	9.0	0.2
7	10.8	1.8
8	7.9	2.9
9	8.1	0.2
10	7.7	0.4
11	7.6	0.1
12	7.9	0.3
13	9.1	1.2
14	7.0	2.1
15	8.6	1.6
16	8.4	0.2
17	8.5	0.1
18	6.0	2.5
19	8.9	2.9
20	7.7	1.2
合計	165.0	21.7

このような品質特性を管理するために適しているのは (20) 管理図である。
なお、管理図を作成するための係数表の一部を表 4.2 に示す。

表 4.2 管理図作成のための係数表

n	E_2	D_3	D_4
2	2.659	−	3.267

・X の管理図の管理線は、

中心線 $CL=$ [(21)]

上側管理限界線 $UCL=$ [(22)]

下側管理限界線 $LCL=$ [(23)]

・X の移動範囲の管理図の管理線は

中心線 $CL=$ [(24)]

上側管理限界線 $UCL=$ [(25)]

下側管理限界線 LCL は示されない

と求められる。

【[(20)] の選択肢】

ア. $\bar{X} - R$　　イ. $X - R_s$　　ウ. $\bar{X} - s$　　エ. p　　オ. np

【[(21)]〜[(25)] の選択肢】

ア. 1.085　　イ. 1.142　　ウ. 3.037　　エ. 3.731　　オ. 4.112

カ. 4.519　　キ. 5.213　　ク. 8.250　　ケ. 11.29　　コ. 11.98

　この 20 日分のデータにおいて、品質特性値 X の管理図および移動範囲の管理図がともに管理限界を超える点はなく、点の並び方に特異なクセはないので、この製造工程は統計的管理状態にあると判断できた。そこで、管理線を延長して次の表4.3 に示した 5 日間の品質特性値 X のデータをとって、X と移動範囲のデータを打点してみると、新たにデータが観測された工程は [(26)] ことがわかる。

表 4.3　追加された品質特性値 X の観測データ

群番号	品質特性値 X
21	9.5
22	7
23	7.7
24	5.8
25	6.7

【[(26)] の選択肢】

ア. 統計的管理状態が維持されている

イ. 統計的管理状態が維持されていない

ウ. 統計的管理状態が維持されているかどうか判別できない

【問5】 次の文章において、[____]内に入るもっとも適切なものを下欄のそれぞれの選択肢からひとつ選びなさい。ただし、各選択肢を複数回用いることはない。なお、解答にあたって必要であれば巻末の付表を用いよ。

　ある工程では、製品不適合率は $P_0 = 0.087$ で推移していたが、さらなる改善を行い、有意水準 5% で工程の品質不適合品率が低下したか調査をすることにした。

① 改善実施後の工程からランダムに $n = 100$ 個のサンプルを抽出した。そのうちの品質不適合品数 x は [(27)] 分布に従う。$x = 2$ 個が品質不適合品であった場合、改善実施後の工程の母不適率 P の推定値 $\widehat{P}$ は [(28)] となる。

② [(27)] 分布の確率関数は、$P_r(x) = {}_nC_x P_0(1 - P_0)^{n-x}$ である。$P = P_0 = 0.087$ と仮定して計算すると、サンプル数 $n = 100$ 個のうち不適合品数が $x = 2$ 個以下となる確率は [(29)] となる。この確率の値により、有意水準 5% で $P < P_0$ となっていると判断できる。なお、必要に応じて表 5.1 を参照せよ。

表 5.1　$P_r(x) = {}_nC_x P_0(1 - P_0)^{n-x}$ の確率計算値

（ただし、$n = 100, P_0 = 0.087$）

x	$P_r(x)$
0	0.000111
1	0.001062
2	0.005009
3	0.015593

　さらに改善実施後工程からランダムに $n = 300$ 個のサンプルを抽出した。そのうち $x = 17$ 個が品質不適合品であった。正規分布近似法の適用条件 $nP_0 \geq$ [(30)] かつ $n(1 - P_0) \geq$ [(30)] を満たすので、$P = P_0 = 0.087$ と仮定して計算すると、$u_0 = \dfrac{x - nP_0}{\sqrt{nP_0(1 - P_0)}} = -$ [(31)] より、$P_r(u \leq u_0)$ の確率は約 [(32)] となる。よって、有意水準 5% で改善効果があったと判断できる。

【[(27)] ～ [(28)] の選択肢】

ア．ポアソン　　イ．二項　　ウ．ワイブル　　エ．標準正規　　オ．χ^2

カ．F　　　　キ．0.02　　ク．0.087　　ケ．0.913

【[(29)] ～ [(32)] の選択肢】

ア．0.005009　　イ．0.006182　　ウ．0.02　　エ．0.0314　　オ．0.087

カ．1.645　　キ．1.864　　ク．5　　ケ．10　　コ．25

【問6】 新 QC 七つ道具に関する次の文章において、[＿＿]内に入るもっとも適切なものを下欄のそれぞれの選択肢からひとつ選びなさい。ただし、各選択肢を複数回用いることはない。

[(33)] 図は、混とんとした状態から解決すべき問題を見出す場合に用いられ、事実や意見や発想を言語データでとらえて、それらをグループ分けして整理分類し、それらの相互の[(33)]性によって統合した図である。

[(34)] 図は、複雑な原因による絡み合った問題の解決の糸口を見つけるため、原因・結果、手段・目的などの関係を論理的につないだ図である。[(35)]によって因果関係を整理することで、主要な要因を絞りこむことが可能となる。

[(36)] 図は、[(34)]図によって因果関係が明確になった後に、有効な対策の洗い出しに利用する。[(34)]図は主に問題に対する[(37)]を追究するが、[(36)]図は主に問題に対しての[(38)]を追求する。[(36)]図では、目的を達成するための[(38)]や方策を系統的に展開し、その体系をツリー状に枝分かれさせてわかりやすく図式化する。

【[(33)] ～ [(38)] の選択肢】
　ア．特性要因　イ．連関　ウ．親和　エ．系統　オ．原因　カ．手段
　キ．なぜなぜ分析　ク．マトリックス　ケ．PDPC　コ．PDCA　サ．コスト

【問7】 0～9 の整数値のデータについて、その分布を調べるために、大きさ $n = 50$ のサンプルを収集し度数分布表を作成する。[＿＿]内に入るもっとも適切なものを下欄のそれぞれの選択肢からひとつ選びなさい。ただし、各選択肢を複数回用いることはない。

①　図 7.1 が得られたとき、平均値、中央値、最頻値の関係は、[(39)]となる。仮にヒストグラムが左右対称である場合、中央値と平均値の関係は、中央値＝平均値となる。しかし、図 7.1 のように左側に歪み、右側の裾が長い形の場合は、小さい値のデータが多いことを意味し、左から小さい順に値を並べた場合を考えると中央値は左側に寄り、少数の大きい値のデータが平均値を中央値よりも大きくする。図 7.1 において、中央値は[(40)]、平均値は[(41)]、最頻値は 1 である。

模擬試験

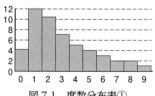

図7.1　度数分布表①

【 (39) の選択肢】

ア．平均値＜中央値＜最頻値　　イ．平均値＜最頻値＜中央値

ウ．中央値＜平均値＜最頻値　　エ．中央値＜最頻値＜平均値

オ．最頻値＜平均値＜中央値　　カ．最頻値＜中央値＜平均値

キ．最頻値＜平均値＝中央値　　ク．最頻値＝中央値＝平均値

【 (40) ～ (41) の選択肢】

ア．1　　イ．2　　ウ．2.5　　エ．3　　オ．4　　カ．4.5

② 図7.2の（A）～（C）の3つの度数分布表が得られたとき、標準偏差の大きさは、 (42) の関係にある。また、変動係数の大きさは、 (43) の関係にある。

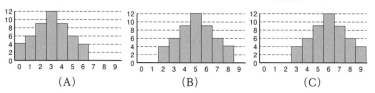

図7.2　度数分布表②

【 (42) ～ (43) の選択肢】

ア．（A）＜（B）＜（C）　　イ．（A）＜（C）＜（B）

ウ．（B）＜（A）＜（C）　　エ．（B）＜（C）＜（A）

オ．（C）＜（A）＜（B）　　カ．（C）＜（B）＜（A）

キ．（A）＜（B）＝（C）　　ク．（A）＝（B）＝（C）

【問8】 信頼性に関する次の文章において、□□内に入るもっとも適切なものを下欄のそれぞれの選択肢からひとつ選びなさい。ただし、各選択肢を複数回用いることはない。

システムの要素である部品 A,B,C の信頼度は、それぞれ P_A, P_B, P_C である。

① 2つの要素からなる直列システムは、どちらか一方の要素が故障するとシステム全体が故障した状態になるシステムであり、図 8.1 のシステム全体の信頼度は式 (44) で表される。2つの要素からなる並列システムは、両方のシステムが故障しなければシステム全体が故障した状態にならないシステムであり、図 8.2 のシステムの信頼度は式 (45) で表される。

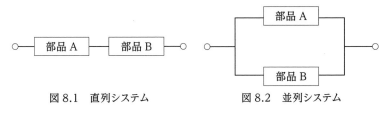

図 8.1 直列システム　　　図 8.2 並列システム

【 (44) ～ (45) の選択肢】

ア．$P_A \times P_B$　　イ．$1 - \{(1 - P_A) \times (1 - P_B)\}$

ウ．$\dfrac{1}{P_A} + \dfrac{1}{P_B}$　　エ．$\dfrac{P_A P_B}{P_A + P_B}$　　オ．$(1 - P_A) \times (1 - P_B)$

② 3つの部品 A,B,C からなる最も信頼度が高いシステムを設計したい。ただし、これらの部品は各1個ずつしか使用できない。部品 A,B,C のそれぞれの信頼度は、$P_A = 0.97, P_B = 0.88, P_C = 0.93$ である。

図 8.3 のシステム I において、部品 A,B,C を図に示した位置に配置すると、このシステムの信頼度を最も高くすることができる。このときの全体の信頼度は (46) である。

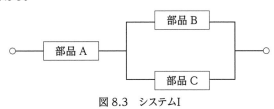

図 8.3 システムI

図8.4のシステムⅡにおいて、図の位置に部品Bを置いたとき、図の上段に
(47) 、図の下段の右に (48) を配置すれば、このシステムの信頼度を最も高くす
ることができる。このときの全体の信頼度は 0.994552 である。

　したがって、システムとしては、 (49) を採用したほうが良い。

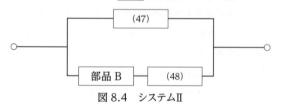

図8.4　システムⅡ

【 (46) ～ (49) の選択肢】

　ア．部品A　　　イ．部品C　　　ウ．0.008148　　エ．0.926652

　オ．0.961852　　カ．2.145283　　キ．システムⅠ　　ク．システムⅡ

【問9】 QC工程図に関する次の文章において、□□内に入るもっとも適切なものを下欄のそれぞれの選択肢からひとつ選びなさい。ただし、各選択肢を複数回用いることはない。

① QC工程図とは、製品・サービスの生産から提供までの全てのプロセスの流れを (50) で示したものである。材料や部品の受け入れから製品の出荷までの各プロセスを (51) で表現し、工程の管理や作業者の教育を行っている。

② QC工程図の作成においては、プロセスが目的通りに機能したかを判断する尺度である (52) や、 (52) が安定状態にあるかを客観的に評価するための値である (53) を適切に設定することが大切である。設定においては、各工程における品質 (54) と工程要因の関係を明確にする必要があるため、工程解析を的確に行うことが重要である。

【 (50) ～ (54) の選択肢】

　ア．工程記号　　　　イ．品質表　　　　ウ．設計　　　エ．特性

　オ．チェックシート　カ．フローチャート　キ．管理水準

　ク．管理方法　　　　ケ．作業標準　　　コ．管理項目

③ 工程解析の結果として得られた工程の要因を解析し、より安定な工程となるように製品の品質や量、コストなどの改善を図ることを (55) という。また、製品の品質のばらつきに注目し、工程がどの程度のばらつきで品質を実現できるかどうかを調べることを (56) という。

【 (55) ～ (56) の選択肢】

　ア．恒久対策　　　　イ．工程改善　　　ウ．是正処置　　エ．原因追及

　オ．工程能力調査　　カ．工程内検査　　キ．未然防止

模擬試験

【問 10】 次の文章において、　　　内に入るもっとも適切なものを下欄のそれぞれ
　　　　　の選択肢からひとつ選びなさい。ただし、各選択肢を複数回用いること
　　　　　はない。

　P 社では、顧客や会社のニーズを満たす製品やサービスの実現を目指して、全社
一丸となって改善活動を行っている。その一環として、品質改善検討会を毎月行っ
ている。

①クレーム件数の検討

　参加者 A「先月の実績は 30 件で、今月は 15 件でした。」

　参加者 B「再発したクレームはありますか。」

　参加者 A「申し訳ありません。すぐにデータをご提示することができません。」

　参加者 C「まず、全体の件数だけでなく、製品別や現象別や顧客別にクレーム
　をグループ分けして、さらに、再発したクレームか、新しいクレームなのかとい
　うように、層別に報告してもらいたい。」

　参加者 C「再発のクレームを分析したとき、以前のクレームの時点で (57) 措置
　のみにとどまっている場合は、今後も再発することがありうる。以前のクレーム
　の時点で (58) 措置が行われている場合は、そもそも実施した対策が不十分で
　あった、適切ではなかったという可能性があり、再度検討する必要がある。その
　ためにも、先ほど伝えたデータの報告はして欲しい。」

②　新人作業員による不適合の発生に関する検討

　参加者 B「新人が行った作業からトラブルが発生しました。 (59) どおりに行っ
　ていたのにトラブルが発生したとのことです。トラブルの発生原因を調査中で
　す。」

　参加者 C「 (59) 自体に問題があったということになりそうであるが、原因調査
　を行い、必要と判断した変更や改変を行う必要がある。標準化し、実施し、確認
　し、措置を行うという (60) サイクルを回すことになりそうである。 (59) 自体
　に問題があり、 (59) 書の改訂を行う場合は、社内ルールに従い責任者の (61)
　を必ず得ること。」

　参加者 A「新人から組み立て時に紛らわしい部品があり、組み立てを間違うこ
　とがあるという話も聞いています。誤った部品を入れて組み立てようとしても、
　そもそもサイズや型が異なるようにして入れることができないようにするという
　ポカヨケを効果的に設置することも対策になると思います。」

　参加者 B「ポカヨケは、 (62) とも呼ばれていますね。参考にさせて頂きます。」

【 (57) ～ (62) の選択肢】

ア．承認　　　　　イ．維持　　　　　ウ．是正　　　エ．暫定
オ．フェールセーフ　カ．フールプルーフ　キ．PDCA　　　ク．SDCA
ケ．方針管理　　　コ．作業標準

③　QC ストーリーの検討

参加者 D「QC ストーリーで改善に取り組むことも良いと考えます。」

参加者 A「代表的な QC ストーリーには、 (63) QC ストーリーと (64) QC
ストーリーがありましたね。仮説を設定し、データの収集や検証に基づいて真の
原因を追究することを重視するのが (63) QC ストーリー、新しい方策や手段
を追究して新しいやり方を創出することを重視しているのが (64) QC ストー
リーだったと記憶しています。」

参加者 C「思い付き的な対策を行っても期待できないから、 (64) QC ストー
リーの『攻め所と目標の設定』で、 (65) を行うことが重要だな。」

参加者 D「経営活動の主な目的である顧客満足と企業収益の向上などから定ま
る達成すべき目標であるありたい姿と現状の姿との (66) を明確にして、それを
解決するためにどこに重点を置くかという (67) を設定するということが大事と
いうことですね。」

【 (63) ～ (67) の選択肢】

ア．ギャップ　　　　イ．ヒューマンエラー　ウ．課題達成型
エ．事実に基づく管理　オ．仮説　　　　　　カ．問題解決型
キ．PDCA　　　　　ク．攻め所　　　　　　ケ．シナリオ
コ．現状把握

【問11】 管理の方法に関する次の文章において、____内に入るもっとも適切なものを下欄のそれぞれの選択肢からひとつ選びなさい。ただし、各選択肢を複数回用いることはない。

U製品製造課では、週1回リーダーが集まって、運営や現場管理に関する課題や進め方について議論している。

《意見①》

新人による作業ミスが多いが、注意喚起をするだけでは不十分だと考えている。仮に、「作業標準書にきちんとしたがって作業をしてもうまくいかなかった。」ということであれば、 (68) 化の問題として対処するのがよいのではないか。

《意見②》

確かにそのとおりである。作業標準書に作業上のポイントが記されていないかもしれないため、作業標準書の (69) が必要である。これは (68) 化の問題ということができ、 (70) サイクルを回せていなかったと認めなければならない。

【 (68) ～ (70) の選択肢】

ア．計画　　イ．課題　　ウ．方針　　エ．改訂　　オ．点検

カ．標準　　キ．SDCA　　ク．PDCA　　ケ．PDPC

《意見③》

ひとつの重大事故に至るまでに29の小事故があるという (71) の法則に基づいて考えると、適切な作業手順書にしていくためには、現場で起こった小さな作業ミスが減少するような (69) をしていった方が良い。

《意見④》

設備の汚れ、ボルトのゆるみなど、ハード面にも問題があるかもしれない。製造課の我々が設備の劣化を防ぐために、設備点検と処置を行う (72) 保全が重要だ。まずは、 (72) 保全活動のはじめとして5Sにもある「初期 (73) 」から取り組んではどうか。

【 (71) ～ (73) の選択肢】

ア．診断　　イ．復元　　　　ウ．清掃　　エ．ヒヤリハット　　オ．自主

カ．予防　　キ．ハインリッヒ　ク．評価　　ケ．パレート　　　　コ．整理

【問 12】 品質の概念に関する次の文章において、□□□内に入るもっとも適切なものを下欄のそれぞれの選択肢からひとつ選びなさい。ただし、各選択肢を複数回用いることはない。

① 充足されていると顧客が満足と感じ、充足されていなくても顧客が不満を感じず、仕方がないと感じる品質を [74] 品質という。

② [74] 品質は、時間の経過ともに、充足されていなければ顧客が不満を感じ、充足されていれば顧客が満足を感じる品質である [75] 品質に変化する。

③ さらに時間が経過して成熟期を迎えると、[75] 品質も充足されていて当たり前と感じ、不充足であれば不満を感じる品質である [76] 品質に変化する。なお、充足されていても充足されていなくても顧客の満足度合いに影響を与えない品質を [77] 品質という。

④ 顧客のニーズを分析し、それを反映させた製品案の品質であり、要求品質に対する品質目標のことを [78] 品質という。

⑤ 設計品質は [79] 品質ともいい、品質特性に対する品質目標のことである。設計品質は、そもそも買い手の要求に適合していることが基本である。したがって、[78] 品質を実現するために定めた、製品規格や製品設計図などにより規定される。

⑥ 製造品質は [80] 品質ともいい、製造した製品の実際の品質をいう。

【[74] ～ [80] の選択肢】

ア．できばえの	イ．企画	ウ．魅力的	エ．一元的
オ．使用	カ．無関心	キ．ねらいの	ク．適合
ケ．当たり前	コ．要求		

【問 13】 方針管理に関する次の文章において、□□内に入るもっとも適切なものを下欄のそれぞれの選択肢からひとつ選びなさい。ただし、各選択肢を複数回用いることはない。

① 組織の (81) や中長期計画の達成のために経営方針が示されるが、この際には方針達成のための目標と、目標を達成するための具体的な (82) を立案することが必要である。

② 各部門は会社の方針を受け、具体的な (83) を作成し、 (83) に基づいて活動を進める。実施段階では、進捗管理や小集団活動など、目標達成に向けたさまざまな活動を行う。

③ 目標を確実に達成するためには、期中の適切な時点で目標の達成状況をチェックすることが必要である。 (84) は、トップが各部門の現場に出向いて、コミュニケーションをとおして活動の実施状況を把握するために行う。 (84) で問題が見つかれば方針の見直しや変更を行う。

④ 期末には目標と実績との (85) 分析を行い、反省を踏まえた次年度方針を打ち出す。

【 (81) ～ (85) の選択肢】

ア．重点課題　　イ．経営理念　　ウ．方法　　エ．方策　　　　オ．評価

カ．資源　　　　キ．差異　　　　ク．売上　　ケ．トップ診断

コ．実施計画

【問 14】標準化に関する次の文章において、□□□内に入るもっとも適切なものを下欄のそれぞれの選択肢からひとつ選びなさい。ただし、各選択肢を複数回用いることはない。

① 標準化の目的や効果として、 (86) の確保、多様性の制御（調整）、相互理解の促進、安全の確保、環境の保護、品質の確保などが挙げられる。

② 標準化には、国際単位で行う国際標準化、産業単位で行う産業標準化、企業単位で行う (87) がある。なお、JIS 規格は、経済産業大臣や主務大臣の承認によって制定されており、これを満たす商品であれば、安全や品質などが確保されており、消費者は安心して製品を購入できる。JIS 規格は (88) の例である。

③ (87) を進めると、企業は部品の (86) やシステムや整合性を確保することによってコスト削減が行える。また、個人の持つ技術やノウハウなどを含めた作業のやり方を規定した文書を活用することで、製品やサービスの (89) を安定させ、担当者や日によらず同じものが提供できるようになる。

【 (86) ～ (89) の選択肢】

　ア．日常管理　　　　　イ．品質方針　　ウ．環境　　　　エ．品質
　オ．コミュニケーション　カ．社内標準　　キ．社内標準化　ク．国家標準
　ケ．地域標準　　　　　コ．互換性

④ 標準化とは、効果的かつ効率的な組織運営を目的として、共通かつ繰り返して使用するための (90) である標準を定めて活用する活動である。

⑤ 製品の QCD（品質、原価、 (91) ）の目標を達成するために、例えば、4M（材料、設備、作業者、および (92) ）などを管理する必要がある。これらを管理する標準として、生産技術に関する基本的な内容を規定した (93) と製造現場での具体的な作業方法を規定した製造作業標準とがある。

【 (90) ～ (93) の選択肢】

　ア．取決め　　イ．品質　　ウ．検査標準　　エ．生産準備
　オ．作業方法　カ．納期　　キ．製造技術標準　ク．JIS
　ケ．ISO　　　コ．管理項目

【問 15】A 社での活動に関する次の文章において、□内に入るもっとも適切な
ものを下欄のそれぞれの選択肢からひとつ選びなさい。ただし、各選択
肢を複数回用いることはない。

① ［94］とは、組織の各部門において、日常的に実施しなければならない分掌業
務について、その業務目的を達成するために必要な全ての活動である。分掌業務
とは担当業務と考えてよい。

［94］は、各部門が日常行っている分掌業務そのものではなく、行っている分掌
業務をより効率的なものにするための活動である。

A 社では、業務をより効率的なものにするための活動のうち、目標を現状また
はその延長線上に設定し、目標から外れないようにし、外れた場合はすぐに元に
戻せるようにし、さらには現状よりも良い結果が得られるようにするための活動
である［95］を行っている。通常と異なる結果が得られた場合には、確実な
［96］および対策を実施することにしている。

【［94］～［96］の選択肢】

ア．日常管理　　　イ．原因追究　　　　　　　ウ．方針管理
エ．初物検査　　　オ．部門の使命・役割の明確化　　カ．維持管理

② A 社のある部署では、プロセスにおける5M1E（人、機械・設備、材料・部品、
方法、測定、環境）などの重要な要因の変化を明確にし、特別の注意を払って監
視することによって、人の欠勤、部品・材料ロットの切替え、設備の保全などに
伴う異常の発生を未然に防いでいる。このような管理は、［97］と呼ばれる。
［97］は意図せず、工程に変化が生じた際にトラブルが起きないように管理する
ことをいうが、これに対し、意図した5M1E などの変更によって伴う問題を未
然に防止する活動を変更管理という。

③ ［98］とは、プロセスが技術的及び経済的に好ましい水準における安定状態に
ないことをいう。A 社では、［98］が発生した場合、毎日決まった時間に行われ
る定例の会合にて職場全員に共有される。会合では、［98］について、作業者の
交代があったか、設備の故障であったかなどの作業の状況と照らし合わせて意見
交換が行われるとともに、［99］の再確認が行われる。

【［97］～［99］の選択肢】

ア．方針管理　　　イ．品質保証　　ウ．標準　　　　エ．不適合

オ．変化点管理　　カ．管理図　　　キ．応急処置　　ク．再発防止

ケ．検査　　　　　コ．工程異常または異常

【問 16】 JIS Q 9000:2015（品質マネジメントシステム - 基本及び用語）に関する次の文章において、□□内に入るもっとも適切なものを下欄のそれぞれの選択肢からひとつ選びなさい。ただし、各選択肢を複数回用いることはない。

① (100)を重視する組織は、顧客及びその他の密接に関連する利害関係者のニーズ及び (101) を満たすことを通じて価値を提供する行為、態度、活動及びプロセスをもたらすような文化を促進する。
　　ある組織の製品及びサービスの (100) は、顧客を満足させる能力、並びに (102) に対する意図した影響及び意図しない影響によって決まる。

【 (100) ～ (102) の選択肢】

　　ア．全体　　イ．バランス　　　　　　　ウ．客観的事実
　　エ．品質　　オ．密接に関連する利害関係者　　カ．重点指向　　キ．顧客
　　ク．期待　　ケ．検査　　　　　　　　　　コ．力量

② 品質マネジメントシステムは、組織が自らの目標を特定する活動、ならびに組織が望む結果を達成するために必要な (103) 及び (104) を定める活動からなる。
　　品質マネジメントシステムは、密接に関連する利害関係者に価値を提供し、かつ、結果を実現するために必要な、相互に作用する (103) 及び (104) をマネジメントする。

③ 利害関係者の概念は、 (105) だけを重要視するという考え方を超えるものである。密接に関連する利害関係者全てを考慮することが重要である。組織の状況を理解するための (103) の一部としてその利害関係者を特定する。密接に関連する利害関係者とは、そのニーズ及び期待が満たされない場合に、組織の持続可能性に (106) を与える利害関係者である。組織は、そうしたリスクを低減するために、これらの密接に関連する利害関係者に対して提供する必要がある結果は何かを定義する。

【 (103) ～ (106) の選択肢】

　　ア．プロセス　　　イ．バランス　　ウ．品質　　エ．資源
　　オ．分析及び評価　　カ．従業員　　キ．顧客　　ク．損失
　　ケ．重大なリスク　　コ．品質方針

解答用紙

問1	(1)		問7	(39)		問12	(74)	
	(2)			(40)			(75)	
	(3)			(41)			(76)	
	(4)			(42)			(77)	
	(5)			(43)			(78)	
	(6)		問8	(44)			(79)	
	(7)			(45)			(80)	
	(8)			(46)		問13	(81)	
問2	(9)			(47)			(82)	
	(10)			(48)			(83)	
	(11)			(49)			(84)	
	(12)		問9	(50)			(85)	
	(13)			(51)		問14	(86)	
	(14)			(52)			(87)	
問3	(15)			(53)			(88)	
	(16)			(54)			(89)	
	(17)			(55)			(90)	
	(18)			(56)			(91)	
	(19)		問10	(57)			(92)	
問4	(20)			(58)			(93)	
	(21)			(59)		問15	(94)	
	(22)			(60)			(95)	
	(23)			(61)			(96)	
	(24)			(62)			(97)	
	(25)			(63)			(98)	
	(26)			(64)			(99)	
問5	(27)			(65)		問16	(100)	
	(28)			(66)			(101)	
	(29)			(67)			(102)	
	(30)		問11	(68)			(103)	
	(31)			(69)			(104)	
	(32)			(70)			(105)	
問6	(33)			(71)			(106)	
	(34)			(72)				
	(35)			(73)				
	(36)							
	(37)							
	(38)							

模擬試験

535

模擬試験 解答解説

問1	(1)	ア
	(2)	イ
	(3)	コ
	(4)	ケ
	(5)	ウ
	(6)	エ
	(7)	イ
	(8)	ア
問2	(9)	オ
	(10)	イ
	(11)	カ
	(12)	イ
	(13)	カ
	(14)	オ
問3	(15)	ア
	(16)	イ
	(17)	ウ
	(18)	オ
	(19)	ア
問4	(20)	イ
	(21)	ク
	(22)	ケ
	(23)	キ
	(24)	イ
	(25)	エ
	(26)	ア
問5	(27)	イ
	(28)	キ
	(29)	イ
	(30)	ク
	(31)	キ
	(32)	エ
問6	(33)	ウ
	(34)	イ
	(35)	キ
	(36)	エ
	(37)	オ
	(38)	カ

問7	(39)	カ
	(40)	イ
	(41)	エ
	(42)	ク
	(43)	カ
問8	(44)	ア
	(45)	イ
	(46)	オ
	(47)	ア
	(48)	イ
	(49)	ク
問9	(50)	カ
	(51)	ア
	(52)	コ
	(53)	キ
	(54)	エ
	(55)	イ
	(56)	オ
問10	(57)	エ
	(58)	ウ
	(59)	コ
	(60)	ク
	(61)	ア
	(62)	カ
	(63)	カ
	(64)	ウ
	(65)	コ
	(66)	ア
	(67)	ク
問11	(68)	カ
	(69)	エ
	(70)	キ
	(71)	キ
	(72)	オ
	(73)	ウ

問12	(74)	ウ
	(75)	エ
	(76)	ケ
	(77)	カ
	(78)	イ
	(79)	キ
	(80)	ア
問13	(81)	イ
	(82)	エ
	(83)	コ
	(84)	ケ
	(85)	キ
問14	(86)	コ
	(87)	キ
	(88)	ク
	(89)	エ
	(90)	ア
	(91)	カ
	(92)	オ
	(93)	キ
問15	(94)	ア
	(95)	カ
	(96)	イ
	(97)	オ
	(98)	コ
	(99)	ウ
問16	(100)	エ
	(101)	ク
	(102)	オ
	(103)	ア
	(104)	エ
	(105)	キ
	(106)	ケ

問1　(1) ア. サンプリング単位　(2) イ. サンプルサイズ
　　　(3) コ. 復元サンプリング　(4) ケ. 非復元サンプリング
　　　(5) ウ. 集落サンプリング　(6) エ. 系統サンプリング
　　　(7) イ. 2段サンプリング　(8) ア. 単純ランダムサンプリング

POINT

　サンプリングに関する基本的な問題です。この分野では、サンプリングの種類に関する出題がされやすいので、基本的な用語を覚えておくことが重要です。

問2　(9) オ. 36.00　(10) イ. 13　(11) カ. 1375.4
　　　(12) イ. >　(13) カ. 3.10　(14) オ. 2

POINT

　回帰分析の問題では、回帰直線を求める方法と回帰の有意性を検定する方法を理解しておくと良いでしょう。分散分析表は表 2.2 のようになります。

表 2.2　分散分析表

変動要因	平方和 S	自由度 ϕ	不偏分散 V	分散比 F_0
回帰 R	S_R	$\phi_R = 1$	$V_R = S_R/\phi_R$	$F_0 = V_R/V_e$
残差（誤差）e	S_e	$\phi_e = n - 2$	$V_e = S_e/\phi_e$	
計	$S_T = S_R + S_e$	$\phi_T = n - 1$		

$S_e = S_T - S_R = 3846 - 3810 = 36$　　$\phi_e = n - 2 = 15 - 2 = 13$。

$V_R = S_R/\phi_R = 3810, F_0 = V_R/V_e = 3810/2.77 \fallingdotseq 1375.4$。

　また、分散比 F_0 は自由度（ϕ_R, ϕ_e）の F 分布に従います。F_0 について有意水準 0.05 で両側検定を行います。F 表より $F(\phi_R, \phi_e; 0.05) = F(1, 13; 0.05) = 4.67$。

　回帰直線を $y = ax + b$ とします。a, b は、$a = S_{xy}/S_{xx}$、$b = \bar{y} - a\bar{x}$ で求められます。ただし、S_{xy} は x と y の偏差積和、S_{xx} は x の偏差平方和です。$S_R = S_{xy}{}^2/S_{xx}$ であるから、$S_{xy} = \sqrt{S_R \times S_{xx}}$ と変形でき、$a = \sqrt{S_R \times S_{xx}}/S_{xx} = \sqrt{S_R}/\sqrt{S_{xx}} \fallingdotseq 3.10$。さらに $b = \bar{y} - a\bar{x} = 60 - 3.10 \times 20 = -2$。

模擬試験

問3　　(15) ア. 帰無仮説 $H_0 : P_A = P_B$、対立仮説 $H_1 : P_A > P_B$
の片側検定

(16) イ. $\dfrac{p_A - p_B}{\sqrt{\bar{p}(1 - \bar{p})\left(\frac{1}{n_A} + \frac{1}{n_B}\right)}}$　　(17) ウ. 棄却

(18) オ. 大きい

(19) ア. $(p_A - p_B) \pm K_{0.025}\sqrt{\dfrac{p_A(1 - p_A)}{n_A} + \dfrac{p_B(1 - p_B)}{n_B}}$

POINT

　各種検定の方法や検定統計量や推定量は、暗記しておく必要があります。特に、不適合品率の検定はよく出題されるため、本問や教科書を通して理解しておきましょう。なお、本問は文章にしたがって解けば解説は特に不要と思われますが、検定統計量 u_0 の計算だけ示しておきます。

$$\bar{p} = \frac{x_A + x_B}{n_A + n_B} = \frac{30 + 15}{500 + 500} = 0.045$$

$$p_A = \frac{x_A}{n_A} = \frac{30}{500} = 0.06 \qquad p_B = \frac{x_B}{n_B} = \frac{15}{500} = 0.03$$

$$u_0 = \frac{p_A - p_B}{\sqrt{\bar{p}(1 - \bar{p})\left(\frac{1}{n_A} + \frac{1}{n_B}\right)}} = \frac{0.06 - 0.03}{\sqrt{0.045 \times (1 - 0.045)\left(\frac{1}{500} + \frac{1}{500}\right)}}$$

$$\fallingdotseq 2.288 \cdots > u(0.05) = 1.645$$

したがって、H_0 は有意水準 0.05 で棄却されます。

問4　　(20) イ. $X - R_s$　　(21) ク. 8.250　　(22) ケ. 11.29
(23) キ. 5.213　　(24) イ. 1.142　　(25) エ. 3.731
(26) ア. 統計的管理状態が維持されている

POINT

　本問は、20 日分の製品の計量値データ X の分布と、その 1 日ごとの移動範囲を管理しているため、適しているのは $X - R_s$ 管理図となります。

X 管理図の CL（中心線）はその平均値 $\bar{X}$ に等しく、表 4.1 より、

$$CL = \bar{X} = \frac{165.0}{20} = 8.250$$

次に、X 管理図の UCL と LCL を計算するにあたり、隣り合う移動範囲の群の大きさは $n = 2$ であることから、表 4.2 の係数表における $n = 2$ の行の値を使用します。移動範囲の平均値 $\bar{R}_s$ は、

$$\bar{R}_s = \frac{21.7}{20 - 1} \fallingdotseq 1.142$$

よって、UCL と LCL は次のように計算されます。

$$UCL = \bar{X} + E_2 \times \bar{R}_s = 8.250 + 2.659 \times 1.142 \fallingdotseq 11.29$$
$$LCL = \bar{X} - E_2 \times \bar{R}_s = 8.250 - 2.659 \times 1.142 \fallingdotseq 5.213$$

次に、R_s 管理図の CL（中心線）は $\bar{R}_s$ に等しく、$CL = \bar{R}_s = 1.142$ となります。よって、R_s 管理図の UCL は次のように計算されます。

$$UCL = D_4 \times \bar{R}_s = 3.267 \times 1.142 \fallingdotseq 3.731$$

表 4.3 の追加された計測値 X に対して移動範囲を追記したものを表 4.4 に示します。この結果から、計測値 X は UCL からも LCL からも外れる数値がなく、追加された移動範囲にも、UCL から外れる数値がないことがわかります。

以上のことから、統計的管理状態が維持されているといえます。

表 4.4　追加された品質特性値 X の観測データ

群番号	品質特性値 X	移動範囲
21	9.5	-
22	7	2.5
23	7.7	0.7
24	5.8	1.9
25	6.7	0.9

問 5 　　(27) イ. 二項　(28) キ. 0.02　(29) イ. 0.006182
　　　　 (30) ク. 5　　(31) キ. 1.864　(32) エ. 0.0314

POINT

① 計数値である不適合品数について二項分布による検定方法と正規近似による検定方法を問う問題です。ランダムサンプリングをした上での品質不適合品の数は二項分布に従います。また、推定値 $\hat{P} = \dfrac{x}{n} = 0.02$ となります。

② 品質不適合品の数が 2 以下になる確率は、0 個の場合、1 個の場合、2 個の場合の確率を足し合わせるので、次のようになります。

$$P_r(0) + P_r(1) + P_r(2) = 0.000111 + 0.001062 + 0.005009 = 0.006182$$

③　正規分布近似法の適用条件は、$nP_0 \geq 5$ かつ $n(1 - P_0) \geq 5$ です。

また、$u_0 = \dfrac{x - nP_0}{\sqrt{nP_0(1 - P_0)}} = \dfrac{17 - 300 \times 0.087}{\sqrt{300 \times 0.087 \times (1 - 0.087)}} = -1.864$

正規分布表より、$u_0(-1.86) = 0.0314$ が読みとれます。したがって $P_r(u \leq u_0)$ の確率は0.0314となります。

問6　　(33) ウ. 親和　(34) イ. 連関　(35) キ. なぜなぜ分析
　　　　　(36) エ. 系統　(37) オ. 原因　(38) カ. 手段

`POINT`

　新QC七つ道具は主に言語データを解析して、問題の解決を進めるための手法です。

問7　　(39) カ. 最頻値<中央値<平均値　(40) イ. 2
　　　　　(41) エ. 3　(42) ク. (A) = (B) = (C)
　　　　　(43) カ. (C) < (B) < (A)

`POINT`

①50個のデータがあるので、中央値＝{「25番目の値」＋「26番目の値」} ÷ 2であることに注意しましょう。また、ヒストグラムの小さい順にデータ数を足していくと、26番目の値は2であるので、中央値は2とわかります。平均値は計算をして3となります。

②ヒストグラムの形が同じで、位置が左側にあるか、中央にあるか、右側にあるかの違いなので、標準偏差は (A)、(B)、(C) で等しいとわかります。変動係数は標準偏差を平均値で割った値なので、平均値が最も大きい (C) の変動係数が一番小さくなり、平均値が最も小さい (A) の変動係数が一番大きくなります。

（44）ア. $P_A \times P_B$　（45）イ. $1 - \{(1 - P_A) \times (1 - P_B)\}$

（46）オ. 0.961852　（47）ア. 部品A　（48）イ. 部品C

（49）ク. システムⅡ

POINT

　信頼性に関する計算問題です。①の問題文から、計算式の意味を考えて（44）（45）の正答を導けるようにしましょう。②の図8.3のシステムⅠ全体の信頼性の計算方法を説明します。まず、部品B,Cの並列部分についての信頼性 P_{BC} は、$P_{BC} = 1 - \{(1 - P_B) \times (1 - P_C)\} = 1 - \{(1 - 0.88) \times (1 - 0.93)\} = 0.9916$ となります。次にシステムⅠ全体の信頼性 P は、$P = P_A \times P_{BC} = 0.97 \times 0.9916 = 0.961852$ となります。

　（47）（48）に、それぞれ部品A、部品Cを入れたときは、全体の信頼性は0.994552に、逆にそれぞれ部品C、部品Aを入れたときは、全体の信頼性は0.989752となり、最も信頼度が高いのは前者となります。

問9　　（50）カ. フローチャート　（51）ア. 工程記号

（52）コ. 管理項目　（53）キ. 管理水準

（54）エ. 特性　（55）イ. 工程改善

（56）オ. 工程能力調査

POINT

　QC工程図の目的、作成方法に関する問題です。似たような用語が多いため、各用語の意味をしっかりと理解しておくことが大切です。管理項目と管理水準、工程改善と工程能力調査といった用語の意味の違いは正確に理解しておきましょう。

　(57) エ. 暫定　(58) ウ. 是正　(59) コ. 作業標準
　　　　(60) ク. SDCA　(61) ア. 承認　(62) カ. フールプルーフ
　　　　(63) カ. 問題解決型　(64) ウ. 課題達成型
　　　　(65) コ. 現状把握　(66) ア. ギャップ　(67) ク. 攻め所

POINT

　品質の改善に関する問題です。幅広く聞かれていますが、作業標準の改訂、QC
ストーリーのセットでの出題は典型的なパターンとなっています。

問 11　　(68) カ. 標準　(69) エ. 改訂　(70) キ. SDCA
　　　　(71) キ. ハインリッヒ　(72) オ. 自主　(73) ウ. 清掃

POINT

　管理の方法では標準化、QC ストーリー、ハインリッヒの法則、自主保全活動な
どのキーワードを押さえておきましょう。

問 12　　(74) ウ. 魅力的　(75) エ. 一元的　(76) ケ. 当たり前
　　　　(77) カ. 無関心　(78) イ. 企画　(79) キ. ねらいの
　　　　(80) ア. できばえの

POINT

　品質の概念に関する基本的な問題です。どの品質も過去に出題されたことがあ
るので、それぞれの意味を覚えておきましょう。

問 13　　(81) イ. 経営理念　(82) エ. 方策　(83) コ. 実施計画
　　　　(84) ケ. トップ診断　(85) キ. 差異

POINT

　方針管理に関する基本的な問題です。3 級で学んだ方針管理の基本的な用語に加
えて、実施状況をチェックするために期中に行うトップ診断、目標の達成状況を

チェックするために期末に行う差異分析などの用語も覚えておきましょう。

問14	(86) コ. 互換性　(87) キ. 社内標準化　(88) ク. 国家標準
	(89) エ. 品質　(90) ア. 取決め　(91) カ. 納期
	(92) オ. 作業方法　(93) キ. 製造技術標準

POINT

　QC検定において重要な分野の一つである標準化の問題です。標準化の目的や効果、標準の種類、社内標準化の進め方は一通り理解しておきましょう。

問15	(94) ア. 日常管理　(95) カ. 維持管理
	(96) イ. 原因追究　(97) オ. 変化点管理
	(98) コ. 工程異常または異常　(99) ウ. 標準

POINT

　日常管理は、基本的な考え方および進め方を理解することが重要です。ほとんどの問題は、大まかな内容を理解していれば、文章の流れから推測して正解できます。

問16	(100) エ. 品質　(101) ク. 期待
	(102) オ. 密接に関連する利害関係者
	(103) ア. プロセス　(104) エ. 資源
	(105) キ. 顧客　(106) ケ. 重大なリスク

POINT

　品質管理マネジメントの問題では、基本的な用語の問題がよく出題されます。文脈から正答を導ける問題も多いので、知らない知識が出題されてもあきらめずに選択肢を絞りましょう。

模擬試験

巻末資料① 正規分布表

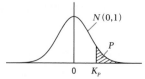

$N(0,1)$

P

$0 \quad K_P$

(I) K_P から P を求める表

K_P	*=0	1	2	3	4	5	6	7	8	9
0.0*	.5000	.4960	.4920	.4880	.4840	.4801	.4761	.4721	.4681	.4641
0.1*	.4602	.4562	.4522	.4483	.4443	.4404	.4364	.4325	.4286	.4247
0.2*	.4207	.4168	.4129	.4090	.4052	.4013	.3974	.3936	.3897	.3859
0.3*	.3821	.3783	.3745	.3707	.3669	.3632	.3594	.3557	.3520	.3483
0.4*	.3446	.3409	.3372	.3336	.3300	.3264	.3228	.3192	.3156	.3121
0.5*	.3085	.3050	.3015	.2981	.2946	.2912	.2877	.2843	.2810	.2776
0.6*	.2743	.2709	.2676	.2643	.2611	.2578	.2546	.2514	.2483	.2451
0.7*	.2420	.2389	.2358	.2327	.2296	.2266	.2236	.2206	.2177	.2148
0.8*	.2119	.2090	.2061	.2033	.2005	.1977	.1949	.1922	.1894	.1867
0.9*	.1841	.1814	.1788	.1762	.1736	.1711	.1685	.1660	.1635	.1611
1.0*	.1587	.1562	.1539	.1515	.1492	.1469	.1446	.1423	.1401	.1379
1.1*	.1357	.1335	.1314	.1292	.1271	.1251	.1230	.1210	.1190	.1170
1.2*	.1151	.1131	.1112	.1093	.1075	.1056	.1038	.1020	.1003	.0985
1.3*	.0968	.0951	.0934	.0918	.0901	.0885	.0869	.0853	.0838	.0823
1.4*	.0808	.0793	.0778	.0764	.0749	.0735	.0721	.0708	.0694	.0681
1.5*	.0668	.0655	.0643	.0630	.0618	.0606	.0594	.0582	.0571	.0559
1.6*	.0548	.0537	.0526	.0516	.0505	.0495	.0485	.0475	.0465	.0455
1.7*	.0446	.0436	.0427	.0418	.0409	.0401	.0392	.0384	.0375	.0367
1.8*	.0359	.0351	.0344	.0336	.0329	.0322	.0314	.0307	.0301	.0294
1.9*	.0287	.0281	.0274	.0268	.0262	.0256	.0250	.0244	.0239	.0233
2.0*	.0228	.0222	.0217	.0212	.0207	.0202	.0197	.0192	.0188	.0183
2.1*	.0179	.0174	.0170	.0166	.0162	.0158	.0154	.0150	.0146	.0143
2.2*	.0139	.0136	.0132	.0129	.0125	.0122	.0119	.0116	.0113	.0110
2.3*	.0107	.0104	.0102	.0099	.0096	.0094	.0091	.0089	.0087	.0084
2.4*	.0082	.0080	.0078	.0075	.0073	.0071	.0069	.0068	.0066	.0064
2.5*	.0062	.0060	.0059	.0057	.0055	.0054	.0052	.0051	.0049	.0048
2.6*	.0047	.0045	.0044	.0043	.0041	.0040	.0039	.0038	.0037	.0036
2.7*	.0035	.0034	.0033	.0032	.0031	.0030	.0029	.0028	.0027	.0026
2.8*	.0026	.0025	.0024	.0023	.0023	.0022	.0021	.0021	.0020	.0019
2.9*	.0019	.0018	.0018	.0017	.0016	.0016	.0015	.0015	.0014	.0014
3.0*	.0013	.0013	.0013	.0012	.0012	.0011	.0011	.0011	.0010	.0010
3.5	.2326E-3									
4.0	.3167E-4									
4.5	.3398E-5									
5.0	.2867E-6									
5.5	.1899E-7									

(II) P から K_P を求める表

P	.001	.005	0.01	.025	.05	.1	.2	.3	.4
K_P	3.090	2.576	2.326	1.960	1.645	1.282	.842	.524	.253

(III) P から K_P を求める表

P	*=0	1	2	3	4	5	6	7	8	9
0.00*	∞	3.090	2.878	2.748	2.652	2.576	2.512	2.457	2.409	2.366
0.0*	∞	2.326	2.054	1.881	1.751	1.645	1.555	1.476	1.405	1.341
0.1*	1.282	1.227	1.175	1.126	1.080	1.036	.994	.954	.915	.878
0.2*	.842	.806	.772	.739	.706	.674	.643	.613	.583	.533
0.3*	.524	.496	.468	.440	.412	.385	.358	.332	.305	.279
0.4*	.253	.228	.202	.176	.151	.126	.100	.075	.050	.025

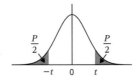

自由度 ϕ と両側確率 P とから $t(\phi、P)$ の値を求める表

ϕ \ P	0.50	0.40	0.30	0.20	0.10	0.05	0.02	0.01	0.001
1	1.000	1.376	1.963	3.078	6.314	12.706	31.821	63.657	636.619
2	0.816	1.061	1.386	1.886	2.920	4.303	6.965	9.925	31.599
3	0.765	0.978	1.250	1.638	2.353	3.182	4.541	5.841	12.924
4	0.741	0.941	1.190	1.533	2.132	2.776	3.747	4.604	8.610
5	0.727	0.920	1.156	1.476	2.015	2.571	3.365	4.032	6.869
6	0.718	0.906	1.134	1.440	1.943	2.447	3.143	3.707	5.959
7	0.711	0.896	1.119	1.415	1.895	2.365	2.998	3.499	5.408
8	0.706	0.889	1.108	1.397	1.860	2.306	2.896	3.355	5.041
9	0.703	0.883	1.100	1.383	1.833	2.262	2.821	3.250	4.781
10	0.700	0.879	1.093	1.372	1.812	2.228	2.764	3.169	4.587
11	0.697	0.876	1.088	1.363	1.796	2.201	2.718	3.106	4.437
12	0.695	0.873	1.083	1.356	1.782	2.179	2.681	3.055	4.318
13	0.694	0.870	1.079	1.350	1.771	2.160	2.650	3.012	4.221
14	0.692	0.868	1.076	1.345	1.761	2.145	2.624	2.977	4.140
15	0.691	0.866	1.074	1.341	1.753	2.131	2.602	2.947	4.073
16	0.690	0.865	1.071	1.337	1.746	2.120	2.583	2.921	4.015
17	0.689	0.863	1.069	1.333	1.740	2.110	2.567	2.898	3.965
18	0.688	0.862	1.067	1.330	1.734	2.101	2.552	2.878	3.922
19	0.688	0.861	1.066	1.328	1.729	2.093	2.539	2.861	3.883
20	0.687	0.860	1.064	1.325	1.725	2.086	2.528	2.845	3.850
21	0.686	0.859	1.063	1.323	1.721	2.080	2.518	2.831	3.819
22	0.686	0.858	1.061	1.321	1.717	2.074	2.508	2.819	3.792
23	0.685	0.858	1.060	1.319	1.714	2.069	2.500	2.807	3.768
24	0.685	0.857	1.059	1.318	1.711	2.064	2.492	2.797	3.745
25	0.684	0.856	1.058	1.316	1.708	2.060	2.485	2.787	3.725
26	0.684	0.856	1.058	1.315	1.706	2.056	2.479	2.779	3.707
27	0.684	0.855	1.057	1.314	1.703	2.052	2.473	2.771	3.690
28	0.683	0.855	1.056	1.313	1.701	2.048	2.467	2.763	3.674
29	0.683	0.854	1.055	1.311	1.699	2.045	2.462	2.756	3.659
30	0.683	0.854	1.055	1.310	1.697	2.042	2.457	2.750	3.646
40	0.681	0.851	1.050	1.303	1.684	2.021	2.423	2.704	3.551
60	0.679	0.848	1.046	1.296	1.671	2.000	2.390	2.660	3.460
120	0.677	0.845	1.041	1.289	1.658	1.980	2.358	2.617	3.373
∞	0.674	0.842	1.036	1.282	1.645	1.960	2.326	2.576	3.291

例：$\phi＝10$ の両側 5%点（$P＝0.05$）に対する t の値は2.228 である。

巻末資料③　χ²表

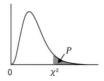

自由度φと上側確率Pとからχ²(φ, P)の値を求める表

φ \ P	0.995	0.99	0.975	0.95	0.9	0.75	0.5	0.25	0.1	0.05	0.025	0.01	0.005
1	0.0⁴393	0.0³157	0.0³982	0.0²393	0.0158	0.102	0.455	1.323	2.71	3.84	5.02	6.63	7.88
2	0.0100	0.0201	0.0506	0.103	0.211	0.575	1.386	2.77	4.61	5.99	7.38	9.21	10.60
3	0.0717	0.115	0.216	0.352	0.584	1.213	2.37	4.11	6.25	7.81	9.35	11.34	12.84
4	0.207	0.297	0.484	0.711	1.064	1.923	3.36	5.39	7.78	9.49	11.14	13.28	14.86
5	0.412	0.554	0.831	1.145	1.610	2.67	4.35	6.63	9.24	11.07	12.83	15.09	16.75
6	0.676	0.872	1.237	1.635	2.20	3.45	5.35	7.84	10.64	12.59	14.45	16.81	18.55
7	0.989	1.239	1.690	2.17	2.83	4.25	6.35	9.04	12.02	14.07	16.01	18.48	20.3
8	1.344	1.646	2.18	2.73	3.49	5.07	7.34	10.22	13.36	15.51	17.53	20.1	22.0
9	1.735	2.09	2.70	3.33	4.17	5.90	8.34	11.39	14.68	16.92	19.02	21.7	23.6
10	2.16	2.56	3.25	3.94	4.87	6.74	9.34	12.55	15.99	18.31	20.5	23.2	25.2
11	2.60	3.05	3.82	4.57	5.58	7.58	10.34	13.70	17.28	19.68	21.9	24.7	26.8
12	3.07	3.57	4.40	5.23	6.30	8.44	11.34	14.85	18.55	21.0	23.3	26.2	28.3
13	3.57	4.11	5.01	5.89	7.04	9.30	12.34	15.98	19.81	22.4	24.7	27.7	29.8
14	4.07	4.66	5.63	6.57	7.79	10.17	13.34	17.12	21.1	23.7	26.1	29.1	31.3
15	4.60	5.23	6.26	7.26	8.55	11.04	14.34	18.25	22.3	25.0	27.5	30.6	32.8
16	5.14	5.81	6.91	7.96	9.31	11.91	15.34	19.37	23.5	26.3	28.8	32.0	34.3
17	5.70	6.41	7.56	8.67	10.09	12.79	16.34	20.5	24.8	27.6	30.2	33.4	35.7
18	6.26	7.01	8.23	9.39	10.86	13.68	17.34	21.6	26.0	28.9	31.5	34.8	37.2
19	6.84	7.63	8.91	10.12	11.65	14.56	18.34	22.7	27.2	30.1	32.9	36.2	38.6
20	7.43	8.26	9.59	10.85	12.44	15.45	19.34	23.8	28.4	31.4	34.2	37.6	40.0
21	8.03	8.90	10.28	11.59	13.24	16.34	20.3	24.9	29.6	32.7	35.5	38.9	41.4
22	8.64	9.54	10.98	12.34	14.04	17.24	21.3	26.0	30.8	33.9	36.8	40.3	42.8
23	9.26	10.20	11.69	13.09	14.85	18.14	22.3	27.1	32.0	35.2	38.1	41.6	44.2
24	9.89	10.86	12.40	13.85	15.66	19.04	23.3	28.2	33.2	36.4	39.4	43.0	45.6
25	10.52	11.52	13.12	14.61	16.47	19.94	24.3	29.3	34.4	37.7	40.6	44.3	46.9
26	11.16	12.20	13.84	15.38	17.29	20.8	25.3	30.4	35.6	38.9	41.9	45.6	48.3
27	11.81	12.88	14.57	16.15	18.11	21.7	26.3	31.5	36.7	40.1	43.2	47.0	49.6
28	12.46	13.56	15.31	16.93	18.94	22.7	27.3	32.6	37.9	41.3	44.5	48.3	51.0
29	13.12	14.26	16.05	17.71	19.77	23.6	28.3	33.7	39.1	42.6	45.7	49.6	52.3
30	13.79	14.95	16.79	18.49	20.6	24.5	29.3	34.8	40.3	43.8	47.0	50.9	53.7
40	20.7	22.2	24.4	26.5	29.1	33.7	39.3	45.6	51.8	55.8	59.3	63.7	66.8
50	28.0	29.7	32.4	34.8	37.7	42.9	49.3	56.3	63.2	67.5	71.4	76.2	79.5
60	35.5	37.5	40.5	43.2	46.5	52.3	59.3	67.0	74.4	79.1	83.3	88.4	92.0
70	43.3	45.4	48.8	51.7	55.3	61.7	69.3	77.6	85.5	90.5	95.0	100.4	104.2
80	51.2	53.5	57.2	60.4	64.3	71.1	79.3	88.1	96.6	101.9	106.6	112.3	116.3
90	59.2	61.8	65.6	69.1	73.3	80.6	89.3	98.6	107.6	113.1	118.1	124.1	128.3
100	67.3	70.1	74.2	77.9	82.4	90.1	99.3	109.1	118.5	124.3	129.6	135.8	140.2

巻末資料④　F表（5%, 1%）

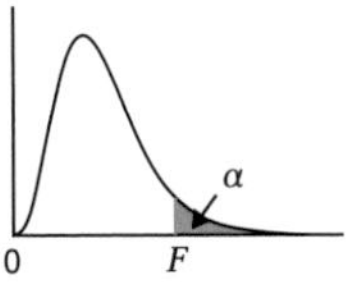

$F(\phi_1, \phi_2, \alpha)$　α=0.05（細字）　**α=0.01（太字）**

ϕ_1=分子の自由度　ϕ_2=分母の自由度

ϕ_2 \ ϕ_1	1	2	3	4	5	6	7	8	9	10	12	15	20	24	30	40	60	120	∞
1	161	200	216	225	230	234	237	239	241	242	244	246	248	249	250	251	252	253	254
	4052	**5000**	**5403**	**5625**	**5764**	**5859**	**5928**	**5981**	**6022**	**6056**	**6106**	**6157**	**6209**	**6235**	**6261**	**6287**	**6313**	**6339**	**6366**
2	18.5	19.0	19.2	19.2	19.3	19.3	19.4	19.4	19.4	19.4	19.4	19.4	19.4	19.5	19.5	19.5	19.5	19.5	19.5
	98.5	**99.0**	**99.2**	**99.2**	**99.3**	**99.3**	**99.4**	**99.4**	**99.4**	**99.4**	**99.4**	**99.4**	**99.4**	**99.5**	**99.5**	**99.5**	**99.5**	**99.5**	**99.5**
3	10.1	9.55	9.28	9.12	9.01	8.94	8.89	8.85	8.81	8.79	8.74	8.70	8.66	8.64	8.62	8.59	8.57	8.55	8.53
	34.1	**30.8**	**29.5**	**28.7**	**28.2**	**27.9**	**27.7**	**27.5**	**27.3**	**27.2**	**27.1**	**26.9**	**26.7**	**26.6**	**26.5**	**26.4**	**26.3**	**26.2**	**26.1**
4	7.71	6.94	6.59	6.39	6.26	6.16	6.09	6.04	6.00	5.96	5.91	5.86	5.80	5.77	5.75	5.72	5.69	5.66	5.63
	21.2	**18.0**	**16.7**	**16.0**	**15.5**	**15.2**	**15.0**	**14.8**	**14.7**	**14.5**	**14.4**	**14.2**	**14.0**	**13.9**	**13.8**	**13.7**	**13.7**	**13.6**	**13.5**
5	6.61	5.79	5.41	5.19	5.05	4.95	4.88	4.82	4.77	4.74	4.68	4.62	4.56	4.53	4.50	4.46	4.43	4.40	4.36
	16.3	**13.3**	**12.1**	**11.4**	**11.0**	**10.7**	**10.5**	**10.3**	**10.2**	**10.1**	**9.89**	**9.72**	**9.55**	**9.47**	**9.38**	**9.29**	**9.20**	**9.11**	**9.02**
6	5.99	5.14	4.76	4.53	4.39	4.28	4.21	4.15	4.10	4.06	4.00	3.94	3.87	3.84	3.81	3.77	3.74	3.70	3.67
	13.7	**10.9**	**9.78**	**9.15**	**8.75**	**8.47**	**8.26**	**8.10**	**7.98**	**7.87**	**7.72**	**7.56**	**7.40**	**7.31**	**7.23**	**7.14**	**7.06**	**6.97**	**6.88**
7	5.59	4.74	4.35	4.12	3.97	3.87	3.79	3.73	3.68	3.64	3.57	3.51	3.44	3.41	3.38	3.34	3.30	3.27	3.23
	12.2	**9.55**	**8.45**	**7.85**	**7.46**	**7.19**	**6.99**	**6.84**	**6.72**	**6.62**	**6.47**	**6.31**	**6.16**	**6.07**	**5.99**	**5.91**	**5.82**	**5.74**	**5.65**
8	5.32	4.46	4.07	3.84	3.69	3.58	3.50	3.44	3.39	3.35	3.28	3.22	3.15	3.12	3.08	3.04	3.01	2.97	2.93
	11.3	**8.65**	**7.59**	**7.01**	**6.63**	**6.37**	**6.18**	**6.03**	**5.91**	**5.81**	**5.67**	**5.52**	**5.36**	**5.28**	**5.20**	**5.12**	**5.03**	**4.95**	**4.86**
9	5.12	4.26	3.86	3.63	3.48	3.37	3.29	3.23	3.18	3.14	3.07	3.01	2.94	2.90	2.86	2.83	2.79	2.75	2.71
	10.6	**8.02**	**6.99**	**6.42**	**6.06**	**5.80**	**5.61**	**5.47**	**5.35**	**5.26**	**5.11**	**4.96**	**4.81**	**4.73**	**4.65**	**4.57**	**4.48**	**4.40**	**4.31**
10	4.96	4.10	3.71	3.48	3.33	3.22	3.14	3.07	3.02	2.98	2.91	2.85	2.77	2.74	2.70	2.66	2.62	2.58	2.54
	10.0	**7.56**	**6.55**	**5.99**	**5.64**	**5.39**	**5.20**	**5.06**	**4.94**	**4.85**	**4.71**	**4.56**	**4.41**	**4.33**	**4.25**	**4.17**	**4.08**	**4.00**	**3.91**
11	4.84	3.98	3.59	3.36	3.20	3.09	3.01	2.95	2.90	2.85	2.79	2.72	2.65	2.61	2.57	2.53	2.49	2.45	2.40
	9.65	**7.21**	**6.22**	**5.67**	**5.32**	**5.07**	**4.89**	**4.74**	**4.63**	**4.54**	**4.40**	**4.25**	**4.10**	**4.02**	**3.94**	**3.86**	**3.78**	**3.69**	**3.60**
12	4.75	3.89	3.49	3.26	3.11	3.00	2.91	2.85	2.80	2.75	2.69	2.62	2.54	2.51	2.47	2.43	2.38	2.34	2.30
	9.33	**6.93**	**5.95**	**5.41**	**5.06**	**4.82**	**4.64**	**4.50**	**4.39**	**4.30**	**4.16**	**4.01**	**3.86**	**3.78**	**3.70**	**3.62**	**3.54**	**3.45**	**3.36**
13	4.67	3.81	3.41	3.18	3.03	2.92	2.83	2.77	2.71	2.67	2.60	2.53	2.46	2.42	2.38	2.34	2.30	2.25	2.21
	9.07	**6.70**	**5.74**	**5.21**	**4.86**	**4.62**	**4.44**	**4.30**	**4.19**	**4.10**	**3.96**	**3.82**	**3.66**	**3.59**	**3.51**	**3.43**	**3.34**	**3.25**	**3.17**
14	4.60	3.74	3.34	3.11	2.96	2.85	2.76	2.70	2.65	2.60	2.53	2.46	2.39	2.35	2.31	2.27	2.22	2.18	2.13
	8.86	**6.51**	**5.56**	**5.04**	**4.69**	**4.46**	**4.28**	**4.14**	**4.03**	**3.94**	**3.80**	**3.66**	**3.51**	**3.43**	**3.35**	**3.27**	**3.18**	**3.09**	**3.00**
15	4.54	3.68	3.29	3.06	2.90	2.79	2.71	2.64	2.59	2.54	2.48	2.40	2.33	2.29	2.25	2.20	2.16	2.11	2.07
	8.68	**6.36**	**5.42**	**4.89**	**4.56**	**4.32**	**4.14**	**4.00**	**3.89**	**3.80**	**3.67**	**3.52**	**3.37**	**3.29**	**3.21**	**3.13**	**3.05**	**2.96**	**2.87**
16	4.49	3.63	3.24	3.01	2.85	2.74	2.66	2.59	2.54	2.49	2.42	2.35	2.28	2.24	2.19	2.15	2.11	2.06	2.01
	8.53	**6.23**	**5.29**	**4.77**	**4.44**	**4.20**	**4.03**	**3.89**	**3.78**	**3.69**	**3.55**	**3.41**	**3.26**	**3.18**	**3.10**	**3.02**	**2.93**	**2.84**	**2.75**
17	4.45	3.59	3.20	2.96	2.81	2.70	2.61	2.55	2.49	2.45	2.38	2.31	2.23	2.19	2.15	2.10	2.06	2.01	1.96
	8.40	**6.11**	**5.18**	**4.67**	**4.34**	**4.10**	**3.93**	**3.79**	**3.68**	**3.59**	**3.46**	**3.31**	**3.16**	**3.08**	**3.00**	**2.92**	**2.83**	**2.75**	**2.65**
18	4.41	3.55	3.16	2.93	2.77	2.66	2.58	2.51	2.46	2.41	2.34	2.27	2.19	2.15	2.11	2.06	2.02	1.97	1.92
	8.29	**6.01**	**5.09**	**4.58**	**4.25**	**4.01**	**3.84**	**3.71**	**3.60**	**3.51**	**3.37**	**3.23**	**3.08**	**3.00**	**2.92**	**2.84**	**2.75**	**2.66**	**2.57**
19	4.38	3.52	3.13	2.90	2.74	2.63	2.54	2.48	2.42	2.38	2.31	2.23	2.16	2.11	2.07	2.03	1.98	1.93	1.88
	8.18	**5.93**	**5.01**	**4.50**	**4.17**	**3.94**	**3.77**	**3.63**	**3.52**	**3.43**	**3.30**	**3.15**	**3.00**	**2.92**	**2.84**	**2.76**	**2.67**	**2.58**	**2.49**
20	4.35	3.49	3.10	2.87	2.71	2.60	2.51	2.45	2.39	2.35	2.28	2.20	2.12	2.08	2.04	1.99	1.95	1.90	1.84
	8.10	**5.85**	**4.94**	**4.43**	**4.10**	**3.87**	**3.70**	**3.56**	**3.46**	**3.37**	**3.23**	**3.09**	**2.94**	**2.86**	**2.78**	**2.69**	**2.61**	**2.52**	**2.42**
21	4.32	3.47	3.07	2.84	2.68	2.57	2.49	2.42	2.37	2.32	2.25	2.18	2.10	2.05	2.01	1.96	1.92	1.87	1.81
	8.02	**5.78**	**4.87**	**4.37**	**4.04**	**3.81**	**3.64**	**3.51**	**3.40**	**3.31**	**3.17**	**3.03**	**2.88**	**2.80**	**2.72**	**2.64**	**2.55**	**2.46**	**2.36**
22	4.30	3.44	3.05	2.82	2.66	2.55	2.46	2.40	2.34	2.30	2.23	2.15	2.07	2.03	1.98	1.94	1.89	1.84	1.78
	7.95	**5.72**	**4.82**	**4.31**	**3.99**	**3.76**	**3.59**	**3.45**	**3.35**	**3.26**	**3.12**	**2.98**	**2.83**	**2.75**	**2.67**	**2.58**	**2.50**	**2.40**	**2.31**
23	4.28	3.42	3.03	2.80	2.64	2.53	2.44	2.37	2.32	2.27	2.20	2.13	2.05	2.01	1.96	1.91	1.86	1.81	1.76
	7.88	**5.66**	**4.76**	**4.26**	**3.94**	**3.71**	**3.54**	**3.41**	**3.30**	**3.21**	**3.07**	**2.93**	**2.78**	**2.70**	**2.62**	**2.54**	**2.45**	**2.35**	**2.26**
24	4.26	3.40	3.01	2.78	2.62	2.51	2.42	2.36	2.30	2.25	2.18	2.11	2.03	1.98	1.94	1.89	1.84	1.79	1.73
	7.82	**5.61**	**4.72**	**4.22**	**3.90**	**3.67**	**3.50**	**3.36**	**3.26**	**3.17**	**3.03**	**2.89**	**2.74**	**2.66**	**2.58**	**2.49**	**2.40**	**2.31**	**2.21**
25	4.24	3.39	2.99	2.76	2.60	2.49	2.40	2.34	2.28	2.24	2.16	2.09	2.01	1.96	1.92	1.87	1.82	1.77	1.71
	7.77	**5.57**	**4.68**	**4.18**	**3.85**	**3.63**	**3.46**	**3.32**	**3.22**	**3.13**	**2.99**	**2.85**	**2.70**	**2.62**	**2.54**	**2.45**	**2.36**	**2.27**	**2.17**
26	4.23	3.37	2.98	2.74	2.59	2.47	2.39	2.32	2.27	2.22	2.15	2.07	1.99	1.95	1.90	1.85	1.80	1.75	1.69
	7.72	**5.53**	**4.64**	**4.14**	**3.82**	**3.59**	**3.42**	**3.29**	**3.18**	**3.09**	**2.96**	**2.81**	**2.66**	**2.58**	**2.50**	**2.42**	**2.33**	**2.23**	**2.13**
27	4.21	3.35	2.96	2.73	2.57	2.46	2.37	2.31	2.25	2.20	2.13	2.06	1.97	1.93	1.88	1.84	1.79	1.73	1.67
	7.68	**5.49**	**4.60**	**4.11**	**3.78**	**3.56**	**3.39**	**3.26**	**3.15**	**3.06**	**2.93**	**2.78**	**2.63**	**2.55**	**2.47**	**2.38**	**2.29**	**2.20**	**2.10**
28	4.20	3.34	2.95	2.71	2.56	2.45	2.36	2.29	2.24	2.19	2.12	2.04	1.96	1.91	1.87	1.82	1.77	1.71	1.65
	7.64	**5.45**	**4.57**	**4.07**	**3.75**	**3.53**	**3.36**	**3.23**	**3.12**	**3.03**	**2.90**	**2.75**	**2.60**	**2.52**	**2.44**	**2.35**	**2.26**	**2.17**	**2.06**
29	4.18	3.33	2.93	2.70	2.55	2.43	2.35	2.28	2.22	2.18	2.10	2.03	1.94	1.90	1.85	1.81	1.75	1.70	1.64
	7.60	**5.42**	**4.54**	**4.04**	**3.73**	**3.50**	**3.33**	**3.20**	**3.09**	**3.00**	**2.87**	**2.73**	**2.57**	**2.49**	**2.41**	**2.33**	**2.23**	**2.14**	**2.03**
30	4.17	3.32	2.92	2.69	2.53	2.42	2.33	2.27	2.21	2.16	2.09	2.01	1.93	1.89	1.84	1.79	1.74	1.68	1.62
	7.56	**5.39**	**4.51**	**4.02**	**3.70**	**3.47**	**3.30**	**3.17**	**3.07**	**2.98**	**2.84**	**2.70**	**2.55**	**2.47**	**2.39**	**2.30**	**2.21**	**2.11**	**2.01**
40	4.08	3.23	2.84	2.61	2.45	2.34	2.25	2.18	2.12	2.08	2.00	1.92	1.84	1.79	1.74	1.69	1.64	1.58	1.51
	7.31	**5.18**	**4.31**	**3.83**	**3.51**	**3.29**	**3.12**	**2.99**	**2.89**	**2.80**	**2.66**	**2.52**	**2.37**	**2.29**	**2.20**	**2.11**	**2.02**	**1.92**	**1.80**
60	4.00	3.15	2.76	2.53	2.37	2.25	2.17	2.10	2.04	1.99	1.92	1.84	1.75	1.70	1.65	1.59	1.53	1.47	1.39
	7.08	**4.98**	**4.13**	**3.65**	**3.34**	**3.12**	**2.95**	**2.82**	**2.72**	**2.63**	**2.50**	**2.35**	**2.20**	**2.12**	**2.03**	**1.94**	**1.84**	**1.73**	**1.60**
120	3.92	3.07	2.68	2.45	2.29	2.18	2.09	2.02	1.96	1.91	1.83	1.75	1.66	1.61	1.55	1.50	1.43	1.35	1.25
	6.85	**4.79**	**3.95**	**3.48**	**3.17**	**2.96**	**2.79**	**2.66**	**2.56**	**2.47**	**2.34**	**2.19**	**2.03**	**1.95**	**1.86**	**1.76**	**1.66**	**1.53**	**1.38**
∞	3.84	3.00	2.60	2.37	2.21	2.10	2.01	1.94	1.88	1.83	1.75	1.67	1.57	1.52	1.46	1.39	1.32	1.22	1.00
	6.63	**4.61**	**3.78**	**3.32**	**3.02**	**2.80**	**2.64**	**2.51**	**2.41**	**2.32**	**2.18**	**2.04**	**1.88**	**1.79**	**1.70**	**1.59**	**1.47**	**1.32**	**1.00**

2.5%

$F(\phi_1, \phi_2, \alpha)$　$\alpha=0.025$

ϕ_1＝分子の自由度　ϕ_2＝分母の自由度

ϕ_2 \ ϕ_1	1	2	3	4	5	6	7	8	9	10	12	15	20	24	30	40	60	120	∞
1	648	800	864	900	922	937	948	957	963	969	977	985	993	997	1001	1006	1010	1014	1018
2	38.5	39.0	39.2	39.2	39.3	39.3	39.4	39.4	39.4	39.4	39.4	39.4	39.4	39.5	39.5	39.5	39.5	39.5	39.5
3	17.4	16.0	15.4	15.1	14.9	14.7	14.6	14.5	14.5	14.4	14.3	14.3	14.2	14.1	14.1	14.0	14.0	13.9	13.9
4	12.2	10.6	9.98	9.60	9.36	9.20	9.07	8.98	8.90	8.84	8.75	8.66	8.56	8.51	8.46	8.41	8.36	8.31	8.26
5	10.0	8.43	7.76	7.39	7.15	6.98	6.85	6.76	6.68	6.62	6.52	6.43	6.33	6.28	6.23	6.18	6.12	6.07	6.02
6	8.81	7.26	6.60	6.23	5.99	5.82	5.70	5.60	5.52	5.46	5.37	5.27	5.17	5.12	5.07	5.01	4.96	4.90	4.85
7	8.07	6.54	5.89	5.52	5.29	5.12	4.99	4.90	4.82	4.76	4.67	4.57	4.47	4.41	4.36	4.31	4.25	4.20	4.14
8	7.57	6.06	5.42	5.05	4.82	4.65	4.53	4.43	4.36	4.30	4.20	4.10	4.00	3.95	3.89	3.84	3.78	3.73	3.67
9	7.21	5.71	5.08	4.72	4.48	4.32	4.20	4.10	4.03	3.96	3.87	3.77	3.67	3.61	3.56	3.51	3.45	3.39	3.33
10	6.94	5.46	4.83	4.47	4.24	4.07	3.95	3.85	3.78	3.72	3.62	3.52	3.42	3.37	3.31	3.26	3.20	3.14	3.08
11	6.72	5.26	4.63	4.28	4.04	3.88	3.76	3.66	3.59	3.53	3.43	3.33	3.23	3.17	3.12	3.06	3.00	2.94	2.88
12	6.55	5.10	4.47	4.12	3.89	3.73	3.61	3.51	3.44	3.37	3.28	3.18	3.07	3.02	2.96	2.91	2.85	2.79	2.72
13	6.41	4.97	4.35	4.00	3.77	3.60	3.48	3.39	3.31	3.25	3.15	3.05	2.95	2.89	2.84	2.78	2.72	2.66	2.60
14	6.30	4.86	4.24	3.89	3.66	3.50	3.38	3.29	3.21	3.15	3.05	2.95	2.84	2.79	2.73	2.67	2.61	2.55	2.49
15	6.20	4.77	4.15	3.80	3.58	3.41	3.29	3.20	3.12	3.06	2.96	2.86	2.76	2.70	2.64	2.59	2.52	2.46	2.40
16	6.12	4.69	4.08	3.73	3.50	3.34	3.22	3.12	3.05	2.99	2.89	2.79	2.68	2.63	2.57	2.51	2.45	2.38	2.32
17	6.04	4.62	4.01	3.66	3.44	3.28	3.16	3.06	2.98	2.92	2.82	2.72	2.62	2.56	2.50	2.44	2.38	2.32	2.25
18	5.98	4.56	3.95	3.61	3.38	3.22	3.10	3.01	2.93	2.87	2.77	2.67	2.56	2.50	2.44	2.38	2.32	2.26	2.19
19	5.92	4.51	3.90	3.56	3.33	3.17	3.05	2.96	2.88	2.82	2.72	2.62	2.51	2.45	2.39	2.33	2.27	2.20	2.13
20	5.87	4.46	3.86	3.51	3.29	3.13	3.01	2.91	2.84	2.77	2.68	2.57	2.46	2.41	2.35	2.29	2.22	2.16	2.09
21	5.83	4.42	3.82	3.48	3.25	3.09	2.97	2.87	2.80	2.73	2.64	2.53	2.42	2.37	2.31	2.25	2.18	2.11	2.04
22	5.79	4.38	3.78	3.44	3.22	3.05	2.93	2.84	2.76	2.70	2.60	2.50	2.39	2.33	2.27	2.21	2.14	2.08	2.00
23	5.75	4.35	3.75	3.41	3.18	3.02	2.90	2.81	2.73	2.67	2.57	2.47	2.36	2.30	2.24	2.18	2.11	2.04	1.97
24	5.72	4.32	3.72	3.38	3.15	2.99	2.87	2.78	2.70	2.64	2.54	2.44	2.33	2.27	2.21	2.15	2.08	2.01	1.94
25	5.69	4.29	3.69	3.35	3.13	2.97	2.85	2.75	2.68	2.61	2.51	2.41	2.30	2.24	2.18	2.12	2.05	1.98	1.91
26	5.66	4.27	3.67	3.33	3.10	2.94	2.82	2.73	2.65	2.59	2.49	2.39	2.28	2.22	2.16	2.09	2.03	1.95	1.88
27	5.63	4.24	3.65	3.31	3.08	2.92	2.80	2.71	2.63	2.57	2.47	2.36	2.25	2.19	2.13	2.07	2.00	1.93	1.85
28	5.61	4.22	3.63	3.29	3.06	2.90	2.78	2.69	2.61	2.55	2.45	2.34	2.23	2.17	2.11	2.05	1.98	1.91	1.83
29	5.59	4.20	3.61	3.27	3.04	2.88	2.76	2.67	2.59	2.53	2.43	2.32	2.21	2.15	2.09	2.03	1.96	1.89	1.81
30	5.57	4.18	3.59	3.25	3.03	2.87	2.75	2.65	2.57	2.51	2.41	2.31	2.20	2.14	2.07	2.01	1.94	1.87	1.79
40	5.42	4.05	3.46	3.13	2.90	2.74	2.62	2.53	2.45	2.39	2.29	2.18	2.07	2.01	1.94	1.88	1.80	1.72	1.64
60	5.29	3.93	3.34	3.01	2.79	2.63	2.51	2.41	2.33	2.27	2.17	2.06	1.94	1.88	1.82	1.74	1.67	1.58	1.48
120	5.15	3.80	3.23	2.89	2.67	2.52	2.39	2.30	2.22	2.16	2.05	1.94	1.82	1.76	1.69	1.61	1.53	1.43	1.31
∞	5.02	3.69	3.12	2.79	2.57	2.41	2.29	2.19	2.11	2.05	1.94	1.83	1.71	1.64	1.57	1.48	1.39	1.27	1.00

INDEX 索引

索引

・装丁デザイン：株式会社シンクロ

ゼロからわかる！　QC検定®2級　テキスト&問題集　新装版

2023年4月15日　初　版　第1刷発行
2023年9月1日　新装版　第1刷発行
2024年6月30日　　　　　第2刷発行

編　著　者	TAC出版開発グループ
発　行　者	多　田　敏　男
発　行　所	TAC株式会社　出版事業部
	（TAC出版）

〒101-8383
東京都千代田区神田三崎町3-2-18
電話 03 (5276) 9492 (営業)
FAX 03 (5276) 9674
https://shuppan.tac-school.co.jp

組　　版	有限会社　マーリンクレイン
印　　刷	株式会社　光　　　邦
製　　本	株式会社　常　川　製　本

© TAC 2023　　　　Printed in Japan　　　　ISBN 978-4-300-10918-2
N.D.C. 509.66

書籍の正誤に関するご確認とお問合せについて

書籍の記載内容に誤りではないかと思われる箇所がございましたら、以下の手順にてご確認とお問合せをしてくださいますよう、お願い申し上げます。

なお、正誤のお問合せ以外の書籍内容に関する解説および受験指導などは、一切行っておりません。
そのようなお問合せにつきましては、お答えいたしかねますので、あらかじめご了承ください。

1 「Cyber Book Store」にて正誤表を確認する

TAC出版書籍販売サイト「Cyber Book Store」の
トップページ内「正誤表」コーナーにて、正誤表をご確認ください。

CYBER TAC出版書籍販売サイト
BOOK STORE

URL：https://bookstore.tac-school.co.jp/

2 1 の正誤表がない、あるいは正誤表に該当箇所の記載がない
⇒ 下記①、②のどちらかの方法で文書にて問合せをする

★ご注意ください★

お電話でのお問合せは、お受けいたしません。
①、②のどちらの方法でも、お問合せの際には、「お名前」とともに、
「対象の書籍名（○級・第○回対策も含む）およびその版数（第○版・○○年度版など）」
「お問合せ該当箇所の頁数と行数」
「誤りと思われる記載」
「正しいとお考えになる記載とその根拠」
を明記してください。
なお、回答までに１週間前後を要する場合もございます。あらかじめご了承ください。

① ウェブページ「Cyber Book Store」内の「お問合せフォーム」より問合せをする

【お問合せフォームアドレス】

https://bookstore.tac-school.co.jp/inquiry/

② メールにより問合せをする

【メール宛先　TAC出版】

syuppan-h@tac-school.co.jp

※土日祝日はお問合せ対応をおこなっておりません。
※正誤のお問合せ対応は、該当書籍の改訂版刊行月末日までといたします。

乱丁・落丁による交換は、該当書籍の改訂版刊行月末日までといたします。なお、書籍の在庫状況等により、お受けできない場合もございます。
また、各種本試験の実施の延期、中止を理由とした本書の返品はお受けいたしません。返金もいたしかねますので、あらかじめご了承くださいますようお願い申し上げます。

（2022年7月現在）